21世纪高等学校计算机类课程创新规划教材 · 微课版

Java 网络编程案例教程

◎ 董相志 唐玉凯 张岳强 刘学刚 逯其鲁 贾金公 郭峰 编著

微课版

清華大學出版社

北京

内 容 简 介

本书围绕Java网络编程的关键技术和共性技术展开介绍，全书共分15章，每一章都以案例的设计与应用为主线，理论与实践结合。每一个案例都是经过精心挑选的经典应用。这些案例以桌面网络编程为起点，实现了从桌面网络编程到Web网络编程再到Android网络编程的三级跨越，极具应用价值。各部分内容衔接紧密，贴近实战，层层推进，相互呼应，体现了网络编程的大局观。

本书内容丰富，实用性强，教学资源系统全面，每一节都有与之对应的微课视频教程，与教材完全同步，读者扫描二维码即可在线观看。

本书既可作为高等院校信息技术类专业教材，也可供社会各界的信息技术人员学习参考。

图书在版编目(CIP)数据

Java网络编程案例教程：微课版/董相志等编著. —北京：清华大学出版社，2017 (2024.8重印)
(21世纪高等学校计算机类课程创新规划教材·微课版)
ISBN 978-7-302-48283-3

Ⅰ. ①J… Ⅱ. ①董… Ⅲ. ①JAVA语言－程序设计－教材 Ⅳ. ①TP312.8

中国版本图书馆CIP数据核字(2017)第209667号

责任编辑：黄 芝 张爱华
封面设计：刘 键
责任校对：梁 毅
责任印制：宋 林

出版发行：清华大学出版社
网　　址：https://www.tup.com.cn，https://www.wqxuetang.com
地　　址：北京清华大学学研大厦A座　　**邮　　编**：100084
社 总 机：010-83470000　　**邮　　购**：010-62786544
投稿与读者服务：010-62776969，c-service@tup.tsinghua.edu.cn
质量反馈：010-62772015，zhiliang@tup.tsinghua.edu.cn
课件下载：https://www.tup.com.cn，010-83470236
印 装 者：三河市铭诚印务有限公司
经　　销：全国新华书店
开　　本：185mm×260mm　　**印　　张**：26　　**字　　数**：632千字
版　　次：2017年11月第1版　　**印　　次**：2024年8月第9次印刷
印　　数：12501～13300
定　　价：59.00元

产品编号：075795-01

前　言

当今时代，工业 4.0，互联网＋，万网互联，万物互联，哪里有网络，哪里就有网络编程。网络程序是主宰网络世界的神经系统，是超级大脑。学习网络编程，有助于更好地学习网络、利用网络和改造网络。

当笼统地说起云计算、大数据、互联网＋时，常常有“老虎吃天不知从哪儿下口”的困惑。而网络编程被普遍认为是一门“胶水”课程，能够有效融合计算机网络、程序设计、数据库技术等众多课程的知识，对于提升学生的实践创新能力极其重要。由此可见，网络编程正是老虎可以下口之处。

本书是作者在网络编程教学领域多年的经验总结，具有鲜明的创新特色：全书以应用为导向，以网络编程方法为核心，着重从实践层面实施案例教学，理论与实践结合；每章各实现一个案例，循序渐进，贴近实战；案例范围覆盖桌面网络编程、Web 网络编程、Android 网络编程三个层次；每个案例解决一个不同的问题，案例汇聚在一起勾勒出网络编程大局观的画卷。

全书共分 15 章。第 1 章概述网络编程基本理论与方法。第 2 章以 Echo 项目为例讲解服务器的一客户一线程技术。第 3 章以 Knock Knock 游戏为例讲解自定义协议机制以及服务器的线程池技术。第 4 章以“石头、剪刀、布”游戏为例，讲解服务器非阻塞 I/O 通道技术。第 5 章内容拓展到 UDP 协议通信领域，讲解 UDP 客户机/服务器技术、UDP 广播技术，实现 QQ 客户端/服务器的初级设计。第 6 章讲解文件传输技术，将 TCP 传输文件模块有机融合到 QQ 聊天项目中。第 7 章讲解 SSL 安全通信技术，涉及哈希摘要、加密解密、公钥/私钥和安全套接字技术等，用 SSL 相关安全技术实现文件的数字签名，综合数据库技术和 SSL 技术，实现用户的安全注册与安全登录设计。第 8 章讲解网络抓包程序和协议分析程序的设计，为网络创新夯实理论基础和实践基础。总之，前面 8 章内容都是基于桌面网络编程的，以 Java Socket 技术为核心。

第 9 章内容拓展到 Java 邮件客户端，基于 JavaMail 实现邮件收发客户端，引领读者了解邮件系统运行的奥秘。第 10 章基于 Java WebSocket 实现 Web 聊天室的设计，用 js 技术保存聊天记录，将 Java 网络编程能力拓展到 Web 领域。第 11 章基于 Nodejs Socket.IO 技术实现 Web 客服系统设计，尽管 Nodejs 不属于 Java 网络编程范畴，但是 Nodejs 的 WebSocket 技术与 Java 的 WebSocket 技术有异曲同工之妙。第 12 章揭示网络海量信息智能抓取原理，以获取 ACM 大赛训练信息为例讲解网络爬虫的编程方法。第 9～12 章将网络编程拓展到 Web 层面，实现了基于 Web 的经典应用，以 Web 通信和数据库技术为核心。

第 13 章是在前面桌面版 QQ 和服务器的基础上，实现 Android 版的 QQ 客户端，揭示了 Java 网络编程在桌面系统和 Android 系统的技术一致性。第 14 章以 HttpURLConnection 技术为基础，带领读者领略 HTTP 协议通信的精彩。本章运用 Volley、OkHttp 开源框架，借助聚合数据的开源 API 获取新闻数据，实现了功能丰富的 Android 新闻客户端项目设计。

第 15 章基于 Openfire 开源服务器、MySQL 数据库、百度地图 SDK、XMPP 协议实现了一个企业级即时通信协作系统。第 13～15 章将网络编程从桌面、Web 进一步拓展到 Android 领域,引领读者完成三个层次 APP 的案例学习。

本教程建议学时分配如下:第 1～6 章、第 9～11 章每章四学时,第 7～8 章、第 12～15 章每章六学时,合计 72 学时。

本书每章均有大量的习题供读者巩固所学内容,其中有不少习题是拓展习题,通过练习此类习题,可拓宽读者的视野。

为便于读者学习,本书每一章每一节都录制了教学视频,读者扫描每一节的二维码,可以用慕课方式与教材同步在线学习。本书所有与教材同步的案例源程序以及教学课件等电子资源,均可从清华大学出版社网站免费下载。

全书编写分工如下:董相志编写了第 1～8 章和第 13 章,并负责全书的统稿与定稿工作。唐玉凯编写了第 9 章,张岳强编写了第 10 章,刘学刚编写了第 11 章,逯其鲁编写了第 12 章,贾金公编写了第 14 章,郭峰编写了第 15 章。唐玉凯、张岳强、刘学刚、逯其鲁、贾金公、郭峰六位作者排名不分先后,并列为本书第二作者。每一章习题后面留有该章作者邮箱,欢迎广大读者来信切磋交流。

读者可能会对本书的作者阵容感到好奇,关于这些青年才俊的老师,这里对他们做个郑重推介:唐玉凯、张岳强、刘学刚、逯其鲁、贾金公、郭峰六位都是鲁东大学 2014 级软件工程专业的学生。六位同学完成本书时,仍然是大三在读,恰同学少年,风华正茂,书生意气,其作品亦挥斥方遒。

总之,本书每一章都是经典应用,都有精彩讲述,都有理论与实践结合的逻辑推演。理论从实践中来,再回到实践中去。读者跟着每一章的作者去完成每一章的学习,就会有“会当凌绝顶,一览众山小”的感受。

本书创作过程中参阅了大量文献,借鉴了众多优秀创意,推陈出新,方有此书,在此谨向各文献的作者表示诚挚的感谢和崇高的敬意。

本书有幸得到了清华大学出版社黄芝老师的精心策划,并特别感谢黄芝老师匠心独运设计了微课模式,感谢所有编辑老师的严谨审校和精心编排,感谢清华大学出版社让本书以优雅的外表与广大读者见面。

感谢读者对本书的支持与厚爱,愿本书与读者一起成长。书中难免有疏漏之处,欢迎广大读者批评指正,作者信箱:upsunny2008@163.com。

本书以读者为中心,以作品创见未来,本书品格,有诗为证:

网络编程甲天下,
师生携手共登攀。
作品数度生奇志,
洪荒神力冲云天。
逻辑推演千百遍,
快马加鞭不下鞍。
教学相长乐无涯,
实践国里有新篇。

董相志于鲁东大学

2017 年 3 月

目　录

第1章 概　述

什么是网络编程？为什么要进行网络编程？网络编程主要包括哪些内容？网络编程的理论基础与编程方法是什么？为什么说I/O、套接字、线程是网络编程的基础性技术？学习网络编程应该从哪里开始呢？不要着急，有问题就有方向，答案与精彩尽在字里行间。千里之行，始于足下。学习网络编程，就从本章开始吧。

1.1 网络编程简介

什么是网络编程？简单地说，网络编程就是编写能在网络上运行、实现网络服务的程序。网络程序与单机程序相比，网络通信协作是其突出特点。

当今时代，云计算、大数据、物联网、互联网＋风起云涌，常有令人无所适从之感。然而活跃在我们身边的无数网络程序，却是看得见摸得着的，这些程序无处不在，应用广泛，涉及众多领域，构建了我们的网络应用生态，下面分类列举一二。

(1) Web服务类：浏览器、搜索引擎、在线支付模块等。

(2) Web服务器类：Apache、Tomcat、IIS等。

(3) 即时通信和社交类：QQ、MSN、Twitter、阿里旺旺等。

(4) 资源下载上传类：迅雷、快车、电驴、百度云管家、CuteFTP等。

(5) 网络语音视频分享类：网络电话、音视频点播、视频会议、在线课堂等。

(6) 网络游戏娱乐类：联众游戏大厅、QQ游戏大厅、开心农场等。

(7) 物联网类：工业4.0顺应万物互联(Internet of Everything，IOE)的各种应用等。

(8) 网络管理工具类：网络远程控制、流量监控、入侵检测、网络计费、协议分析等。

(9) 网络安全类：网络杀毒，防火墙，安全通信中用到的数字证书、加密解密、哈希摘要、公钥/私钥等。

(10) 行业内定制应用：工业自动化控制、大数据汇集分析、分布式计算、互联网＋等。

1.2 练习文件

本书包括15章，与每一章配套的学习文件组织为一个文件夹，从chap01～chap15共15个文件夹，如图1.1所示。

每一章的文件夹结构都是相似的，内容包含begin、end、PPT、实验报告、素材、习题6个子文件夹，如图1.2所示。

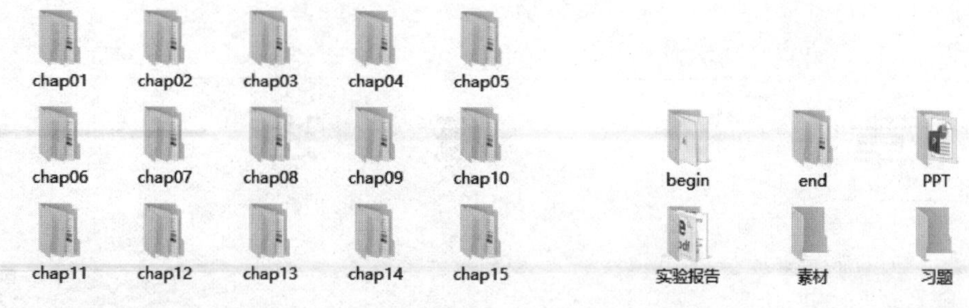

图 1.1　各章配套学习资源文件目录

图 1.2　每一章内部资源结构

begin 文件夹代表每一章案例的项目起点。如果这个文件夹是空的，则表示本章案例需要从零做起。如果 begin 文件夹不空，则表示本章案例需要基于已有项目进行再设计。

与 begin 文件夹对应的是 end 文件夹。end 文件夹中存放的是本章项目的完成状态，以便于对照学习。

PPT 文件夹包含授课用的课件，有助于大家快速回顾并复习相关知识要点。“实验报告”文件夹包含的是实验要求、实验拓展以及实验资源。“素材”文件夹包含的是本章案例用到的图片或声音文件。如果案例不需要准备素材，这个文件夹就会是空的。“习题”文件夹包含的是与本章内容关联度较高的一些思考题目和练习题目。

所有这些资源都可以从清华大学出版社网站下载。

1.3　开发工具准备

做网络编程，一般有三种技术选择：一是采用 C/C++语言；二是采用 C#语言；三是采用 Java 语言。当然，采用不同的语言，意味着依赖的平台也不同。例如，C/C++更多的是在操作系统这个层面做设计，C#则以.NET 平台为主。本书采用 Java 语言，既做桌面级别的网络编程，也做 Web 层面的网络编程，还做 Android 平台的网络编程。

在开发环境的配置和部署上，为了与本书同步，需要安装以下开发工具包：

(1) 在官网下载安装 JDK 8 以上版本的开发包，这个是必备的。

(2) 第 1～12 章的内容，建议在官网下载安装 NetBeans IDE 8.2，也可以使用 Eclipse。

(3) 第 13～15 章的内容，需要下载安装 Android Studio 2.2.3 以上版本。

(4) 每一章会根据开发需要，提示相关开发工具的准备工作，例如数据库的安装、开源框架的下载与安装等。

1.4　Java I/O 流

做网络编程，I/O 流、Socket 和线程是需要熟练掌握的基础性内容。

什么是 I/O 流呢？我们经常需要将数据从一个地方传输到另外一个地方，这个工作通常是由程序完成的。程序从数据源读取数据，再将数据传送到目的地，实现了数据的流动，其中数据从数据源流动到程序，称为输入流；从程序流动到目的地，称为输出流。图 1.3 所示揭示了 I/O 流(输入流与输出流)的概念模型。

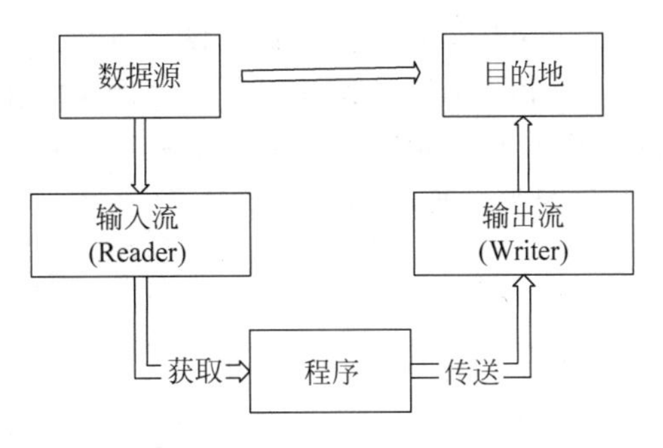

图 1.3　I/O 流概念模型

说到"流"这个概念，大家很容易联想到"水流""人流""车流""物流"等，在计算机的世界里，流是个抽象概念。所谓 I/O 流，是对数据传输的方式、方法、途径和形态的统称。在 Java 语言里，流被定义为能被程序直接使用的若干接口或类。例如 InputStream、OutputStream 这两个类分别代表二进制的输入流和输出流，Reader、Writer 这两个类分别代表字符型的输入流和输出流。

可以在 java.io、java.nio、java.nio.channels 这三个包里查看众多的 Java 基础 I/O 流的接口或类定义。这些流可以分为字节流与字符流两类，也可以分为输入流与输出流两类，具体如表 1.1 所示。

表 1.1　Java 基本 I/O 流

流类型	字节流		字符流	
	字节输入流	字节输出流	字符输入流	字符输出流
基本流	InputStream	OutputStream	Reader InputStreamReader	Writer OutputStreamWriter
数组流	ByteArrayInputStream	ByteArrayOutputStream	CharArrayReader	CharArrayWriter
文件流	FileInputStream RandomAccessFile	FileOutputStream RandomAccessFile	FileReader	FileWriter
管道流	PipedInputStream	PipedOutputStream	PipedReader	PipedWriter
缓冲流	BufferedInputStream	BufferedOutputStream	BufferedReader	BufferedWriter
过滤流	FilterInputStream	FilterOutputStream	FilterReader	FilterWriter
解析流	PushbackInputStream StreamTokenizer		PushbackReader LineNumberReader	
字符串流			StringReader	StringWriter
数据流	DataInputStream	DataOutputStream		
格式流		PrintStream		PrintWriter
对象流	ObjectInputStream	ObjectOuputStream		
合并流	SequenceInputStream			

Java 对数据源与目的地的定义可以分为文件、管道、网络、内存、控制台等，数据传输可以从文件到文件、从网络到网络、从文件到网络、从网络到文件等，围绕网络流的各种数据传输关系如图 1.4 所示。

关于各种流的用法，需要在实践中进一步学习。不过很重要的一点是要理解流的转换机制，即多种流融合在一起协同工作的机制。以程序从磁盘文件读取数据为例，可以用

FileInputStream 类完成，但这个类只提供了字节流的读取方法；如果希望提高读取效率，可以使用 BufferedInputStream 这个类作为二级流，对输入流缓冲并提供更多的控制；如果还希望直接从文件中返回各种基本类型的数据，则可以使用 DataInputStream 作为三级流。这个三级复合流的构建语句如图 1.5 所示。

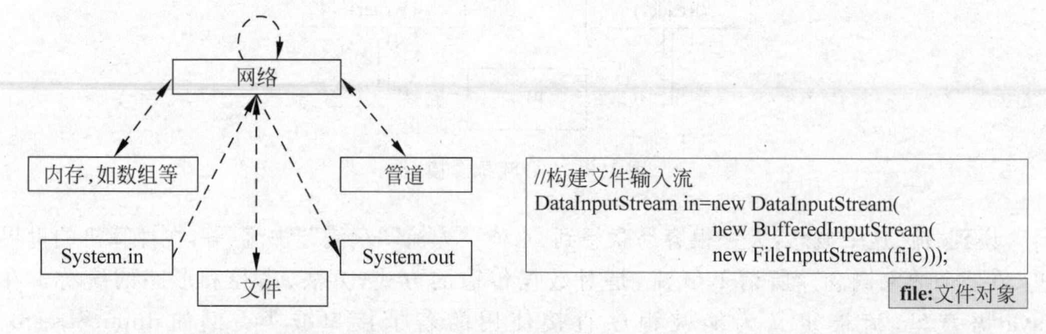

图 1.4　网络流的数据传输关系　　　图 1.5　读取文件的三级复合流的构建语句

这样做的好处是可以直接使用 DataInputStream 类提供的若干方法，如 readLong()、readUTF()等，如图 1.6 所示。

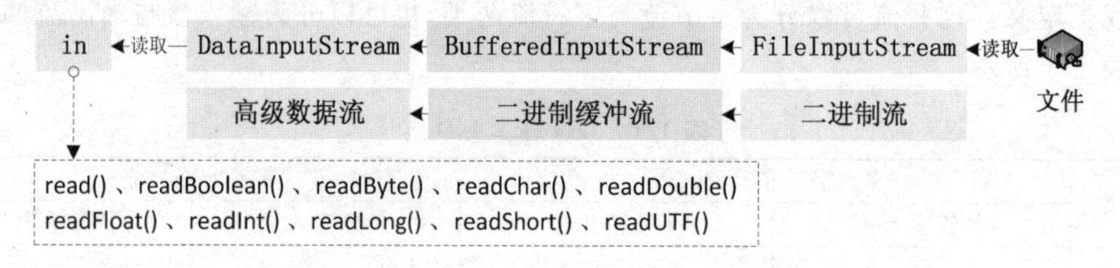

图 1.6　从文件直接读取基本数据类型的复合流

从 JDK 1.4 版本开始，Java 提供了通道技术，如图 1.7 所示。通道可以替代基本的 I/O 流，因为通道本质上也是一种 I/O 流，但是通道具有更高效的缓冲技术，支持非阻塞 I/O (NIO)模式，具有更高的数据传输效率。

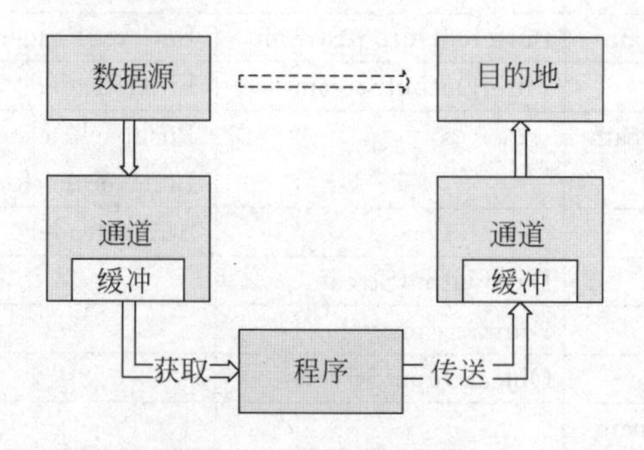

图 1.7　NIO 通道技术

为了实现通道技术，Java 定义了通道类和缓冲类，常用的通道类有 FileChannel、DatagramChannel、ServerSocketChannel、SocketChannel 等。常用的缓冲类有 ByteBuffer、CharBuffer、DoubleBuffer、FloatBuffer、IntBuffer、LongBuffer、ShortBuffer 等。第 4 章会用通道技术实现“石头、剪刀、布”游戏的设计。

1.5　Java Socket

什么是 Socket？Socket 这个词的原意是插座。如图 1.8 所示，这是生活中的电源插座，这种插座为人们的生活用电带来极大的便利。

图 1.8　插座（Socket）

插座的特点是屏蔽了其背后复杂的电力网络，接上插头就能取电，或者说随时随地可以调用电力服务。在网络编程的世界里，Socket 也有类似的寓意，因为 Socket 是一种网络通信接口，可以实现对 TCP 和 UDP 服务的调用。

那么 Socket 在网络协议体系中处于哪个位置呢？可以在如图 1.9 所示的 OSI 与 TCP/IP 模型对照中找找答案。

TCP/IP协议栈模型		OSI模型
应用层	Telnet、HTTP、SMTP、POP3、FTP、DNS、DHCP、RIP、SNMP …	应用层
		表示层
		会话层
传输层	TCP、UDP	传输层
网络层	ICMP、IGMP、IP、ARP、RARP	网络层
网络接口层		数据链路层
	各种底层物理网络（局域网、城域网、广域网、互联网……）	物理层

图 1.9　OSI 与 TCP/IP 对照

从图 1.9 不难看出，在传统的协议定义模型中，并不能直观地看到 Socket 的身影。谢希仁教授在其《计算机网络》中给出了一个网络通信的五层架构，如图 1.10 所示。

5	应用层(Application Layer)
4	运输层(Transport Layer)
3	网络层(Network Layer)
2	数据链路层(Data Link Layer)
1	物理层(Physical Layer)

图 1.10　网络通信五层模型

基于这个五层模型，《计算机网络》还给出了主机之间通信的协议过程模型，发送数据的协议过程如图 1.11 所示，接收数据的协议过程则正好相反。

单纯从协议的角度看，在图 1.10 和图 1.11 中仍然难觅 Socket 的踪影。那么 Socket 到底是什么？这还得从 Socket 的起源说起。Socket 最早出现在基于 UNIX 系统的网络通信中，Berkeley 套接字（又称 BSD 套接字）是 4.2 BSD UNIX 操作系统提供的一套应用程序编程接口，是一个用 C 语言写成的网络应用程序开发库，主要用于实现网间进程通信。Berkeley 套接字后来成为其他现代操作系统参照的事实工业标准。例如，Windows 操作系统在 BSD 4.3 版基础上实现了自己的 Windows Socket（又称 WinSock）套接字编程接口。

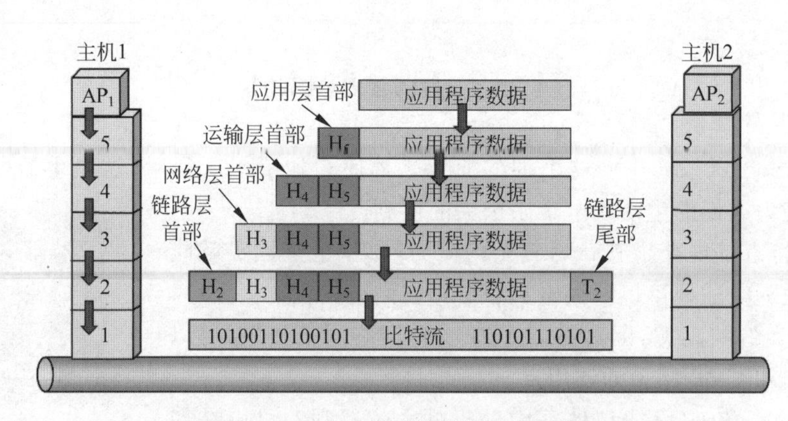

图 1.11 发送数据的协议过程模型

在图 1.9 给出的协议模型中,除了应用层协议外,传输层(TCP/UDP)以下协议的技术实现是由操作系统完成的,即网络服务由操作系统提供。对操作系统而言,应用程序和操作系统程序是在不同的保护模式下运行的。应用程序一般不能直接访问操作系统内部的资源,这样可以避免应用程序非法破坏操作系统的运行。为此,操作系统需要提供应用程序编程接口(Application Programming Interface,API)给应用程序,使其能够利用操作系统提供的服务。对于网络操作系统,需要为网络应用程序提供网络编程接口实现网络通信。所以,套接字(Socket)是操作系统开放给程序员的网络编程接口,是介于应用层与传输层之间的一种软件抽象层,是属于操作系统级别的 API,其位置关系如图 1.12 所示。

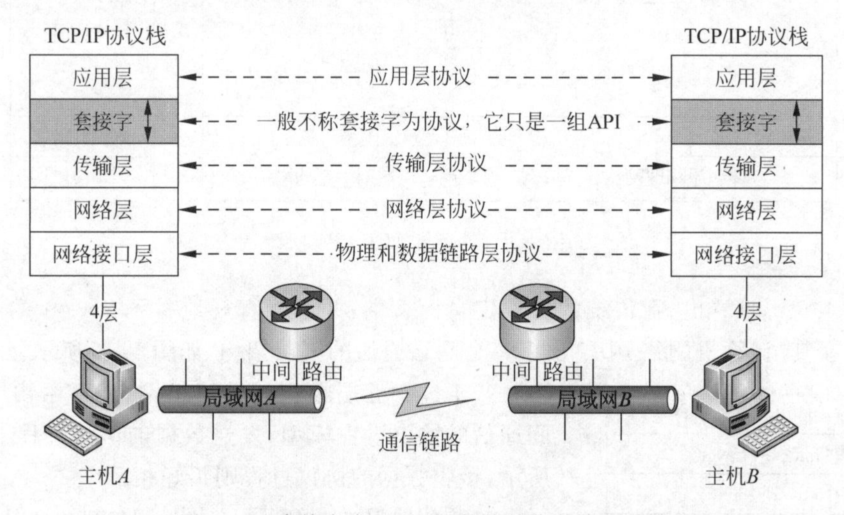

图 1.12 套接字在 TCP/IP 协议栈中的位置关系

操作系统内置套接字模块负责套接字的管理维护,包括套接字的创建、地址的关联、连接的建立、连接的接受、套接字的关闭以及数据的发送、接收等。以 Windows 系统为例,TCP/IP 协议栈的套接字编程接口定义了三种套接字类型:流式套接字(SOCK_STREAM)、数据报套接字(SOCK_DGRAM)和原始套接字(SOCK_RAW)。观察图 1.13 可以看出这三种套接字的一些特点。

流式套接字提供连接服务,进行双向可靠的数据传输,它调用传输层 TCP 模块,保证数

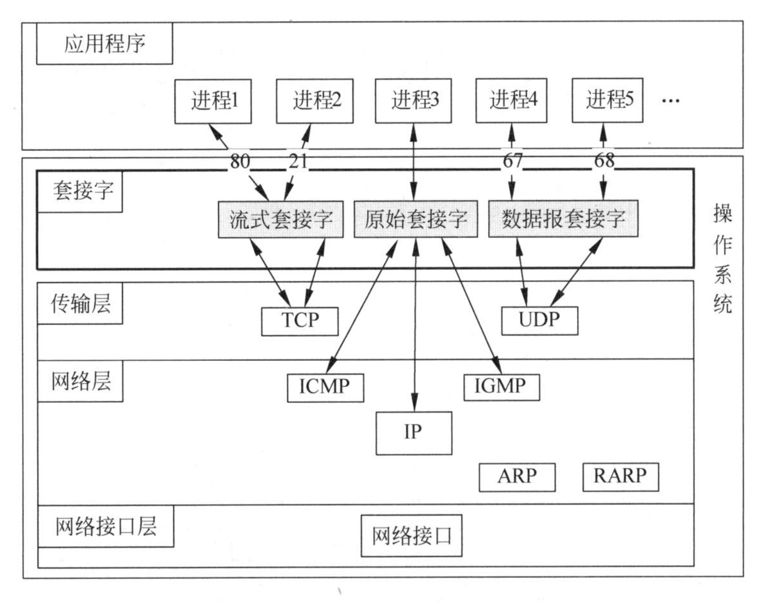

图 1.13　套接字在操作系统和应用程序间的位置关系

据无差错、无重复地发送并按顺序接收，数据被看成是字节流，无长度限制，例如 HTTP 协议、FTP 协议等都使用流式套接字。

数据报套接字提供无连接服务，调用传输层 UDP 模块。报文以独立包的形式发送，不提供无差错控制，数据可能丢失或重复，顺序也可能混乱。DHCP、DNS 等应用层协议使用数据报套接字。

原始套接字允许应用进程越过传输层，对较低层次协议模块如 IP 模块、ICMP 模块直接调用和访问，可以接收发向本机的 ICMP、IGMP 报文，或者接收 TCP 模块、IP 模块不能处理的数据报，或者访问设备配置信息等。原始套接字适合网络监听等应用领域的编程。

值得指出的是，套接字并不是一种协议，它只是操作系统提供的应用编程接口。不要把它理解为新加的一个协议层，因为它并不在通信两端进行协议约定。

如果使用 C/C++语言编写网络程序，那么可以直接基于操作系统的 API 进行。但是在 Java 语言的网络编程体系中，因为基于 Java 虚拟机(JVM)运行，JDK 单独对套接字进行了封装，所以不能直接使用操作系统的套接字 API，这也导致了 Java 不支持原始套接字技术，也就是说 JDK 提供的套接字 API 不能越过传输层直接访问网络层，这可以算作 Java 网络编程的一个弱项。归根结底，Socket 在网络通信中扮演的角色与地位如图 1.14 所示，Socket 是介于传输层与应用层的通信 API，这是 Socket 的本质。

如图 1.14 所示，TCP 与 UDP 是两个相互独立的传输模块，每个模块各拥有编号为 0～65 535 的通道接口。可以想象为 TCP 与 UDP 各自拥有 65 536 个通信通道，这些通道编号，例如 5000 这个端口，对同一种协议而言，不能复用，但可以被 TCP 和 UDP 同时使用。

在网络通信中，通信双方需要约定协议类型，发送数据的一方需要知道目标主机的 IP 地址，以及目标主机上接收数据进程的工作端口。同时，发送方也会把自己的 IP 地址和发送进程的工作端口告知数据接收方。事实上，这些信息已经被包含在 Socket 的基本结构中，如图 1.15 所示。

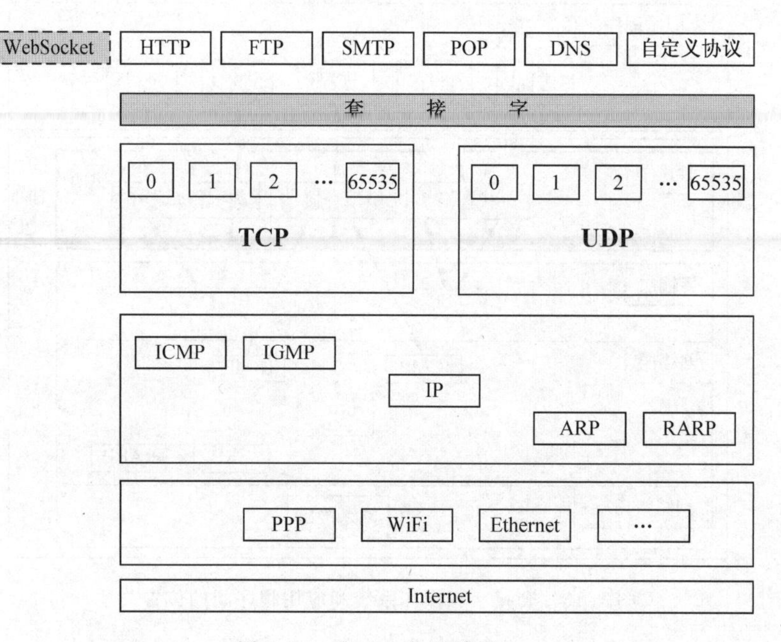

图 1.14　Socket 位置关系

网间进程通信只能使用同一种传输协议,也就是说,不可能通信的一端用 TCP 协议,而另一端用 UDP 协议。因此一个完整的网间通信需要一个五元组来标识:(协议,本地地址,本地端口号,远地地址,远地端口号)。这就提醒我们,无论是发送方还是接收方,通信的一方都知道对方是谁。图 1.15 所揭示的 Socket 的基本结构,完美验证了这一逻辑实现的基本路径。

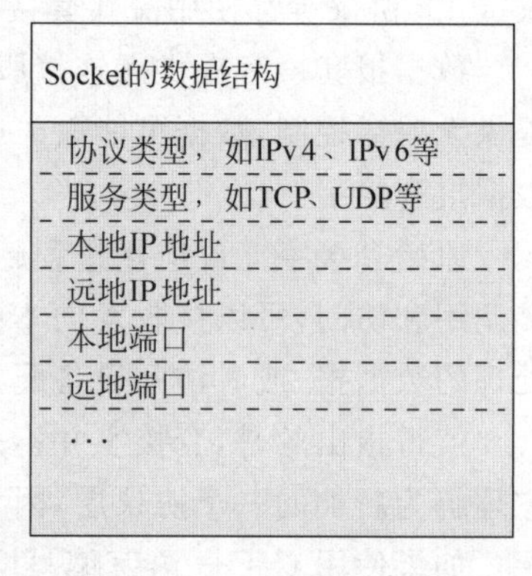

图 1.15　Socket 的数据结构

Java 对 Socket 的定义,主要通过四个基础类实现,其中 Socket 和 ServerSocket 这两个类,支持基于 TCP 协议的数据交换,而 DatagramSocket 和 DatagramPacket 这两个类,支持基于 UDP 协议的数据交换。这四个类以及与之相关的一些基础类都在 java.net 这个包中有详细定义。

那么套接字与 Java I/O 流有关系吗?答案是确定的。Socket 作为数据进出的通道,对数据的控制仍然是通过流的方式完成的。图 1.16 给出的语句分别完成了基于 Socket 的输入流 in 与输出流 out 的创建。

```
//创建套接字输入输出流
Socket clientSocket=new Socket(); //创建套接字对象
clientSocket.connect(remoteAddr); //连接目标主机
InputStream in= clientSocket.getInputStream(); //套接字输入流
OutputStream out= clientSocket.getOutputStream(); //套接字输出流
```

图 1.16　基于 Socket 的输入流与输出流

虽然可以基于图 1.16 中的 in 接收数据，通过 out 发送数据，但是 in 和 out 这两个流都是字节流，是二进制的流。实践中，一般根据需要采用复合流的形式，如图 1.17 给出的是一种 Socket 输入复合流构建方法，图 1.18 给出的是一种 Socket 输出复合流构建方法。

```
//构建套接字输入流
DataInputStream in=new DataInputStream(
                   new BufferedInputStream(
                   toClientSocket.getInputStream()));
```

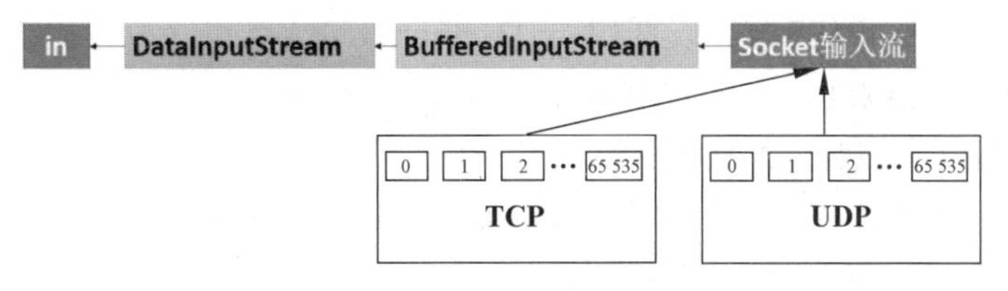

图 1.17　Socket 输入复合流构建方法

```
//构建套接字输出流
DataOutputStream out=new DataOutputStream(
                     new BufferedOutputStream(
                     clientSocket.getOutputStream()));
```

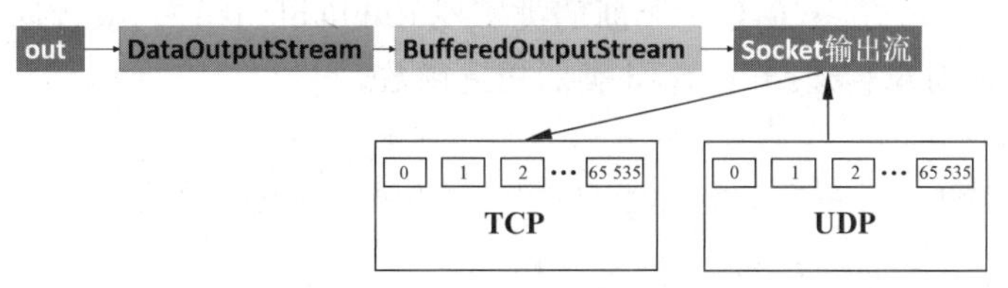

图 1.18　Socket 输出复合流构建方法

如果能够清晰、准确地理解基本 I/O 流与网络套接字流的复合机制，那么意味着您的网络编程之旅已经拥有一个美好的开始。

1.6　Java 线程

现代操作系统一般是多任务系统。所谓多任务，即允许多个任务并发运行。这里首先要弄清任务、程序、进程之间的关系。一个任务可以理解为某一项工作，这个工作可由一个程序来实现，当程序处于运行状态时，这个正在运行的程序被操作系统视为进程(Process)。当进程结束时，又回到程序的静止状态。所以，多任务体现为多进程。

线程(Thread)是进程内部的执行单元，一个进程至少有一个线程。操作系统创建进程后，实际上也创建了该进程的主线程(一般为 main()方法)，主线程不需要用户主动创建，是由操作系统自动创建的。

线程是操作系统能够运算调度的最小单位，一个进程可以有多个线程，线程可以并发运行。以 Windows 系统为例，Windows 的多任务调度策略是面向线程的，而不是面向进程的，而且线程是全局调度的。

在程序设计中，线程常常体现为一个方法或一个函数，在程序中设计多个线程分工协作，称为多线程编程。

1. Java 线程的基本特点

Java 提供了功能丰富、性能强劲的线程并发技术。Java 线程的基本特点是：

(1) 每个 Java 程序主类里的 main()方法代表主线程。

(2) 获取当前线程对象的方法是 Thread. currentThread( )。

(3) 通过 java. lang. Thread 类和 java. lang. Runnable 接口定义线程。

(4) 线程分为用户线程和守护线程两类。

(5) 线程默认是用户线程，可以调用 setDaemon(true)将其设为守护线程。

(6) 守护线程不会阻止 JVM 结束程序的运行。

(7) main 线程(主线程)是用户线程。

(8) 守护线程主要用来完成后台任务，例如 JVM 垃圾回收线程是守护线程。

(9) Java 线程优先级分为 10 个级别。

(10) 当 run( )方法结束时，该线程随之结束。所有用户线程结束时，程序即结束。

2. 创建 Java 线程的基本方法

创建 Java 线程有两种基本方法：

(1) 从 Runnable 接口入手，编写实现 Runnable 接口的类，如图 1. 19 所示。Runnable 接口仅包含一个 run()方法，创建一个新的类实现 Runnable 接口。或者创建一个 Runnable 对象，将 Runnable 对象传递给 Thread 类的构造函数。

```
public class HelloRunnable implements Runnable {

    public void run( ) {
        System.out.println("Hello from a thread!");
    }

    public static void main(String args[]) {
        (new Thread(new HelloRunnable())).start();
    }
}
```

图 1.19　从 Runnable 接口入手创建线程

(2) 从 Thread 类入手，编写 Thread 的子类，如图 1. 20 所示。Thread 类自身已实现了 Runnable 接口，但它的 run()方法没有定义任何代码，所以子类必须重写 run()方法。

```
public class HelloThread extends Thread {

    public void run() {
        System.out.println("Hello from a thread!");
    }

    public static void main(String args[]) {
        (new HelloThread()).start();
    }
}
```

图 1.20　用 Thread 子类创建线程

3. 线程生命周期状态转换

由图 1.19、图 1.20 两种线程定义方法可见,Java 线程本质上是一种对象。这个线程对象的调度、管理、运行和结束,都是由 JVM 完成的。我们把线程从创建到结束所经历的过程称为线程的生命周期。这个周期可以用五个状态来划分,即线程新建完成状态、线程启动完成状态、线程正在运行状态、线程休止阻塞状态、线程死亡状态。这些状态之间的转换如图 1.21 所示。

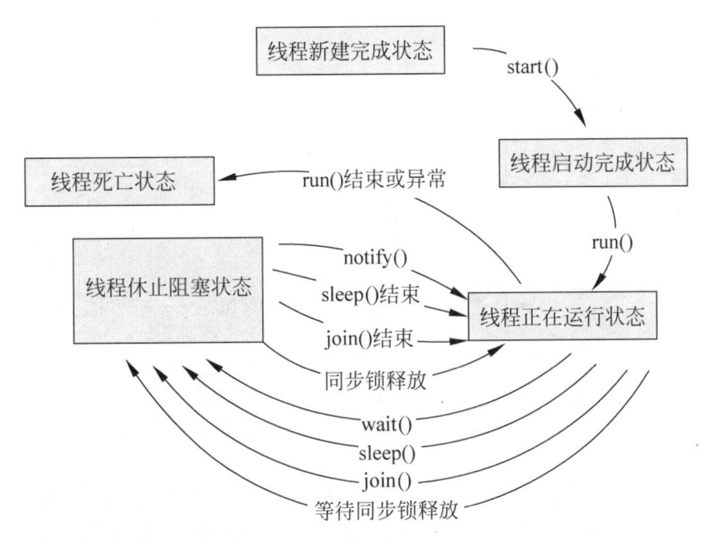

图 1.21　线程生命周期状态转换

由图 1.21 不难看出,线程在五个状态之间的转换,都有相应的触发条件。

(1) 线程新建完成状态——由 new()方法触发,这是线程对象新建完成时的状态,此时不可以被 JVM 调度执行,执行 start( )方法后转入线程启动完成状态。

(2) 线程启动完成状态——由 start()方法触发,线程对象此时处于线程启动完成状态,随时可以被 JVM 调度执行,当获得 CPU 使用权进入 run( )方法时,转入线程正在运行状态。

(3) 线程正在运行状态——获得 CPU 使用权时触发,表示线程对象正在被 JVM 运行,线程逻辑处于 run( )方法内部。当 run( )方法正常结束或异常时,转入线程死亡状态。如果在 run( )方法结束之前,遇到 synchronize()方法、wait()方法、sleep()方法、join()方法时,转入线程休止阻塞状态。

(4) 线程休止阻塞状态——由休止阻塞方法触发,有以下几种状态:blocked 状态,等待 synchronize 将资源释放;wait 状态,等待通知继续运行;sleep 状态,等待休眠结束;join 状态,等待其他任务完成。当相关阻塞条件不成立时,又重新回到 run( )方法内部,转回线程正在运行状态。

(5) 线程死亡状态——结束状态,线程任务结束或异常退出,线程死亡。

在网络编程实践中,服务器处理众多客户机的并发访问时,我们一般采用多线程的技术解决。对于复杂的客户机设计,也会采用多线程技术,如图 1.22 所示。

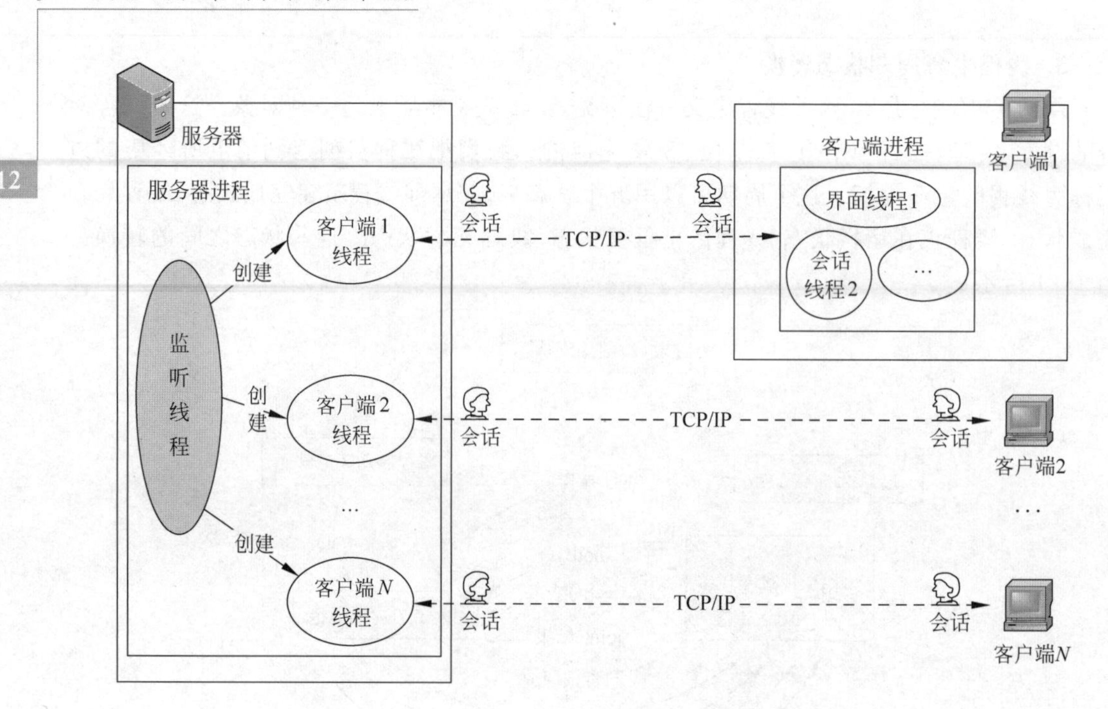

图 1.22　服务器和客户机之间多线程会话模型

观察图 1.22,在客户端 1,如果采用单线程编程模式并使用阻塞套接字接收数据,在不能及时得到服务器响应时,客户端 1 的用户界面将因不能接受用户的任何输入而处于无响应状态。反之,如果客户端 1 的设计采用多线程模式,则可以有效避免上述问题的产生。同样,在服务器端,面对大量并发客户端的请求,采用多线程机制,可以有效提高服务器对客户机响应能力。所以,开发网络应用程序,无论是在客户端还是服务器端均宜采用多线程编程机制。

为了更好地管理并发逻辑,Java 从 1.5 版本开始,增加了 java.util.concurrent 包,定义了 Executor、ExecutorService、Executors 等接口和类,可以轻松构建线程池工作模式,进而实现了线程管理的高并发、高性能和高健壮性。关于 Java 线程池的定义和用法,请参见第 3 章内容。关于更多 Java 多线程并发技术模式,请参见 JDK 官方文档。

1.7　客户机/服务器一对一通信模型

客户机与服务器一对一通信模型,是本书向初学者极力推荐学习的重要模型,因为它是解决复杂客户机/服务器通信的基本参照。图 1.23 给出的是基于 TCP 协议的客户机与服务器通信逻辑。客户机使用 Socket 类型的套接字与服务器会话,服务器则需要使用 ServerSocket 类型的套接字侦听网络连接,再使用 Socket 类型的套接字与客户机会话。会话都是通过基于套接字构建的输入流与输出流进行的。

图 1.24 给出的是基于 UDP 协议的客户机与服务器通信逻辑。客户机与服务器均使用 DatagramSocket 类型的套接字进行通信,数据(报文)以 DatagramPacket 格式封装。

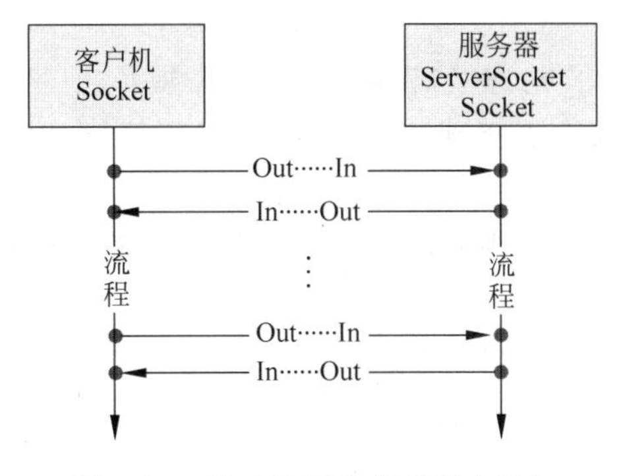

图 1.23　基于 TCP 协议的客户机与服务器通信逻辑

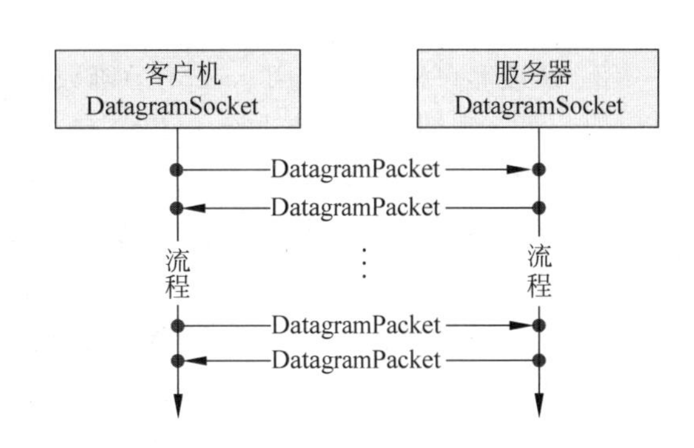

图 1.24　基于 UDP 协议的客户机与服务器通信逻辑

UDP 协议的通信逻辑比 TCP 协议简单,只有 DatagramSocket 这一个套接字类负责通信,因为 UDP 不需要处理连接,这点与 TCP 不同。不过 UDP 有一个重要辅助类 DatagramPacket,用来定义报文。

图 1.25 以 TCP 协议为例,给出了一个较为详细的客户机/服务器通信步骤模型。假定客户机首先发起会话,客户机连接服务器成功后向服务器发送一个字符串,然后接收服务器原样回送的字符串。客户机的通信逻辑包括如下四个步骤。

(1) 客户机首先创建一个会话套接字(用 Socket 类创建)。

(2) 客户机连接服务器,访问服务器指定的地址和端口,进行 TCP 三次握手,用 connect()方法。

(3) 如果连接成功,则通过套接字输出流向服务器发送一个字符串(用 out. write()方法),然后进入接收阻塞状态(用 in. readLine()方法),等待接收服务器的回送信息;收到回送信息后转入下一步。如果连接不成功,给出错误提示,转入下一步。

(4) 通信过程结束,关闭客户机输入流、输出流和套接字。

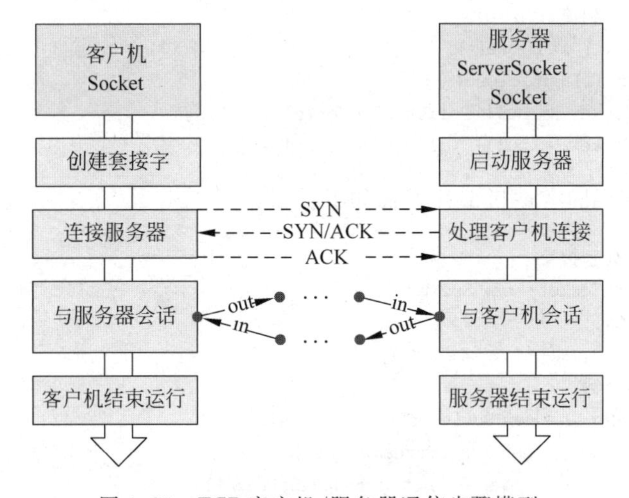

图 1.25　TCP 客户机/服务器通信步骤模型

服务器通信逻辑也包括四个步骤。

(1) 启动服务器,让服务器处于侦听连接状态,通过 ServerSocket 类绑定服务器的工作地址和端口,用 bind()方法。

(2) 处理客户机连接。用 accept( )函数接受客户机连接,完成 TCP 三次握手,创建一个新的 Scoket 类型的套接字与客户机会话,如果没有连接到达,服务器则阻塞等待,因为 accept()函数是一个阻塞函数。侦听套接字 ServerSocket 与 Socket 这两类套接字的区别是:前者只能用于侦听和建立连接,不能交换数据;后者则专用于数据交换,实现基于套接字的输入输出流。

(3) 服务器接受客户机连接后,会话开始。因为是客户机发起会话,所以服务器的第一个会话动作是从套接字输入流接收数据,然后向客户机原样回送收到的信息。回送结束后,转入下一步。

(4) 通信过程结束,关闭服务器输入流、输出流和套接字。

用 Java 语言实现的服务器编程模板如下:

```
01  //启动服务器
02  ServerSocket listenSocket = new ServerSocket();
03  listenSocket.bind(serverAddr);
04  //处理连接
05  Socket clientSocket = listenSocket.accept( );
06  //与客户机会话
07  BufferedReader in = new BufferedReader(
08                      new InputStreamReader(
09                  clientSocket.getInputStream( )));
10  BufferedWriter out = new BufferedWriter(
11                    new OutputStreamWriter(
12                    clientSocket.getOutputStream( )));
13  String recvStr = in.readLine( );                  //从客户机接收字符串
14  out.write(recvStr);                               //向客户机回送字符串
15  out.newLine( );
16  out.flush( );
17  //关闭套接字和流
18  if (in != null) in.close( );
19  if (out != null) out.close( );
20  if (listenSocket != null)  listenSocket.close( );
21  if (clientSocket != null)  clientSocket.close( );
```

用 Java 语言实现的客户机编程模板如下:

```
01  //创建客户机套接字
02  Socket clientSocket = new Socket();
03  //连接服务器
04  clientSocket.connect(remoteAddr);
05  //与服务器会话
06  BufferedReader in = new BufferedReader(
07                      new InputStreamReader(
08                      clientSocket.getInputStream( )));
09  BufferedWriter out = new BufferedWriter(
10                      new OutputStreamWriter(
11                      clientSocket.getOutputStream( )));
12  String sendStr = "有朋自远方来";
```

```
13  out.write(sendStr);                        //向服务器发送字符串
14  out.newLine( );
15  out.flush( );
16  String recvStr = in.readLine( );           //从服务器接收字符串
17  //关闭套接字和流
18  if (in != null) in.close( );
19  if (out != null) out.close( );
20  if (clientSocket != null)  clientSocket.close( );
```

上述一对一客户机/服务器编程模板,正是我们编写第一个网络程序的最佳起点。

1.8 服务器程序

本节根据1.7节提供的服务器编程模板,实现完整的服务器逻辑,程序源代码如程序1.1所示。请注意第20行,用SocketAddress这个抽象类声明了一个套接字格式的地址,包含了服务器工作的IP地址和端口,地址的创建是通过InetSocketAddress类完成的。与服务器编程模板设定的编程步骤相比,程序1.1只是添加了必要的异常处理机制和信息提示功能而已。

程序1.1 服务器 EchoServer.java

```
01  package cn.edu.ldu;
02  import java.io.BufferedReader;
03  import java.io.BufferedWriter;
04  import java.io.IOException;
05  import java.io.InputStreamReader;
06  import java.io.OutputStreamWriter;
07  import java.net.InetSocketAddress;
08  import java.net.ServerSocket;
09  import java.net.Socket;
10  import java.net.SocketAddress;
11  public class EchoServer {
12      public static void main(String[ ] args) {
13          //1.启动服务器
14          ServerSocket listenSocket = null;
15          Socket clientSocket = null;
16          BufferedReader in = null;
17          BufferedWriter out = null;
18          try {
19              listenSocket = new ServerSocket();
20              SocketAddress serverAddr = new InetSocketAddress("localhost",5000);
21              listenSocket.bind(serverAddr);
22              System.out.println("1.服务器启动成功!开始在 localhost 的 5000 端口侦听
                连接...");
23              //2.处理连接
24              clientSocket = listenSocket.accept();
25              System.out.println("2.客户机连接成功!客户机地址和端口:
26              " + clientSocket.getRemoteSocketAddress());
27              //3.与客户机会话
```

```
28                in = new BufferedReader(
29                      new InputStreamReader(
30                      clientSocket.getInputStream()));
31                out = new BufferedWriter(
32                      new OutputStreamWriter(
33                      clientSocket.getOutputStream()));
34                String recvStr = in.readLine();    //从客户机接收字符串
35                System.out.println("3.1 服务器收到字符串: " + recvStr);
36                out.write(recvStr);                //向客户机回送字符串
37                out.newLine();
38                out.flush();
39                System.out.println("3.2 服务器回送字符串成功: " + recvStr);
40            } catch (IOException ex) {
41                System.out.println("异常信息: " + ex.getMessage());
42            }
43            //4.关闭套接字和流
44            try {
45                if (in != null)in.close();
46                if (out != null) out.close();
47                if (listenSocket != null) listenSocket.close();
48                if (clientSocket != null) clientSocket.close();
49                System.out.println("4.关闭套接字和流成功!");
50          } catch (IOException ex) {
51              System.out.println("异常信息" + ex.getMessage());
52          }
53      }
54  }
```

编译测试 EchoServer.java，控制台输出服务器的运行状态如图 1.26 所示。

图 1.26　服务器独立测试结果

现在对图 1.26 给出的运行状态进行研究。观察输出结果，可以看出服务器是在创建侦听套接字、绑定工作地址成功之后，执行到了第 22 行的输出语句后就停了下来，但为什么会停下来呢？或者说为什服务器会进入阻塞状态呢？

这是因为第 24 行的语句 clientSocket = listenSocket.accept()中的 accept()函数处于阻塞状态，当没有客户机连接到达的时候，会一直阻塞下去。不要奇怪服务器的这一反应，其实这恰恰是一个正常逻辑。服务器不继续向下执行的理由是很充分的：没有客户机连接到达，服务器独自向下还有什么意义呢？

当然，如果有连接到达并成功握手，则会创建一个新的套接字 clientSocket 用于与客户机的会话。如果握手失败，则会有 IOException 异常抛出。这就是服务器端处理客户机连接的主要逻辑。后面的会话过程，则需要客户机连接服务器之后才能进行，详情请参见 1.9 节相关内容。

1.9 客户机程序

根据 1.7 节提供的客户机编程模板,实现完整的客户机逻辑,程序源代码如程序 1.2 所示。在第 18 行,用 SocketAddress 这个抽象类声明了一个套接字格式的地址,包含了远程主机的 IP 地址和端口,地址的创建是通过 InetSocketAddress 类完成的。与客户机编程模板设定的编程步骤相比,程序 1.2 只是添加了必要的异常处理机制和信息提示功能而已。强烈推荐初学者将程序 1.1 与程序 1.2 熟记心间,网络编程的世界必将随之豁然开朗。

程序 1.2　客户机 EchoClient.java

```
01  package cn.edu.ldu;
02  import java.io.BufferedReader;
03  import java.io.BufferedWriter;
04  import java.io.IOException;
05  import java.io.InputStreamReader;
06  import java.io.OutputStreamWriter;
07  import java.net.InetSocketAddress;
08  import java.net.Socket;
09  import java.net.SocketAddress;
10  public class EchoClient {
11      public static void main(String[] args) {
12          Socket clientSocket = null;
13          BufferedReader in = null;
14          BufferedWriter out = null;
15          try {
16              //1.创建客户机套接字
17              clientSocket = new Socket();
18              SocketAddress remoteAddr = new InetSocketAddress("localhost",5000);
19              System.out.println("1.创建客户机套接字成功!");
20              //2.连接服务器
21              clientSocket.connect(remoteAddr);
22              System.out.println("2.客户机连接服务器 localhost 端口 5000 成功!");
23              System.out.println("客户机使用的地址和端口: " + clientSocket.
                getLocalSocketAddress());
24              //3.与服务器会话
25              in = new BufferedReader(
26                  new InputStreamReader(
27                  clientSocket.getInputStream()));
28              out = new BufferedWriter(
29                  new OutputStreamWriter(
30                  clientSocket.getOutputStream()));
31              String sendStr = "有朋自远方来";
32              out.write(sendStr);             //向服务器发送字符串
33              out.newLine();
34              out.flush();
35              System.out.println("3.1 向服务器发送字符串成功!" + sendStr);
36              String recvStr = in.readLine();  //从服务器接收字符串
```

```
37                System.out.println("3.2 从服务器接收回送字符串成功!" + recvStr);
38            } catch (IOException ex) {
39                System.out.println("异常信息: " + ex.getMessage());
40            }
41            //4.关闭套接字和流
42            try {
43                if (in != null) in.close();
44                if (out != null) out.close();
45                if (clientSocket != null) clientSocket.close();
46                System.out.println("4.关闭套接字和流成功!");
47            } catch (IOException ex) {
48                System.out.println("异常信息: " + ex.getMessage());
49            }
50        }
51    }
```

编译测试 EchoClient.java,控制台输出如图 1.27 所示。

观察输出结果,可以看出缺失了连接成功的信息,多了异常信息。客户机是在创建会话套接字成功之后,执行到第 21 行连接服务器时发生了连接异常。为什么会这样呢?显然是因为服务器还没有启动。

下面对客户机和服务器做联合测试。正确的测试顺序是,首先运行服务器,然后运行客户机,分别观察二者在控制台的输出。结果如图 1.28 和图 1.29 所示。

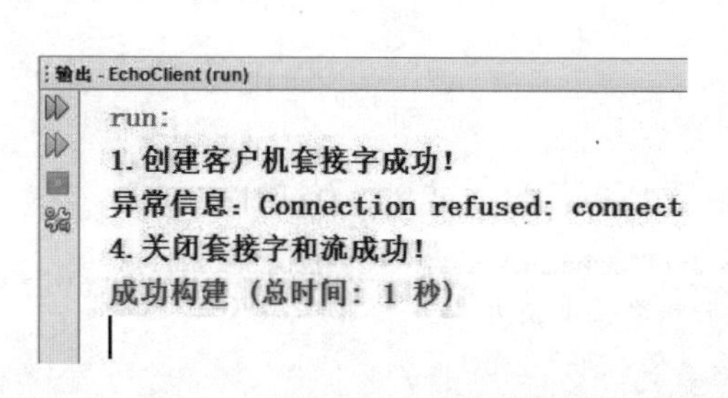

图 1.27　客户机独立测试结果

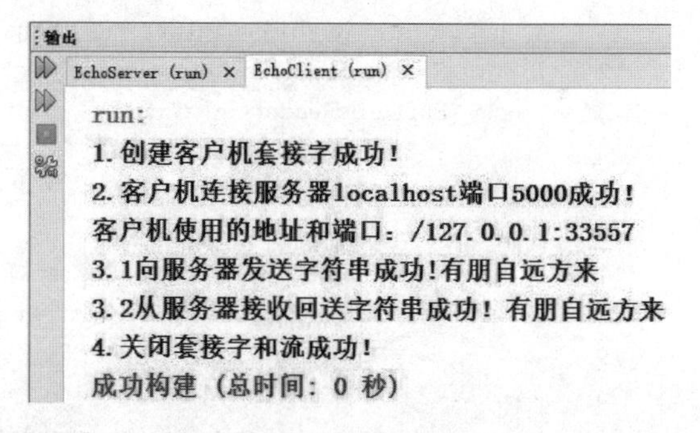

图 1.28　客户机与服务器联合测试结果(客户机端)

```
输出
EchoServer (run)  EchoClient (run)
run:
1.服务器启动成功! 开始在localhost的5000端口侦听连接...
2.客户机连接成功! 客户机地址和端口: /127.0.0.1:33557
3.1 服务器收到字符串: 有朋自远方来
3.2 服务器回送字符串成功: 有朋自远方来
4.关闭套接字和流成功!
成功构建 (总时间: 3 秒)
```

图 1.29　服务器与客户机联合测试结果(服务器端)

观察图 1.28 给出的客户机测试结果,可以看出,客户机连接服务器使用的相关参数:(本地地址,本地端口,远地地址,远地端口),即(127.0.0.1,33557,localhost,5000),这里本地使用的 33557 端口,是一个自动获得的端口。观察图 1.29,服务器端同样也能正确获取远程客户机的工作地址与端口。由此可见,在网络通信中,本地地址、本地端口、远地地址、远地端口是信息收发双方通信的基础。

在会话过程中,客户机首先发送信息,服务器的对应动作必须是接收信息。即客户机程序 1.2 中的 32、33、34 这三行发送语句,对应的是服务器程序 1.1 中的第 34 行的接收语句。然后服务器程序 1.1 中的 36、37、38 这三行发送语句,对应的是客户机程序 1.2 中的第 36 行的接收语句。

上述逻辑对应关系,实现了一种最简单的客户机/服务器通信协议,即 Echo 协议。Echo 协议在客户机的动作是(发送字符串,接收字符串),在服务器的动作是(接收字符串,回送字符串)。其逻辑顺序不能颠倒。例如,如果服务器改成(回送字符串,接收字符串),这里会感觉很好笑,服务器还没有收到客户机信息,如何回送呢？可就是这种低级错误,很容易让初学者在面对复杂的多回合网络通信时掉入陷阱。

在学习时经常会遇到程序不动了或者卡住了。这时用断点调试方法做单步跟踪,最后往往发现都是因为 in.readLine()语句。原因是在没有信息到达时,readLine()函数会阻塞等待。其实,更深层次的原因是没有严格遵循协议设定的通信顺序。所以,这里有必要把客户机与服务器会话展示为如图 1.30 所示的逻辑对应关系,以便强化理解和记忆。

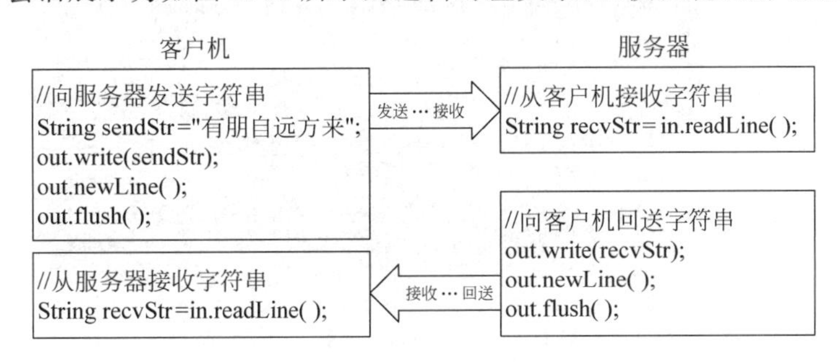

图 1.30　客户机/服务器 Echo 对话逻辑

在图 1.30 中,信息发送用了三个语句,即 write()方法、newLine()方法、flush()方法。这是因为输出流用了 BufferedWriter 类。本书用这个类纯粹是为了让输出流 BufferedWriter 与输入流 BufferedReader 做对应,追求一种形式上的对称美,但可惜的是,在读写方法上,输入流只用一个语句 readLine(),输出流则需要三个语句,这也说明输入与输出的逻辑过程其实是有差别的。不过有一种解决方案让输出流的语句变为一句,即用 PrintWriter 这个输出流代替 BufferedWriter,此时输出用 out.println()这一句即可。这些可以在实践中多体验。

1.10　小　　结

本章介绍了什么是网络编程、网络编程覆盖的应用领域、技术路线、本教程的组织与特色,介绍了教程配套练习文件的分类与组织,开发环境的安装与配置。

本章重点学习了 I/O 流、Socket 和线程,这是三个需要熟练掌握的基础性内容。对 Java 的基本流、复合流和非阻塞 I/O(NIO)通道模式有了初步的认识,对流的组合与转换机制有了更深刻的理解。初步了解和掌握了什么是 Socket、Socket 的分类、Socket 在 TCP/IP 协议中的位置关系、Socket 的基本结构、Socket 的复合流机制、Java 提供的基本 Socket API 等基本知识。对 Java 线程机制、线程的生命周期、线程的状态转换、多线程的并发管理等也有了更为深入的理解和认识。

第 1.7 节学习了客户机/服务器一对一通信的基本模型,分别给出了客户机与服务器的编程模板。这个模板对于今后的编程实践很重要,可以理解为客户机与服务器通信程序的原型设计,所以有必要达到深入理解和熟练掌握的程度。第 1.8 节和第 1.9 节则是在前述内容的基础上,基于 Echo 协议实现了一个完整的客户机/服务器项目。这个项目完全是在第 1.7 节编程模板的基础上修改完成的,如果能熟练掌握这个简单案例小程序,那么恭喜你已经成功开启网络编程之旅了。

无论是学习 Java 还是 Java 网络编程,了解如图 1.31 所示的 JavaSE 系统结构图都是必不可少的,这里称该图为整个 Java 世界的思维导图。

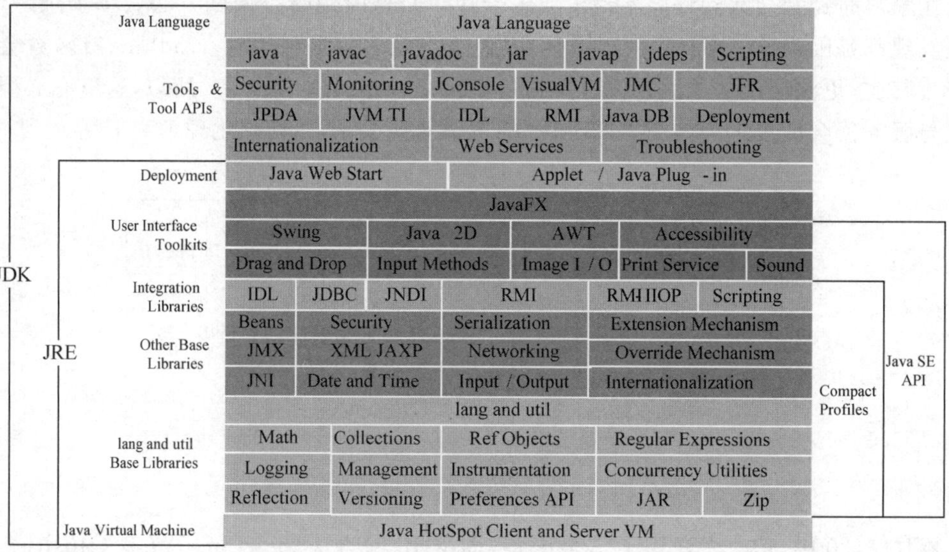

图 1.31 Java SE 系统结构

图 1.31 展示了一幅由众多模块精密关联而成的 Java 大厦的宏伟画卷,由这里出发,总能找到想要了解和学习的内容。

就网络编程而言,Networking 模块是最基础的,因为它包含了 Java 关于 Socket 技术的设计与支持。网络流也是一种 I/O 流,所以,Input/Output 这个关于输入/输出流的模块也是需要重点了解掌握的内容。Java 对线程技术提供了丰富的技术支持和先进性设计,lang and util 这个模块除了基础性的、共性的编程 API 之外,也包括了 Java 线程的 Runnable 接口定义方法与 Thread 类定义方法,Concurrency Utilities 模块则进一步拓展了线程管理框架,支持线程池等更为高效的管理模式。

除此之外,谁又敢说 Swing、Security、Serialization、Math、Collections、Regular Expressions、Logging 等与网络编程无关呢? 所以,一图在手,更容易形成知识融合的大局观,更容易形成网络编程的大局观。

1.11　实验1：探索网络编程世界

1. 实验目的

当今网络世界，纵横其中的网络软件数不胜数。过往，我们主要从使用者的角度来理解和学习这些软件的用法。现在，我们需要从设计者的角度，探索、观察、理解这些网络软件的运行机理，开辟网络软件设计宏观视角，让软件设计能力更上一层楼。

2. 实验内容

(1) 熟悉几个常用网络命令：ipconfig、ping、netstat、tracert。

(2) 用 WireShark 做协议分析，理解网络通信原理。

(3) 测试基于 Echo 协议的客户机/服务器点对点通信。

3. 实验方法与步骤

1) 熟悉和了解网络命令

(1) 用 ipconfig/all 命令，查看本机的网络参数配置。认真记录每一组 IP 地址、子网掩码、网关、DHCP、DNS 以及 MAC 地址。将 IPv4 与 IPv6 分别记录，做出比较分析。

(2) 用 ping -n 10 baidu.com 测试百度的连接稳定性，记录测试结果。

(3) 用 netstat -a 命令测试本机各网络地址与端口的连接情况，认真记录与分析。

(4) 用 tracert baidu.com 测试从本机到达最近百度服务器的路由情况，认真记录。

2) 用 WireShark 抓包分析通信过程

(1) 用 WireShark 抓取 HTTP 包，分析 HTTP 协议执行过程，做出记录分析。

(2) 用 WireShark 抓取 TCP 包，分析 TCP 协议执行过程，做出记录分析。

(3) 用 WireShark 抓取 UDP 包，分析 UDP 协议执行过程，做出记录分析。

(4) 用 WireShark 抓包功能，在网络环境下，分析 1.8 节、1.9 节实现的客户机/服务器通信过程。

3) 对照客户机源代码，总结编写客户机程序的一般步骤

Echo 项目使用的协议比较简单，所以客户机与服务器都简单。如果服务器端是 HTTP 这样的复杂协议，则客户机的设计也会变得复杂。不过，基本的通信处理逻辑仍然可以概括为以下步骤，请结合程序源代码用心体会。

(1) 创建套接字(Socket)并连接到远程服务器。

(2) 创建绑定到套接字上的网络输入流与输出流。

(3) 根据服务器协议，在网络流上进行读写操作。

(4) 关闭并销毁网络流。

(5) 关闭并销毁套接字。

4) 对照服务器源代码，总结编写服务器通信程序的一般步骤

服务器端的设计较为复杂，如果不考虑协议、线程、非阻塞、通道等处理技术，服务器端的通信处理逻辑可以简化为以下步骤，请结合 Echo 项目用心领会。

(1) 创建侦听套接字 A(ServerSocket)并绑定到服务器的某一地址和端口。

(2) 侦听套接字 A 负责侦听等待并处理新客户机连接。

(3) 在接受新连接的同时，服务器会创建一个与之通信的新套接字 B(Socket)。

(4) 创建绑定到套接字 B 上的网络输入流与输出流。

(5) 根据服务器协议,在网络流上进行读写操作。

(6) 关闭并销毁网络流。

(7) 关闭并销毁侦听套接字和所有会话套接字。

4. 边实验边思考

(1) ipconfig 命令的设计原理是什么?

(2) ping 命令的设计原理是什么?

(3) netstat 命令的设计原理是什么?

(4) tarcert 命令的设计原理是什么?

(5) WireShark 抓包的原理是什么?

(6) 你在实践 Echo 项目过程中有什么发现? 如何改进?

(7) 请认真总结客户机与服务器套接字编程的特点与步骤。二者有何不同?

(8) 简述创建套接字输入流与输出流的方法步骤。

(9) 借助 WireShark,写出 HTTP 协议的工作原理。

5. 实验拓展

(1) 深度思考 1: 本章 Echo 案例客户机与服务器只能是一对一,如何实现客户机与服务器的多对一,即多客户机同时在线?

(2) 深度思考 2: 客户机与服务器的对话采用的是 Echo 协议设计,即服务器原样回送客户机信息。如何实现客户机与服务器的自由交谈?

6. 撰写实验报告

根据实验情况,撰写实验报告,简明扼要记录实验过程、实验结果,提出实验问题,做出实验分析。

1.12 习 题 1

1. 什么是网络编程? 网络编程有哪些熟知的应用领域?

2. 对于 Java 编程,你最喜爱的开发环境是什么? 为什么?

3. 什么是 I/O 流? 比较你所熟知的编程语言对 I/O 流的定义。

4. Java I/O 流分为字符流和字节流,各在什么情况下使用?

5. 为什么要使用流的复合机制? 请根据表 1.1 中的基本流,给出两个读取文件的复合流设计,给出两个存储文件的复合流设计。

6. 比较非阻塞 I/O 流与基本 I/O 流的异同。

7. 什么是套接字? Java Socket API 有哪些?

8. 为什么要使用套接字的复合流设计? 请根据表 1.1 中的基本流以及图 1.17 和图 1.18 的方法,给出两个读取(接收)信息的套接字复合流设计,给出两个写入(发送)信息的套接字复合流设计。

9. 比较 ServerSocket 类与 Socket 类的异同。比较 TCP 与 UDP 协议的不同。

10. 查阅 JDK 等文档,初步熟悉 DatagramSocket 类与 DatagramPacket 类的定义与用法。

11. 什么是程序、进程、线程？请阐述三者的关系。

12. Java线程的特点是什么？

13. 请从生命周期的角度阐述Java线程的运行状态及其转换机制。

14. 查阅JDK等资料，熟悉Executor、ExecutorService、Executors这三个类的定义与用法。

15. 客户机与服务器是如何通信的？分别就TCP与UDP两种协议，描述其通信模型。

16. 以TCP协议为例，描述客户机编程模板与服务器编程模板。

17. 深度思考1：1.8节、1.9节实现的Echo项目，客户机只能完成与服务器的一次对话，如何实现二者的持续对话？请改进设计，当客户机发出退出命令后，客户机结束，而服务器则持续运行。

18. 深度思考2：参考1.7节给出的服务器逻辑，将服务器的“处理连接”和“与客户机会话”分别定义为线程如何？什么情况下需要这样做？

19. 在图1.31描述的Java SE系统结构图中，找出你认为与网络编程密切的知识模块，尽可能去熟悉和了解这些模块间的关联。

20. 恭喜你完成了“概述”的全部学习，请在表1.2中写下你的收获与问题，带着收获的喜悦、带着问题激发的好奇继续探索下去，欢迎将问题发送至：upsunny2008@163.com，与本章作者沟通交流。

表1.2 “概述”学习收获清单

序号	收获的知识点	希望探索的问题
1		
2		
3		
4		
5		

第2章　一客户一线程

一客户一线程，是不是听起来就有一种很美的感觉。想象这样一种场景：你跟朋友们进入一个超级卖场，假定去了 N 个人，一踏进卖场，即刻有 N 名顾问上前一对一服务，精心导购，大家感觉整个卖场仿佛只为其一人服务。卖场的这种一对一服务模式，套用到服务器(相当于卖场)与客户机(相当于顾客)的工作关系上，服务器对每一个新建立的客户机连接，都立即创建新线程与之一一对应，服务器对客户机的这种响应模式称为一客户一线程。

2.1　作品演示

作品描述：RFC 862 文档定义的 Echo 协议极其简单，常用于网络调试与检测。Echo 协议规定了 TCP 和 UDP 两种通信模式。基于 TCP 通信时，服务器默认在 7 号端口侦听，一旦客户机连接建立，无论客户机向服务器发送了什么，服务器都接收并立即回送。基于 UDP 通信时，服务器仍然默认使用 7 号端口，原样向客户机回送收到的信息。本章案例假定服务器工作于 TCP 的 7 号端口，不限制客户机数量，不同客户机可以同时向服务器发送任意字符串，服务器一对一原样回送，实现一客户一线程的工作模式。

下面首先启动服务器，然后启动两个客户机做模拟测试。

打开 chap02 目录下的 begin 子文件夹，可以看到两个 jar 文件，如图 2.1 所示。

图 2.1　Echo 项目演示文件

双击服务器程序 EchoServer.jar，服务器启动后的初始运行界面如图 2.2 所示。服务器工作于 localhost 主机的 7 号端口。

双击 EchoClient.jar 启动第一个客户机程序，客户机连接服务器后的初始界面如图 2.3 所示。

EchoServer服务器--设计：董相志，版权所有，2016-2018
服务器启动面板
服务器主机名：
localhost
服务器端口：
7
启动服务器
服务器收到的客户机消息面板
服务器开始等待客户机连接...

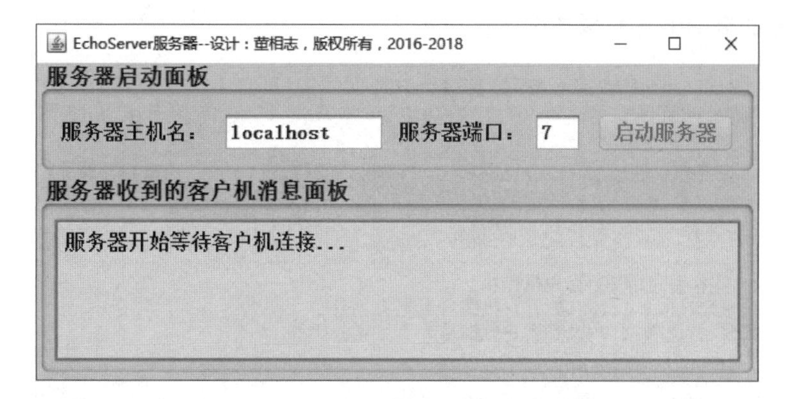

图 2.2　Echo 服务器启动初始界面

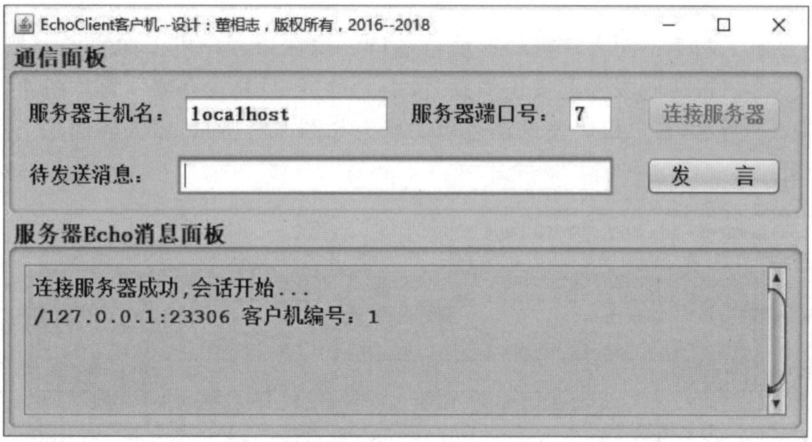

EchoClient客户机--设计：董相志，版权所有，2016--2018
通信面板
服务器主机名：
localhost
服务器端口号：
7
连接服务器
待发送消息：
发　言
服务器Echo消息面板
连接服务器成功,会话开始...
/127.0.0.1:23306 客户机编号：1

图 2.3　客户机 1 连接服务器成功

双击 EchoClient.jar 启动第二个客户机程序，客户机连接服务器后的初始界面如图 2.4 所示。

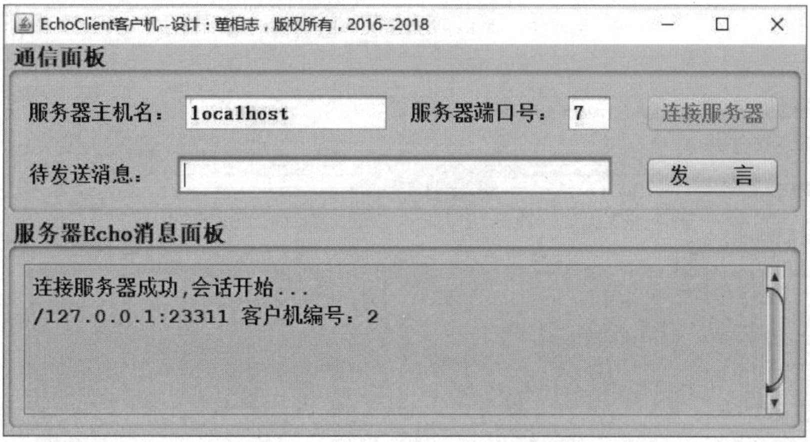

EchoClient客户机--设计：董相志，版权所有，2016--2018
通信面板
服务器主机名：
localhost
服务器端口号：
7
连接服务器
待发送消息：
发　言
服务器Echo消息面板
连接服务器成功,会话开始...
/127.0.0.1:23311 客户机编号：2

图 2.4　客户机 2 连接服务器成功

此时服务器端的消息面板如图 2.5 所示。

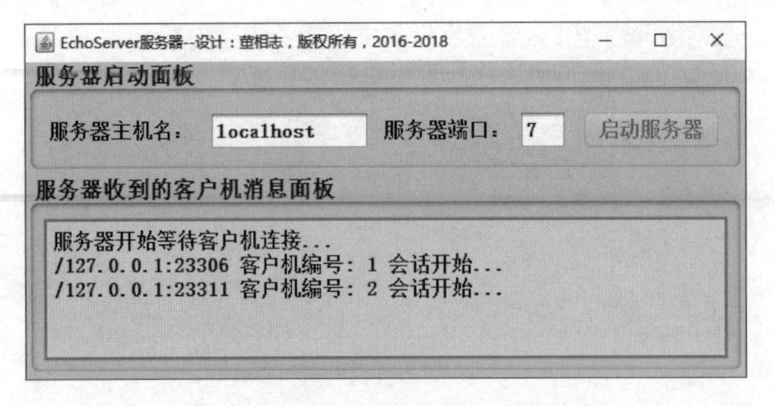

图 2.5　两个客户机连接后服务器消息面板

图 2.5 显示了两个不同客户机的地址与端口。现在让客户机 1 向服务器发送消息“有朋自远方来”，客户机 2 向服务器发送消息“世上无难事，只要肯登攀”，客户机 1 发送消息后的状态如图 2.6 所示，客户机 2 发送消息后的状态如图 2.7 所示，服务器回送消息后的状态如图 2.8 所示。

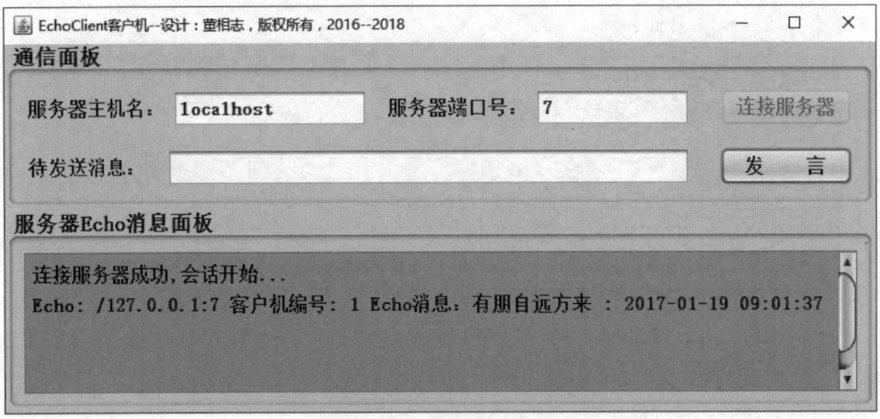

图 2.6　客户机 1 发送消息后的状态

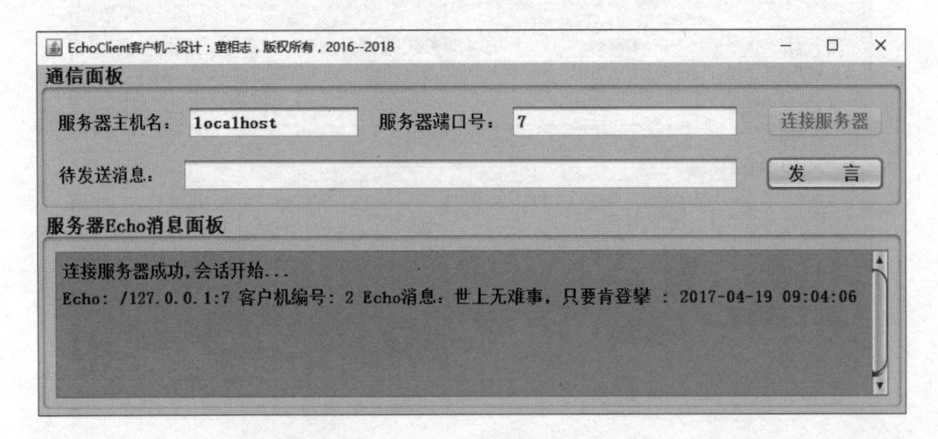

图 2.7　客户机 2 发送消息后的状态

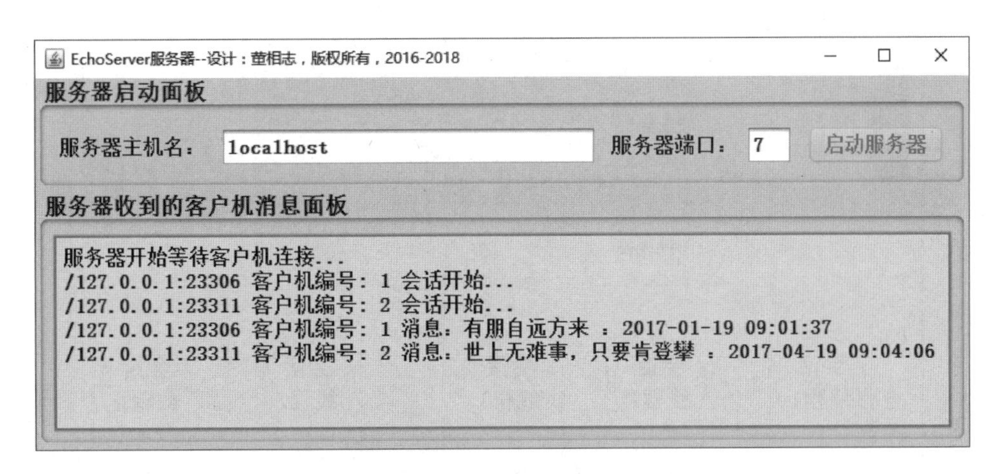

图 2.8　服务器回送消息后的状态

仔细观察客户机与服务器通信时的地址、端口、会话时间，然后启动更多的客户机，客户机可以任意地、随机地向服务器发送各种消息，服务器总是有条不紊、有求必应。服务器是如何实现这一切的？答案尽在一客户一线程。

2.2　本章重点知识介绍

Java 从 JDK 1.0 就开始支持线程技术，因此 Java 线程具有良好的先天设计。在开始运行一个线程之前，需要借助 Runnable 接口为线程编写代码，这些代码是线程完成任务的逻辑，代码放在线程的 run()方法里面。run()方法没有参数，没有返回值，是 Runnable 的唯一方法，也是线程逻辑的入口。

一客户一线程工作模型如图 2. 9 所示，包括启动线程、连接线程和会话线程。

(1) 启动线程。负责启动服务器。启动服务器的步骤是：①用 ServerSocket 类创建侦听套接字，②绑定服务器工作地址与端口，③开始侦听客户机连接。

(2) 连接线程。服务器启动成功后，接着启动连接线程。连接线程能够接受并处理客户机请求，主要工作是：①建立一对一的连接，②创建与客户机一对一的会话套接字，③创建与客户机一对一会话线程，将会话套接字作为参数传递给会话线程，启动会话线程。

(3) 会话线程。会话线程与客户机一对一进行数据交换，以本章 Echo 项目为例，需要遵循 Echo 协议交换数据，即服务器接收来自客户机的消息，再原样回送到客户机。在其他应用项目中，具体采用什么协议，需要具体问题具体分析。

如图 2.9 所示，整个服务器虚线框里包含若干个子虚线框，每个被虚线框住的部分代表一个线程，分别是启动线程、连接线程、会话线程 1、会话线程 2、……、会话线程 N。

现在我们再从客户机的角度，重新对图 2.9 所示的一客户一线程模型做出分析。假定客户机按照客户 1，客户 2，客户 3，…，客户 N 的顺序依次与服务器建立连接，则客户机与服务器的工作流程大致如下。

(1) 客户 1 通过 Socket 1 请求与服务器建立连接。

(2) 服务器连接线程中的 accept()方法接受来自客户 1 的连接，创建与客户 1 会话的套

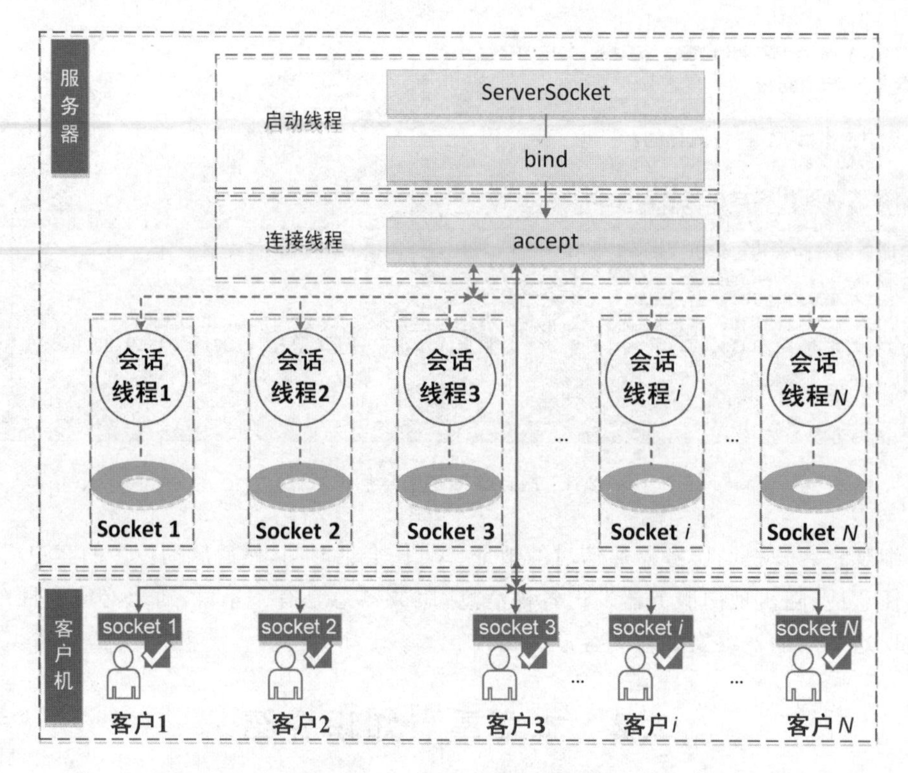

图 2.9　一客户一线程工作模型

接字 Socket 1；接着创建与客户 1 会话的线程，称之为会话线程 1，将 Socket 1 作为参数传递给会话线程 1 并启动会话线程 1。

(3) 客户 1 通过会话线程 1 与服务器实现一对一数据交换，直至客户 1 主动断开连接，服务器端的会话线程 1 才会结束。

(4) 客户 2 通过 socket 2 请求与服务器建立连接。

(5) 服务器连接线程中的 accept()方法接受来自客户 2 的连接，创建与客户 2 会话的套接字 Socket 2；接着创建与客户 2 会话的线程，称之为会话线程 2，将 Socket 2 作为参数传递给会话线程 2 并启动会话线程 2。

(6) 客户 2 通过会话线程 2 与服务器实现一对一数据交换，直至客户 2 主动断开连接，服务器端的会话线程 2 才会结束。

(7) 上述(1)～(6)的步骤周而复始，服务器对客户机连接来者不拒，来多少都用子线程实现一对一，即一客户一线程。

本章开头提到的超级卖场一对一服务模式，太过奢侈豪华，在顾客数量庞大时，会耗尽卖场人力资源，根本不可行。同样，客户机与服务器的一客户一线程模式，在大规模客户并发时，也会耗尽服务器宝贵的 CPU 资源与内存资源，让服务器不堪重负，甚至宕机崩溃。

由此可见，在 Internet 上部署服务器，面对客户并发数量的不确定性，不宜采用一客户一线程模式。当然，一客户一线程也不是一无是处，至少它具有极快的客户响应能力，在客户规模确定的内部网，可以采用这种服务模式。不过，在学习第 3 章的线程池之后，有理由确信线程池几乎在所有场合都可取代一客户一线程。从编程方法的角度看，掌握了一客户一线程的编程模型，几乎等于掌握了线程池的编程模型。

2.3 客户机界面设计

启动 NetBeans 8.2，在 chap02 目录下的 begin 子文件夹中创建客户端项目 EchoClient，如图 2.10 所示。请注意，不要勾选“创建主类”复选框，因为我们希望稍后用主界面类作为主类。单击“完成”按钮，完成 EchoClient 项目初始化。

图 2.10　创建 EchoClient 客户机项目

接下来为客户机项目添加窗体主类，操作方法如图 2.11 所示。右击 EchoClient 项目的“默认包”，在弹出的快捷菜单中选择“新建”→“JFrame 窗体”命令，进入创建窗体向导。

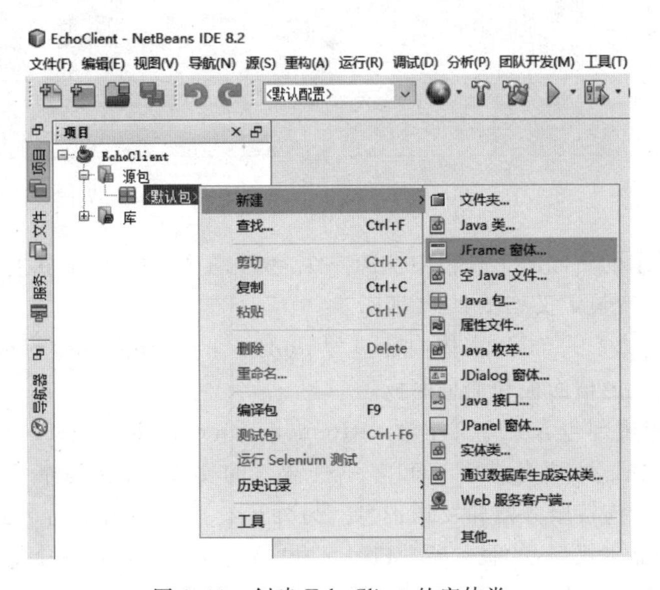

图 2.11　创建 EchoClient 的窗体类

进入窗体参数设定界面后,设定类名为 ClientUI,设定包名为 cn.edu.ldu,如图 2.12 所示,单击"完成"按钮,完成界面类 ClientUI 的创建与添加。此时项目结构与窗体布局的初始界面如图 2.13 所示。

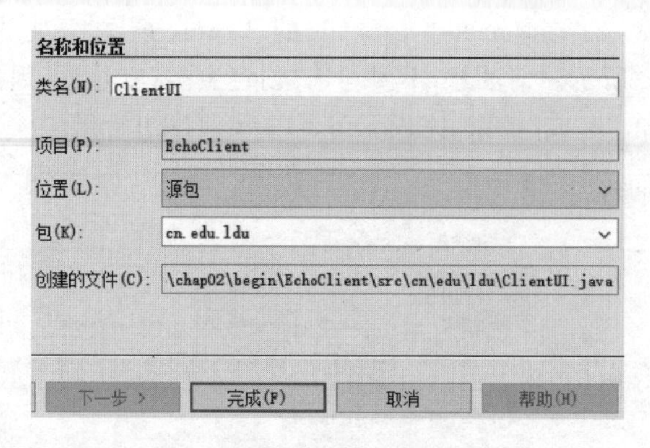

图 2.12 定义窗体类的类名、包名

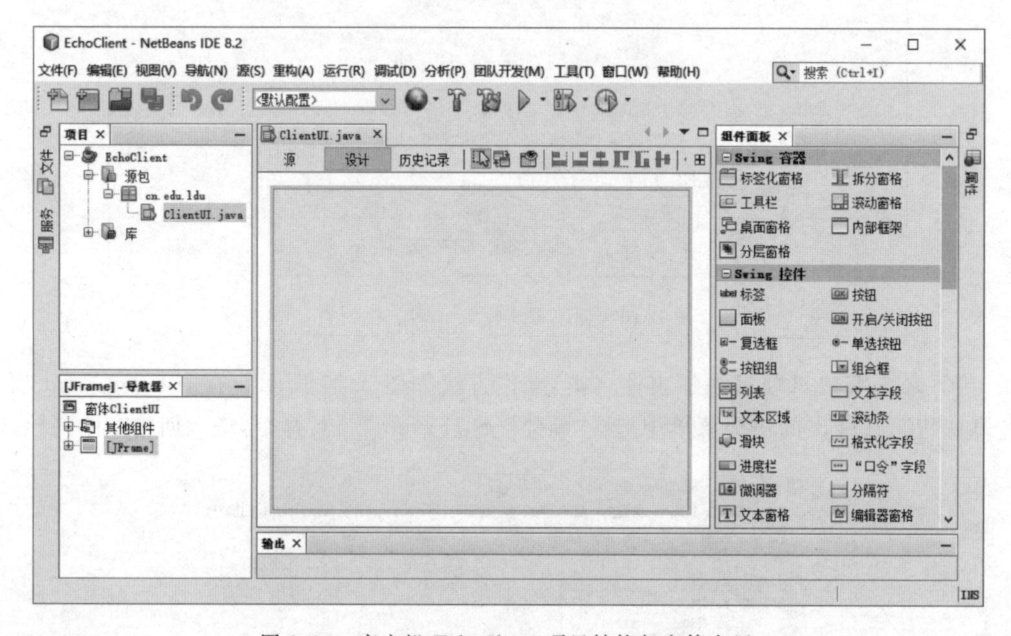

图 2.13 客户机 EchoClient 项目结构与窗体布局

在图 2.13 所示的右侧的工具箱中挑选控件,参照图 2.3 的布局,进行界面定义与设计,完成的布局界面与变量定义如图 2.14 所示。

窗体整体采用边框式布局,窗体内部包含 topPanel 和 midPanel 上下两个 JPanel 面板控件,分别用于定义通信面板和消息面板。

topPanel 面板内部包含三个文本框 txtRemoteName、txtRemotePort 和 txtInput,分别用于定义服务器主机名、服务器端口和客户机输入的文本,包含两个按钮 btnConnect 和 btnSpeak,分别用于连接服务器和发送消息。另外还有三个不需要命名的 JLabel 控件,分别用来显示"服务器主机名:""服务器端口号:"和"待发送消息:"这三个标签。

midPanel 内嵌一个 JScrollPane 类型的滚动窗格。滚动窗格内部包含 txtArea 控件,这

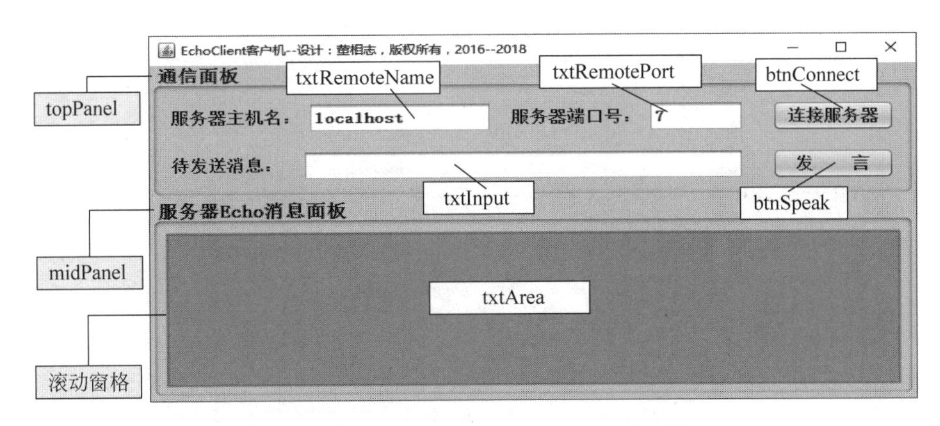

图 2.14　客户机界面布局与变量定义

是一个 JTextArea 类型的文本区域。

完成图 2.14 所示的界面设计之后，导航器中展示的界面控件逻辑关系如图 2.15 所示。

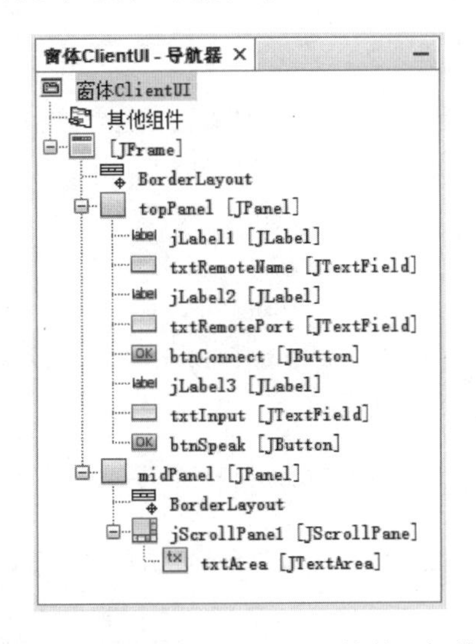

图 2.15　导航器中展示的界面控件逻辑关系

2.4　服务器界面设计

启动 NetBeans 8.2，在 chap02 目录下的 begin 子文件夹中创建服务器项目 EchoServer，如图 2.16 所示。请注意，不要勾选“创建主类”复选框，因为我们希望稍后用主界面类作为主类。单击“完成”按钮，完成项目的创建和初始化。

接下来为服务器 EchoServer 项目添加窗体主类，操作方法与客户机类似。右击服务器项目的“默认包”，在弹出的快捷菜单中选择“新建”→“JFrame 窗体”命令，进入创建窗体向导并定义类名和包名，如图 2.17 所示。单击“完成”按钮，完成服务器窗体主类的创建和初始化。

按照图 2.18 给出的布局逻辑和变量定义，完成服务器界面的设计工作。

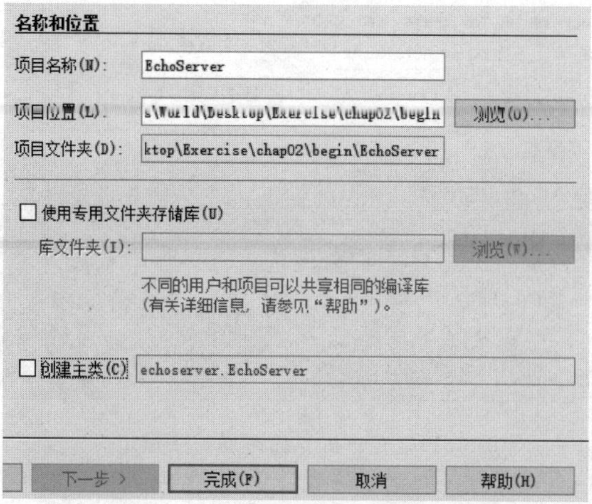

名称和位置
项目名称(N):
EchoServer
项目位置(L):
s\World\Desktop\Exercise\chap02\begin
浏览(O)...
项目文件夹(D):
ktop\Exercise\chap02\begin\EchoServer
使用专用文件夹存储库(U)
库文件夹(I):
浏览(R)...
不同的用户和项目可以共享相同的编译库
(有关详细信息，请参见“帮助”)。
创建主类(C)
echoserver.EchoServer
下一步 >
完成(F)
取消
帮助(H)

图 2.16　创建服务器 EchoServer 项目

New JFrame 窗体
步骤
1. 选择文件类型
2. 名称和位置
名称和位置
类名(N):
ServerUI
项目(P):
EchoServer
位置(L):
源包
包(K):
cn.edu.ldu
创建的文件(C):
r\src\cn\edu\ldu\ServerUI.java
< 上一步(B)
下一步 >
完成(F)
取消

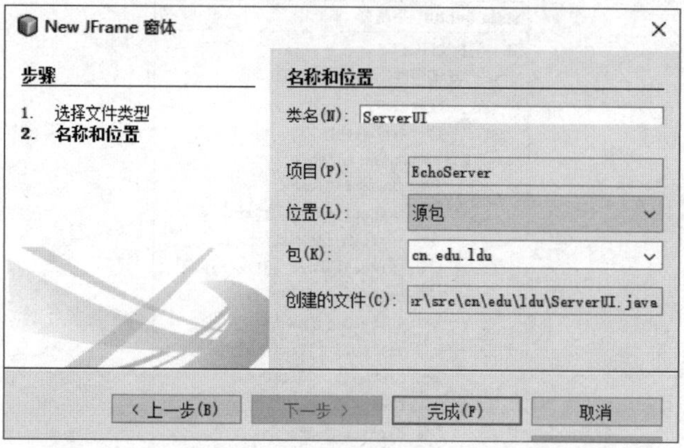

图 2.17　定义服务器 EchoServer 窗体类的类名和包名

EchoServer服务器--设计：董相志，版权所有，2016-2018
服务器启动面板
topPanel
txtHostName
txtHostPort
服务器主机名：
localhost
服务器端口：
7
启动服务器
btnStart
服务器收到的客户机消息面板
midPanel
txtArea
滚动窗格

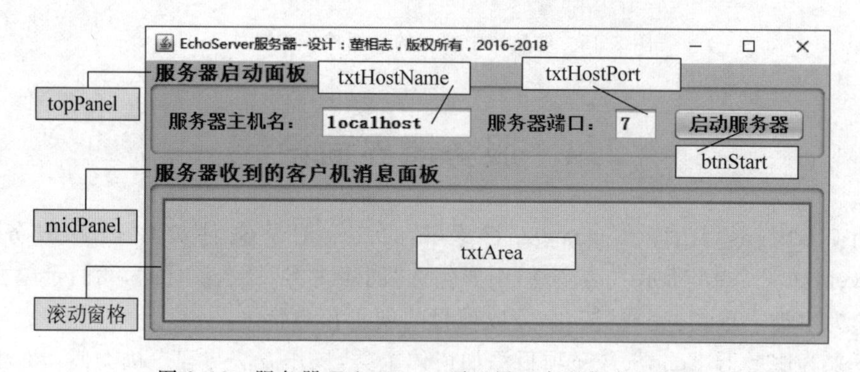

图 2.18　服务器 EchoServer 项目界面布局与变量定义

服务器窗体整体采用边框式布局，窗体内部包含 topPanel 和 midPanel 上下两个 JPanel 面板控件，分别用于定义启动面板和消息面板。

topPanel 面板内部包含两个文本框 txtHostName 和 txtHostPort，分别用于定义服务器工作地址和工作端口，包含一个按钮 btnStart，用于启动服务器。另外还有两个不需要命名的 JLabel 控件，分别用来显示“服务器主机名：”和“服务器端口：”这两个标签。

midPanel 面板内嵌一个 JScrollPane 类型的滚动窗格面板。滚动窗格内部包含 txtArea 控件，这是一个 JTextArea 类型的文本区域。

各控件之间的逻辑关系如图 2.19 所示。

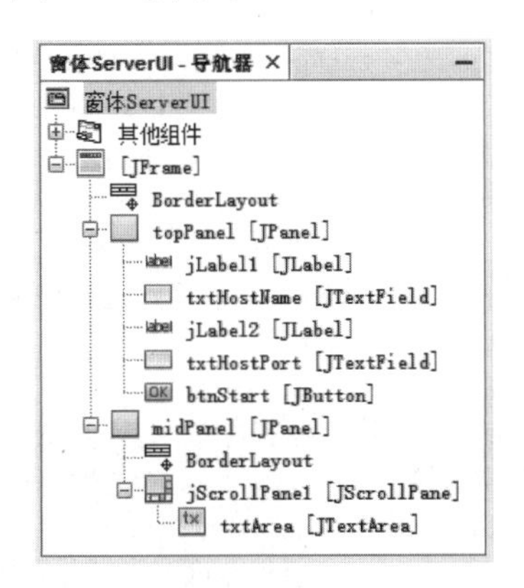

图 2.19　服务器控件之间的逻辑关系

2.5　客户机连接服务器

打开客户机项目 ClientUI 的设计视图，如图 2.20 所示。在“连接服务器”按钮上双击，进入 btnConnect 的事件过程，完成连接服务器的编码如程序 2.1 所示。

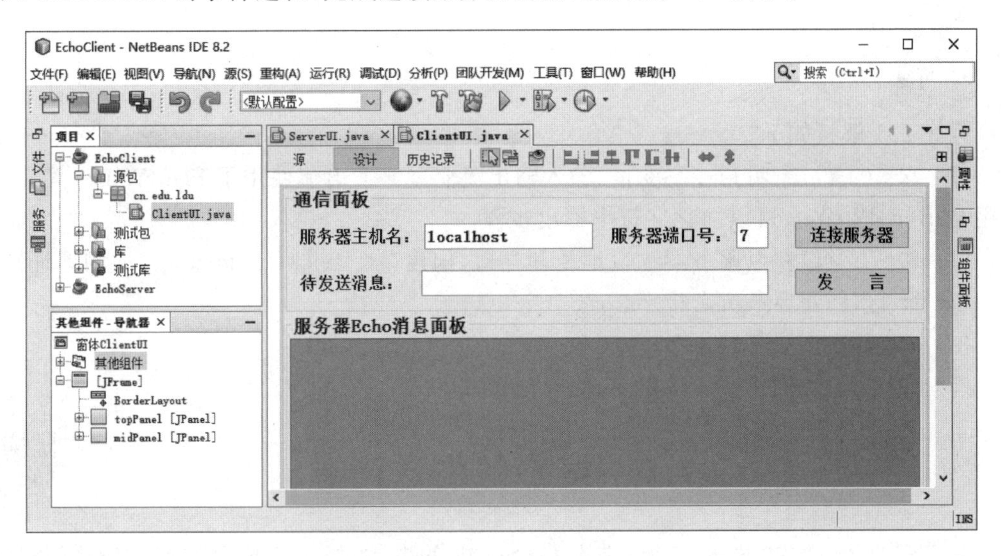

图 2.20　客户机项目 ClientUI 设计视图

程序 2.1　客户机连接服务器事件过程，定义为 ClientUI 的一个成员方法

```
01  public class ClientUI extends javax.swing.JFrame {
02      private Socket clientSocket = null;        //声明客户机套接字
```

```
03      private BufferedReader in;                      //声明网络输入流
04      private PrintWriter out;                        //声明网络输出流
05      …
06      //连接服务器
07      private void btnConnectActionPerformed(java.awt.event.ActionEvent evt) {
08          try {
09              //获取服务器参数
10              String remoteName = txtRemoteName.getText();
11              int remotePort = Integer.parseInt(txtRemotePort.getText());
12              //构建服务器 SocketAddress 格式的地址
13              SocketAddress remoteAddr = new InetSocketAddress(
14                      InetAddress.getByName(remoteName),remotePort);
15              //创建套接字 clientSocket 并连接到远程服务器
16              clientSocket = new Socket();
17              clientSocket.connect(remoteAddr);
18              txtArea.append("连接服务器成功,会话开始...\n");
19              //创建绑定到套接字 clientSocket 上的网络输入流与输出流
20              out = new PrintWriter(new OutputStreamWriter(
21                              clientSocket.getOutputStream(),"UTF - 8"),true);
22              in = new BufferedReader(new InputStreamReader(
23                              clientSocket.getInputStream(),"UTF - 8"));
24          } catch (IOException ex) {
25              JOptionPane.showMessageDialog(null, ex.getMessage(), "连接错误",
26                                      JOptionPane.ERROR_MESSAGE);
27              return;
28          }
29          btnConnect.setEnabled(false);
30      }
31      …
32  }
```

程序 2.1 解析如下。

(1) 02～04 行,声明套接字变量、输入输出流变量。输出流使用了 PrintWriter 类,没有使用 BufferedWriter,可以简化字符串输出步骤。

(2) 10～14 行,获取服务器主机地址和端口,构建一个 SocketAddress 格式的地址。

(3) 16 行,创建客户机套接字。

(4) 17 行,连接服务器。

(5) 20～23 行,创建输入输出流,为通信做准备。

2.6 客户机发送消息

双击图 2.20 中的"发言"按钮,进入 btnSpeak 的事件过程,完成发送消息的逻辑设计,如程序 2.2 所示。

程序 2.2 客户机发送消息事件过程,定义为 ClientUI 的一个成员方法

```
01  //向服务器发送消息,并接收服务器的 Echo 消息
02  private void btnSpeakActionPerformed(java.awt.event.ActionEvent evt) {
```

```
03      //根据服务器协议,在网络流上进行读写操作
04      if (clientSocket == null) {
05          JOptionPane.showMessageDialog(null, "请先检查服务器连接情况。\n
06          确保客户机连接到服务器!", "错误提示", JOptionPane.ERROR_MESSAGE);
07          return;
08      }
09      //获取待发消息
10      String outStr = txtInput.getText();
11      if (outStr.length() == 0) {                     //待发消息框为空
12          JOptionPane.showMessageDialog(null, "请输入发送消息!","提示",
13                                      JOptionPane.INFORMATION_MESSAGE);
14          return;
15      }
16      //发送
17      out.println(outStr);
18      txtInput.setText("");
19      try {
20          //按照 Echo 协议,客户机应立即接收服务器回送消息
21          String inStr;
22          inStr = in.readLine();
23          //收到的 Echo 消息加入下面的文本框
24          txtArea.append("Echo: " + inStr + "\n");
25      } catch (IOException ex) {
26          JOptionPane.showMessageDialog(null, "客户机接收消息错误!","错误提示",
27                                              JOptionPane.ERROR_MESSAGE);
28      }
29  }
30  //按下回车键,也能发送消息
31  private void txtInputActionPerformed(java.awt.event.ActionEvent evt) {
32      btnSpeakActionPerformed(evt);               //直接调用 btnSpeak 按钮的响应函数即可
33  }
34  //关闭客户机之前的资源释放工作
35  private void formWindowClosing(java.awt.event.WindowEvent evt) {
36      try {
37          //关闭并销毁网络流
38          if (in!= null) in.close();
39          if (out!= null) out.close();
40          //关闭并销毁套接字
41          if (clientSocket!= null) clientSocket.close();
42      } catch (IOException ex) { }
43  }
```

就 EchoClient 案例而言,发送消息之后,还要立即接收服务器的回送消息,所以程序 2.2 的事件过程还包含了消息的接收。

程序 2.2 解析如下:

(1) 01～29 行,单击"发言"按钮的事件过程。

(2) 30～33 行,在发言框 txtInput 中按下回车键的事件过程,仍然执行发送消息功能。

(3) 34～43 行,关闭客户机程序之前,关闭输入流、输出流和套接字。

发送消息的逻辑过程详解如下。

(1) 04～08 行,是容错设计,要求发送消息前先与服务器建立连接。

(2) 09～15 行,读取 txtInput 消息框内容,包含容错设计,如果为空,提示输入消息后再发送。

(3) 17 行,发送字符串消息的逻辑只有这一句。如果采用第 1 章中程序 1.1 和程序 1.2 的办法,发送消息需要用三个语句。

(4) 18 行,发送消息后将输入框 txtInput 清空,为下一次发送消息做准备。

(5) 19～28 行,接收服务器回送的消息,用 readLine()方法,这个方法需要处理 IOException 异常。

2.7 服务器启动线程及连接线程

打开服务器项目 ServerUI 的设计视图,如图 2.21 所示。双击"启动服务器"按钮,进入启动服务器的事件过程,完成服务器启动逻辑以及侦听处理连接的线程,如程序 2.3 所示。

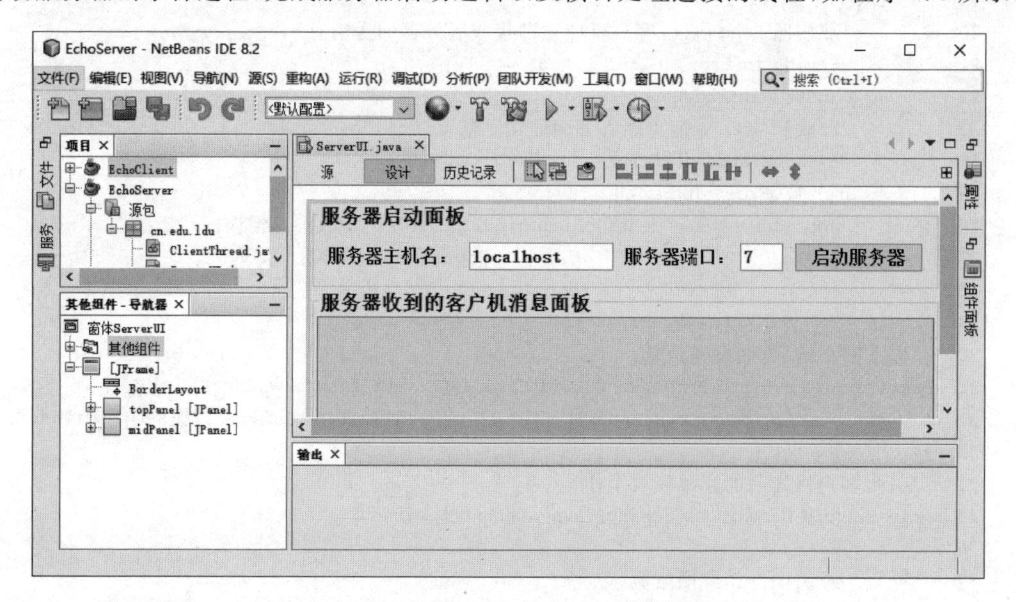

图 2.21 服务器项目 ServerUI 设计视图

程序 2.3 启动服务器的事件过程,启动服务器,处理连接,定义为 ServerUI 的一个成员方法

```
01  public class ServerUI extends javax.swing.JFrame {
02      private ServerSocket listenSocket = null;                //侦听套接字
03      private Socket toClientSocket = null;                    //与客户机对话的套接字
04      public static int clientCounts = 0;                      //客户数量编号
05      …
06      //启动服务器
07      private void btnStartActionPerformed(java.awt.event.ActionEvent evt) {
08          try {
09              btnStart.setEnabled(false);                      //禁用按钮,避免重复启动
10              String hostName = txtHostName.getText();         //主机名
```

```
11                int hostPort = Integer.parseInt(txtHostPort.getText());    //端口
12                //构建服务器的 SocketAddress 格式地址
13                SocketAddress serverAddr = new InetSocketAddress(
14                                InetAddress.getByName(hostName),hostPort);
15                listenSocket = new ServerSocket();                    //创建侦听套接字
16                listenSocket.bind(serverAddr);                        //绑定到工作地址
17                txtArea.append("服务器开始等待客户机连接...\n");
18            } catch (IOException ex) { }
19
20            //创建一个匿名线程,并创建响应客户机的会话线程
21            new Thread(new Runnable() {
22                @Override
23                public void run() {
24                    try {
25                        while (true) {                                //处理客户机连接
26                            toClientSocket = listenSocket.accept();  //侦听并接受客户机连接
27                            clientCounts++;                           //客户机数量加 1
28                            txtArea.append(toClientSocket.getRemoteSocketAddress() +
29                                " 客户机编号: " + clientCounts + " 会话开始...\n");
30                            //创建客户线程 clientThread,实现一客户一线程
31                            Thread   clientThread   =   new   ClientThread  ( toClientSocket,
                            clientCounts);
32                            clientThread.start();                     //启动任务线程
33                        } //end while
34                    } catch (IOException ex) {
35                        JOptionPane.showMessageDialog(null, ex.getMessage(), "错误提示",
36                                                    JOptionPane.ERROR_MESSAGE);
37                    }
38                } //end run()
39            }).start();
40        }
41        //关闭服务器之前
42        private void formWindowClosing(java.awt.event.WindowEvent evt) {
43            //关闭服务器之前释放套接字
44            if (listenSocket!= null) listenSocket = null;
45            if (toClientSocket!= null) toClientSocket = null;
46        }…
47    } //end class
```

程序 2.3 解析如下。

(1) 02～03 行,定义侦听套接字与会话套接字。

(2) 10～14 行,根据地址与端口定义 SocketAddress 格式的服务器地址。

(3) 15 行,创建侦听套接字。

(4) 16 行,绑定工作地址,开始侦听。

至此,服务器的启动工作已经完成。

21～39 行,是一个匿名线程,用于处理客户机连接,解析如下。

(5) 26 行,接受客户机连接,创建会话套接字 toClientSocket。如果没有连接到达,accept()方法则阻塞等待。

(6) 31 行,创建客户机会话线程 clientThread,将会话套接字 toClientSocket 和客户机编号作为参数传递。

(7) 32 行,启动客户机会话线程 clientThread。

(8) 25～33 行,是一个无限循环,如果没有连接到达,则在第 26 行的 accept()方法处阻塞等待。

2.8 客户机会话线程

程序 2.3 中第 30～32 行用客户线程 ClientThread 类创建客户线程 clientThread,回顾如下:

```
30  //创建客户线程 clientThread,实现一客户一线程
31  Thread clientThread = new ClientThread(toClientSocket,clientCounts);
32  clientThread.start();                                          //启动任务线程
```

ClientThread 是一个自定义线程类,实现与客户机会话。本章 Echo 项目服务器端的任务比较简单:接收客户机信息,然后再原样回送到原客户机。客户线程类 ClientThread 如程序 2.4 所示。

程序 2.4 客户线程类 ClientThread

```
01  public class ClientThread extends Thread {
02      private Socket toClientSocket = null;                      //会话套接字
03      private BufferedReader in;                                 //网络输入流
04      private PrintWriter out;                                   //网络输出流
05      private int clientCounts = 0;                              //在线客户机总数
06      public ClientThread(Socket toClientSocket, int clientCounts) {     //构造函数
07          this.toClientSocket = toClientSocket;
08          this.clientCounts = clientCounts;
09      }
10      @Override
11      public void run(){
12          try {
13              //创建绑定到套接字 toClientSocket 上的网络输入流与输出流
14              in = new BufferedReader(new InputStreamReader(
15                      toClientSocket.getInputStream(),"UTF-8"));
16              out = new PrintWriter(new OutputStreamWriter(
17                      toClientSocket.getOutputStream(),"UTF-8"),true);
18              //根据服务器协议,在网络流上进行读写操作
19              String recvStr;
20              while ((recvStr = in.readLine())!= null){              //客户机不关闭,反复等待
                                                                       //和接收客户机消息
21                  Date date = new Date();
22                  DateFormat format = new SimpleDateFormat("yyyy-mm-dd hh:mm:ss");
23                  String time = format.format(date);
24                  ServerUI.txtArea.append(toClientSocket.getRemoteSocketAddress() + "客
                    户机编号:
25                  " + clientCounts + " 消息:" + recvStr + " :" + time + "\n");
                                                                       //解析并显示收到的消息
```

```
26                  //按照 Echo 协议原封不动回送消息
27                  out.println(toClientSocket.getLocalSocketAddress() + " 客户机编号: " +
28                              clientCounts + " Echo 消息: " + recvStr + " : " + time);
29              } //end while
30              ServerUI.clientCounts -- ;                              //客户机总数减 1
31              //远程客户机断开连接,线程释放资源
32              if (in!= null) in.close();
33              if (out!= null) out.close();
34              if (toClientSocket!= null) toClientSocket.close();
35          }catch (IOException ex) {}
36      } //end run
37  } //end class
```

程序 2.4 解析如下:

(1) 02~04 行,定义会话套接字 toClientSocket 和输入流 in 与输出流 out。

(2) 06~09 行,构造函数,初始化 toClientSocket 和 clientCounts。

(3) 14~15 行,构建输入流。

(4) 16~17 行,构建输出流。

(5) 20~29 行,是一个读入消息的循环。只要客户机不断开连接,循环条件 readLine()的返回值就不会为 null,与客户机的会话就会一直进行下去。

(6) 31~35 行,客户机断开连接,会话线程需要关闭输入流、输出流和套接字。

程序 2.1 实现连接服务器、程序 2.2 实现发送消息、程序 2.3 实现启动服务器和处理连接、程序 2.4 实现客户会话线程,这四部分合起来实现了图 2.19 所示的客户机与服务器一客户一线程工作逻辑。可以启动更多的客户机做联网测试,尝试关闭一些客户机,再增加一些客户机,观察服务器的状态变化。

2.9 小　　结

本章完成的一客户一线程,与第 1 章给出的程序 1.1 和程序 1.2 相比,编程复杂度明显增加。

程序 1.2 与程序 2.1、程序 2.2 可以进行对比学习。程序 1.2 实现连接服务器,接着发送一条固定消息,然后接收回送消息,程序即结束,没有人机交互。程序 2.1 实现连接服务器,程序 2.2 实现发送任意条消息,一切由用户决定,有人机交互界面。

程序 1.1 与程序 2.3 和程序 2.4 可以进行对比学习,启动服务器的步骤是一样的,不同之处有两点:

(1) 程序 2.3 中对连接的处理采用了线程方法,线程中定义一个无限循环以处理多客户机连接。

(2) 程序 2.4 中专门用一个会话线程类处理服务器与客户机的一对一会话过程。

可见,程序 1.1 与程序 1.2 揭示了客户机与服务器通信的基本原理与基本逻辑。程序 2.1~程序 2.4 则给出了一个更有实际拓展意义的客户机/服务器工作模型,这个模型的最大特点是实现的一客户一线程的工作模式。

一客户一线程,主要逻辑集中在服务器这一端,一般把启动服务器的逻辑放在一个线程

(启动线程),处理客户机并发连接的逻辑放在一个线程(连接线程),把与客户机一对一的数据交换放在一个线程(会话线程)。连接一旦建立,会话线程即由连接线程创建并启动,有多少连接,即创建多少会话线程。当客户机断开连接时,服务器上对应的会话线程也会结束,服务器的连接数减少,会话线程数也随之减少。这就是一客户一线程的基本要义。

2.10 实验 2:用 SwingWorker 改写线程

1. 实验目的

(1) 理解并掌握服务器—客户—线程通用技术框架。

(2) 理解并掌握 SwingWorker<T,V>后台线程技术。

2. 实验内容

(1) 重温本章完成的 Echo 一客户一线程服务器设计。

(2) 学习和理解 SwingWorker<T,V>类的用法。

3. 实验方法与步骤

1) 重温 Echo 一客户一线程服务器设计

修改客户机设计,在客户机界面上增加一个文本框,用于指定向服务器发送消息的条数,界面如图 2.22 所示。客户机可以向服务器批量发送消息,例如每次 30 000 条,消息之间间隔 10ms,启动 5 个、10 个、15 个客户机,测试服务器的性能表现。

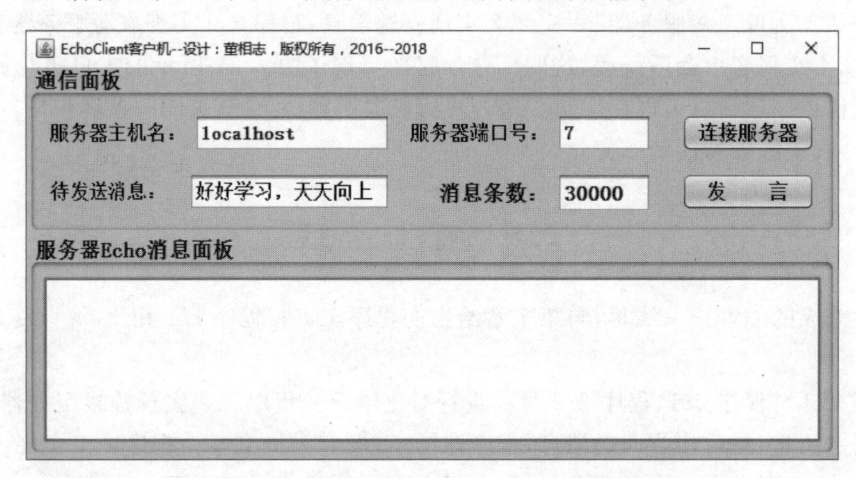

图 2.22　客户机向服务器批量发送消息

2) 用 SwingWorker<T,V>替代 Thread 类定义 ClientThread 类

SwingWorker<T,V>类是一个泛型类,在 javax.swing 包中定义,实现了 Runnable、Future<T>、RunnableFuture<T>接口,因此 SwingWorker<T,V>是一个线程类,通过将用户界面线程与后台任务线程分离,可以有效提升界面线程的交互体验,后台线程也可以更新界面线程。SwingWorker<T,V>类适合需要较长时间的后台任务,例如较多的 I/O 数据交换等。

请查找资料,用 SwingWorker<T,V>类重新定义本章程序 2.3 和程序 2.4 中的 ClientThread。

提示如下：

```
//创建任务线程 worker,实现一客户一线程
SwingWorker < List < String >, String > worker = new ClientThread(toClientSocket,clientCounts);
worker.execute();                                                    //启动任务线程
```

让 ClientThread 继承 SwingWorker < List < String >, String >，重写 SwingWorker 的 doInBackground()方法。

4. 边实验边思考

(1) 为什么服务器端的"toClientSocket=listenSocket.accept();"语句需要放在一个无限循环里面？为什么这个无限循环需要单独定义为一个线程？

(2) 查找资料，理解 SwingWorker < T,V >类的工作原理，理解类型 T、类型 V 的含义，掌握函数 doInBackground()、publish()、process()、done()、get()的用法。

5. 实验总结

根据实验情况，撰写实验报告，简明扼要记录实验过程、实验结果，提出实验问题，做出实验分析。根据实验情况认真回答上述实验思考题。

2.11 习 题 2

1. 服务器能够运行的线程数量由哪些因素决定？线程数量与服务器性能是什么关系？

2. Echo 项目中客户机与服务器界面都用了边框布局，请简述这种布局的特点。还有哪些布局类型？各有什么特点？

3. 请结合图 2.9 所示的一客户一线程工作模型，谈谈你的理解与认识。

4. 程序 2.3 的连接线程是用一个匿名线程定义的，请改写程序 2.3，将连接线程单独写为一个类试试有什么不同。

5. 程序 2.3 连接线程中用 while(true)循环可以让服务器 7×24 小时不间断为客户机服务；程序 2.4 的客户线程中用 while((recvStr=in.readLine())!=null)作为循环条件，可以保持服务器会话线程与远程客户机的会话持续到客户机断开连接为止。请谈谈你对这两种编程模式的理解，能否用不同的方法分别替换上述两个循环的终止条件，而实现相同的逻辑效果。

6. SwingWorker 有助于分离用户界面线程和任务线程，界面线程负责绘制和更新界面、响应用户输入；对于任务线程来说，主要执行和界面无直接关系的耗时任务和 I/O 密集型操作。请谈谈 SwingWorker 类的 doInBackground()方法、process()方法、done()方法之间的联系。

7. 本章案例中客户机与服务器采用 Echo 协议通信，而且只能在客户机与服务器之间交换数据。如果要实现客户机之间的信息交换，还需要做哪些工作？请谈谈你的理解与认识。

8. 程序 2.1 第 4 行和第 20 行，用 PrintWriter 定义输出流，如果改用 BufferedWriter，需要对程序 2.1 和程序 2.2 做出怎样的改变？服务器端是否也需要做出相应改变？为什么？

9. 在下面这行构建复合输出流的语句中，"UTF-8"的含义是什么？参数 true 的含义是什么？

```
out = new PrintWriter(new OutputStreamWriter(clientSocket.getOutputStream(),"UTF - 8"),true);
```

10. 在下面这行构建复合输入流的语句中，InputStreamReader 的含义是什么？能否省略？

```
in = new BufferedReader(new InputStreamReader(clientSocket.getInputStream(),"UTF - 8"));
```

11. 请解析 inStr＝in.readLine()语句的执行逻辑。

12. 请解析 toClientSocket＝listenSocket.accept()语句的执行逻辑。当有新连接到达时，accept()方法会创建新的套接字，所以 toClientSocket 变量只能保留最新的套接字，这种理解是否正确？

13. 程序 2.3 第 31 行的语句用于定义客户线程，Thread clientThread＝new ClientThread(toClientSocket,clientCounts)语句中，为什么要向客户线程传递 toClientSocket 这个参数？clientCounts 表示并发连接数，当客户机断开连接时，程序 2.4 的客户线程是如何处理的？

14. 本章案例的界面设计都是借助 NetBeans 的工具面板实现的。将 JTextArea 文本区域控件放到滚动窗格 JScrollPane 控件中，可以自动为文本区域添加垂直和水平滚动条。请简要描述客户机界面的设计要点。

15. 客户机界面设计中包含文本字段 txtInput，当用户在这个文本字段按下回车键时，会触发一个可执行事件过程，请简要描述为文本字段添加回车事件的步骤。

16. 修改服务器设计，将服务器监控面板中的消息保存到一个文件中。

17. 修改服务器设计，当客户机断开连接时，统计客户机的在线时间。

18. 修改服务器设计，当客户机与服务器会话时，显示每个客户线程的名字。

19. 修改客户机与服务器设计，让客户机连接服务器时向服务器发送一个名字作为登录名称，服务器在消息面板里显示客户名与客户消息。

20. 程序 2.4 会话线程需要更新控件 txtArea 的内容，这是一种跨线程更新 Swing 界面控件的行为，需要修改 txtArea 的作用域为 public static 类型。是否有更好的替代办法？

21. 参考图 2.9 给出的一客户一线程工作模型和程序 2.3 给出的连接线程，能否用 clientCounts 的值修改循环条件 while(true)，例如改成 while(clientCounts<＝100)，用这个方式控制服务器的客户线程数量不超过 100 个？当并发客户机数量超过 100 个以后，会有什么现象出现？

22. 恭喜你完成了“一客户一线程”的全部学习，请在表 2.1 中写下你的收获与问题，带着收获的喜悦、带着问题激发的好奇继续探索下去，欢迎将问题发送至：upsunny2008@163.com，与本章作者沟通交流。

表 2.1 “一客户一线程”学习收获清单

序号	收获的知识点	希望探索的问题
1		
2		
3		
4		
5		

第3章　线　程　池

日常生活中存在大量有形无形的排队或拥挤现象，以游泳池的管理为例，如果游泳池最适宜游泳的人数上限为100人，那么当有120人同时在泳池里时就会感到拥挤，有200人同时进到泳池里，大家谁也别想游了，于是管理者就会做出限制，让后来的人排队等候。这种排队等候的生活场景屡见不鲜。例如，在火爆的餐厅门前经常会看到服务生给顾客发放排队序号，只有等到里面的顾客用餐结束，有了空座位后，排队的人才能依次进去用餐；再如到银行里办业务也要先去取号排队，如果是VIP客户，则可以得到优先服务的待遇。

线程池所体现的技术思想与生活中的排队现象一脉相承。它是根据服务器资源的负载能力，预先设定一个比较有效率的客户线程规模，当客户机请求总数超过规模限制时采取排队等候的方法，只有当线程池中的某个或某些线程结束，排队的客户请求才能依次进入线程池得到即时服务。

3.1　作品演示

作品描述：在欧美英语国家，Knock Knock游戏是一个非常流行的语言类游戏，是训练孩童、小学生语言表达能力和想象能力的有趣途径，因此这个游戏常见于家庭娱乐与同伴之间的玩乐中。这个游戏有两个玩家，一个扮演敲门人，一个扮演开门人。我们这里分别称之为“门外人”和“门内人”。下面给出游戏过程描述：

```
01  门外人：发起会话，模仿敲门的样子，开场白总是 Knock! Knock
02  门内人：总是问 Who's there?
03  门外人：说一个自己想好的单词，一般为某人、某物的名字，例如 Eye.
04  门内人：接着问 Eye who?意思是哪个 Eye 啊?格式总是“××单词 who?”
05  门外人：最后一句话是整个游戏最有意思和最关键的地方，需要门外人精心设计，例如接着前面
06  的 Eye 说 Ice-cream。Ice 的发音包含了 Eye，而意思和 Eye 完全不相干，所以让别人感到很意外，
07  充满幽默感，答非所问，语音与上一回答相近，语义离题万里，所以最后一句往往是对话的爆笑点。
08  再举一个例子。
09  A: Knock! Knock!
10  B: Who's there?
11  A: When.
12  B: When who?
13  A: Wednesday is the fourth day of a week.
```

Knock Knock项目，基本思路是用服务器扮演“门外人”，客户机扮演“门内人”，实现人机对话，多客户机可以同时在线，与服务器各自进行别开生面的游戏过程。

打开chap03目录下的begin子文件夹，可以看到如图3.1所示的服务器程序

KKServer.jar 和客户机程序 KKClient.jar。

图 3.1　Knock Knock 项目演示文件

双击 KKServer.jar,服务器启动后的初始界面如图 3.2 所示。双击 KKClient.jar,客户机连接服务器后的初始界面如图 3.3 所示。服务器的状态变化如图 3.4 所示。再次启动客户机程序,连接服务器后的初始界面如图 3.5 所示。两个客户机在线时服务器的初始状态如图 3.6 所示。

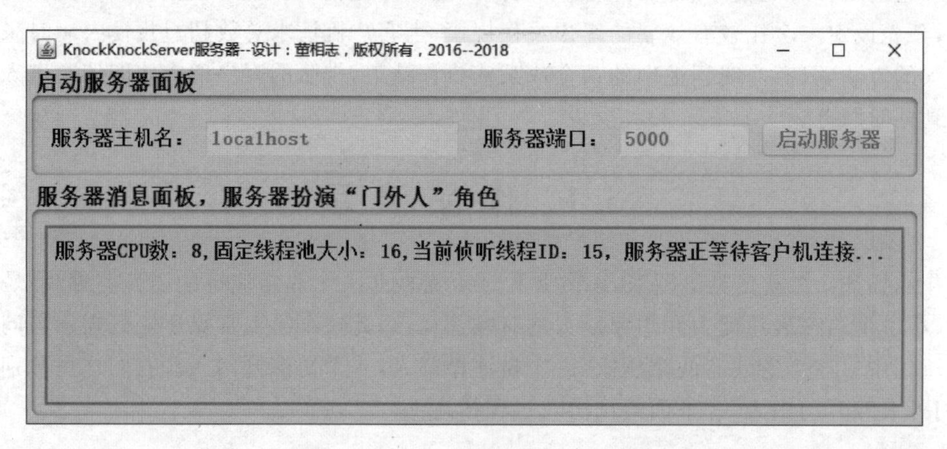

图 3.2　服务器启动后的初始界面

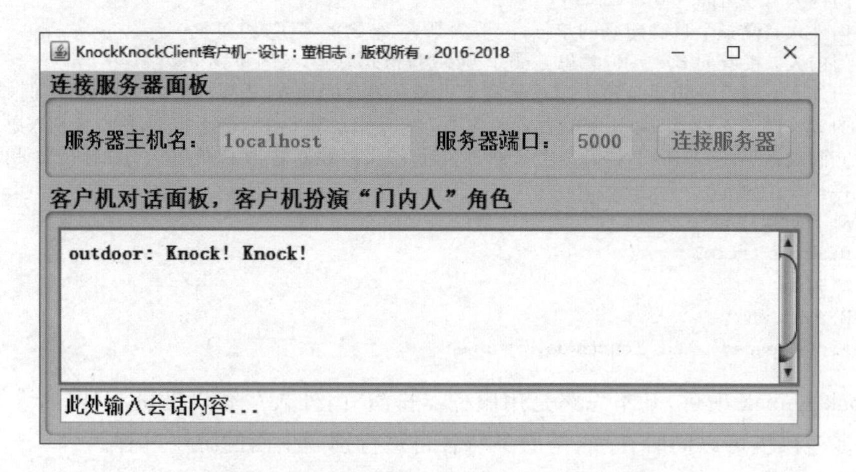

图 3.3　客户机连接服务器之后的初始界面

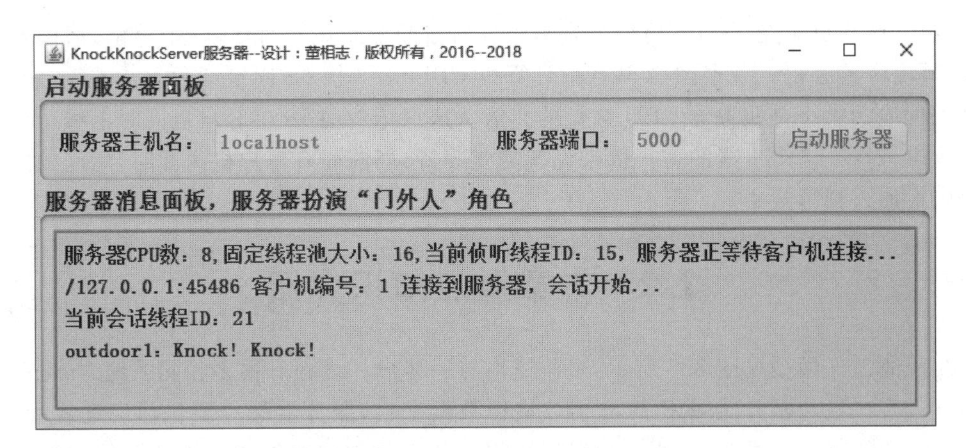

图 3.4　客户机连接之后的服务器状态

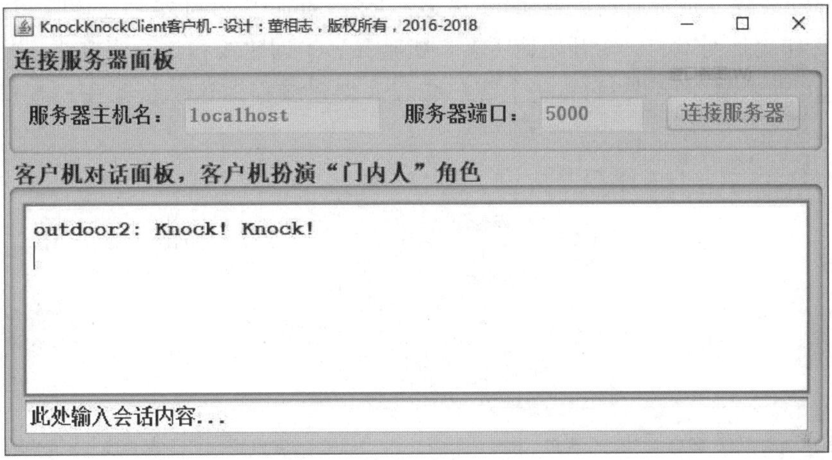

KnockKnockClient客户机--设计：董相志，版权所有，2016-2018
连接服务器面板
服务器主机名：
localhost
服务器端口：
5000
连接服务器
客户机对话面板，客户机扮演“门内人”角色
outdoor2：Knock! Knock!
此处输入会话内容...

图 3.5　再次启动客户机程序连接服务器之后的初始界面

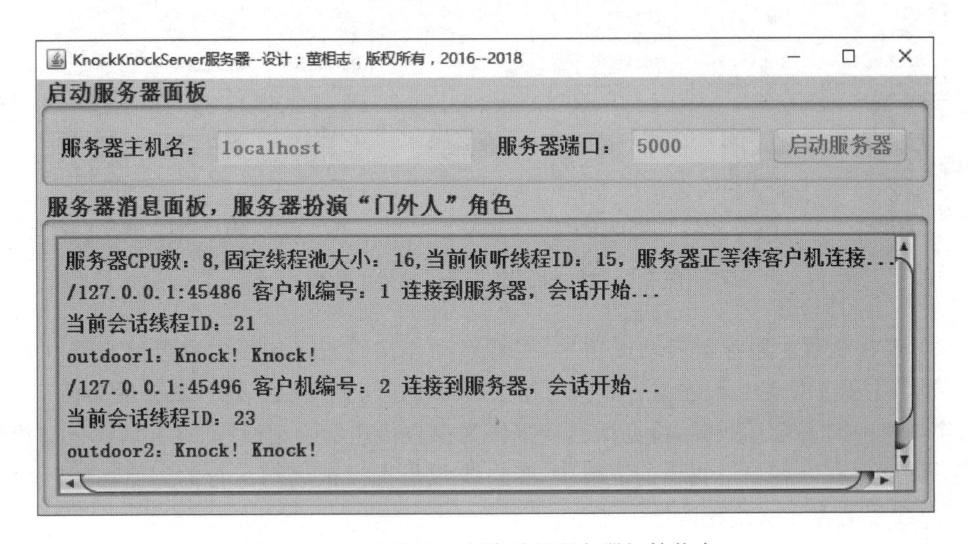

图 3.6　两个客户机在线时的服务器初始状态

现在,客户机 1、客户机 2 可以分别与服务器按照游戏规则对话,限于篇幅,请读者亲身体验,写出实验心得。观察图 3.6,当前计算机 CPU 是 8 核的,固定线程池大小为 16,可以看到线程池的大小是服务器 CPU 数量的 2 倍。这意味着前 16 个客户机同时上线可以得到立即响应,对第 17 个上线的客户机来说就需要等待,当前面有客户机离开时,后面的客户机才会依次加入到游戏中。

3.2 本章重点知识介绍

线程池工作模型见图 3.7 所示,工作逻辑与一客户一线程有很多相同的地方,也有不同的地方。客户机与服务器采用 TCP 协议进行数据交换,服务器端主要包括启动线程、连接线程和客户线程这 3 类线程,服务器采用线程池技术管理客户线程。服务器的运行逻辑解释如下。

(1) 启动线程。负责启动服务器,步骤是:①用 ServerSocket 类创建侦听套接字;②绑定服务器工作地址与端口;③开始侦听客户机连接;④创建线程池。假定线程池的规模为 N,如图 3.7 所示,最多同时运行 N 个客户线程。创建线程池这个步骤在一客户一线程中是没有的。

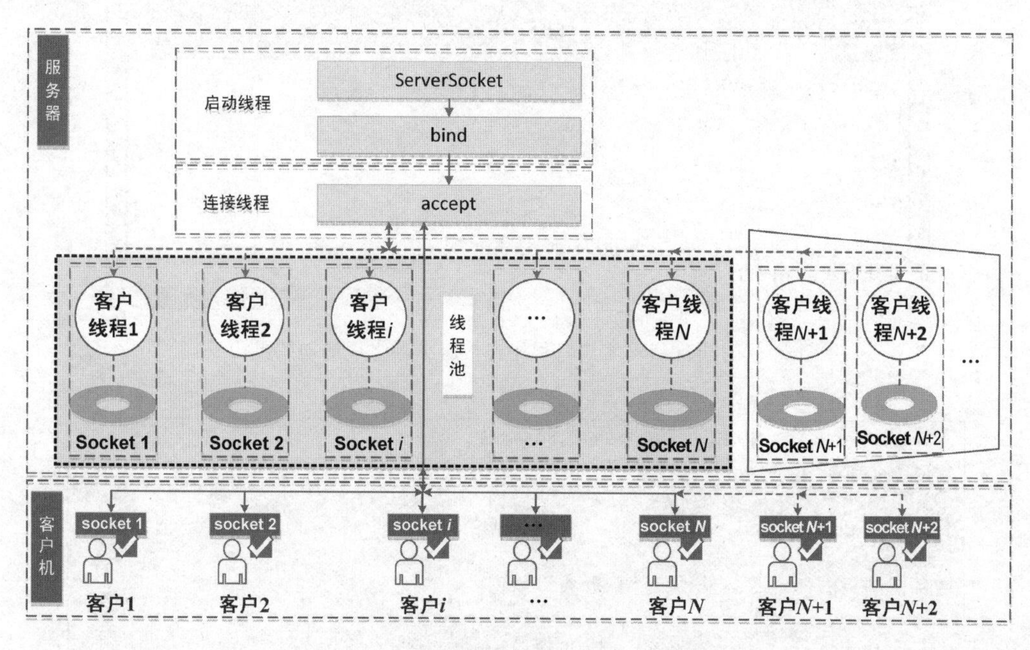

图 3.7 客户机/服务器线程池工作模型

(2) 连接线程。服务器启动成功后,接着启动连接线程。连接线程能够接受并处理客户机请求,主要工作是:①建立一对一的连接;②创建与客户机一对一的会话套接字;③创建与客户机一对一会话线程,将会话套接字作为参数传递给会话线程,将会话线程交给线程池统一调度。在一客户一线程的逻辑中,客户线程是直接被启动运行的。而在线程池模式中,客户线程需要交给线程池统一调度。

(3) 客户线程。客户线程与客户机一对一进行数据交换,以本章 Knock Knock 项目为例，需要遵循自定义的游戏协议交换数据，即服务器扮演“门外人”，客户机扮演“门内人”实现人机对话。

如图 3.7 所示，整个服务器虚线框里包含若干个线程，每个线程被虚线框框住，分别是启动线程、连接线程、客户线程 1、客户线程 2、客户线程 i、……、客户线程 N、客户线程 $N+1$、客户线程 $N+2$。值得指出的是，线程池里最多同时容纳 N 个客户线程并发运行，客户线程 $N+1$ 和客户线程 $N+2$ 需要排队等候。

现在再从客户机的角度重新对图 3.7 所示的线程池工作模型做出分析。假定客户机按照客户 1，客户 2，客户 i，…，客户 N 的顺序依次与服务器建立连接，随后客户 $N+1$、客户 $N+2$ 也与服务器建立连接，则客户机与服务器的工作流程大致如下。

(1) 客户 1 通过 socket 1 请求与服务器建立连接。

(2) 服务器连接线程中的 accept()方法接受来自客户 1 的连接，创建与客户 1 会话的套接字 Socket 1；接着创建与客户 1 会话的线程，称之为客户线程 1，将 Socket 1 作为参数传递给客户线程 1，将客户线程 1 交给线程池调度运行。

(3) 客户 1 通过客户线程 1 与服务器实现一对一数据交换，直至客户 1 主动断开连接，服务器端的客户线程 1 才会结束。

(4) 以此类推，客户 i 通过 socket i 请求与服务器建立连接。

(5) 服务器连接线程中的 accept()方法接受来自客户 i 的连接，创建与客户 i 会话的套接字 Socket i；接着创建与客户 i 会话的线程，称之为客户线程 i，将 Socket i 作为参数传递给客户线程 i 并启动客户线程 i。

(6) 客户 i 通过客户线程 i 与服务器实现一对一数据交换，直至客户 i 主动断开连接，服务器端的客户线程 i 才会结束。

(7) 上述(1)～(6)的步骤周而复始，服务器对客户机连接来者不拒，来多少连接则创建多少客户线程，但是这些客户线程不会都立即被调度运行。当线程池的规模达到上限 N 时，假设此时共有 $N+2$ 个客户并发连接到服务器，则客户线程 $N+1$、客户线程 $N+2$ 需要排队等候，只有当线程池中某个线程，例如客户线程 i 结束，则客户线程 $N+1$ 才能被线程池调度运行，此时客户线程 $N+2$ 排队到第一个位置，后来的客户线程都要排队。

根据上述分析，线程池的技术逻辑与一客户一线程基本相似，而且线程规模可控，有力地保障了服务器的健壮、持续和可靠运行。

3.3 客户机界面设计

启动 NetBeans 8.2，在 chap03 目录的 begin 子文件夹创建客户机项目 KKClient，如图 3.8 所示。请注意不要勾选“创建主类”复选框，因为我们希望稍后用主界面类作为主类。单击“完成”按钮，完成客户机项目的初始化。

接下来为客户机项目添加窗体主类。右击 KKClient 项目的“默认包”，在弹出的快捷菜单中选择“新建”→“JFrame 窗体”命令，如图 3.9 所示。

进入如图 3.10 所示的参数设定界面后，设定类名为 ClientUI，设定包名为 cn.edu.ldu，单击“完成”命令，完成界面类 ClientUI 的创建与添加。此时项目结构与窗体布局如图 3.11 所示。

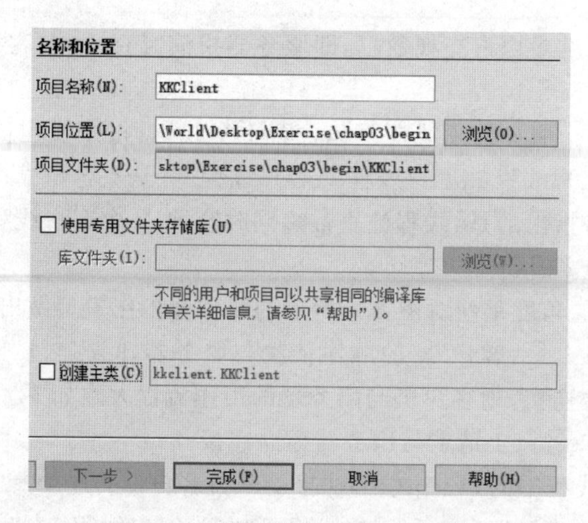

图 3.8　创建 KKClient 客户机项目

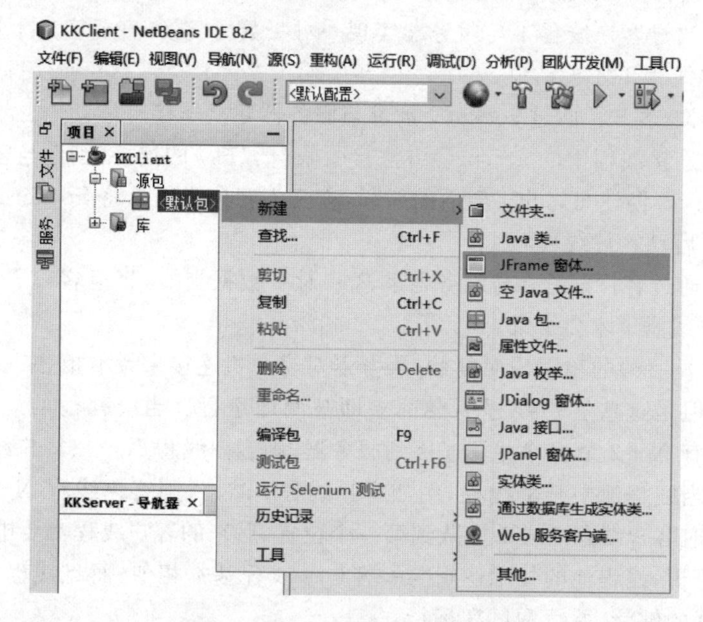

图 3.9　创建 KKClient 的窗体主类

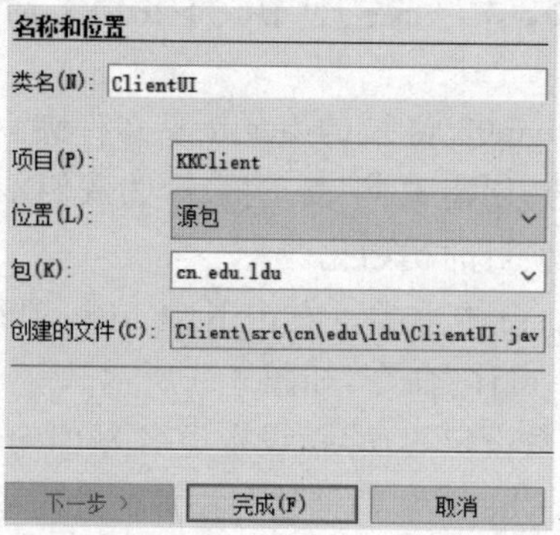

名称和位置
类名(N): ClientUI
项目(P): KKClient
位置(L): 源包
包(K): cn.edu.ldu
创建的文件(C): Client\src\cn\edu\ldu\ClientUI.jav
下一步 >　完成(F)　取消

图 3.10　定义 ClientUI 窗体主类的类名和包名

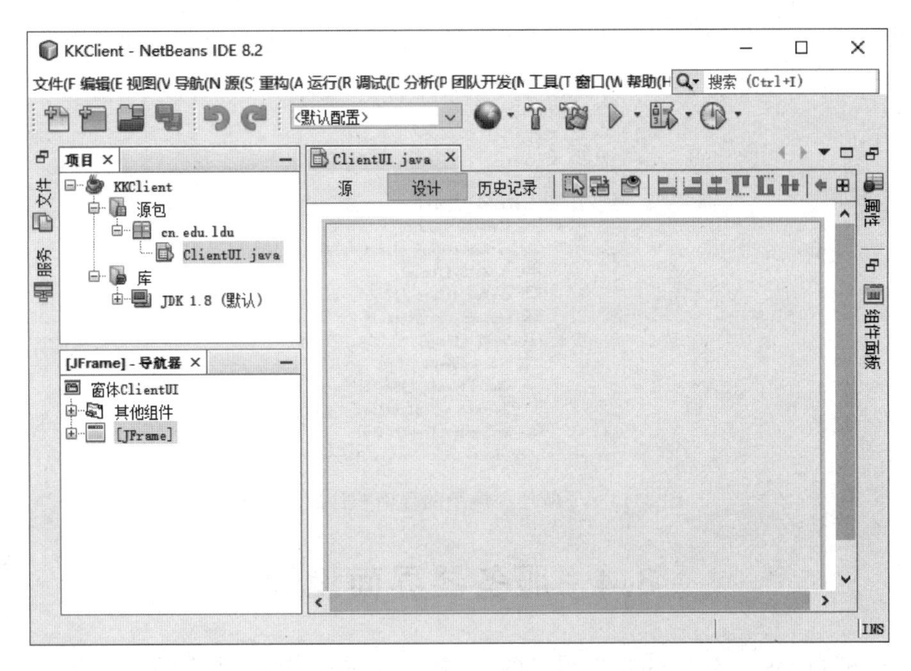

图 3.11　窗体主类 ClientUI 的初始结构

从图 3.11 中挑选控件，参照图 3.2 的布局，进行界面定义与设计，完成效果如图 3.12 所示。

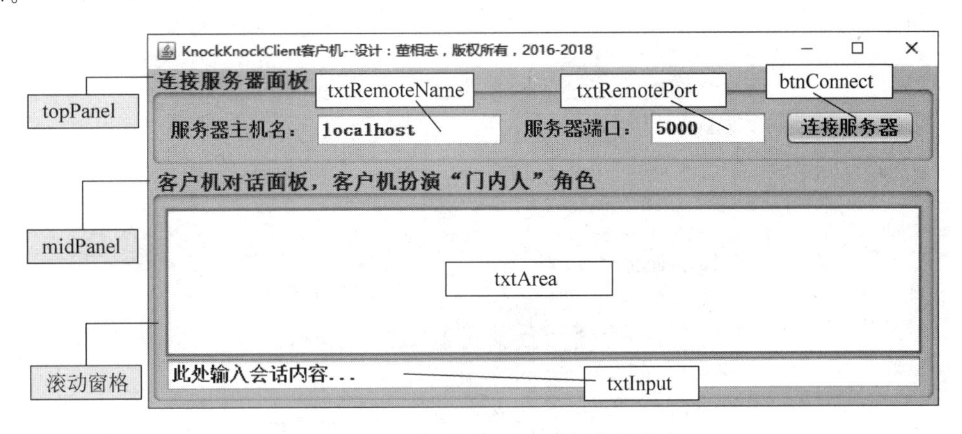

图 3.12　ClientUI 界面布局与变量定义

窗体整体采用边框式布局，窗体内部包含 topPanel 和 midPanel 上下两个 JPanel 面板控件，分别用于定义连接服务器面板和客户机对话面板。

topPanel 面板内部包含两个文本框 txtRemoteName 和 txtRemotePort，分别用于定义服务器主机名和服务器端口，还包含按钮 btnConnect，用于连接服务器。另外还有两个不需要命名的 JLabel 控件，分别用来显示“服务器主机名：”和“服务器端口：”这两个标签。

midPanel 内部采用边框式布局，包含 JScrollPane 类型的滚动窗格和文本控件 txtInput。滚动窗格内部包含 txtArea 控件，这是一个 JTextArea 类型的文本区域。

完成图 3.12 所示的界面设计之后，导航器中展示的界面控件逻辑关系如图 3.13 所示。

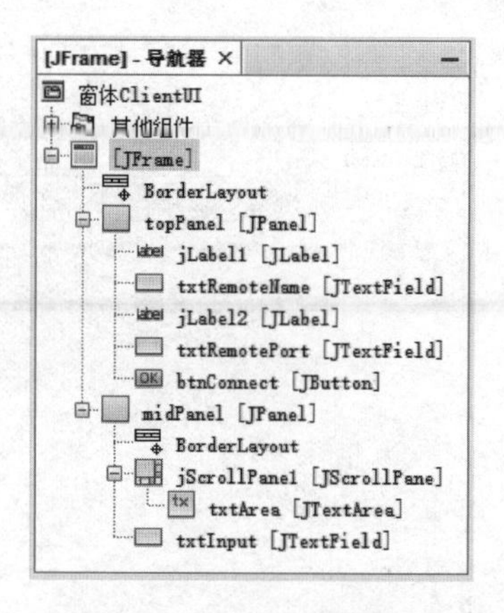

图 3.13　导航器中展示的界面控件逻辑关系

3.4　服务器界面设计

启动 NetBeans 8.2，在 chap03 目录的 begin 子文件夹中创建服务器项目 KKServer，完成项目的创建。接下来为服务器 KKServer 项目添加窗体主类，操作方法与客户机类似。右击服务器项目的"默认包"，在弹出的快捷菜单中选择"新建"→"JFrame 窗体"命令，进入创建窗体向导并进行相应设置，如图 3.14 所示。单击"完成"按钮，完成服务器窗体主类的创建和初始化。

图 3.14　定义服务器窗体类的类名和包名

按照图 3.15 给出的界面布局和变量定义，完成服务器界面的设计工作。

服务器窗体整体采用边框式布局，窗体内部包含 topPanel 和 midPanel 上下两个 JPanel 面板控件，分别用于定义启动面板和消息面板。

topPanel 面板内部包含两个文本框 txtHostName 和 txtHostPort，分别用于定义服务器工作地址和工作端口，还包含一个按钮 btnStart，用于启动服务器。另外还有两个不需要

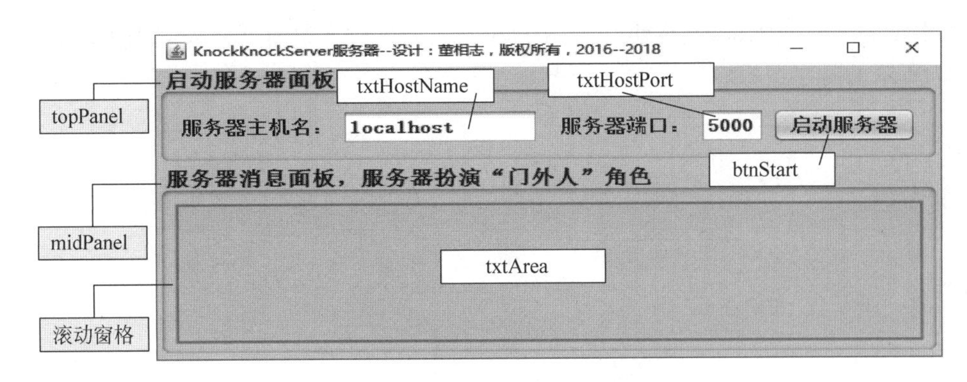

图 3.15　服务器界面布局与变量定义

命名的 JLabel 控件，分别用来显示“服务器主机名：”和“服务器端口：”这两个标签。

midPanel 面板内嵌一个 JScrollPane 类型的滚动窗格。滚动窗格内部包含 txtArea 控件，这是一个 JTextArea 类型的文本区域。

各控件之间的逻辑关系如图 3.16 所示。

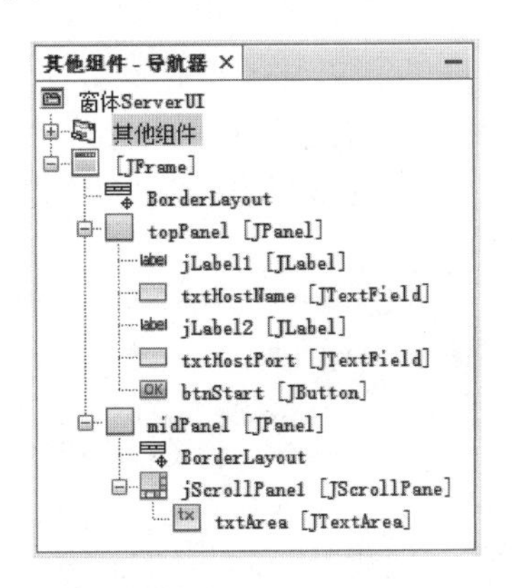

图 3.16　服务器界面控件逻辑关系

3.5　自定义协议类

网络协议是网络上所有设备之间通信规则的集合，它规定了通信时信息必须采用的格式和这些格式的意义。网络协议由以下三个要素组成。

(1) 语义。语义描述控制信息的意义，规定了需要发出何种控制信息、完成何种动作与做出何种响应。

(2) 语法。语法规定用户数据与控制信息的结构与格式，以及数据的排列顺序等。

(3) 时序。时序是对事件发生顺序的详细规定。

简言之，语义表示要做什么，语法表示要怎么做，时序表示做的顺序。除了那些已经耳熟能详的 TCP/IP 协议、HTTP 协议等知名协议，在网络编程实践中往往需要具体问题具体分析，自定义协议。以 QQ 为例，除了使用基本的 TCP 协议、UDP 协议，还有自定义的 OICQ 协议。

以本章的 Knock Knock 项目为例,客户机与服务器的人机对话协议规则可以表示为如图 3.17 所示的时序逻辑。

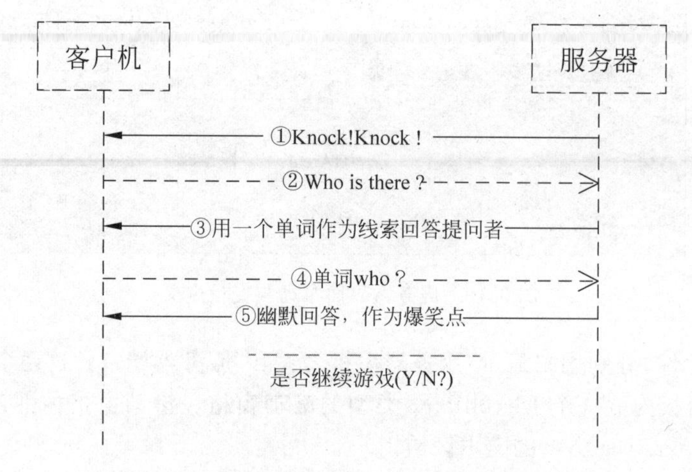

图 3.17　客户机与服务器人机对话协议时序逻辑

将图 3.17 所示的人机对话协议定义为服务器上名称为 Protocol 的协议类,右击 cn.edu.ldu 包,在弹出的快捷菜单中选择"新建"→"Java 类"命令,如图 3.18 所示。打开类向导对话框,设置类名为 Protocol,单击"完成"按钮即可进入类的编码模式。

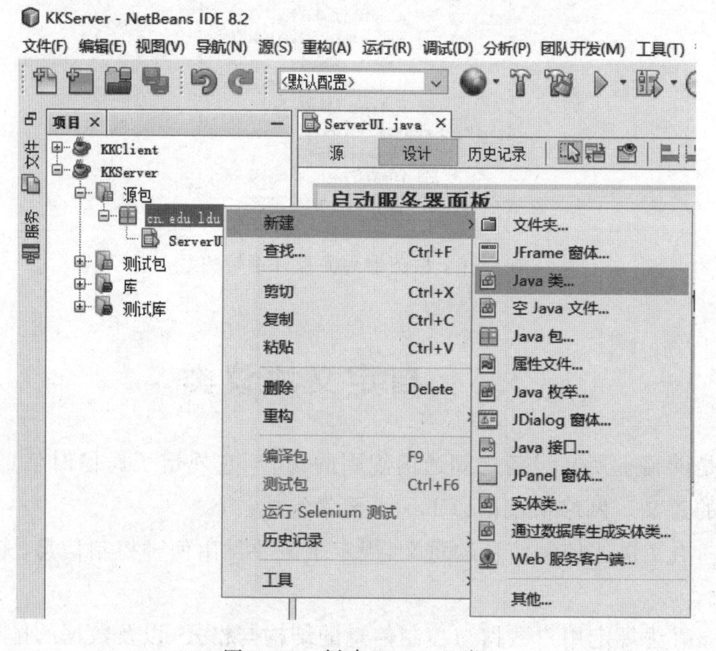

图 3.18　创建 Protocol 类

Protocol 类的全部编码如程序 3.1 所示。

程序 3.1　Knock Knock 项目的自定义协议类 Protocol.java

```
01  package cn.edu.ldu;
02  public class Protocol {
```

```
03      //游戏包含敲门人和门内人两个角色.门内人的问话和回答有固定格式,敲门人的回答是变
04      //化的,所以用以下常量表示敲门人会话进程和状态
05      private static final int WAITING = 0;                    //等待
06      private static final int SENTKNOCKKNOCK = 1;             //敲门完成
07      private static final int SENTCLUE = 2;                   //第一遍线索回答完成
08      private static final int SENTANSWER = 3;                 //第二遍爆笑回答完成
09      private static final int NUMJOKES = 8;                   //游戏总局数
10      private int state = WAITING;                             //会话状态
11      private int currentJoke = 0;                             //计数
12      //以下两个数组分别存储敲门人的两次回答
13      private String[ ] clues = {"Buster","Orange","Ice cream","Tunis","Old lady","Yah","
        Dishes","Amish"};
14      private String[ ] answers = {"Buster Cherry! Is your daughter home?","Orange you going
15  to answer the door?","Ice cream if you don't let me in!","Tunis company, three's a crowd!",
16  "Wow I didn't know you could yodel.","Naaah, bro, I prefer google.","Dishes the Police come
17  out with your hands up.","Awwww How sweet. I miss you too."};
18      public String protocolWorking(String question) {         //question 门内人的问话
19          String answer = null;                                //敲门人的回答
20          switch (state) {
21              case WAITING:                                    //开始敲门
22                  answer = "Knock! Knock!";
23                  state = SENTKNOCKKNOCK;
24                  break;
25              case SENTKNOCKKNOCK:                             //谁在敲门?问答
26                  if (question.equalsIgnoreCase("Who's there?")) {
27                      answer = clues[currentJoke];
28                      state = SENTCLUE;
29                  }else {
30                      answer = "你应该问: \"Who's there?\"" + "重新开始: Knock! Knock!";
31                  }
32                  break;
33              case SENTCLUE:                                   //追问敲门人问答
34                  if (question.equalsIgnoreCase(clues[currentJoke] + " Who?")) {
35                      answer = answers[currentJoke] + " 是否继续?(y / n ?)";
36                      state = SENTANSWER;
37                  }else {
38                      answer = "你应该问: \"" + clues[currentJoke] + " Who?\"" + "重新开始:
39                              Knock! Knock!";
40                      state = SENTKNOCKKNOCK;
41                  }
42                  break;
43            case SENTANSWER:                                   //询问门内人是否继续游戏
44                if (question.equalsIgnoreCase("y")) {
45                    answer = "Knock! Knock!";
46                    if (currentJoke == NUMJOKES - 1) {
47                        currentJoke = 0;
48                    }else {
49                        currentJoke++;
50                    }
51                    state = SENTKNOCKKNOCK;
52                }else {
```

```
53                answer = "Game Over! Goodbye!";
54                state = WAITING;
55            }
56            break;
57        }
58        return answer;
59    } //end protocolWorking
60 }
```

程序 3.1 解析如下：

(1) 05～08 行，游戏状态定义。

(2) 09～11 行，游戏局数、状态初始化。

(3) 13～17 行，用两个数组存储敲门人的回答，这是游戏得以进行的关键数据设计。

(4) 18～59 行，protocolWorking 方法相当于协议状态机，实现了问答转换。由服务器发起游戏，用 switch 语句统领四个状态判断与转换，以 Knock Knock 敲门逻辑为起点，根据客户机问话，输出服务器的回应消息。

3.6 启动服务器

服务器界面设计、协议类设计都已经完成，服务器的启动逻辑定义在 btnStart 这个按钮的事件过程中。在服务器界面设计视图中，双击“启动服务器”按钮，会自动生成 btnStart 命令的函数框架，在这个框架中完成如程序 3.2 所示的编码过程。

程序 3.2 btnStart 的过程函数，启动服务器的步骤

```
01 public class ServerUI extends javax.swing.JFrame {
02     private ExecutorService fixedPool;                    //线程池
03     private ServerSocket listenSocket;                    //侦听套接字
04     private Socket toClientSocket;                        //与客户机对话的套接字
05     public static int clientCounts = 0;                   //客户机数量
06     ...
07     //启动服务器
08     private void btnStartActionPerformed(java.awt.event.ActionEvent evt) {
09         try {
10             btnStart.setEnabled(false);
11             txtHostName.setEnabled(false);
12             txtHostPort.setEnabled(false);
13             //获取启动参数
14             String hostName = txtHostName.getText();
15             int hostPort = Integer.parseInt(txtHostPort.getText());
16             //构建套接字格式的地址
17             SocketAddress serverAddr = new InetSocketAddress(
18                         InetAddress.getByName(hostName), hostPort);
19             listenSocket = new ServerSocket();            //创建侦听套接字
20             listenSocket.bind(serverAddr);                //绑定到工作地址
21             int processors = Runtime.getRuntime().availableProcessors();      //CPU 数
22             fixedPool = Executors.newFixedThreadPool(processors * 2);
                                                             //创建固定大小线程池
```

```
23                long currentId = Thread.currentThread().getId();
24                txtArea.append("服务器 CPU 数: " + processors + ",固定线程池大小: " + processors *
25                        2 + ",当前侦听线程 ID: " + currentId + ",服务器正等待客户机连接...\n");
26            } catch (IOException ex) { }
27            //处理连接的线程
28            ...
29        } //end btnStartActionPerformed
30        ...
31    } //end class
```

程序 3.2 解析如下：

(1) 02～05 行，线程池定义、侦听套接字定义、会话套接字定义和客户数成员变量定义。

(2) 19 行，创建侦听套接字。

(3) 20 行，服务器绑定到指定地址和端口。

(4) 21～22 行，根据 CPU 数创建合理规模的线程池。

3.7 连接线程

在处理客户机连接这个问题上，线程池与一客户一线程拥有相似的技术逻辑，程序 3.3 给出的是线程池的逻辑，第 2 章的程序 2.3 包含了一客户一线程的连接处理逻辑，进行比较分析，就会发现只要将程序 3.3 中第 20 行“fixedPool、execute(clientThread);”替换为第 21 行“clientThread.start();”，线程池就会变成一客户一线程。这是真的吗？从线程池到一客户一线程，只有一个语句的距离？答案是确定的，这点也可以通过模拟测试得到验证。

程序 3.3　连接线程，处理客户机连接，创建会话线程交由线程池调度执行

```
01  public class ServerUI extends javax.swing.JFrame {
02      ...
03      //启动服务器过程
04      private void btnStartActionPerformed(java.awt.event.ActionEvent evt) {
05          //启动服务器
06          ...
07          //连接线程
08          new Thread(new Runnable() {
09              public void run() {
10                try {
11                 while (true) {                       //处理所有客户机连接
12                 //如果无连接,则阻塞,否则接受连接并创建新的会话套接字
13                  toClientSocket = listenSocket.accept();
14                  clientCounts++;
15                  txtArea.append(toClientSocket.getRemoteSocketAddress() +
16                  "客户机编号: " + clientCounts + " 连接到服务器,会话开始...\n");
17                  //客户会话线程为 SwingWorker 类型的后台工作线程
18                   //创建客户线程
19                   Thread clientThread = new ClientThread(toClientSocket,clientCounts);
20                   fixedPool.execute(clientThread);     //用线程池调度客户线程运行
21                   //clientThread.start();             //这样做就是一客户一线程
```

```
22                } //end while
23              } catch (IOException ex) {}//end try catch
24           }//end run()
25        }).start();
26     } //end btnStartActionPerformed
27     ...
28  } //end class
```

3.8 关闭线程池

线程池的关闭涉及正在运行线程的关闭,它是一个渐进过程。关闭线程池的编程逻辑如程序 3.4 所示。

程序 3.4 关闭线程池

```
01  //关闭服务器之前
02  private void formWindowClosing(java.awt.event.WindowEvent evt) {
03   //关闭套接字和线程池
04    try {
05          if (toClientSocket!= null) toClientSocket.close();
06          if (listenSocket!= null) listenSocket.close();
07          if (fixedPool == null) return;
08          fixedPool.shutdown(); //线程池开始关闭
09          if (!fixedPool.awaitTermination(60, TimeUnit.SECONDS)) {
10              fixedPool.shutdown ();
11              if (!fixedPool.awaitTermination(60, TimeUnit.SECONDS)) {
12                  fixedPool.shutdownNow();
13              }
14          }
15    } catch (IOException | InterruptedException ex) { }
16  }
```

程序 3.4 解析如下:

(1) 05~06 行,关闭会话套接字与侦听套接字。

(2) 第 08 行,线程池开始关闭。

(3) 09~14 行,延迟等待 60s 后,如果仍然不能关闭线程池,调用线程池立即关闭方法,试图立即关闭线程池。这样的逻辑叠加两次。

3.9 客户线程

一般将服务器端与客户机会话的线程称为会话线程或客户线程。服务器与客户机是一对多关系,所以这些线程可能有多个同时运行。在一客户一线程的技术架构中,有多少客户机在线,就有多少客户线程在运行。线程池则不同,只有固定数量的客户线程在线程池中处于运行状态,超过线程池规模的线程需要等待运行。但就客户线程与客户机的会话逻辑看,线程池与一客户一线程完全相同。程序 3.5 给出了本章 Knock Knock 项目的客户线程,请与第 2 章的程序 2.4 做比较分析,除了数据交换的顺序不同(由协议决定),二者非常相似。

到此为止，相信读者已经对服务器的逻辑结构：启动线程、连接线程、调度线程池和客户线程有了基本认识。

程序 3.5　客户线程类 ClientThread，处理与客户机的数据交换

```
01  public class ClientThread extends Thread {
02      private final Socket toClientSocket;              //与客户机对话的套接字
03      private BufferedReader in;                        //网络输入流
04      private PrintWriter out;                          //网络输出流
05      private Protocol protocol;                        //会话协议
06      private int clientCounts;                         //客户机数量
07      public ClientThread(Socket toClientSocket, int clientCounts) {     //构造函数
08          this.toClientSocket = toClientSocket;
09          this.clientCounts = clientCounts;
10      }
11      @Override
12      public void run() {
13          try {
14              //创建绑定到套接字 toClientSocket 上的网络输入流与输出流
15              in = new BufferedReader(new InputStreamReader(
16                      toClientSocket.getInputStream(),"UTF-8"));
17              out = new PrintWriter(new OutputStreamWriter(
18                      toClientSocket.getOutputStream(),"UTF-8"),true);
19              long currentId = Thread.currentThread().getId();
20              ServerUI.txtArea.append("当前会话线程 ID: " + currentId + "\n");
21              //根据服务器协议，在网络流上进行读写操作
22              protocol = new Protocol();                //生成协议对象
23              String outdoorStr;                        //门外人的回答
24              String indoorStr;                         //门内人的问话
25              outdoorStr = protocol.protocolWorking(null); //根据协议生成门外人的问话
26              out.println(outdoorStr);                  //向客户机发起会话
27              ServerUI.txtArea.append("outdoor" + clientCounts + ": " + outdoorStr + "\n");
28              while ((indoorStr = in.readLine())!= null) {//只要客户机不断开连接则反复读
29                  ServerUI.txtArea.append("indoor" + clientCounts + ": " + indoorStr + "\n");
30                  //根据协议生成回答消息
31                  outdoorStr = protocol.protocolWorking(indoorStr);
32                  out.println(outdoorStr);              //向客户机发送回答
33                  ServerUI.txtArea.append("outdoor" + clientCounts + ": " + outdoorStr + "\n");
34                  if (outdoorStr.endsWith("Goodbye!"))  //结束游戏
35                      break;
36              } //end while
37              ServerUI.clientCounts--;                  //客户机总数减 1
38              //因为客户机断开了连接，所以释放资源
39              if (in!= null) in.close();
40              if (out!= null) out.close();
41              if (toClientSocket!= null) toClientSocket.close();
42          } catch (IOException ex) {}
43      } //end run
44  } //end class ClientThread
```

3.10　客户机连接服务器

客户机连接服务器的步骤如程序 3.6 所示。可以将其概括为“一字二流”:“一字”即套接字,用来连接服务器以及与服务器进行数据交换;“二流”即输入流和输出流,是数据进出的通道。

程序 3.6　客户机连接服务器

```
01  public class ClientUI extends javax.swing.JFrame {
02      private Socket clientSocket = null;                          //客户机套接字
03      private BufferedReader in;                                    //网络输入流
04      private PrintWriter out;                                      //网络输出流
05      ...
06      //连接服务器
07      private void btnConnectActionPerformed(java.awt.event.ActionEvent evt) {
08          try {
09              //获取参数
10              String remoteName = txtRemoteName.getText();
11              int remotePort = Integer.parseInt(txtRemotePort.getText());
12              //构建套接字格式地址
13              SocketAddress remoteAddr = new InetSocketAddress(remoteName,remotePort);
14              //1. 创建套接字 clientSocket(Socket)并连接到远程服务器
15              clientSocket = new Socket();
16              clientSocket.connect(remoteAddr);
17              //2. 创建绑定到套接字 clientSocket 上的网络输入流与输出流
18              in = new BufferedReader(new InputStreamReader(
19                  clientSocket.getInputStream(),"UTF-8"));
20              out = new PrintWriter(new OutputStreamWriter(
21                  clientSocket.getOutputStream(),"UTF-8"),true);
22              String fromOutdoor = in.readLine();
23              txtArea.append("outdoor: " + fromOutdoor + "\n");
24          } catch (IOException ex) {
25              JOptionPane.showMessageDialog(null, ex.getMessage(), "连接错误",
26              JOptionPane.ERROR_MESSAGE);
27              return;
28          }
29          txtRemoteName.setEnabled(false);
30          txtRemotePort.setEnabled(false);
31          btnConnect.setEnabled(false);
32      }
33      ...
34  } //end class
```

程序 3.6 解析如下:

(1) 02～04 行,将“一字二流”定义为成员变量,在类内使用。

(2) 10～13 行,定义服务器的 SocketAddress 地址。

(3) 15 行,创建套接字。

(4) 16 行,连接服务器。

(5) 18～21 行，连接成功后，构建输入输出复合流。

(6) 22 行，连接成功后，读取服务器的“敲门”信息。

3.11 客户机发送消息

客户机发送消息的逻辑比较简单，如程序 3.7 所示。将 txtInput 文本框的内容发出之前，需要做容错性设计，避免发出无意义的空字符串。虽然将这个过程定义为发送消息，其实也内含了接收消息的步骤。

程序 3.7 客户机发送消息

```
01 //获得输入焦点时清空文本框
02 private void txtInputFocusGained(java.awt.event.FocusEvent evt) {
03     txtInput.setText("");
04 }
05 //按回车键时发送消息
06 private void txtInputActionPerformed(java.awt.event.ActionEvent evt) {
07     //根据服务器协议，在网络流上进行读写操作
08     String fromOutdoor;
09     String fromIndoor;
10     if (clientSocket == null) {
11         JOptionPane.showMessageDialog(null, "请先连接服务器!", "连接错误",
12         JOptionPane.ERROR_MESSAGE);
13         return;
14     }
15     try {
16         fromIndoor = txtInput.getText();
17         if (!fromIndoor.equals("")) {
18             out.println(fromIndoor);
19             txtArea.append("indoor: " + fromIndoor + "\n");
20             txtInput.setText("");
21         } else {
22             JOptionPane.showMessageDialog(null, "问话内容为空,请重新输入!",
23             "输入错误", JOptionPane.ERROR_MESSAGE);
24             return;
25         }                                              //end if
26         fromOutdoor = in.readLine();                   //接收消息
27         txtArea.append("outdoor: " + fromOutdoor + "\n");
28         if (fromOutdoor.endsWith("Goodbye!")) {
29             txtRemoteName.setEnabled(true);
30             txtRemotePort.setEnabled(true);
31             btnConnect.setEnabled(true);
32             try {
33                 if (in!= null) in.close();             //4. 关闭并销毁网络流
34                 if (out!= null) out.close();
35                 if (clientSocket!= null)clientSocket.close(); //5. 关闭并销毁套接字
36             } catch (IOException ex) { }
37         } //end if
```

```
38        } catch (IOException ex) {
39            JOptionPane.showMessageDialog(null, ex.getMessage(),
40            "接收数据错误", JOptionPane.ERROR_MESSAGE);
41        } //end try
42    }
```

程序 3.7 解析如下：

(1) 16 行，获取待发送消息。

(2) 18 行，调用输出流的 println()方法发送消息。

(3) 26 行，接收来自服务器的消息。发送消息之后，下一个步骤一定是接收消息，这样才能实现人机对话。

(4) 28～37 行，如果收到的消息为“Goodbye!”，则意味着人机对话结束，关闭客户机的输入输出流和套接字。

3.12 小　　结

线程的初衷是为了实现并发运行，Java 从 1.5 版开始，提供了一系列并发编程的实用工具类，并在后续版本中持续改进和增强，这些类主要定义在 java.util.concurrent、java.util.concurrent.atomic、java.util.concurrent.locks 这三个包中，其中一些工具类已经演化为小型可扩展标准框架，其中 Executors 框架是最基础、最核心的。

Executor 是一个简单的标准化接口，用于定义线程调度管理子系统，包括线程池、异步 I/O 和轻量级任务框架。ExecutorService 接口提供了一个更为全面的异步任务执行框架，管理任务的排队策略和调度策略。ScheduledExecutorService 接口增加了对延迟任务和周期性任务的支持。

ThreadPoolExecutor 类和 ScheduledThreadPoolExecutor 类提供了灵活的线程池定义方法。Executors 类是一个实现 Executors 框架的工厂类，提供多种定义线程池的工厂方法，以满足不同的任务需要，例如：newCachedThreadPool 创建可缓存线程池；newFixedThreadPool 创建定长线程池；newScheduledThreadPool 创建支持定时执行周期性任务的定长线程池；newSingleThreadExecutor 创建一个单线程的线程池；newWorkStealingPool 根据 Java 虚拟机可用的 CPU 数量，创建任务窃取模式的线程池。

3.13 实验 3：线程池与一客户一线程

1. 实验目的

(1) 理解掌握服务器线程池通用技术框架。

(2) 用线程池技术替换一客户一线程方法，改写 EchoServer。

2. 实验内容

(1) 拓展服务器 KKServer 的线程池设计。

(2) 用线程池技术改写 EchoServer，实现一客户一线程与线程池的比较学习，理解二者之间的技术差异，领会线程池的技术本质。

3. 实验方法与步骤

1）拓展服务器线程池设计

修改服务器设计，在服务器界面上增加一个文本框，用于指定服务器线程池的大小，界面如图 3.19 所示。让线程池大小变得可调，是为了更好地观察和理解线程池的技术原理，测试服务器的性能表现。例如，将线程池大小设为 2，只要启动三个客户机，就会发现第三个客户处于等待状态，只有前面的客户线程结束后，第三个客户才能进入线程池运行。

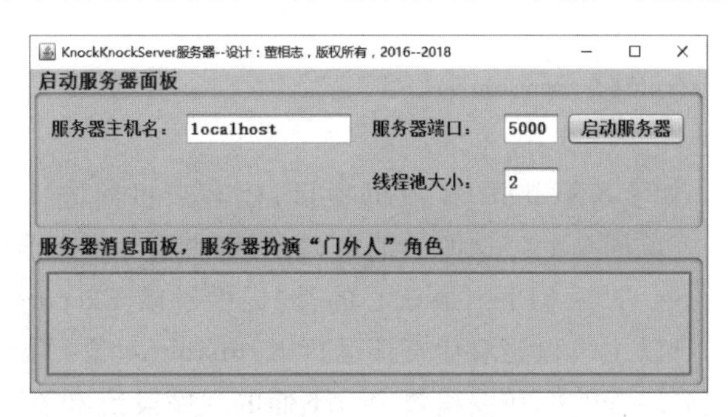

图 3.19　自定义线程池大小界面

2）用线程池技术改写 EchoServer

(1) 用线程池技术改写 EchoServer 的一客户一线程逻辑，并且参照图 3.19 的做法，为服务器指定一个调节线程池大小的窗口。

(2) 用实验 2 改写的带自动批量发送消息功能的客户机，来测试用线程池改写的 EchoServer，观察大数据量并发时线程池的性能表现。可以启动多个客户机，观察让一客户一线程处于崩溃时的并发量，线程池是如何表现的。

4. 边实验边思考

(1) Java 线程池的技术框架是如何定义实现的？

(2) 线程池的大小应该由哪些因素确定？

(3) 什么情况下，客户线程用 SwingWorker < T,V >类替代 Thread 类会更好？

5. 实验总结

根据实验情况，撰写实验报告，简明扼要记录实验过程、实验结果，提出实验问题，做出实验分析。根据实验情况认真回答上述实验思考题。

3.14　习　题　3

1. 写出下面这段程序所有可能的运行结果，对线程并发逻辑做出分析。

```
01  Runnable runnable = () -> {
02      String threadName = Thread.currentThread().getName();
03      System.out.println("当前线程名称: " + threadName);
04  };
05  runnable.run();
06  Thread thread1 = new Thread(runnable);
07  thread1.start();
08  System.out.println("主线程结束!");
```

2. 在用线程模拟现实任务时,常常需要让线程休眠一段时间,例如希望客户机间隔 1s 向服务器发送一条消息,程序逻辑的源代码如下:

```
01  Runnable runnable = () ->{
02      try {
03          out.println("我是长江");
04          TimeUnit.SECONDS.sleep(1);                    //或者 Thread.sleep(1000);
05          out.println("我是黄河");
06      }
07      catch (InterruptedException e) { }
08  };
```

请参照上述代码,改写 KKClient 客户机项目,让客户机间隔 1s 自动向服务器发送"Who's there?"和"××单词 who?"这两条消息,实现客户机与服务器的全自动对话。

3. Executors 是 Java 并发 API 中最核心的类,提供了以 ExecutorService 接口为基础的多种线程管理机制,可以用线程池取代直接运行 Runnable 对象、Thread 对象的传统线程管理方法,进而大幅提升线程效率和编程效率。下面的程序段给出了用 ExecutorService 创建一个单线程线程池的例子,请写出运行结果。

```
01  ExecutorService executor = Executors.newSingleThreadExecutor();
02  executor.submit(() ->{
03      String threadName = Thread.currentThread().getName();
05      System.out.println("当前线程的名字: " + threadName);
06  });
```

4. 线程池需要被显式关闭,shutdown()方法会等待池中当前正在运行的所有线程完成任务后再关闭,shutdownNow()则中断当前正在运行的线程立即关闭线程池。请描述下面这段关闭线程池的程序逻辑,写出可能的运行结果。

```
01  public static void stop(ExecutorService pool) {
02  try {
03      System.out.println("开始关闭线程池…");
04      pool.shutdown();
05      pool.awaitTermination(60, TimeUnit.SECONDS);
06      }
07    catch (InterruptedException e) {
08      System.err.println("有线程任务被中断…");
09  }
10  finally {
11      if (!pool.isTerminated()) {
12          System.err.println("已经取消了线程池中还没有完成的任务!");
13      }
14      pool.shutdownNow();
15      System.out.println("线程池关闭结束!");
16   }
17  }
```

5. ExecutorService 除了支持 Runnable 线程对象,也支持 Callable 对象。Callable 与 Runnable 都是线程接口,不同的是 Callable 可返回值。请解析下面程序段可能的运行结果。

```
01  Callable<Integer>callable = () ->{
02      try {
03          TimeUnit.SECONDS.sleep(1);
04          return ((int)(1 + Math.random() * 100));
05      }
06      catch (InterruptedException e) {
07          throw new IllegalStateException("task interrupted", e);
08      }
09  };
```

6. Callable 对象与 Runnable 对象一样，可以用 submit()方法提交给线程池调度运行。但是 submit()方法并不会等到 Callable 任务结束，线程池也不会直接返回某个线程的结果。但是线程池会返回一种 Future 类型的对象，可以通过调用这个 Future 对象的 get()方法获取 Callable 的返回值。请结合习题 5 中的 Callable 任务和下面给出的程序段，写出可能的运行结果。

```
01  ExecutorService fixedPool = Executors.newFixedThreadPool(1);
02  Future<Integer> future = fixedPool.submit(callable);
03  System.out.println("future 对象返回结果是否完成?" + future.isDone());
04  Integer result = future.get(); //get()方法会阻塞直到 Callable 任务结束并返回结果
05  System.out.println("future 对象返回结果是否完成?" + future.isDone());
06  System.out.print("callable 返回的结果: " + result);
```

7. newFixedThreadPool(1)与 newSingleThreadExecutor()都是创建单线程的线程池，请比较其有何不同。

8. future.get()是一个阻塞方法，只要 Callable 对象不返回结果，例如是个无限循环，就会一直等待和阻塞下去。为了避免这种情况，可以给 get()方法设定一个超时时限。请解析下面这段程序可能的运行结果。

```
01  ExecutorService fixedPool = Executors.newFixedThreadPool(1);
02  Future<Integer> future =fixedPool.submit(() ->{
03      try {
04          TimeUnit.SECONDS.sleep(2);
05          return 123;
06      }
07      catch (InterruptedException e) {
08          throw new IllegalStateException("Callable 任务被中断: ", e);
09      }
10  });
11  future.get(1, TimeUnit.SECONDS);
```

9. invokeAll()方法可以一次将一批 Callable 任务交给线程池处理，通过 Future 对象的 get()方法返回这些 Callable 线程的返回值。请解析下面这段程序可能的运行结果。

```
01  ExecutorService fixedPool = Executors.newWorkStealingPool();
02  List<Callable<String>> callables = Arrays.asList(
03          () -> "callable1",
04          () -> "callable2",
```

```
05            () -> "callable3");
06  fixedPool.invokeAll(callables)
07      .stream()
08      .map(future -> {
09          try {
10              return future.get();
11          }
12          catch (Exception e) {
13              throw new IllegalStateException(e);
14          }
15      })
16      .forEach(System.out::println);
```

10. invokeAny()方法与 invokeAll()一样,可以批量提交 Callable 任务到线程池,但有一点不同,invokeAny()方法并不等待返回所有关联 Callable 任务的 Future 对象,而是只返回最早结束的那个 Callable 任务的 Future 对象。请结合下面程序段给出解析结果。

```
01  static Callable<String> callable(String result, long sleepSeconds) {
02      return () -> {
03          TimeUnit.SECONDS.sleep(sleepSeconds);
04          return result;
05      };
06  }
07  public static void main(String[] args) throws InterruptedException, ExecutionException {
08  ExecutorService stealingPool = Executors.newWorkStealingPool();
09  List<Callable<String>> callables = Arrays.asList(
10      callable("我是任务 1,我最早结束!", 2),
11      callable("我是任务 2,我最早结束!", 1),
12      callable("我是任务 3,我最早结束!", 3));
13    String result = stealingPool.invokeAny(callables);
14    System.out.println(result);
15    }
```

11. 第 10 题程序段第 08 行使用了 Executors.newWorkStealingPool()方法创建线程池,这是一种 ForkJoinPool 类型的线程池,请比较与 Executors.newFixedThreadPool(1)方法创建的线程池的不同。第 08 行是否可以用 Executors.newFixedThreadPool(1)方法替换?为什么?

12. ScheduledExecutorService 类型的线程池支持周期性地执行某些任务或者定时触发某些任务。下面的程序段将 Runnable 线程延迟 3s 运行,请写出并解析运行结果。

```
01  ScheduledExecutorService scheduledPool = Executors.newScheduledThreadPool(1);
02  Runnable runnable = () -> System.out.println("任务执行的时刻: " + System.nanoTime());
03  System.out.println("任务交给线程池的时刻: " + System.nanoTime());
04  ScheduledFuture<?> future = scheduledPool.schedule(runnable, 3, TimeUnit.SECONDS);
05  long remainingDelay = future.getDelay(TimeUnit.MILLISECONDS);
06  System.out.printf("距离任务结束还剩下: %s 毫秒\n", remainingDelay);
```

13. 为了调度线程的周期运行,可以使用 scheduleAtFixedRate()和 scheduleWithFixedDelay()两种方法。二者不同之处在于前者不关心线程本身的持续时间。例如:如果调度某个线程间隔 1s 执行一次，但是线程本身的运行时间超过 1s，那么 scheduleAtFixedRate()方法仍然会间隔 1s 启动下一个线程，这样将很快用光线程池的工作容量。后者则在线程结束后才按照指定的间隔 1s 启动下一个线程。请解析下面这段程序的可能运行结果。

```
01  ScheduledExecutorService scheduledPool = Executors.newScheduledThreadPool(5);
02  Runnable runnable = () ->{
03      TimeUnit.SECONDS.sleep(2);
04      System.out.println("线程执行时刻: " + System.nanoTime());};
05  int initialDelay = 0;
06  int period = 1;
07  scheduledPool.scheduleAtFixedRate(runnable, initialDelay, period, TimeUnit.SECONDS);
```

14. scheduleWithFixedDelay()方法在线程结束后再按照间隔调度线程的下一次运行。请解析下面这段程序的可能运行结果。

```
01  ScheduledExecutorService scheduledPool = Executors.newScheduledThreadPool(1);
02  Runnable task = () ->{
03          TimeUnit.SECONDS.sleep(2);
04          System.out.println("Scheduling: " + System.nanoTime());
05  };
06  scheduledPool.scheduleWithFixedDelay(task, 0, 1, TimeUnit.SECONDS);
```

15. 线程同步有多种方法，包括 synchronized 同步块、Locks 同步锁和 Semaphores 信号量。如下程序段用两个线程共同完成计数到 10 000，但是输出结果一般总是不到 10 000。请解析这是为什么，如何用 synchronized 改进设计。

```
01  static int  count = 0;
02  public static void main(String[] args) {
03  Runnable  increment = () -> count = count + 1;
04  ExecutorService fixedPool = Executors.newFixedThreadPool(2);
05  IntStream.range(0, 10000)
06      .forEach(i -> fixedPool.submit(increment));
07  stop(fixedPool);
08  System.out.println(count);
09  }
```

16. java.util.concurrent.locks 包中定义了若干同步锁方法。例如，用 ReentrantLock 类的 lock()方法对同步块加锁，可以有效避免无序访问的问题。将第 15 题的代码块重新改写如下，请解析输出结果。

```
01  static int count = 0;
02  public static void main(String[] args) {
03  ReentrantLock lock = new ReentrantLock();
04  Runnable increment = () ->{
05      lock.lock();
06      try {
07          count++;
08      } finally {
```

```
09            lock.unlock();
10        }
11    };
12    ExecutorService fixedPool = Executors.newFixedThreadPool(2);
13    IntStream.range(0, 10000)
14        .forEach(i -> fixedPool.submit(increment));
15    stop(fixedPool);
16    System.out.println(count);
17    }
```

17. 用 ReadWriteLock 读写锁可以提高并发效率。当线程对共享块写数据时,需要获取写数据锁;当共享块没有写数据操作时,允许多个线程同时读取数据。请解析下面的程序段,掌握 ReadWriteLock 读写锁的用法。请注意读数据的并发运行。

```
01    public static void main(String[] args) {
02    ExecutorService fixedPool = Executors.newFixedThreadPool(2);
03    Map<String, String> map = new HashMap<>();
04    ReadWriteLock lock = new ReentrantReadWriteLock();
05    fixedPool.submit(() -> {
06        lock.writeLock().lock();                                  //写操作锁
07        try {
08            TimeUnit.SECONDS.sleep(1);
09            map.put("年级", "大二");
10        } catch (InterruptedException ex) {
11        } finally {
12            lock.writeLock().unlock();
13        }
14    });
15    Runnable readTask = () -> {
16        lock.readLock().lock();
17        try {
18            System.out.println(map.get("年级"));
19             TimeUnit.SECONDS.sleep(1);
20        } catch (InterruptedException ex) {
21        } finally {
22            lock.readLock().unlock();
23        }
24    };
25    fixedPool.submit(readTask);
26    fixedPool.submit(readTask);
27    stop(fixedPool);
28    }
```

18. 与同步块、同步锁的互斥访问机制不同,Semaphores 主要用于限制并发数量的场合。下面的程序段假定对 Runnable 线程的访问只有获取信号量才可以,线程池大小为 10,理论上可有 10 个线程并发,但是 Semaphores 信号量值为 5,所以只允许 5 个线程并发。请写出并解析程序可能的运行结果。

```
01    public static void main(String[] args) {
02    ExecutorService fixedPool = Executors.newFixedThreadPool(10);
```

```
03  Semaphore semaphore = new Semaphore(5);
04  Runnable runnable = () ->{
05      boolean permit = false;
06      try {
07          permit = semaphore.tryAcquire(1, TimeUnit.SECONDS);
08          if (permit) {
09              System.out.println("线程已经取得信号量,可以执行任务!");
10              TimeUnit.SECONDS.sleep(2);
11          } else {
12              System.out.println("线程无法取得执行任务的信号量!");
13          }
14      } catch (InterruptedException e) {
15          throw new IllegalStateException(e);
16      } finally {
17          if (permit) {
18              semaphore.release();
19          }
20      }
21  };
22  IntStream.range(0, 10)
23      .forEach(i -> fixedPool.submit(runnable));
24  stop(fixedPool);
25  }
```

19. java.util.concurrent.atomic 包中定义了一些被称为原子类的数据类型,不用 synchronized 和同步锁即可更有效率地实现变量的并发访问。以 AtomicInteger 这个原子整型为例,用 AtomicInteger 代替 Integer,在不需要同步操作的情况下,可以实现对 atomicInt 的多线程并发安全访问。incrementAndGet()是一个原子操作方法,可以被多线程安全调用。updateAndGet()可以安全更新变量的值,accumulateAndGet()可以实现原子变量的安全累加。请解析下面程序段的输出结果。

```
01  public static void main(String[] args) {
02  AtomicInteger atomicInt = new AtomicInteger(0);
03  ExecutorService fixedPool = Executors.newFixedThreadPool(2);
04  IntStream.range(0, 10000)
05      .forEach(i -> fixedPool.submit(atomicInt::incrementAndGet));
06  stop(fixedPool);
07  System.out.println(atomicInt.get());                    //输出 10000
08  }
```

20. 在并发编程实践中,ConcurrentHashMap 与 HashMap 相比是一个常被使用的数据结构,因为 ConcurrentHashMap 定义了原子操作,是线程安全的。请查阅 java.util.concurrent 包中关于 ConcurrentMap<K,V>接口和 ConcurrentHashMap<K,V>类的定义,总结 ConcurrentHashMap 的有关用法。

21. 请修改 Knock Knock 游戏项目设计,为游戏增加计分机制,让游戏过程变得富有挑战性。例如用 ConcurrentHashMap 实时保存所有客户机得分,并将最高得分的玩家姓名返回给客户机。

22. 恭喜你完成了本章的学习,请在表 3.1 中写下你的收获与问题,带着收获的喜悦、带着问题激发的好奇继续探索下去,欢迎将问题发送至:upsunny2008@163.com,与本章作者沟通交流。

表 3.1 "线程池"学习收获清单

序号	收获的知识点	希望探索的问题
1		
2		
3		
4		
5		

第4章 非阻塞I/O

本章采用“石头、剪刀、布”这个喜闻乐见、备受大家喜爱的小游戏作为案例讲解网络编程，可谓匠心独运。

4.1 作品演示

作品描述：“石头、剪刀、布”游戏中有两个玩家角色，分别由客户机和服务器扮演。服务器采用非阻塞I/O模式的并发处理技术，实现多客户机同时与服务器对战的游戏效果。客户机的出拳选择由玩家决定，服务器的出拳规则由服务器决定。

游戏分析：生活中，为保证游戏公平，要求两个玩家同时出拳。一方先出拳，另一方就有机会做出最佳选择，所以在本项目中如何实现客户机与服务器同时出拳呢？这可是个难题。

事实上，一局游戏的开始总是由玩家发起，服务器被动响应，但在效果上，看到的是客户机与服务器同时出拳。这其中的奥秘就在于服务器的算法选择。客户机发起游戏动作，服务器总是可以根据客户机的动作给出最佳选择，但这样一来，游戏乐趣就没了。其实有一个简单可行的算法，那就是服务器在石头、剪刀、布这三者之间随机出拳，或者服务器可以在石头、剪刀、布这三者之间做个偏好设定，玩家不知道服务器的下一个动作，服务器自然也不知道客户机的动作，输赢判断放在服务器或者客户机端皆可，最后一项工作是把整个游戏逻辑约定为一个可行的通信协议。

百闻不如一见，下面先体验游戏的真实效果。

打开chap04目录下的begin子文件夹，会看到里面包含两个jar文件，如图4.1所示，NIOServer.jar是服务器程序，NIOClient.jar是客户机程序。

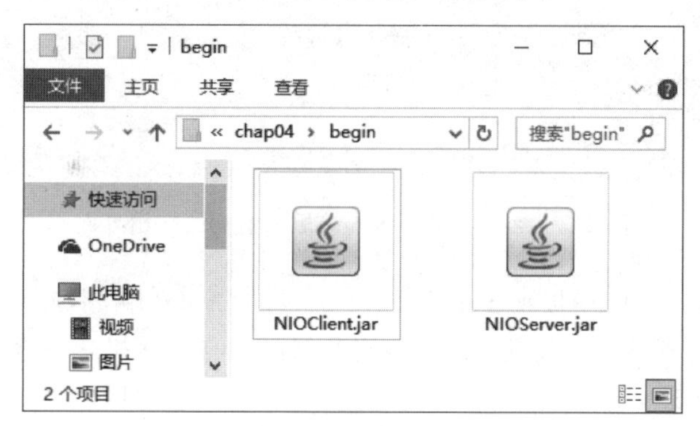

图4.1 chap04的begin目录

首先运行服务器程序,单击初始界面上的"启动服务器"按钮后,服务器运行状态如图 4.2 所示,此时服务器工作于 localhost 主机的 20000 端口,根据监控面板的提示,服务器此时处于侦听状态,等待新客户机的到来。

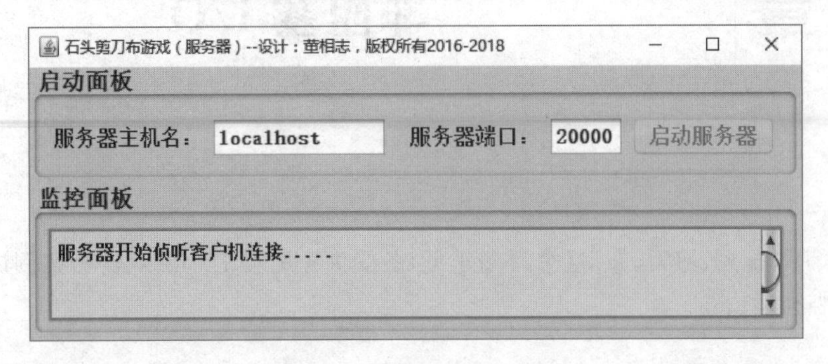

图 4.2　服务器初始运行状态

既然服务器开始工作,理论上可以启动成百上千的客户机连续测试。为简化步骤,这里启动两个客户机做演示。双击客户机程序 NIOClient,开启客户机主界面后,单击"连接服务器"按钮,假定客户机获得的随机端口为 55708,客户机 55708 连接服务器后的初始界面如图 4.3 所示。服务器接受了客户机 55708 连接后的运行状态如图 4.4 所示。

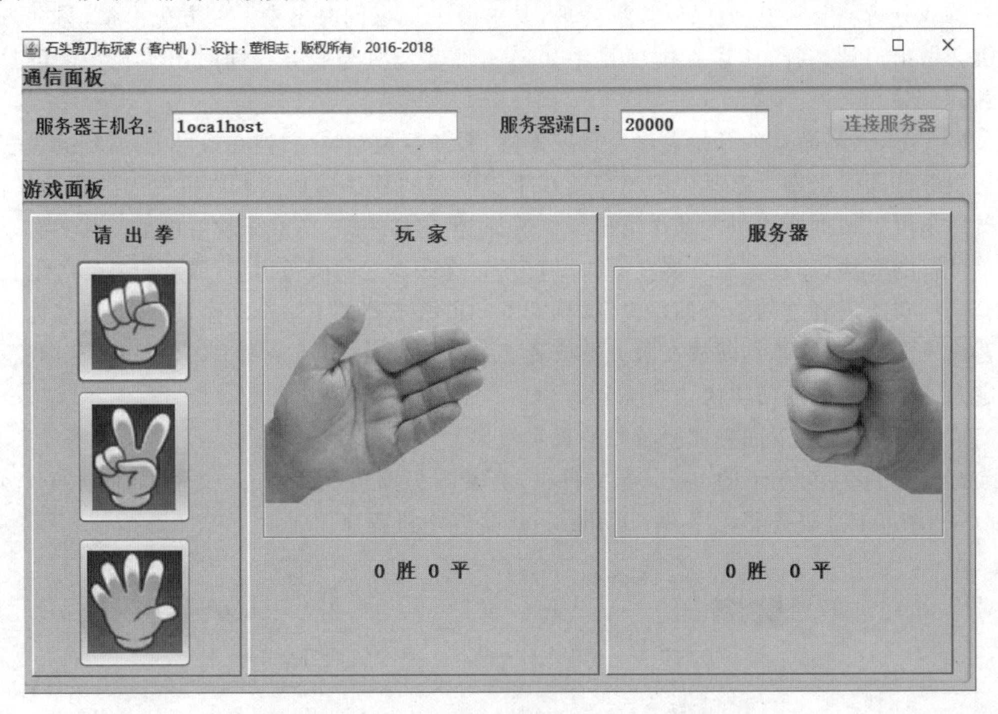

图 4.3　客户机 55708 连接服务器后的初始界面

由图 4.3 得知,客户机连接到了 localhost 主机的 20000 端口,此时客户机可以出拳开始游戏。再看图 4.4 所示的服务器的状态,服务器已经与客户机建立会话通道,并且显示客户机使用的端口是 55708。

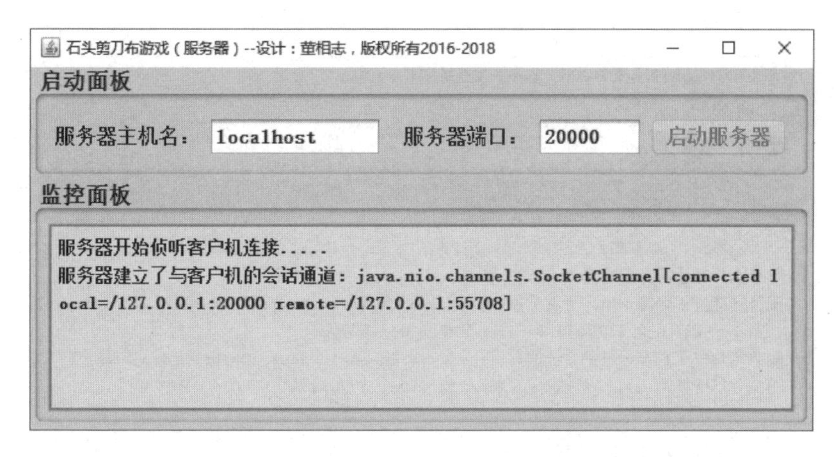

图 4.4　服务器接受了客户机 55708 连接后的运行状态

双击 NIOClient 运行一个新的客户机 55763,连接服务器后初始界面如图 4.5 所示(客户机连接服务器后的初始界面均相同,但此后的运行界面不同)。服务器接受了客户机 55763 连接的界面如图 4.6 所示。

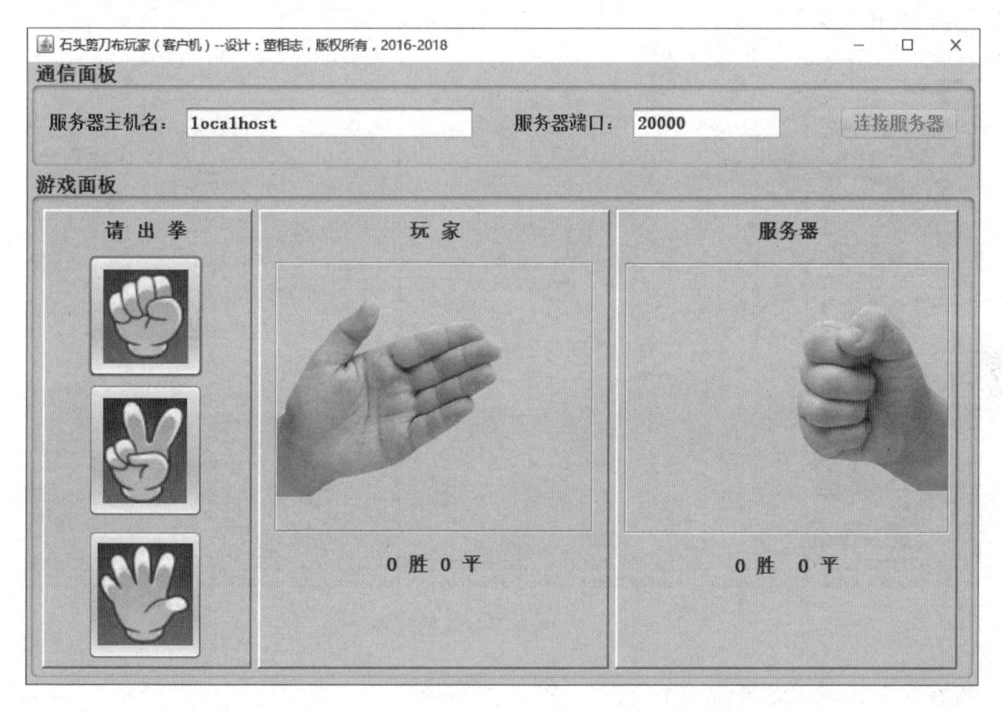

图 4.5　客户机 55763 连接服务器后的初始界面

由图 4.3 与图 4.5 得知,两个不同的客户机均连接到了(localhost：20000)服务器。现在做一组综合测试：假定 55708 客户机与 55763 客户机的随机交替出拳顺序为(55708：石头,55763：剪刀,55708：布,55763 剪刀,55708：布),则客户机 55708 与服务器的比赛结果如图 4.7 所示,客户机 55763 与服务器的比赛结果如图 4.8 所示,服务器比赛状态监控结果如图 4.9 所示。

图 4.6 服务器接受了客户机 55763 连接

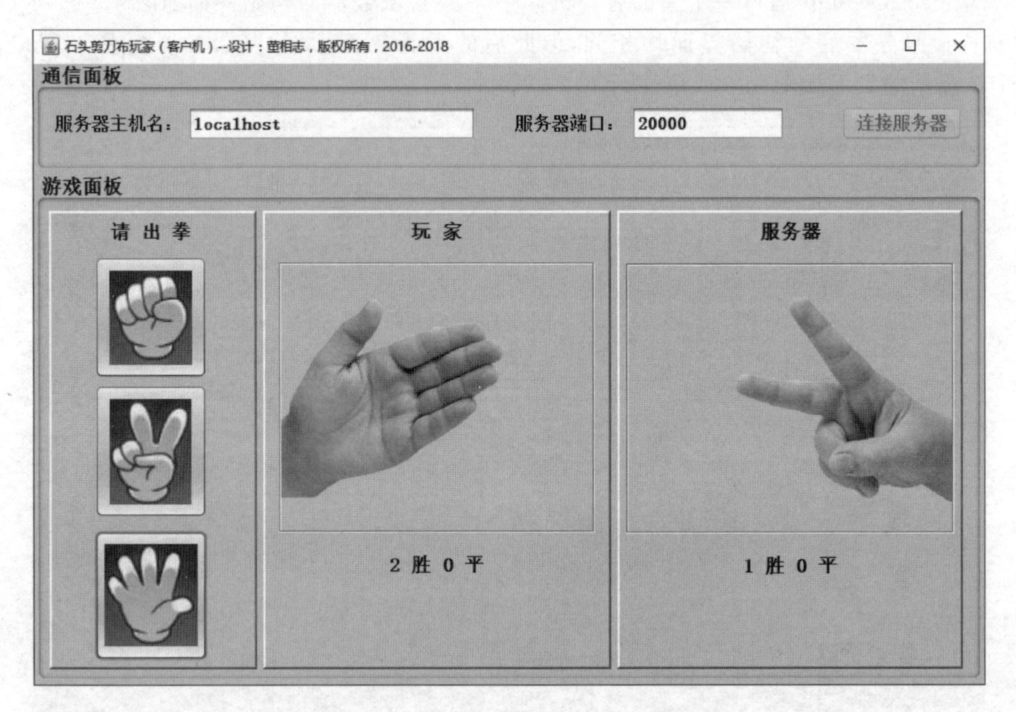

图 4.7 55708 与服务器的比赛结果

现在对上述演示结果做一个全面解读。

图 4.7 显示,客户机与服务器比赛了三局,55708 客户机胜了两局,服务器胜了一局,没有平局。比赛过程都显示在图 4.9 中,55708 客户机与服务器的三局比赛情况是(石头—剪刀,布—石头,布—剪刀),比赛结果正确。

图 4.8 显示,客户机 55763 与服务器比赛了两局,55763 客户机赢了两局,没有平局。比赛过程如图 4.9 所示,两局比赛情况是(剪刀—布,剪刀—布),结果正确。

如果持续进行下去,不同的客户机,不同的局数,结果充满了变数。

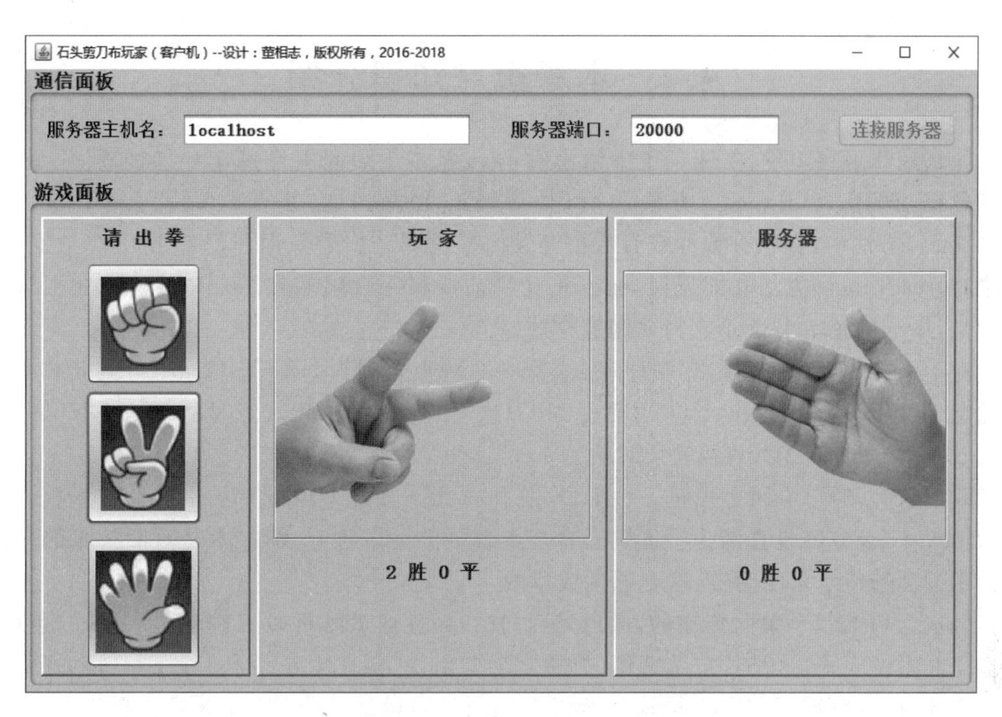

图 4.8　客户机 55763 与服务器的比赛结果

图 4.9　服务器比赛状态监控结果

毫无疑问，采用前面两章的一客户一线程或线程池技术，可以完美实现“石头、剪刀、布”的全部设计。但本章另辟蹊径，采用非阻塞 I/O 通道技术，去领略不一样的精彩。

4.2 本章重点知识介绍

什么是非阻塞IO? 在表1.1中给出的Java基本I/O都是阻塞I/O,例如通过Socket来读数据,调用readLine()方法之后,如果没有数据到达,当前线程就会一直阻塞在readLine()方法中,直到有数据或者数据源关闭才返回。如果采用非阻塞I/O,当数据没有就绪时,readLine()方法立即返回,而不是让当前线程一直阻塞在readLine()方法中,但可惜的是,Java的基本I/O不支持非阻塞模式。

对于Java NIO的解释,有两种观点:第一种观点是认为NIO是Java I/O的新技术,官网的定义也用了Java New I/O(可简称NIO)这个解释;第二种观点是将Java NIO解释为Java Non-Blocking I/O(可简称NIO)。

我们认为,通道本质上也是一种I/O,是Java为了提升I/O效率的一种新技术模式,称之为Java New I/O是官网为了区别已有基本I/O的一个称呼,新技术是对旧技术的升级,从技术渊源与传承角度而言,这是顺理成章的。

基本I/O流都是单向传输的,通道是双向的,而且通道既可以工作于阻塞模式,也可以工作于非阻塞模式,这是其技术特色,故称之为非阻塞I/O(Non-Blocking I/O)是一种更清晰的表述,Java官网对此也有描述。所以上述两种表述都有合理性,本书更愿意采用第二种解释。

大家如果要深入研究通道的技术内涵,应该跟随图1.31中的导航,进入Input/Output模块,分别查看java.nio.channels和java.nio这两个包,对各种接口、类的关联做详细研究和逻辑分析。

表4.1给出了套接字通道类与套接字类的对照关系,这表明,对网络流的操作可以由套接字向套接字通道迁移。

表4.1　套接字通道类与套接字类对照

协议	套接字类	套接字通道类	描　述
TCP	ServerSocket	ServerSocketChannel	服务器侦听通道,处理TCP连接,只用于服务器
	Socket	SocketChannel	会话通道,用于客户机与服务器
UDP	DatagramSocket DatagramPacket	DatagramChannel	UDP报文通道,用于客户机与服务器

通道的目标在于实现数据的高效运输,如果多通道并发运行,那么如何管理多通道的并发和非阻塞模式呢? 答案是:用java.nio.channels包中定义的Selector类和SelectionKey类,构建一种轮询机制,实现多通道并发模式的管理,工作原理如图4.10所示。

由图4.10可以直观获得如下认识。

(1) 单线程(Thread)。首先这是一个单线程模式,但是支持多客户机并发。也就是说,多通道并发工作,可以在一个线程里实现。这有什么好处呢? 多通道并发,避免了一客户一线程或者线程池对CPU的开销。

(2) 通道(Channel)技术。图4.10给出了两类通道,一是侦听通道ServerSocketChannel,二是数据通道SocketChannel。侦听通道只处理连接,所有客户机都需要通过侦听通道连接

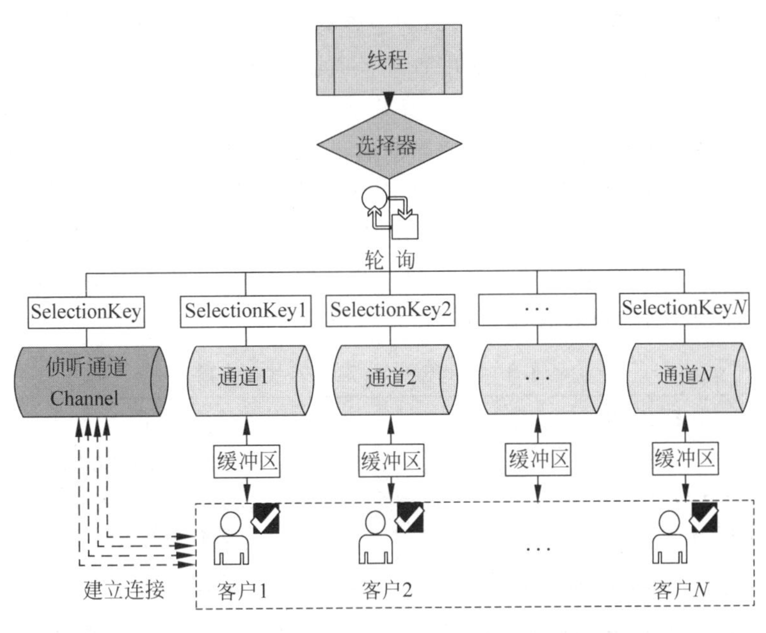

图 4.10　基于 TCP 协议的通道轮询机制

到服务器，在连接成功的同时，侦听通道开通一个为客户机服务的数据通道。数据通道只负责数据传输，与客户机一一对应。这个机制类似于 ServerSocket 与 Socket 的关系。

(3) 缓冲区(Buffer)技术。表 1.1 给出的基本 I/O 是基于字节流和字符流进行操作的，而 NIO 是基于通道和缓冲区进行操作，数据总是从通道写入到缓冲区中，或者从缓冲区读取到通道中。图 4.10 中，数据通道与客户机会话过程都采用了缓冲区技术，可以提升数据传输效能。这些缓冲类定义在 java. nio 包，表 4.2 给出了常用缓冲类的功能描述。

表 4.2　常用缓冲类

缓　冲　类	描　　述
Buffer	其他缓冲类的父类，定义缓冲区的基本属性与操作
ByteBuffer	字节缓冲区
CharBuffer	字符缓冲区
DoubleBuffer	双精度数的缓冲区
FloatBuffer	浮点数的缓冲区
IntBuffer	整数缓冲区
LongBuffer	长整型缓冲区
ShortBuffer	短整型缓冲区

缓冲区的基本操作方法包括 allocate()、read()、write()、clear()、flip()、wrap()、limit()、capacity()、position()、reset()和 rewind()等。

(4) 选择器(Selector)。Java NIO 引入了选择器的概念，选择器用于侦听多个通道的事件，例如连接到达、数据到达等，这也是单线程可以管理多数据通道的关键。选择器就像一个调度机构，所有的通道，都要向选择器注册，选择器会向每个通道颁发一个令牌(token)，令牌是用 SelectionKey 类来定义的。有的资料根据 SelectionKey 的字面意思将其解释为

“选择键”,我们认为还是用“令牌”较好,因为令牌有通知、指挥和调度的含义,能够较准确地传达选择器与通道的关系,是选择器调度管理各通道的“传令兵”。

(5) 令牌(SelectionKey)。如图 4.10 所见,每个通道都跟有一个 SelectionKey,这是通道向选择器注册时创建的令牌,专为沟通当前通道和选择器服务。当侦听通道中有连接到达时,该通道所属令牌就会设置其 OP_ACCEPT 字段的值为就绪,当数据通道有数据到达事件发生时,该通道所属令牌就会设置其 OP_READ 字段的值为就绪,在每个选择器轮询周期,选择器通过查阅各令牌的状态决定调度和运行策略。SelectionKey 定义的状态字段如表 4.3 所示,这些字段可以反映通道的就绪状态。

表 4.3　SelectionKey 定义的状态字段

字段名称	功能描述
OP_ACCEPT	接受连接的标志位
OP_CONNECT	连接状态标志位
OP_READ	读数据就绪标志位
OP_WRITE	写数据就绪标志位

选择器轮询时,会将那些处于就绪状态的 SelectionKey 选择出来组成一个临时的就绪集合,程序根据表 4.3 定义的状态字段,可以判断就绪类型,分类处理连接和数据读写操作。

4.3　客户机界面设计

启动 NetBeans 8.2,在 chap04 目录下的 begin 子文件夹中创建客户端项目 NIOClient,如图 4.11 所示。请注意不要勾选“创建主类”复选框,因为希望稍后用主界面类作为主类。

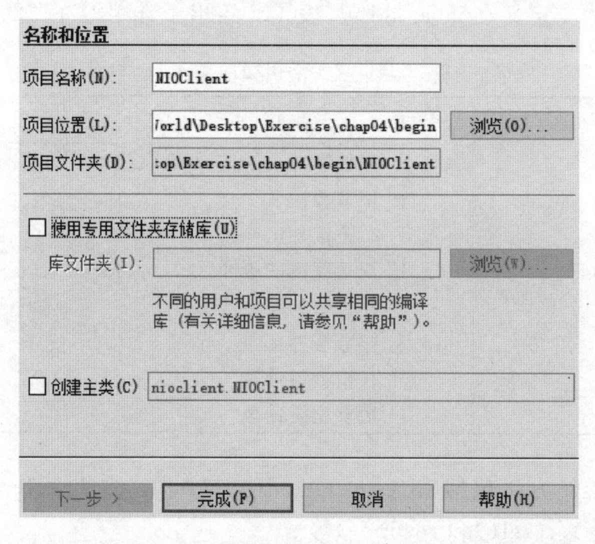

图 4.11　创建客户机项目 NIOClient

接下来为客户机项目添加窗体主类。右击项目的“默认包”,在弹出快捷菜单中选择“新建”→“JFrame 窗体”命令,如图 4.12 所示。

进入图 4.13 所示的窗体参数设定界面后，设定类名为 ClientUI，设定包名为 cn.edu.ldu，单击“完成”按钮，完成界面类 ClientUI 的创建与添加。此时项目结构与窗体布局如图 4.14 所示。

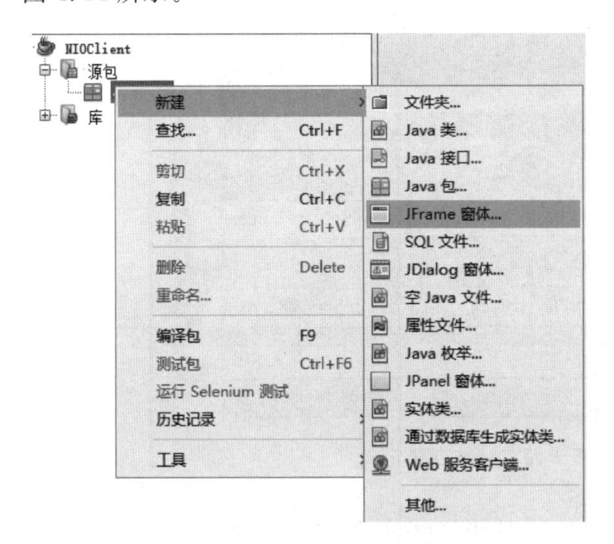

图 4.12　创建客户机窗体类的菜单命令

图 4.13　定义客户机 NIOClient 窗体类的类名和包名

图 4.14 左侧上部显示了项目的组织结构，左侧下部是界面设计导航器，中间为空白窗体。

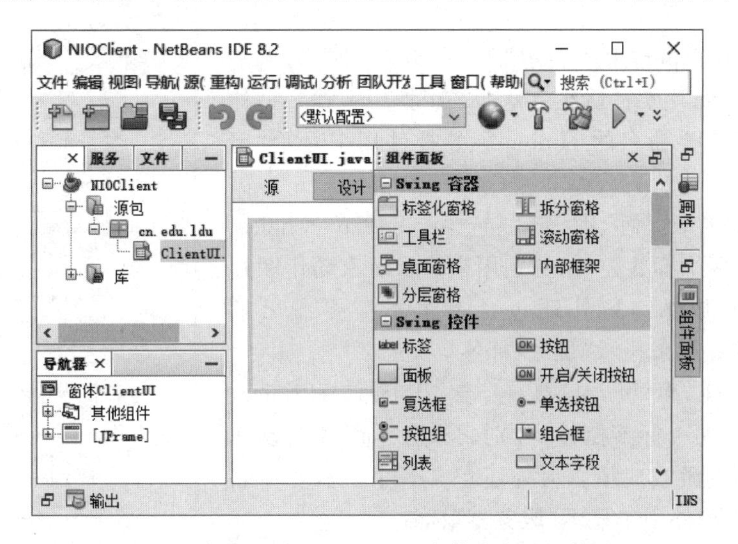

图 4.14　客户机项目 NIOClient 窗体类布局初始界面

现在可以从右侧的工具箱中挑选想添加的控件。在着手界面设计之前，先做好布局规划，则会事半功倍。完成的客户机界面布局与变量定义如图 4.15 所示。

窗体整体采用边框式布局，窗体内部包含 topPanel 和 midPanel 上下两个 JPanel 面板控件，分别用于定义通信面板和游戏面板。

游戏面板 midPanel 内部又包含 actionPanel、playerPanel 和 serverPanel 三个子面板，分别用来定义出拳动作区、玩家动作展示区、服务器动作展示区。

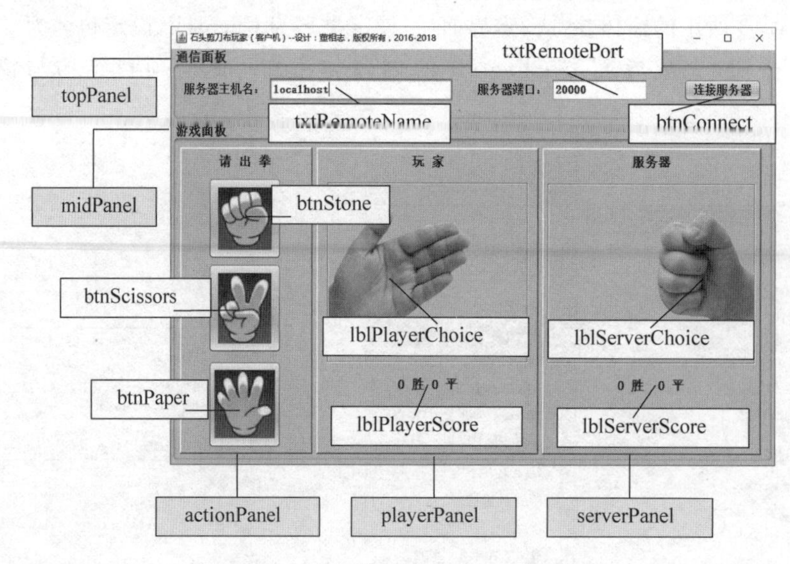

图 4.15　客户机界面布局与变量定义

topPanel 面板内部包含 txtRemoteName 和 txtRemotePort 两个文本框,分别用于定义服务器主机名和服务器端口,包含一个按钮 btnConnect,用于连接服务器。另外还有两个不需要命名的 JLabel 控件,分别用来显示“服务器主机名:”标签和“服务器端口:”标签。

actionPanel 面板内部包含三个按钮控件: btnStone、btnScissors、btnPaper,用来表示“石头、剪刀、布”的出拳动作,按钮上的图片素材请在本章的“素材”中查找。另外还包含一个不需要命名的 JLabel 标签控件用来显示“请出拳”标签。

playerPanel 面板内部包含 lblPlayerChoice、lblPlayerScore 两个标签控件,分别用来显示玩家动作图片和玩家的游戏成绩。另外还包含一个不需要命名的 JLabel 标签控件用来显示“玩家”标签。

serverPanel 面板内部包含 lblServerChoice、lblServerScore 两个标签控件,分别用来显示服务器动作图片和服务器的游戏成绩。另外还包含一个不需要命名的 JLabel 标签控件用来显示“服务器”标签。

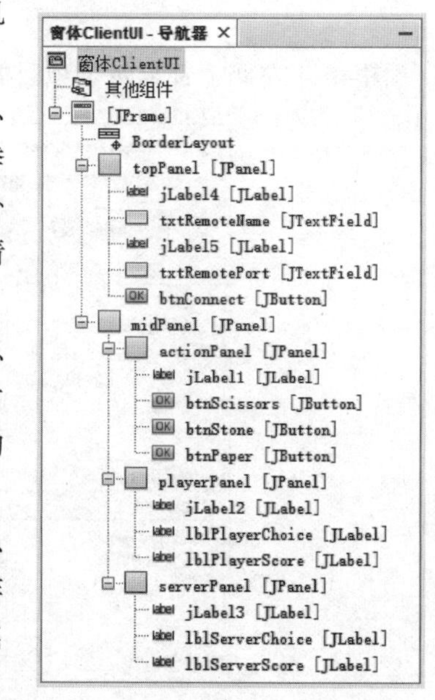

图 4.16　界面控件之间的逻辑关系

完成图 4.15 所示的界面设计之后,可以在导航器里系统直观地查看界面控件之间的逻辑关系,如图 4.16 所示。

4.4　服务器界面设计

启动 NetBeans 8.2,在 chap04 目录下的 begin 子文件夹中创建服务器项目 NIOServer,如图 4.17 所示。请注意不要勾选“创建主类”复选框,因为希望稍后用主界面类作为主类。

接下来为服务器项目添加窗体主类，操作方法与客户机类似。右击服务器项目的“默认包”在弹出的快捷菜单中选择“新建”→“JFrame 窗体”命令，进入创建窗体向导并设置类名和包名，如图 4.18 所示。

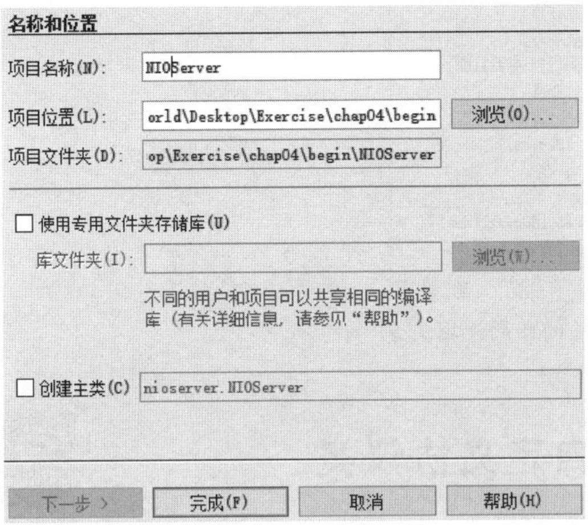

图 4.17　创建服务器项目 NIOServer

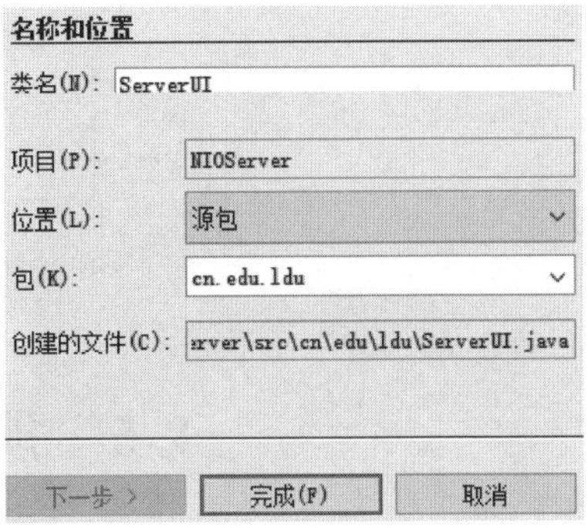

图 4.18　定义服务器 NIOServer 窗体类的类名和包名

“石头、剪刀、布”游戏服务器的界面布局与变量定义比客户机简单，如图 4.19 所示，其布局设计与控件定义与 Echo 项目服务器、Knock Knock 项目服务器如出一辙。

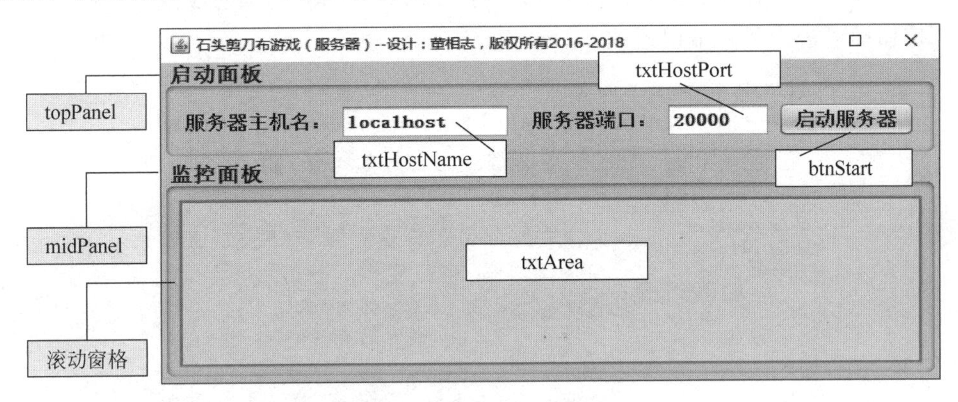

图 4.19　服务器界面布局与变量定义

服务器窗体整体采用边框式布局，窗体内部包含 topPanel 和 midPanel 上下两个 JPanel 面板控件，分别用于定义启动面板和监控面板。

topPanel 面板内部包含 txtHostName 和 txtHostPort 两个文本框，分别用于定义服务器工作地址和工作端口，包含一个按钮 btnStart，用于启动服务器。另外还有两个不需要命名的 JLabel 控件，分别用来显示“服务器主机名：”和“服务器端口：”两个标签。

midPanel 面板内嵌一个 JScrollPane 类型的滚动窗格。滚动窗格内部包含 txtArea 控件，这是一个 JTextArea 类型的文本区域。

完成图 4.19 所示的界面设计之后，可以在导航器里直观地查看界面控件的布局逻辑关系，如图 4.20 所示。

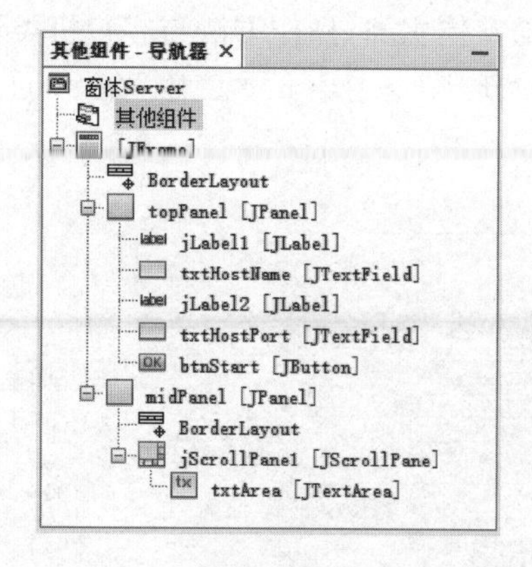

图 4.20 界面控件的布局逻辑关系

4.5 服务器自定义协议类

对于简单的网络通信规则,通过定义一个协议类的方式约束双方,是一个很好的软件方法。假定服务器采用随机出拳策略,那么在类中把这个策略定义一个方法即可。下面一步步完成本案例的协议类。

首先创建一个名称为 Protocol 的协议类。右击 cn.edu.ldu 包,在弹出的快捷菜单中选择“新建”→“Java 类”命令,如图 4.21 所示。打开类向导对话框,设置类名为 Protocol,单击“完成”按钮即可进入类的编码模式。

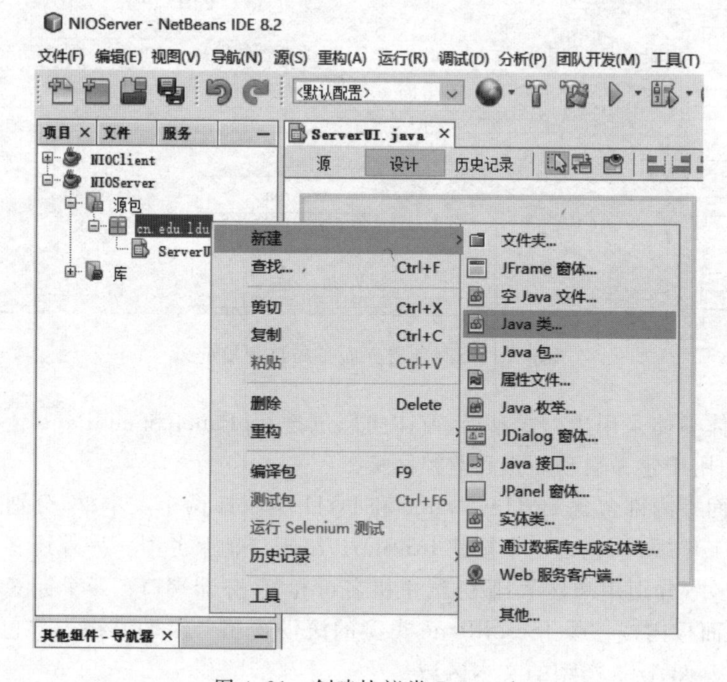

图 4.21 创建协议类 Protocol

Protocol 类的全部编码如程序 4.1 所示。

程序 4.1　游戏协议类 Protocol.java

```
01  package cn.edu.ldu;
02  import java.util.Random;
03  /**
04   * 功能：石头剪刀布协议
05   * 设计：董相志 版权所有 2016--2018,upsunny2008@163.com
06   */
07  public class Protocol {
08      public String protocolWorking(String clientSide) {
09          String serverSide = null;              //服务器的选择
10          String result = null;                  //单局比赛结果
11          String answer = null;                  //返回结果,结果形式：服务器选择#输赢和
                                                   //平局,例如：Stone#ServerWin
12          //用随机数 0、1、2 模拟服务器的选择,0 表示石头,1 表示剪刀,2 表示布
13          Random random = new Random();
14          int serverChoice = random.nextInt(3); //生成 0～2 的随机整数
15          switch (serverChoice) {
16              case 0:                            //服务器出石头,判断胜负
17                  serverSide = "Stone";
18                  if (clientSide.equalsIgnoreCase("Stone")) {
19                      result = "TwoDraw";        //平局
20                  } else if (clientSide.equalsIgnoreCase("Scissors")) {
21                      result = "ServerWin";      //服务器赢
22                  } else {
23                      result = "ClientWin";      //玩家赢
24                  }
25                  break;
26              case 1:                            //服务器出剪刀,判断胜负
27                  serverSide = "Scissors";
28                  if (clientSide.equalsIgnoreCase("Stone")) {
29                      result = "ClientWin";
30                  } else if (clientSide.equalsIgnoreCase("Scissors")) {
31                      result = "TwoDraw";
32                  } else {
33                      result = "ServerWin";
34                  }
35                  break;
36              case 2:                            //服务器出布,判断胜负
37                  serverSide = "Paper";
38                  if (clientSide.equalsIgnoreCase("Stone")) {
39                      result = "ServerWin";
40                  } else if (clientSide.equalsIgnoreCase("Scissors")) {
41                      result = "ClientWin";
42                  } else {
43                      result = "TwoDraw";
44                  }
45                  break;
46          } //end switch
```

```
47            answer = serverSide + " # " + result;    //返回服务器的选择和比赛结果
48            return answer;
49        } //end protocolWorking
50    } //end Class
```


Protocol 类中只包含 protocolWorking()这一个方法,用随机数的方式模拟服务器的出拳,而且根据客户机的出拳做出胜负判定。protocolWorking()返回一个用#分隔的字符串,#前面的部分代表服务器出拳结果,#后面的部分代表比赛结果。

注意,这里用了 java.util.Random 的随机数方法,避免使用 Math 包里的 random()的伪随机方法。

4.6 启动服务器

服务器界面设计、协议类设计都已经完成,现在可以让服务器工作起来了。这里把服务器的启动过程定义在 btnStart 按钮的事件过程中。

在如图 4.22 所示的设计视图中双击"启动服务器"按钮,会自动生成 btnStart 命令的函数框架,在这个框架中完成如程序 4.2 所示的编码过程。

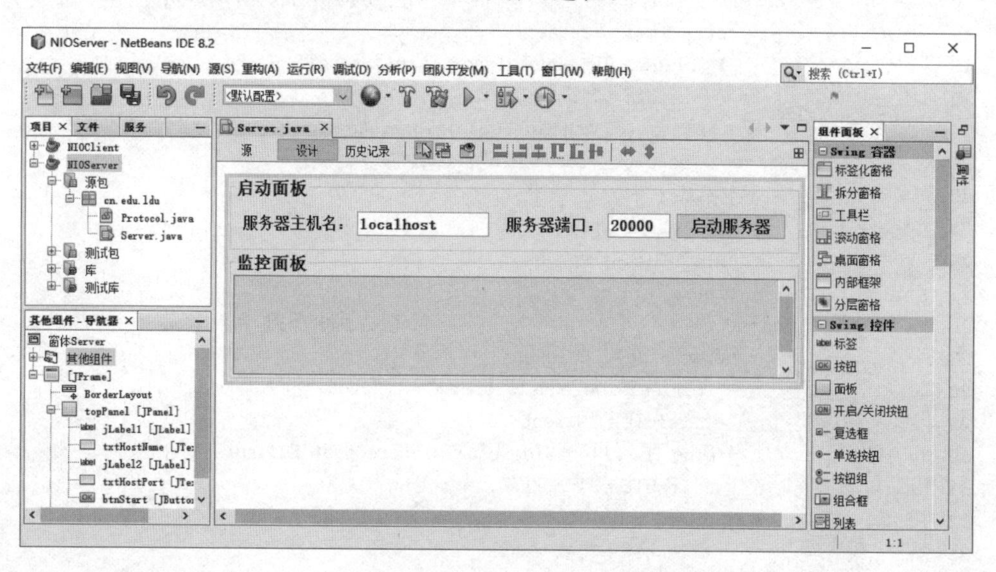

图 4.22 进入"启动服务器"的事件过程函数

程序 4.2 btnStart 的过程函数,启动服务器的步骤

```
01  public class Server extends javax.swing.JFrame {
02      private ServerSocketChannel listenChannel = null;     //侦听通道
03      private Selector selector;                            //选择器
04  …
05  //启动服务器
06  private void btnStartActionPerformed(java.awt.event.ActionEvent evt) {
07      btnStart.setEnabled(false);
08      try {
09          //构建工作地址
```

```
10            String hostName = txtHostName.getText();
11            int hostPort = Integer.parseInt(txtHostPort.getText());
12            SocketAddress serverAddr =  new InetSocketAddress(
13                        InetAddress.getByName(hostName),hostPort);
14            selector = Selector.open();                         //创建选择器
15            listenChannel = ServerSocketChannel.open();         //创建侦听通道
16            listenChannel.socket().bind(serverAddr);            //侦听通道绑定工作地址
17            listenChannel.configureBlocking(false);             //侦听通道工作于非阻塞模式
18            //侦听通道注册到选择器,设置 OP_ACCEPT 标志位
19            listenChannel.register(selector, SelectionKey.OP_ACCEPT);
20            txtArea.append("服务器开始侦听客户机连接.....\n");
21        } catch (IOException ex) { }
22        …
23        } //end btnStartActionPerformed
24    …
25    } //end class
```

如程序 4.2 所示，首先为 ServerUI 类定义两个成员变量 listenChannel(第 02 行)和 selector(第 03 行)，然后在按钮函数中完成服务器的启动逻辑设计(第 06 行～21 行)。

推演程序 4.2 的逻辑结构，14～19 行最为关键，包含了创建选择器、创建侦听通道、设定侦听通道工作地址与端口、设定侦听通道非阻塞模式、侦听通道向选择器注册、关联 SelectionKey.OP_ACCEPT 类型令牌。所以，启动基于非阻塞 I/O 架构的 TCP 服务器，只需以下五步：

```
01  selector = Selector.open();                               //创建选择器
02  listenChannel = ServerSocketChannel.open();               //创建侦听通道
03  listenChannel.socket().bind(serverAddr);                  //侦听通道绑定工作地址
04  listenChannel.configureBlocking(false);                   //侦听通道工作于非阻塞模式
05  listenChannel.register(selector, SelectionKey.OP_ACCEPT);//注册到选择器,设置 OP_ACCEPT 标志位
```

4.7 服务器轮询线程

4.6 节完成了服务器的启动逻辑，本节回答选择器如何管理多通道问题。将服务器对通道的调度与管理单独定义为一个匿名线程，采用匿名线程的原因是为简化设计，这里也可以单独定义为一个线程类。界面线程与后台轮询线程分开，可以获得更好的界面响应体验。

服务器轮询线程的编码如程序 4.3 所示。

程序 4.3　服务器轮询线程，仍然定义在 btnStart 的过程函数中

```
01  private void btnStartActionPerformed(java.awt.event.ActionEvent evt) {
02      …//启动服务器
03      new Thread(new Runnable() {
04        @Override
05        public void run() {
06            try {
07                while (true) {                              //轮询各通道状态,处理连接和会话
08                    int nKeys = selector.select();          //查询令牌集合
09                    if (nKeys == 0) continue;   //没有就绪令牌,越过下面步骤,开始新一轮查询
10                    Set < SelectionKey > readyKeys = selector.selectedKeys();
```

```
                                                   //返回就绪令牌集合
11              Iterator<SelectionKey> it = readyKeys.iterator();
                                                   //就绪令牌集合迭代器
12              while (it.hasNext()) {             //遍历就绪令牌集合
13                  SelectionKey key = it.next();  //取出下一个令牌
14                  if (key.isAcceptable()) {      //如果是连接事件
15                      doAccept(key);             //建立连接,创建新会话通道
16                  } else if (key.isReadable()) {//如果是读数据事件
17                      doRead(key);               //接收数据
18                  }
19                  it.remove();                   //从就绪集合中删除处理过的令牌
20              }//end while
21          } //end while
22      } catch (IOException ex) { }
23    } //end run
24  }).start();
25 } //end btnStartActionPerformed
```

第 15 行处理客户机连接的函数 doAccept(key)和第 17 行接收客户机数据的函数 doRead(key)是两个自定义函数,分别在后面两节讲述。

07~21 行所定义的 while(true)是一个无限循环,维持服务器的持续运行。轮询机制的实现包含三个关键步骤:

(1) 查询;

(2) 获取就绪令牌集合;

(3) 遍历就绪令牌集合。

遍历的步骤通过 12~20 行的 while 循环完成。

现在可以总结出选择器 Selector 的轮询机制,如图 4.23 所示。

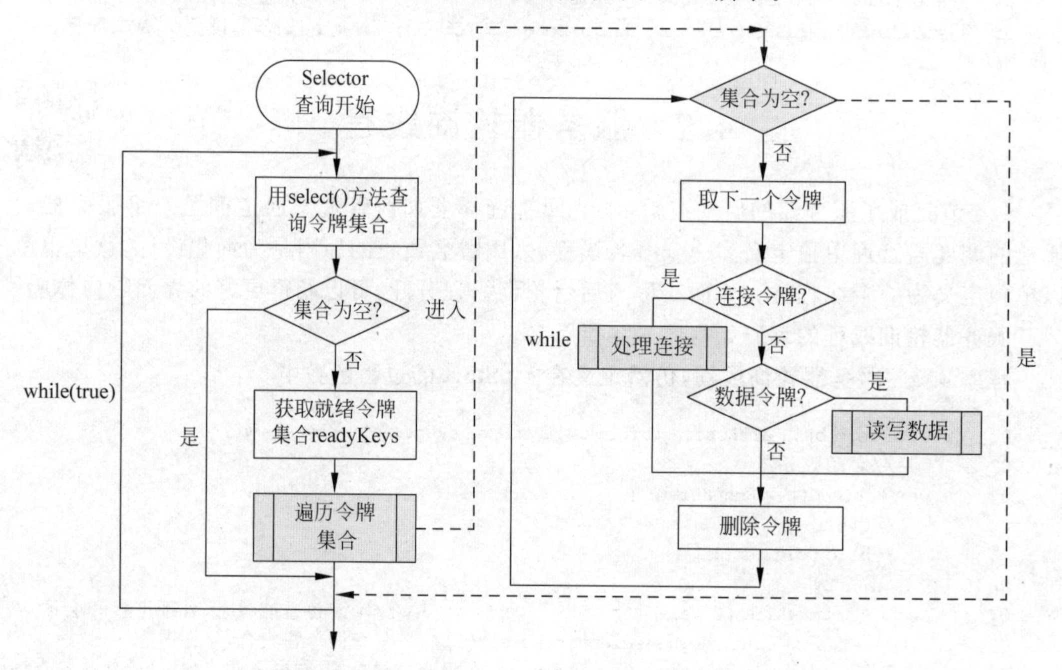

图 4.23　Selector 的轮询机制

图 4.23 中处理连接的工作，在程序中单独定义为一个函数；数据交换的工作，也单独定义为一个函数。事实上，如果连接数量庞大，也可以考虑将上述两个子函数分别定义为两个子线程，让轮询线程、连接线程和数据线程分开运行。

4.8 服务器处理连接

本节解决图 4.23 中的处理连接模块，编码如程序 4.4 所示。

程序 4.4　处理连接函数 doAccept，定义为 ServerUI 的一个成员方法

```
01 public class Server extends javax.swing.JFrame {
02     private ServerSocketChannel listenChannel = null;          //侦听通道
03     private Selector selector;                                 //选择器
04     …
05     //处理连接
06     private void doAccept(SelectionKey key) throws IOException {
07         ServerSocketChannel serverChannel = (ServerSocketChannel)key.channel();
                                                                  //侦听通道
08         SocketChannel clientChannel = serverChannel.accept(); //接受连接
09         txtArea.append("服务器建立了与客户机的会话通道：" + clientChannel + "\n");
10         clientChannel.configureBlocking(false);                //非阻塞
11         //注册通道，协议作为附件
12         Protocol protocol = new Protocol();                    //会话协议
13         clientChannel.register(selector, SelectionKey.OP_READ,protocol);
14     } //end doAccept
15    …
16 } //end class
```

如程序 4.4 所示，处理连接的目的是建立客户机与服务器会话通道，这项工作需要如下四个步骤来完成：

(1) 07 行，根据令牌，获取是哪个侦听通道发生了连接到达事件。

(2) 08 行，接受客户机连接，创建会话通道，即数据交换通道。

(3) 10 行，将数据交换通道设定为非阻塞模式。

(4) 13 行，将数据通道注册到选择器 Selector 上，设定通道令牌为 SelectionKey.OP_READ 类型，还要将协议对象附加到令牌上。

上述四个基本步骤中，有一项工作是隐含的，但特别重要。客户机与服务器的会话是遵循自定义协议的，所以程序 4.4 第 12 行必须初始化一个协议对象，在通道注册时作为参数传递。第 13 行的注册语句包含三个参数，第三个参数一般情况下是可以省略的，但就本案例而言，则是必需的，因为到了会话阶段，各个通道需要遵照自己的协议状态完成数据交换。

4.9 服务器读写数据

现在来完成服务器端的最后一项工作，即与客户机的数据交换，实现逻辑如程序 4.5 所示。

程序 4.5　通道数据交换函数,定义为 ServerUI 的一个成员方法

```
01  public class Server extends javax.swing.JFrame {
02      private ServerSocketChannel listenChannel = null;                //侦听通道
03      private Selector selector;                                       //选择器
04      …
05      //读取数据
06      private void doRead(SelectionKey key) throws IOException {
07          ByteBuffer recvBuff = ByteBuffer.allocate(1024);             //接收缓冲区
08          ByteBuffer sendBuff = ByteBuffer.allocate(1024);             //发送缓冲区
09          Charset charset = Charset.forName("UTF-8");                  //字符集
10          SocketChannel clientChannel = (SocketChannel)key.channel();      //会话通道
11          Protocol protocol = (Protocol)key.attachment();              //取出协议
12          recvBuff.clear();                                            //接收缓冲区清空
13          clientChannel.read(recvBuff);                                //从通道读取数据
14          recvBuff.flip();                                             //缓冲区指针回到数据起点
15          String recvStr = charset.decode(recvBuff).toString(); //解码成字符串
16          String sendStr = protocol.protocolWorking(recvStr);  //求解回送字符串
17          sendBuff.clear();                                            //发送缓冲区清空
18          sendBuff = ByteBuffer.wrap(sendStr.getBytes(charset));//发送字符串放入缓冲区
19          clientChannel.write(sendBuff);                               //通道发送
20          txtArea.append("玩家 IP 和端口: " + clientChannel.getRemoteAddress() + " 选择: " +
21          recvStr + " <-->服务器选择: " + sendStr.substring(0,sendStr.indexOf("#")) +
22          " 结果: " + sendStr.substring(sendStr.indexOf("#") + 1) + "\n");
23      } //end doRead
24      …
25  } //end class
```

程序 4.5 的主要工作有两项,从客户机接收数据(第 13 行),向客户机发送数据(第 19 行)。但是收发数据之前,需要知道是哪个通道发生了读数据就绪事件,这个是从 doRead(SelectionKey key)的参数 key 令牌中获取的(第 10 行)。通道工作时需要依赖缓冲区存储待发送数据,用缓冲区存储接收的数据,所以函数的开始部分定义了 ByteBuffer 缓冲区(第 07 行、第 08 行)。注意 4.8 节中有注册会话通道时传递的协议对象,而这里的第 11 行,完成了在数据交换之前从令牌上获取协议的工作。

至此,已经完成服务器的全部逻辑,可总结为以下四个步骤:

(1) 启动服务器的逻辑,创建选择器、创建侦听通道、绑定侦听地址和端口、注册侦听通道到选择器上;

(2) 创建一个匿名线程,完成选择器的轮询机制,开始查询,获取就绪令牌集合,遍历令牌集合,周而复始;

(3) 定义处理连接 doAccept 成员函数,接受客户机连接、创建会话通道、注册会话通道到选择器上并传递协议对象;

(4) 定义数据交换 doRead 成员函数,获取就绪通道和会话协议,进行读写数据操作。

4.10　客户机连接服务器

打开客户机界面设计视图，如图 4.24 所示。在“连接服务器”按钮上双击，自动生成并转到 btnConnect 的事件过程中，完成连接服务器的编码如程序 4.6 所示。

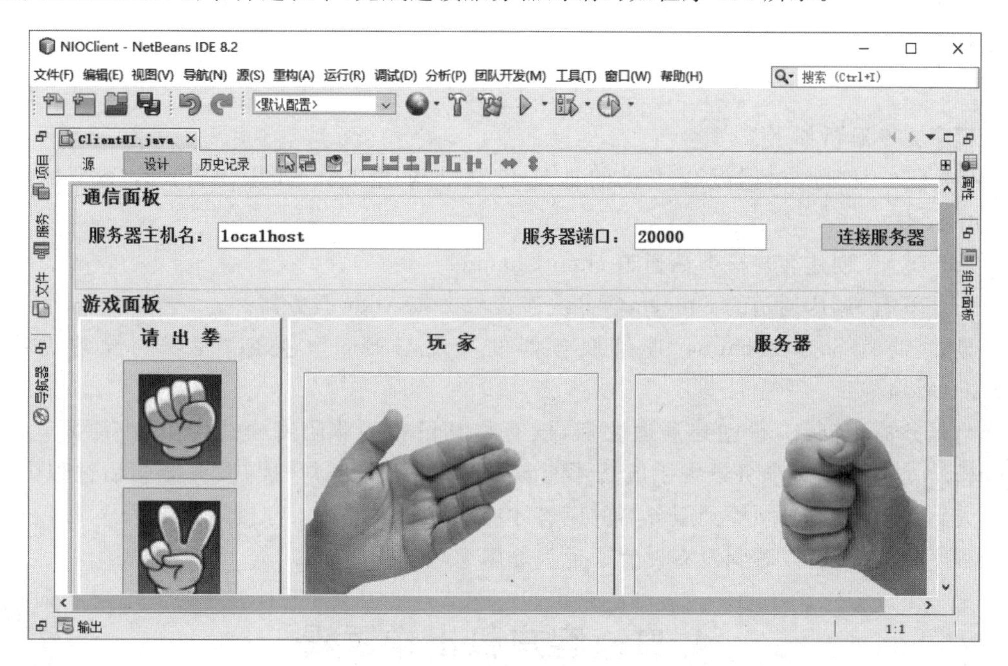

图 4.24　创建连接服务器的事件过程

程序 4.6　客户机连接服务器事件过程，定义为 ClientUI 的一个成员方法

```
01  public class ClientUI extends javax.swing.JFrame {
02      private ByteBuffer recvBuff = ByteBuffer.allocate(1024);    //接收缓冲区
03      private ByteBuffer sendBuff = ByteBuffer.allocate(1024);    //发送缓冲区
04      private SocketChannel clientChannel = null;                 //会话通道
05      private Charset charset = Charset.forName("UTF-8");
06      private static int playerWin = 0;                           //玩家胜
07      private static int serverWin = 0;                           //服务器胜
08      private static int playerDraw = 0;                          //玩家平
09      private static int serverDraw = 0;                          //服务器平
10      …
11      //连接服务器
12      private void btnConnectActionPerformed(java.awt.event.ActionEvent evt) {
13      try {
14          //构建远程服务器地址
15          String remoteName = txtRemoteName.getText();
16          int remotePort = Integer.parseInt(txtRemotePort.getText());
17          SocketAddress remoteAddr = new InetSocketAddress(
18                      InetAddress.getByName(remoteName), remotePort);
19          clientChannel = SocketChannel.open();                   //创建客户机会话通道
20          clientChannel.connect(remoteAddr);                      //连接远程服务器
```

```
21          } catch (IOException ex) {
22              JOptionPane.showMessageDialog(null, ex.getMessage(), "连接错误",
23                  JOptionPane.ERROR_MESSAGE);
24              return;
25          }
26          btnConnect.setEnabled(false);
27      }
28      …
29  } //end class
```

程序 4.6 解析如下：

(1) 15～18 行,根据远程主机的地址和端口构建一个 SocketAddress 类型的地址 remoteAddr。

(2) 19 行,创建客户机会话通道 clientChannel。

(3) 20 行,调用通道的 connect()方法连接 remoteAddr 服务器。

显然,通道 SocketChannel 连接服务器的步骤与 Socket 类似,捕获的异常仍然为 IOException。

与服务器比较,19 行创建通道之后,没有将其设置为非阻塞模式,有两个原因：一是 connect()方法需要与服务器握手成功才能向下进行；二是客户机与服务器会话过程中,发送己方出拳动作后,必须等到服务器的应答才能继续向下运行。在接下来的程序 4.7、程序 4.8、程序 4.9 中,可以看到没有设置通道为非阻塞模式的语句。

4.11 客户机出拳逻辑

双击图 4.24 中的“石头”按钮,进入 btnStone 的事件过程,完成客户机出“石头”全部逻辑设计,如程序 4.7 所示。

程序 4.7 客户机出“石头”事件过程,定义为 ClientUI 的一个成员方法

```
01  //出石头
02  private void btnStoneActionPerformed(java.awt.event.ActionEvent evt) {
03      if (clientChannel == null) {
04          JOptionPane.showMessageDialog(null, "请先连接服务器","错误提示
05  ",JOptionPane.ERROR_MESSAGE);
06          return;
07      }
08      try {
09          //显示玩家图片 StoneLeft.png
10          URL imageUrl = ClientUI.class.getResource("StoneLeft.png");
11          ImageIcon stonePic = new ImageIcon(imageUrl);
12          lblPlayerChoice.setIcon(stonePic);
13          sendBuff.clear();                                   //清空发送缓冲区
14          sendBuff = ByteBuffer.wrap("Stone".getBytes(charset));
                                                                //Stone 字符串包装到缓冲区
15          clientChannel.write(sendBuff);                      //首先告诉服务器自己的选择
16          recvBuff.clear();                                   //清空接收缓冲区
```

```
17            clientChannel.read(recvBuff);                        //接收来自服务器的回复
18            recvBuff.flip();                                     //指针回至收到数据的起点
19            String serverSide = charset.decode(recvBuff).toString();  //解码收到的字符串
20            //求解文件名,显示服务器图片
21            String imageName = serverSide.substring(0, serverSide.indexOf("#")) + "Right.png";
22            URL imageServerUrl = ClientUI.class.getResource(imageName);
23            ImageIcon serverPic = new ImageIcon(imageServerUrl);
24            lblServerChoice.setIcon(serverPic);
25            //求解服务器返回的比赛结果,根据结果更新胜局和平局数
26            String result = serverSide.substring(serverSide.indexOf("#") + 1);
27            if (result.equalsIgnoreCase("TwoDraw")) {
28                playerDraw++;
29                serverDraw++;
30            } else if (result.equalsIgnoreCase("ClientWin")) {
31                playerWin++;
32            } else if (result.equalsIgnoreCase("ServerWin")) {
33                serverWin++;
34            }
35            String playerScore = playerWin + " 胜 " + playerDraw + " 平";
36            String serverScore = serverWin + " 胜 " + serverDraw + " 平";
37            lblPlayerScore.setText(playerScore);
38            lblServerScore.setText(serverScore);
39        } catch (IOException ex) {
40            JOptionPane.showMessageDialog(null, ex.getMessage(),
41              "错误提示",JOptionPane.ERROR_MESSAGE);
42        }
43    }
```

程序 4.7 解析如下：

(1) 10～12 行，将玩家控件 lblPlayerChoice 的图片显示为“石头”。

(2) 13～15 行，向服务器发送"Stone"字符串，告知服务器客户机的出拳动作。

(3) 16～17 行，接收服务器发来的字符串，包含了服务器的出拳动作和胜负结果。

(4) 18 行，flip()方法在读写缓冲区的转换操作中是不可少的，flip()用法请参见本节后面的解析。

(5) 19 行，解码收到的字符串。

(6) 21～24 行，在 lblServerChoice 控件上显示服务器出拳动作对应的图片。

(7) 26～38 行，根据双方胜负更新 lblPlayerScore 和 lblServerScore 的值。

flip()方法解析如下。

在 Java NIO 编程中，对缓冲区操作常常需要使用 Java.nio.Buffer 中的 flip()方法。

Buffer 中的 flip()方法涉及 Buffer 中定义的 capacity、position、limit 三个成员变量，capacity 在创建缓冲区时确定，表示缓冲区的容量；position 是变化的，相当于一个当前指针，指向当前读写位置；在写模式下，limit 表示最多能写入数据量的上限，在读模式下，limit 表示最多能够读取的数据量，其最大值为 capacity，最小值为 0。三者的关系可以表示为如下不等式：

```
0 <= position <= limit <= capacity
```

在写模式下调用 flip()方法,那么 limit 就设置为 position 当前的值(即当前写了多少数据),position 会被置为 0,表示读操作将从缓冲区的头部开始读,也就是说调用 flip()方法之后,读写指针移动到缓冲区头部,并且设置了最多只能读出之前写入的数据长度 limit,而不是整个缓存的容量 capacity。

一般来说,在读写模式之后,总是执行 flip()方法。例如:

```
01  in.read(buf);      //读数据到缓冲区 buf
02  buf.flip();        //limit 指向 position,position 指针回到读数据之前的位置
03  out.write(buf);    //将上次读到 buf 中的数据写入通道,写到 limit 为止
```

程序 4.7 第 18 行中的 flip()方法如果省略,则后续语句不能从正确位置读取数据。

双击图 4.24 中的"剪刀"按钮,进入 btnScissors 的事件过程,完成客户机出"剪刀"全部逻辑设计,如程序 4.8 所示。

程序 4.8　客户机出"剪刀"事件过程,定义为 ClientUI 的一个成员方法

```
01  //出剪刀
02  private void btnScissorsActionPerformed(java.awt.event.ActionEvent evt) {
03      if (clientChannel == null) {
04          JOptionPane.showMessageDialog(null, "请先连接服务器","错误提示"
05  ,JOptionPane.ERROR_MESSAGE);
06          return;
07      }
08      try {
09          //显示玩家图片 ScissorsLeft
10          URL imageUrl = ClientUI.class.getResource("ScissorsLeft.png");
11          ImageIcon scissorsPic = new ImageIcon(imageUrl);
12          lblPlayerChoice.setIcon(scissorsPic);
13          sendBuff.clear();                                    //清空发送缓冲区
14          sendBuff = ByteBuffer.wrap("Scissors".getBytes(charset));//字符串包装到缓冲区
15          clientChannel.write(sendBuff);                       //首先告诉服务器自己的选择
16          recvBuff.clear();                                    //清空接收缓冲区
17          clientChannel.read(recvBuff);                        //接收来自服务器的回复
18          recvBuff.flip();                                     //指针回至收到数据的起点
19          String serverSide = charset.decode(recvBuff).toString();  //解码收到的字符串
20          //求解文件名,显示服务器图片
21          String imageName = serverSide.substring(0, serverSide.indexOf("#")) + "Right.png";
22          URL imageServerUrl = ClientUI.class.getResource(imageName);
23          ImageIcon serverPic = new ImageIcon(imageServerUrl);
24          lblServerChoice.setIcon(serverPic);
25          //求解服务器返回的比赛结果,根据结果更新胜局和平局数
26          String result = serverSide.substring(serverSide.indexOf("#") + 1);
27          if (result.equalsIgnoreCase("TwoDraw")) {
28              playerDraw++;
29              serverDraw++;
30          } else if (result.equalsIgnoreCase("ClientWin")) {
31              playerWin++;
```

```
32            } else if (result.equalsIgnoreCase("ServerWin")) {
33                serverWin++;
34            }
35            String playerScore = playerWin + " 胜 " + playerDraw + " 平";
36            String serverScore = serverWin + " 胜 " + serverDraw + " 平";
37            lblPlayerScore.setText(playerScore);
38            lblServerScore.setText(serverScore);
39        } catch (IOException ex) {
40            JOptionPane.showMessageDialog(null, ex.getMessage(),
41              "错误提示",JOptionPane.ERROR_MESSAGE);
42        }
43    }
```

程序 4.8 解析如下：

(1) 10～12 行，将玩家控件 lblPlayerChoice 的图片显示为"剪刀"。

(2) 13～15 行，向服务器发送"Scissors"字符串，告知服务器客户机的出拳动作。

(3) 16～17 行，接收服务器发来的字符串，包含了服务器的出拳动作和胜负结果。

(4) 18 行，flip()方法回滚 position 指针到起始位置。

(5) 19 行，解码收到的字符串。

(6) 21～24 行，在 lblServerChoice 控件上显示服务器出拳动作对应的图片。

(7) 26～38 行，根据双方胜负更新 lblPlayerScore 和 lblServerScore 的值。

双击图 4.24 中的"布"按钮，进入 btnPaper 的事件过程，完成客户机出"布"全部逻辑设计，如程序 4.9 所示。

程序 4.9　客户机出"布"事件过程，定义为 ClientUI 的一个成员方法

```
01  //出布
02  private void btnPaperActionPerformed(java.awt.event.ActionEvent evt) {
03      if (clientChannel == null) {
04          JOptionPane.showMessageDialog(null, "请先连接服务器","错误提示
05  ",JOptionPane.ERROR_MESSAGE);
06          return;
07      }
08      try {
09          //显示玩家图片 PaperLeft
10          URL imageUrl = ClientUI.class.getResource("PaperLeft.png");
11          ImageIcon paperPic = new ImageIcon(imageUrl);
12          lblPlayerChoice.setIcon(paperPic);
13          sendBuff.clear();                                   //清空发送缓冲区
14          sendBuff = ByteBuffer.wrap("Paper".getBytes(charset));//Paper 字符串包装到缓冲区
15          clientChannel.write(sendBuff);                      //首先告诉服务器自己的选择
16          recvBuff.clear();                                   //清空接收缓冲区
17          clientChannel.read(recvBuff);                       //接收来自服务器的回复
18          recvBuff.flip();                                    //指针回到数据起点
19          String serverSide = charset.decode(recvBuff).toString();//解码服务器返回字符串
20          //根据服务器选择显示图片
21          String imageName = serverSide.substring(0, serverSide.indexOf("#")) + "Right.png";
22          URL imageServerUrl = ClientUI.class.getResource(imageName);
```

```
23            ImageIcon serverPic = new ImageIcon(imageServerUrl);
24            lblServerChoice.setIcon(serverPic);
25            //根据输赢结果更新胜局数和平局数
26            String result = serverSide.substring(serverSide.indexOf("#") + 1);
27            if (result.equalsIgnoreCase("TwoDraw")) {
28                playerDraw++;
29                serverDraw++;
30            } else if (result.equalsIgnoreCase("ClientWin")) {
31                playerWin++;
32            } else if (result.equalsIgnoreCase("ServerWin")) {
33                serverWin++;
34            }
35            String playerScore = playerWin + " 胜 " + playerDraw + " 平";
36            String serverScore = serverWin + " 胜 " + serverDraw + " 平";
37            lblPlayerScore.setText(playerScore);
38            lblServerScore.setText(serverScore);
39        } catch (IOException ex) {
40            JOptionPane.showMessageDialog(null, ex.getMessage(),
41              "错误提示",JOptionPane.ERROR_MESSAGE);
42        }
43    }
```

程序 4.9 解析如下：

(1) 10～12 行,将玩家控件 lblPlayerChoice 的图片显示为“布”。

(2) 13～15 行,向服务器发送"Paper"字符串,告知服务器客户机的出拳动作。

(3) 16～17 行,接收服务器发来的字符串,包含了服务器的出拳动作和胜负结果。

(4) 18 行,flip()方法回滚 position 指针到起始位置。

(5) 19 行,解码字符串。

(6) 21～24 行,在 lblServerChoice 控件上显示服务器出拳动作对应的图片。

(7) 26～38 行,根据双方胜负更新 lblPlayerScore 和 lblServerScore 的值。

程序 4.7、程序 4.8、程序 4.9 展示的客户机出“石头”、出“剪刀”、出“布”的逻辑设计完全相同,可以归结为如下五个步骤：

(1) 更新出拳图片。

(2) 发送客户机出拳动作。

(3) 接收服务器回送结果。

(4) 解析回送的结果,更新服务器动作图片。

(5) 更新计分板。

至此,完成了本章演示作品的所有功能：服务器采用 NIO 通道技术,支持多客户机并发游戏模式；客户机则各自独立运行,互不干扰,按照协议规则与服务器进行数据交换。

4.12 小　　结

本章用 Java NIO 技术实现了“石头、剪刀、布”的客户机与服务器设计。重点是 NIO 技术逻辑的灵活运用,现在对 NIO 与基本 I/O 做个比较,如表 4.4 所示。

表 4.4 基本 I/O 与 NIO 比较

序号	Java 基本 I/O	Java NIO
1	面向流的工作模式	面向缓冲区的工作模式
2	流是单向的	通道是双向的
3	阻塞模式	可以是非阻塞模式
4	无	选择器轮询机制
5	无	SelectionKey 令牌机制

(1) 流和缓冲区的差异。基本 I/O 是面向流的，NIO 是面向缓冲区的。面向流意味着每次从流中读一个或多个字节，直至读取所有字节，数据没有缓存机制，所以不能像 NIO 那样灵活地对数据进行二次处理。

(2) 阻塞与非阻塞 I/O 的差异。基本 I/O 是阻塞的，当线程执行到 read()或 write()时，该线程被阻塞，直到有数据可读或数据写入结束，线程在此期间不能向下执行其他任务。NIO 是非阻塞模式，当线程从某通道读取数据时，如果没有数据可用，则立即返回，此时线程可以继续执行其他任务。非阻塞写数据也是如此，线程在写入数据到通道期间，可以同时去做别的事情。

(3) 选择器轮询机制。NIO 选择器的轮询机制，实现了单线程管理多通道的工作模式。这是一个极大的优点，这相当于单线程模式下可以处理大量并发连接。所以基于 NIO 的服务器模式适合用来构建即时聊天系统。即时聊天服务器往往拥有大量用户并发在线，用户之间的数据交换量不大，在这种情况下，如果采用一客户一线程或者线程池，反而会拖累 CPU 的性能表现，不如采用 NIO 模式更好。例如"石头、剪刀、布"游戏，如果有成千上万的用户在线，采用 NIO 模式是个更好选择。

反过来，基本 I/O 也不是一无是处。如果客户机与服务器之间数据交换量很大、数据交换频率很高，采用多线程＋基本 I/O 的工作模式，仍然很有效率。

(4) 基本 I/O 流的优势。以 in.readLine()函数为例，没有数据可读时会阻塞，但是一旦 in.readLine()方法返回，则可以确定文本行已读完，因为 readline()的特点是阻塞直到整行读完。用阻塞方法，对于每次获取的数据，总是有明确的预期，这给程序逻辑设计带来便利。

反观 NIO，在数据预期方面则存在很多不确定性。以下面语句为例：

```
int bytesRead = inChannel.read(buffer);
```

假设希望用上面的语句读取一行字符串"How are you ?"，往往不能确定 Buffer 中是否获取了完整一行的信息，还是只获取了"How"或者"How are"等片段信息，这给后续编程带来了不确定性，导致程序员需要花费更多力气用在缓冲区数据的检测与处理上。

(5) SelectionKey 令牌机制。Selector 与通道的联系，是通过 SelectionKey 类的令牌机制实现的。Selector 的每一轮查询，返回一个就绪令牌集合，通过检查令牌的标志，可以得知是连接操作还是读写操作等。

总之，Java NIO 定义了四种常用的通道：FileChannel、DatagramChannel、SocketChannel 和 ServerSocketChannel，八种常用的缓冲区：ByteBuffer、MappedByteBuffer、CharBuffer、DoubleBuffer、FloatBuffer、IntBuffer、LongBuffer、ShortBuffer，以及选择器 Selector、令牌

SelectionKey 等,这是实现 Java NIO 工作模式的编程基础。

4.13 实验 4:非阻塞 I/O 实验拓展

1. 实验目的

(1) 理解并掌握与非阻塞 I/O 通道技术相关的类用法。

(2) 理解并掌握服务器非阻塞 I/O 通道技术通用框架。

(3) 用非阻塞 I/O 通道技术完成 Knock Knock 游戏的服务器和客户机重构。

2. 实验内容

(1) 重温本章完成的"石头、剪刀、布"游戏的客户机/服务器设计。

(2) 用 NIO 技术替代一客户一线程技术改写 Echo 项目的客户机/服务器设计。

(3) 用 NIO 技术替代线程池技术改写 Knock Knock 游戏的客户机/服务器设计。

3. 实验方法与步骤

(1) 回顾 Echo 一客户一线程项目,仿照"石头、剪刀、布"游戏的做法,修改原有的服务器设计和客户机设计。

(2) 回顾 Knock Knock 线程池项目,仿照"石头、剪刀、布"游戏的做法,修改原有的服务器设计和客户机设计。

4. 边实验边思考

(1) 在重构 Echo 项目设计时,如果客户机保留原来的 Java I/O 模式,只在服务器端进行 Java NIO 改造,应该注意什么问题?

(2) 在重构 Knock Knock 项目设计时,如果客户机也要保留原有的 Java I/O 模式,只在服务器端进行 Java NIO 改造,是否可行?应该注意什么问题?

5. 实验拓展

本章的拓展实验是基于已有案例进行改写,对 Selector 运行机制的理解很关键。下面给出非阻塞 I/O 的 Selector 工作机制编程模板,用以更好地指导今后的编程实践。

```
01 Selector selector = Selector.open();
02 channel.configureBlocking(false);
03 SelectionKey key = channel.register(selector, SelectionKey.OP_READ);
04 while(true) {
05   int readyChannels = selector.select();
06   if(readyChannels == 0) continue;
07   Set selectedKeys = selector.selectedKeys();
08   Iterator keyIterator = selectedKeys.iterator();
09   while(keyIterator.hasNext()) {
10     SelectionKey key = keyIterator.next();
11     if(key.isAcceptable()) {
12          //a connection was accepted by a ServerSocketChannel.
13     } else if (key.isConnectable()) {
14          //a connection was established with a remote server.
15     } else if (key.isReadable()) {
16          //a channel is ready for reading
17     } else if (key.isWritable()) {
```

```
18              //a channel is ready for writing
19          }  //end if
20          keyIterator.remove();
21      }  //end while
22  }      //end while
```

6. 撰写实验报告

根据实验情况,撰写实验报告,简明扼要记录实验过程、实验结果,提出实验问题,做出实验分析。

4.14 习 题 4

1. 简述 Java 基本 I/O 与 NIO 的区别与联系。

2. Java NIO 引入了选择器(Selector)的概念,请描述其工作机制。

3. Java NIO 的核心组件有三个:通道(Channel)、缓冲区(Buffer)、选择器(Selector),请描述三者之间的关系。

4. 常用的通道类型有哪些?各种通道有何联系?请简述其基本用法。

5. 常用的缓冲区类型有哪些?缓冲区之间有何联系?请简述其基本用法。

6. Java NIO 适合用于哪些领域?为什么?

7. 缓冲区有三个重要的字段变量 position、limit 和 capacity,请简述其各自的含义与区别。

8. Java NIO 进行通道的读写转换时,需要用到 flip()方法,为什么?

9. Java NIO 支持分散/聚集(scatter/gather)工作模式。分散模式是把从 Channel 中读取的数据写入多个 Buffer 中。聚集模式是把多个 Buffer 的数据写入同一个 Channel。例如在传输由消息头和消息体组成的综合消息时,将消息体和消息头分散到不同的 Buffer 中,一个作为消息头 Buffer,一个作为消息体 Buffer,容易实现对消息头和消息体的分类处理。请尝试改写"石头、剪刀、布"的消息读写机制,实现多 Buffer 的分散/聚集工作模式。

分散/聚集工作模式示例如下:

```
01  ByteBuffer header = ByteBuffer.allocate(128);          //消息头 Buffer,长度为 128B
02  ByteBuffer body = ByteBuffer.allocate(1024);           //消息体 Buffer
03  ByteBuffer[] bufferArray = { header, body };           //Buffer 数组
04  channel.read(bufferArray);                             //header 被读满后,再往 body 里读
05  channel.write(bufferArray);                            //先写 header,再写 body
```

10. 以下面两行编码为例,在将通道注册到 Selector 时,必须将通道设为非阻塞模式。register()方法的第二个参数是 SelectionKey 类定义的标志字段,如果对多个事件感兴趣,可以用"位或"模式指定第二个参数,例如 SelectionKey.OP_READ | SelectionKey.OP_WRITE。请简述 SelectionKey 类的四个标志字段:SelectionKey.OP_CONNECT、SelectionKey.OP_ACCEPT、SelectionKey.OP_READ、SelectionKey.OP_WRITE,各有什么含义。

```
01  channel.configureBlocking(false);
02  SelectionKey key = channel.register(selector, Selectionkey.OP_READ);
```

11. 对 Channel 的 register()方法而言,有三个参数,第三个参数是一个可以省略的附加参数,但是本章案例中用到了第三个参数。请比较程序 4.4 的第 13 行和程序 4.5 的第 11 行,找出其中的关联,谈谈你对第三个参数用法的理解。

12. 向 Selector 注册 Channel 时,register()方法的返回值为 SelectionKey 对象。我们把这个对象称为联系 Selector 和 Channel 的令牌。SelectionKey 包含了丰富的信息,是实现 Selector 轮询机制的关键。以下五部分结构是最重要的:

```
01   interest 集合            //用 interestOps()方法返回,表示 SelectionKey 关注的事件集合
02   ready 集合               //用 readyOps()方法返回,表示 SelectionKey 就绪的事件集合
03   Channel                  //用 channel()方法返回,表示 SelectionKey 令牌所属的通道
04   Selector                 //用 selector()方法返回,表示 SelectionKey 令牌所属的选择器
05   附加的对象(可选)          //用 attach(Object ob)方法将 obj 对象关联到 SelectionKey,用
                              //attachment()方法获取 SelectionKey 已关联的对象
```

请结合本章案例和官方 JDK,分别就 SelectionKey 的上述五部分结构的相关用法谈谈你的认识。

13. interest 集合用法举例。interest 集合定义了 SelectionKey 令牌所关注的事件。读写 interest 集合的方法如下:

```
01   int interestSet = selectionKey.interestOps();
02   boolean isAccept = (interestSet & SelectionKey.OP_ACCEPT) == SelectionKey.OP_ACCEPT;
03   boolean isConnect = interestSet & SelectionKey.OP_CONNECT;
04   boolean isRead = interestSet & SelectionKey.OP_READ;
05   boolean isWrite= interestSet & SelectionKey.OP_WRITE;
```

用“位与”操作 interest 集合和给定的 SelectionKey 常量,可以确定某个事件是否在 interest 集合中。请用这个方法,改写本章案例程序 4.2、程序 4.3 和程序 4.4,在 register()方法之后,输出 interest 集合的值。

14. ready 集合。ready 集合定义了 SelectionKey 令牌中已经准备就绪的事件。在一次查询操作之后(如程序 4.3 的第 08 行),会首先访问注册到 Selector 的所有令牌 SelectionKey 的 ready 集合,如程序 4.3 的第 10 行。

对单个 SelectionKey 而言,可以用与 interest 集合类似的办法访问 ready 集合。先用语句 int readySet = selectionKey.readyOps()返回 ready 集合,然后用“位与”方法求解。也可以使用以下四个方法。

```
selectionKey.isAcceptable();
selectionKey.isConnectable();
selectionKey.isReadable();
selectionKey.isWritable();
```

请问本章案例是如何访问 ready 集合的?

15. 从 SelectionKey 访问其注册的 Channel 和 Selector 的步骤很简单。请从程序 4.4 和程序 4.5 中找出相关的语句,总结其用法。

16. 附加对象机制是令牌 SelectionKey 的一项重要功能。附加对象有两种办法,一种是用 SelectionKey 的 attach()方法,一种是在注册通道时用 register()方法。请结合本章案例,总结这两种用法的不同之处。如何随时从 SelectionKey 获取附加的对象?

17. Selector 对通道的查询操作是通过 select()方法实现的。有如下几种重载类型：

```
int select()
int select(long timeout)
int selectNow()
```

请根据官方 JDK 描述，比较这几种方法的异同。再结合本章案例，试试几种用法带来的不同效果。

18. 一般在调用了 select()方法之后，需要接着调用 Selector 的 selectedKeys()方法，获取所有 SelectionKey 的 ready 集合。请结合本章案例，谈谈你对 selectedKeys()方法返回集合的认识。

19. 程序 4.3 中需要循环遍历就绪令牌集合，并检测各个令牌中的就绪事件。每次迭代末尾需要调用 remove()方法从就绪集合中移除 SelectionKey 实例，下次该通道关联的事件就绪时，Selector 会重新再次将其放入就绪集合中。如果不调用 remove()方法删除处理过的就绪事件，会发生什么情况？请结合本章案例给出测试结果。

20. SelectionKey. channel() 方法返回的通道需要做类型转换，如转换成 ServerSocketChannel 或 SocketChannel 等。请结合本章案例，总结相关语句的用法。

21. 本章给出的图 4.10 和图 4.23 从两个层面揭示了 Java NIO 工作原理，请结合编程实践，谈谈你的认识和总结。

22. 恭喜你完成了"非阻塞 I/O"的全部学习，请在表 4.5 中写下你的收获与问题，带着收获的喜悦、带着问题激发的好奇继续探索下去，欢迎将问题发送至：upsunny2008@163.com，与本章作者沟通交流。

表 4.5 "非阻塞 I/O"学习收获清单

序号	收获的知识点	希望探索的问题
1		
2		
3		
4		
5		

第5章 UDP 协议通信

QQ 是一款功能强大的即时通信软件，文本、图片、语音、视频、文件……想象不出还有什么数据是不能通过 QQ 交换的。QQ 让人们的沟通与协作变得更好，让人们天涯若比邻。本章借 QQ 之光，演绎 UDP 协议之精彩。

5.1 作品演示

作品描述：完成类似 QQ 群聊的设计。模仿 QQ 的登录方式，输入 QQ 号码和密码，登录验证成功后进入聊天界面。为简化设计，聊天内容由服务器向所有在线用户转发，用户之间的一对一私聊请见本章的实验拓展。客户机与服务器之间的通信采用 UDP 协议。

作品功能演示如下：

打开 chap05 目录下的 begin 子文件夹，会看到里面包含两个 jar 文件，如图 5.1 所示，QQServer. jar 是服务器程序，QQClient. jar 是客户机程序。

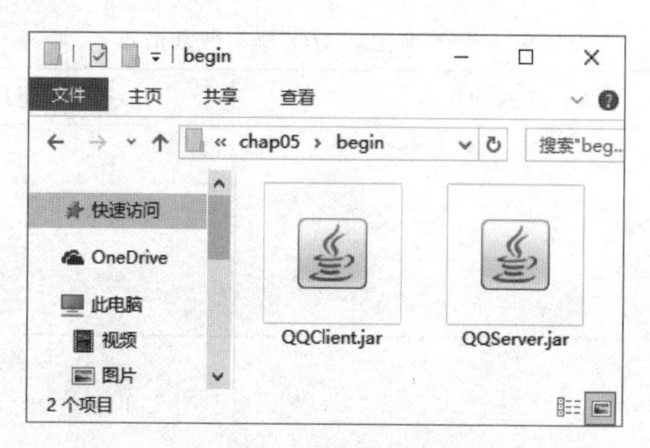

图 5.1　chap05 的 begin 目录

首先运行服务器程序，单击初始界面上的"启动服务器"按钮，服务器运行状态如图 5.2 所示。此时服务器工作于 localhost 主机的 50000 端口，根据监控面板的提示，服务器此时处于侦听状态，等待新客户机的到来。

下面启动三个客户机联合测试。双击 QQClient. jar，客户机登录界面如图 5.3 所示。这里用 2000 账号登录，本章还可以用 3000、8000 这两个账号登录。密码随意。账号与密码不能为空，否则会给出错误提示。在第 7 章，将结合数据库技术、安全通信技术实现用户的安全注册和登录设计。

单击图 5.3 中的"登录"按钮，进入聊天界面，如图 5.4 所示。

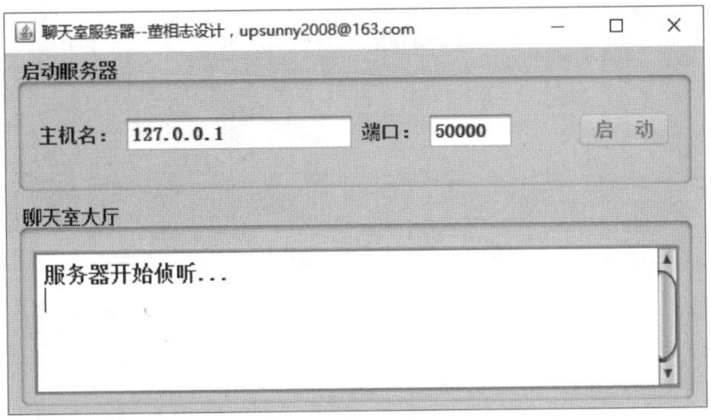

图 5.2　聊天室服务器启动后的初始界面

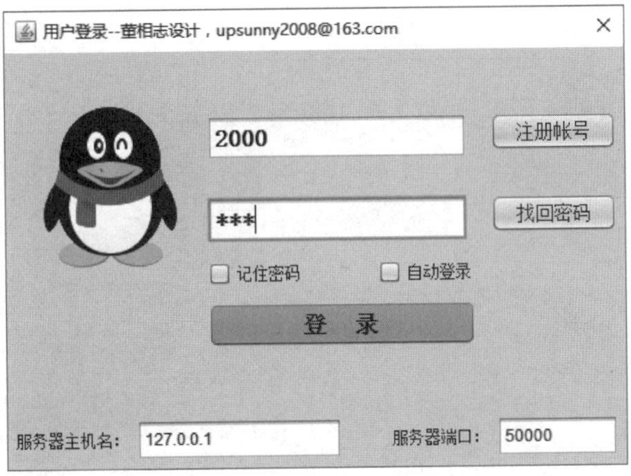

图 5.3　QQ 登录界面

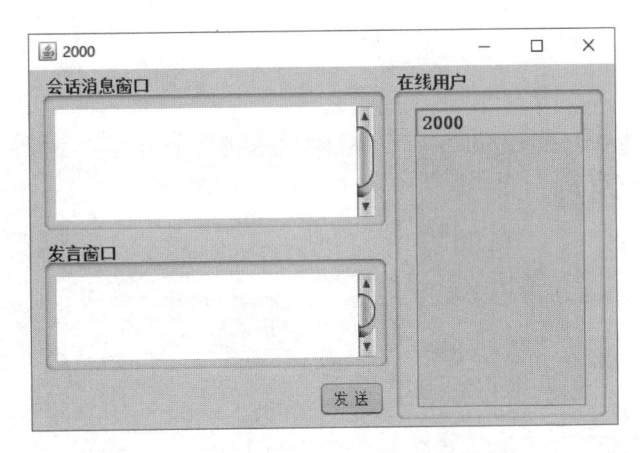

图 5.4　客户机 2000 登录后的聊天界面

同样的方法，用 3000 和 8000 账号登录，登录后的界面如图 5.5 和图 5.6 所示。

新客户上线后，已在线客户机会收到登录提示音。启动上述三个客户机后，此时服务器的界面状态与各客户机的界面状态如图 5.7 所示，各客户机同步更新在线用户列表。

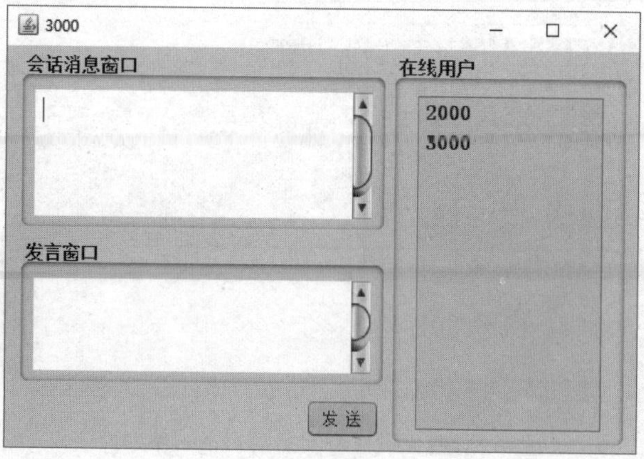

图 5.5　客户机 3000 登录后的初始界面

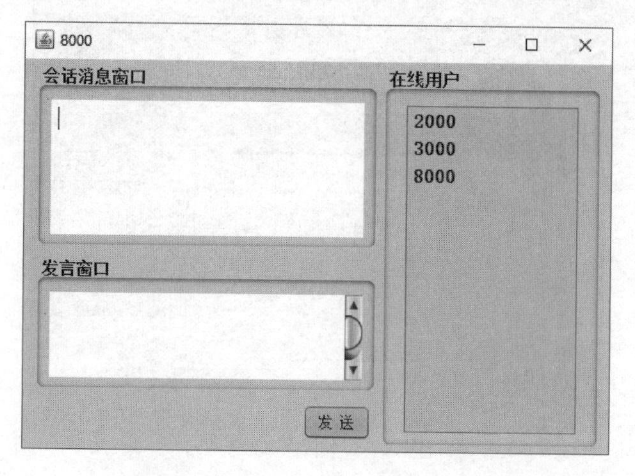

图 5.6　客户机 8000 登录后的初始界面

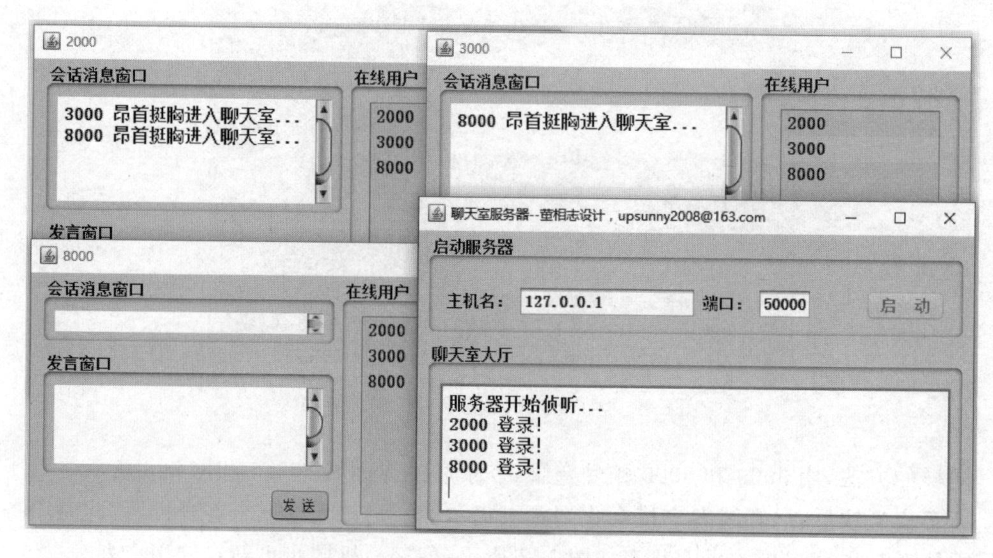

图 5.7　服务器状态与三个客户机的状态对应关系

下面让三个客户机分别发送一条消息，如图 5.8 所示。2000 客户机发送：黄河之水天上来。3000 客户机发送：醉卧沙场君莫笑。8000 客户机发送：落霞与孤鹜齐飞。

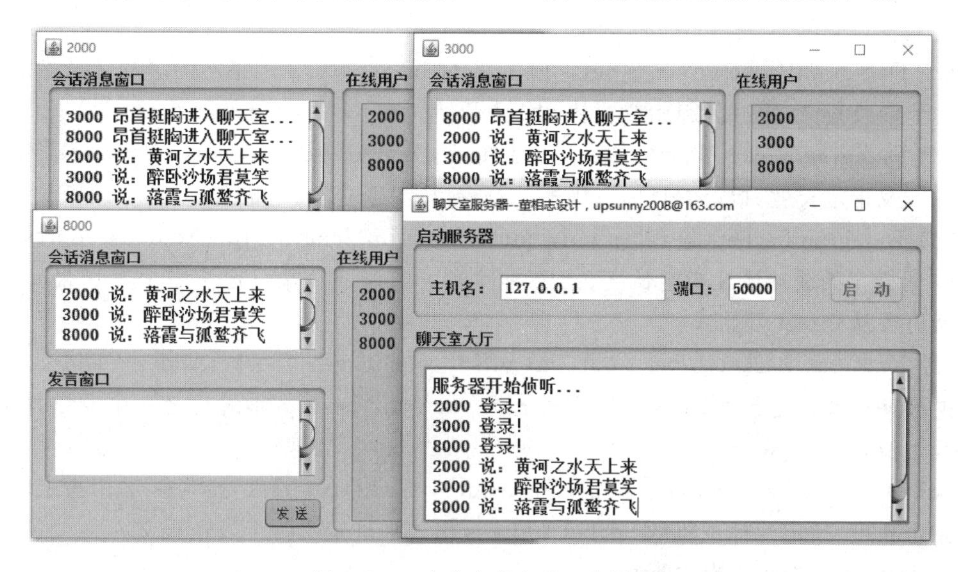

图 5.8　三个客户机各发一条消息

由图 5.8 可知，服务器监控客户机的所有消息，客户机发送的消息会转发给其他所有客户机，同时伴有消息到达提示音。客户机离开后，伴有离开提示音，并且其他客户机和服务器会收到离开消息，在线列表同步更新。

5.2　本章重点知识介绍

java.net 包中定义了支持 UDP 协议通信的两个类：DatagramPacket 和 DatagramSocket。DatagramPacket 用于定义报文的结构，DatagramSocket 用于发送和接收报文。UDP 报文包含了目标主机的地址与端口，同时也包含源主机的地址与端口，如图 5.9 所示。

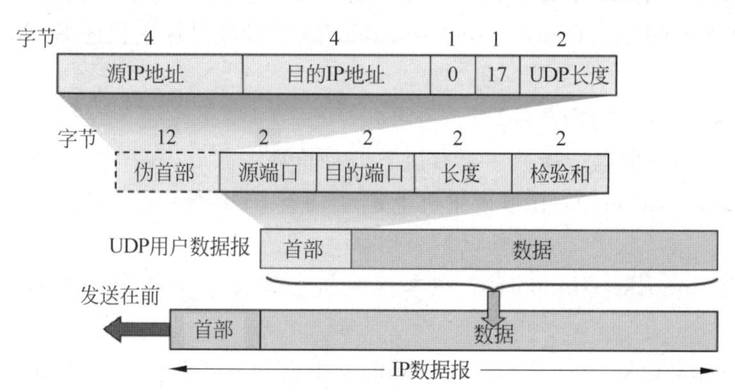

图 5.9　UDP 报文结构

1. DatagramPacket 的构造函数

DatagramPacket 的构造函数有如下六种重载形式，其中前两种为接收报文，后四种为发送报文。

(1) DatagramPacket(byte[] buf, int length):用指定的缓冲区及指定长度定义一个接收报文。

(2) DatagramPacket(byte[] buf, int offset, int length):用指定的缓冲区及指定长度定义一个接收报文,缓冲区起始位置从 offset 开始。

(3) DatagramPacket(byte[] buf, int length, InetAddress address, int port):用指定的缓冲区及指定长度、指定的目标主机地址及端口定义一个发送报文。

(4) DatagramPacket(byte[] buf, int offset, int length, InetAddress address, int port):用指定的缓冲区及指定长度、指定的目标主机地址及端口定义一个发送报文,缓冲区起始位置从 offset 开始。

(5) DatagramPacket(byte[] buf, int offset, int length, SocketAddress address):用指定的缓冲区及指定长度、指定目标主机的 SocketAddress 格式地址定义一个发送报文,缓冲区起始位置从 offset 开始。

(6) DatagramPacket(byte[] buf, int length, SocketAddress address):用指定的缓冲区及指定长度、指定目标主机的 SocketAddress 格式地址定义一个发送报文。

2. DatagramPacket 的主要方法

DatagramPacket 的主要方法如下。

(1) getAddress():返回报文前往的主机地址或者返回报文来源主机的地址。

(2) getData():以字节数组形式返回报文缓冲区。

(3) getLength():返回报文发送的数据长度或实际收到的报文长度。

(4) getPort():返回目标主机或源主机的端口。

(5) getSocketAddress():返回目标主机或者源主机的 SocketAddress 格式的地址,通常以 IP+ Port 的形式展示。

(6) setAddress(InetAddress iaddr):设置报文的目标主机地址。

(7) setData(byte[] buf):设置报文的缓冲区。

(8) setPort(int iport):设置报文目标主机的端口。

(9) setSocketAddress(SocketAddress address):设置目标主机的 SocketAddress 格式的地址。

3. DatagramSocket 的构造函数

DatagramSocket 的构造函数主要有以下四种重载形式。

(1) DatagramSocket():在本地主机上定义一个 UDP 数据报套接字,端口由系统自动分配。

(2) DatagramSocket(int port):在本地主机上定义一个指定端口的 UDP 数据报套接字。

(3) DatagramSocket(int port, InetAddress laddr):定义一个 UDP 数据报套接字,绑定到指定的地址与端口。

(4) DatagramSocket(SocketAddress bindaddr):定义一个 UDP 数据报套接字,绑定到指定的 SocketAddress 格式的地址与端口。

4. DatagramSocket 的主要方法

DatagramSocket 的主要方法如下。

(1) bind(SocketAddress addr):绑定 DatagramSocket 到指定的 SocketAddress 地址。

(2) close():关闭套接字。

(3) connect(InetAddress address, int port):连接到指定地址和端口的目标主机。

(4) connect(SocketAddress addr):连接到指定 SocketAddress 地址的目标主机。

(5) disconnect():断开连接。

(6) getBroadcast():检查是否启用了 SO_BROADCAST 广播模式。

(7) getChannel():返回与套接字关联的 DatagramChannel 通道对象。

(8) getInetAddress():返回套接字连接的目标主机地址。

(9) getLocalAddress():返回套接字绑定的主机地址。

(10) getLocalPort():返回套接字绑定的主机端口。

(11) getLocalSocketAddress():返回套接字绑定的 SocketAddress 地址。

(12) getPort():返回套接字连接的目标主机端口

(13) getRemoteSocketAddress():返回套接字连接的目标主机 SocketAddress 格式的地址,如果无连接则返回空值。

(14) receive(DatagramPacket p):从套接字上接收一个报文存放到 p。

(15) send(DatagramPacket p):通过套接字发送报文 p。

(16) setBroadcast(boolean on):设置 SO_BROADCAST 值为广播模式或关闭广播模式。

(17) setSoTimeout(int timeout):设置套接字超时时间 timeout,单位为毫秒。

DatagramSocket 有一个子类 MulticastSocket,可以实现广播功能。相关用法请查阅 java. net 包。

5. TCP 和 UDP 套接字编程技术比较

与 TCP 协议的通道通信一样,在 java. nio. channels 包中也定义了 DatagramChannel 通道类,支持 UDP 协议的数据交换。TCP 和 UDP 两种传输协议的 Java 套接字编程技术对照如表 5.1 所示。

表 5.1 TCP 和 UDP 套接字编程技术对照

比较项目	TCP		UDP	
	套接字技术	通道技术	套接字技术	通道技术
客户机	Socket	SocketChannel	DatagramSocket DatagramPacket	DatagramChannel
服务器	ServerSocket Socket	ServerSocketChannel SocketChannel	DatagramSocket DatagramPacket	DatagramChannel

6. 基于 UDP 协议的客户机与服务器通信逻辑

基于 UDP 协议的客户机与服务器通信逻辑如图 5.10 所示。客户机与服务器之间不需要连接,一方可以随时向另一方以报文 DatagramPacket 的方式发送消息,至于消息是否按顺序到达,是否被对方正确接收,都不关心。这类似于到邮局寄信,信件能否安全抵达完全依赖于邮局物流网络的可靠性。同样,UDP 报文也完全依赖于网络的可靠性。

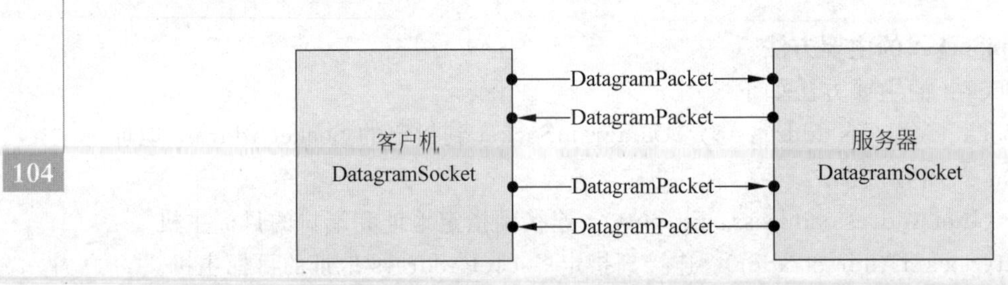

图 5.10　基于 UDP 协议的客户机与服务器通信逻辑

如图 5.10 所示，客户机可以随时向服务器发送 UDP 消息，服务器也可以随时向客户机发送 UDP 消息，二者不受连接状态的约束。尽管如此，实践中双方仍然需要约定通信规则，按照协议有条不紊地收发消息。

5.3　客户机登录界面

创建一个新项目 QQClient，项目位置为 chap05 目录下的 begin 子文件夹。不勾选“创建主类”复选框。参数设定如图 5.11 所示。单击“完成”按钮完成项目初始化。

如图 5.12 所示，右击“默认包”，在弹出快捷菜单中选择“新建”→“JDialog 窗体”命令，创建登录界面，进入 JDialog 创建向导。设定类名 LoginUI，包名 cn. edu. ldu，如图 5.13 所示。

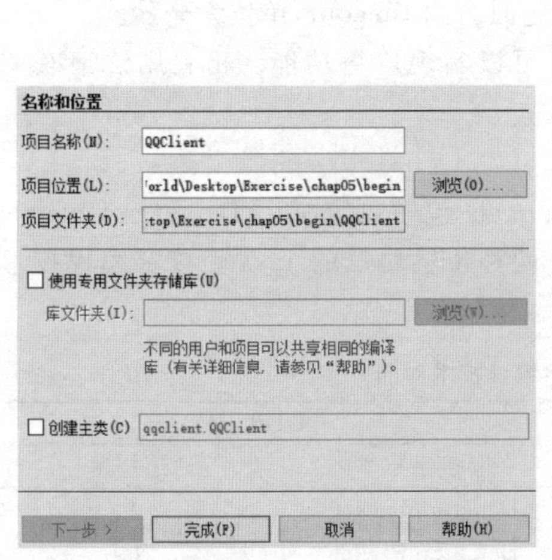

图 5.11　创建客户机项目 QQClient

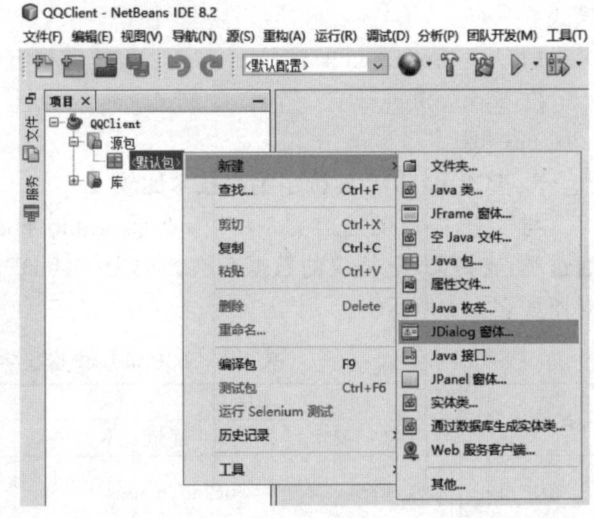

图 5.12　新建 JDialog 窗体作为登录界面

客户机登录界面布局与变量定义如图 5.14 所示。注意这里采用的是 JDialog 类型的对话框。

如图 5.14 所示，为了在登录界面显示企鹅图片，需要在客户机项目中创建一个集中存放图片的包 cn. edu. ldu. images，将 chap05 的“素材”子目录中的企鹅图片“login. png”复制到 cn. edu. ldu. images 包，然后设置 lblLogo 的 icon 属性指向 login. png。其他控件根据其相对位置拖放，修改控件变量名称即可。

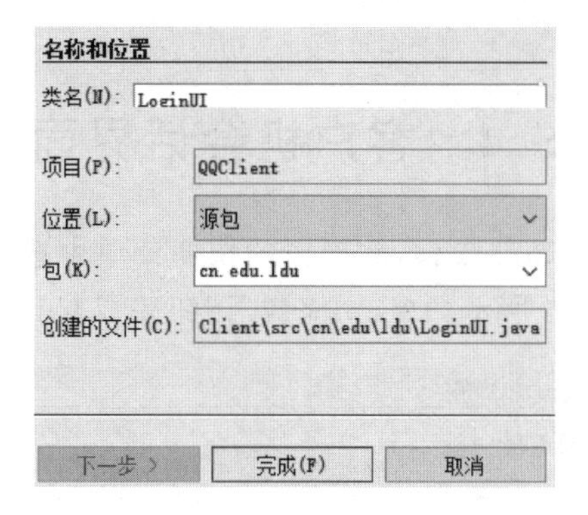

图 5.13　创建登录界面类 LoginUI

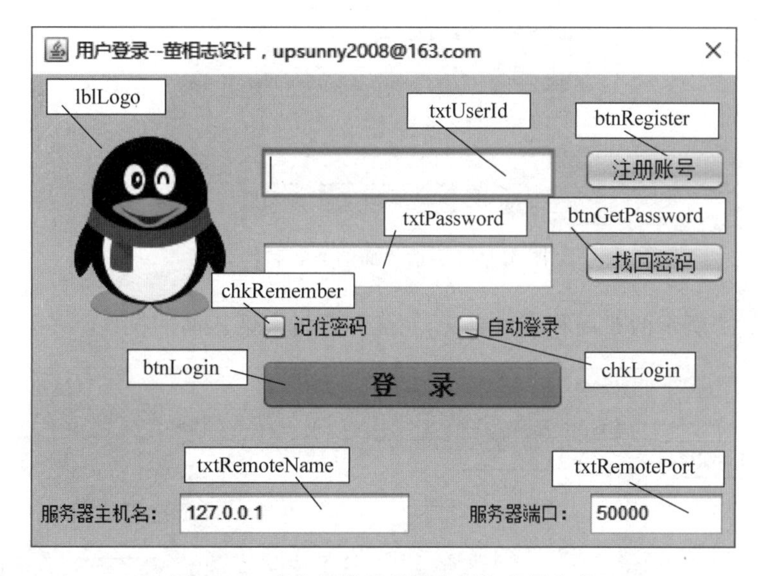

图 5.14　客户机登录界面布局与变量定义

借助工具箱面板，按照图 5.14 所示的布局完成登录界面设计后，各控件之间的逻辑关系如图 5.15 所示。

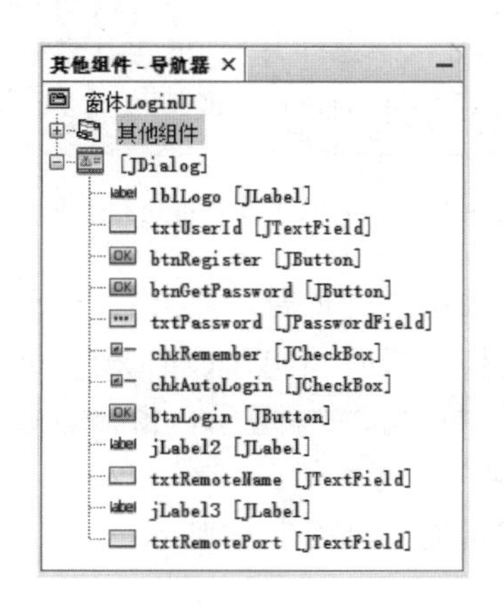

图 5.15　登录界面控件之间的逻辑关系

5.4 客户机会话界面

右击客户机项目的 cn. edu. ldu 包,在弹出的快捷菜单中选择“新建”→“JFrame 窗体”,进入窗体创建向导,如图 5.16 所示。单击“完成”按钮完成 ClientUI 的初始化。

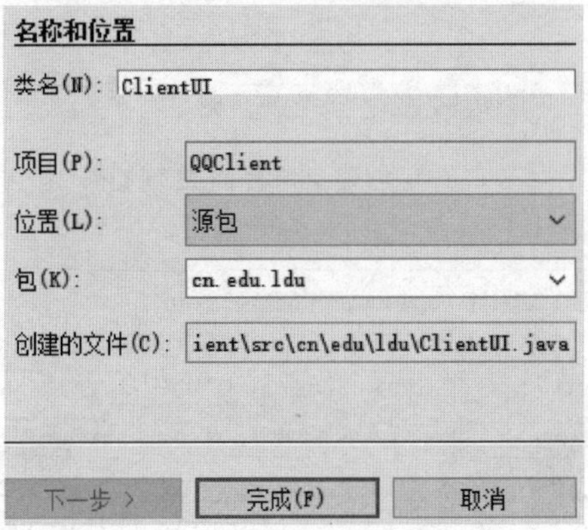

名称和位置

类名(N): ClientUI

项目(P): QQClient

位置(L): 源包

包(K): cn. edu. ldu

创建的文件(C): ient\src\cn\edu\ldu\ClientUI. java

下一步 >　完成(F)　取消

图 5.16　会话界面的类名和包名

按照图 5.17 所示的布局和变量定义,完成客户机会话界面的设计。

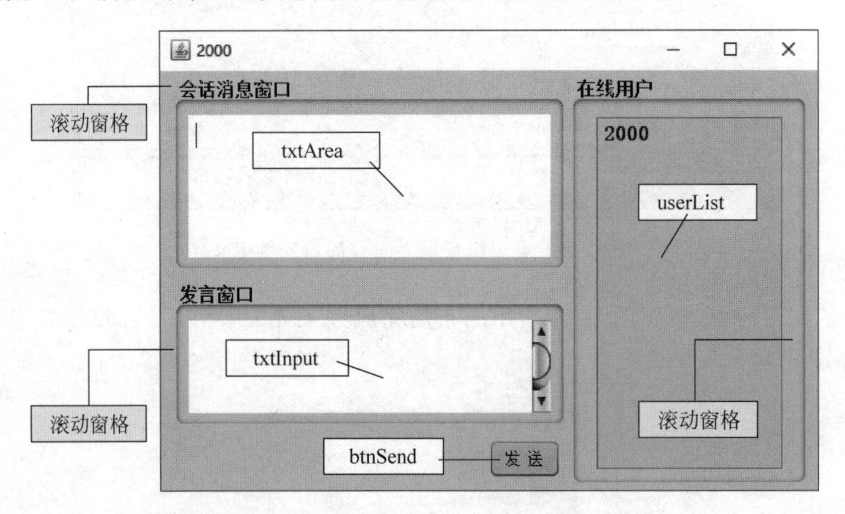

图 5.17　ClientUI 界面布局和变量定义

如图 5.17 所示,窗体整体采用自由布局。包括三个 JScrollPane 类型的滚动窗格和一个 btnSend 按钮控件。滚动窗格内部的 txtArea 和 txtInput 都是文本区域,分别显示收到的消息和输入待发送的消息,支持多行文本显示。窗体右边滚动窗格内部是一个 JList 类型的控件 userList,用于显示用户列表。

完成的客户机控件布局逻辑关系如图 5.18 所示。

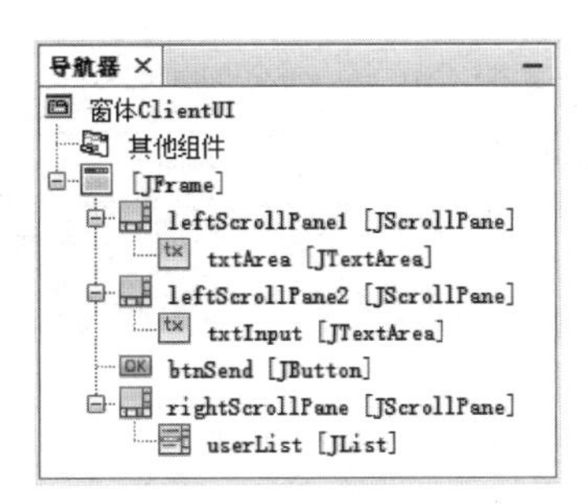

图 5.18 ClientUI 界面控件布局逻辑关系

5.5 服务器界面

创建一个新项目 QQServer，项目位置为 chap05 的 begin 子目录。不勾选“创建主类”复选框。参数设定如图 5.19 所示。单击“完成”按钮完成项目初始化。

右击“默认包”，在弹出的快捷菜单中选择“新建”→“JFrame 窗体”命令进入窗体向导，设定类名为 ServerUI，包名为 cn.edu.ldu，如图 5.20 所示。

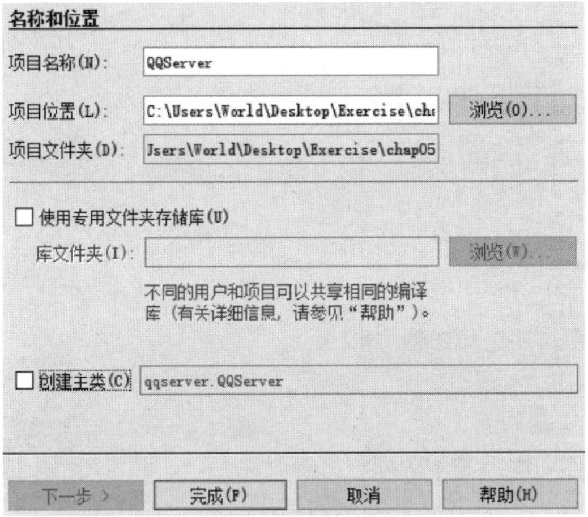

图 5.19 新建服务器项目 QQServer

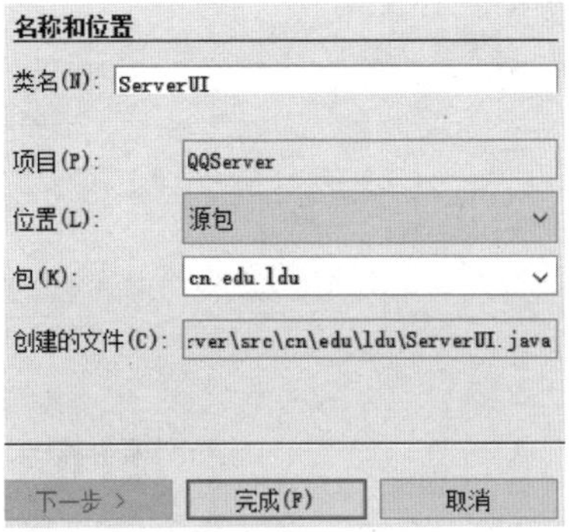

图 5.20 设定服务器窗体主类的类名和包名

单击“完成”按钮，完成服务器窗体类的初始化。然后按照图 5.21 所示的布局与变量定义，完成 ServerUI 类的界面设计。

服务器窗体整体采用边框式布局，窗体内部包含 topPanel 和 midPanel 上下两个 JPanel 面板控件，分别用于定义启动面板和聊天监控面板。

topPanel 面板内部包含两个文本框 txtHostName 和 txtHostPort，分别用于定义服务器工作地址和工作端口，包含一个按钮 btnStart，用于启动服务器。另外还有两个不需要命名的 JLabel 控件，分别用来显示“主机名:”和“端口:”两个标签。

midPanel 面板内嵌一个 JScrollPane 类型的滚动窗格。滚动窗格内部包含 txtArea 控件，这是一个 JTextArea 类型的文本区域。

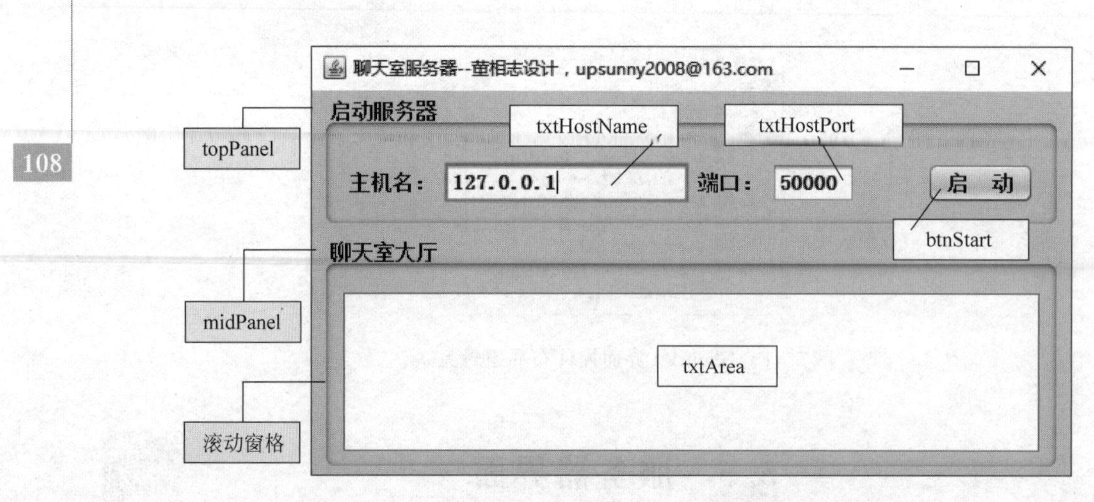

图 5.21 服务器界面布局与变量定义

完成图 5.21 所示的界面设计之后，可以在导航器中直观地查看界面控件的逻辑关系，如图 5.22 所示。

图 5.22 服务器界面控件布局逻辑关系

5.6 消息类与转换类

消息类用来定义通信双方数据交换的格式与结构。消息类应该包含些什么内容呢？本章实现的简化版 QQ 项目设计，围绕以下五方面定义 Message 消息类。

(1) 消息类型：例如登录消息、普通的文本消息、用户下线消息等。

(2) 消息内容：具体的消息字符串，对于命令类消息，可以为空。

(3) 消息的目标主机：消息要到达的目标主机地址与端口。

(4) 消息来源：发送消息的用户 id。为了简化设计，本案例把用户密码也放在这里，作为登录消息用。

(5) 消息的目标用户 id：消息要到达的目标用户 id，实现用户一对一的私聊功能。实践中可以根据目标用户 id 获取其主机地址与端口，利用 NAT 技术实现客户机之间的直连。

Message 消息的定义方法：选择客户机项目 QQClient，新建一个普通的 Java 类 Message，放在 cn.edu.ldu.util 包下。Message 类的定义如程序 5.1 所示。

程序 5.1　消息类 Message.java

```
01  public class Message implements Serializable {
02      private String userId = null;                    //用户 id
03      private String password = null;                  //密码
04      //消息类型: M_LOGIN:用户登录消息; M_SUCCESS:登录成功; M_FAULURE:登录失败
05      //M_ACK:服务器对登录用户的回应消息; M_MSG:会话消息; M_QUIT:用户退出消息
06      private String type = null;
07      private String text = null;                      //消息体
08      private InetAddress toAddr = null;               //目标用户地址
09      private int toPort;                              //目标用户端口
10      private String targetId = null;                  //目标用户 id
11      public String getUserId() { return userId; }
12      public void setUserId(String userId) { this.userId = userId; }
13      public String getPassword() { return password;}
14      public void setPassword(String password) {this.password = password; }
15      public String getType() { return type; }
16      public void setType(String type) { this.type = type; }
17      public String getText() {return text;}
18      public void setText(String text) { this.text = text;}
19      public InetAddress getToAddr() { return toAddr; }
20      public void setToAddr(InetAddress toAddr) { this.toAddr = toAddr; }
21      public int getToPort() { return toPort; }
22      public void setToPort(int toPort) { this.toPort = toPort; }
23      public String getTargetId() { return targetId; }
24      public void setTargetId(String targetId) { this.targetId = targetId; }
25  }
```

注意 Message 类是 Serializable 类型的，表示这个消息可以被序列化，以流的方式传输。发送消息前需要将对象序列化为字节流，接收消息时又需要将字节流还原为对象，这两个功能单独定义为 Translate 类的两个静态方法，将 Translate 也放在 cn.edu.ldu.util 包中，逻辑设计如程序 5.2 所示。

程序 5.2　对象的序列化与反序列化 Translate.java

```
01  public class Translate {
02      /**
03       * 对象转化为字节数组形式,实现对象序列化
04       * @param obj 待转化的对象
05       * @return 字节数组
06       */
07      public static byte[] ObjectToByte(Object obj) {
08          byte[] buffer = null;
09          try {
10              ByteArrayOutputStream bo = new ByteArrayOutputStream();  //字节数组输出流
11              ObjectOutputStream oo = new ObjectOutputStream(bo);      //对象输出流
12              oo.writeObject(obj);                                     //输出对象
13              buffer = bo.toByteArray();                               //对象序列化
14          }catch(IOException ex) {}
15          return buffer;
16      }
```

```
17      /**
18       * 字节数组转化为 Object 对象形式,实现对象反序列化
19       * @param buffer 字节数组
20       * @return Object 对象
21       */
22      public static Object ByteToObject(byte[] buffer) {
23          Object obj = null;
24          try {
25              ByteArrayInputStream bi = new ByteArrayInputStream(buffer);
                                                                    //字节数组输入流
26              ObjectInputStream oi = new ObjectInputStream(bi);   //对象输入流
27              obj = oi.readObject();                               //转为对象
28          }catch(IOException | ClassNotFoundException ex) { }
29          return obj;
30      }
31  }
```

5.7　消息协议设计

本案例暂不考虑用户之间的私聊功能设计,那么消息传递主要在客户机与服务器之间进行,客户机之间的消息都需要服务器转发,客户机与服务器之间的消息类型如表 5.2 所示。

表 5.2　客户机与服务器之间的消息类型

消息表示	消息触发的时机和流向描述
M_LOGIN	客户机向服务器登录时发送 M_LOGIN 消息;客户机登录成功后服务器向其他所有在线客户机转发该用户的 M_LOGIN 消息,目的是将该用户加入其他用户的在线列表中
M_SUCCESS	客户机登录成功时服务器向客户机回送 M_SUCCESS 消息
M_FAILURE	客户机登录失败时服务器向客户机回送 M_FAILURE 消息
M_ACK	客户机登录成功后,服务器向登录用户回送应答消息 M_ACK,目的是将其他在线用户名单传递给登录用户
M_MSG	当用户向服务器发送普通文本消息时触发 M_MSG,服务器向所有用户转发 M_MSG 消息
M_QUIT	当用户断开与服务器连接时触发 M_QUIT,服务器向所有其他用户转发 M_QUIT 消息

表 5.2 中给定的六类消息运行的时序逻辑如图 5.23 所示。

如图 5.23 所示,假定共有 N 个客户机在线,客户机 i 为当前用户,则客户 i 的主要消息逻辑解析如下。

(1) 客户机 i 向服务器发送了 M_LOGIN 登录消息,服务器首先要确定该用户是否登录成功。若客户 i 登录失败,则向客户 i 回送 M_FAILURE,服务器结束本次消息处理。

若客户 i 登录成功,则回送 M_SUCCESS,并继续向其他在线用户($N-1$ 个客户)发送 M_LOGIN,向客户机 i 回送 M_ACK 消息(回送 N 次),登录过程结束。

(2) 若客户 i 发送了一条普通文本消息 M_MSG,服务器收到后转发给其他 $N-1$ 个客

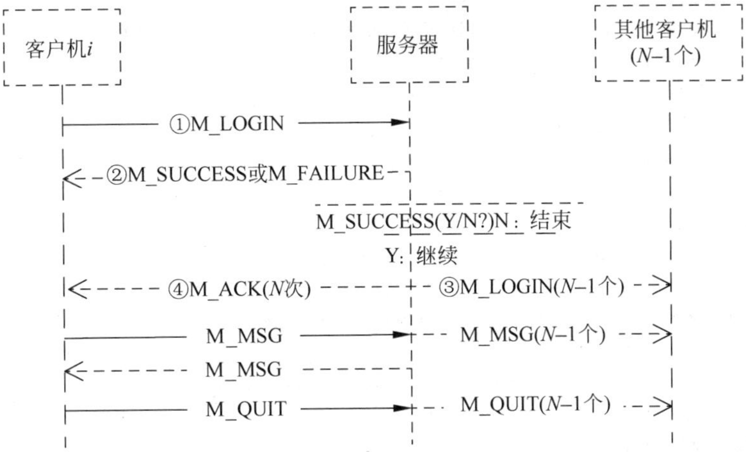

客户机i

服务器

其他客户机
(N–1个)

①M_LOGIN

②M_SUCCESS或M_FAILURE

M_SUCCESS(Y/N?)N：结束

Y：继续

④M_ACK(N次)

③M_LOGIN(N–1个)

M_MSG

M_MSG(N–1个)

M_MSG

M_QUIT

M_QUIT(N–1个)

图 5.23　QQ 消息运行的时序逻辑

户机，并向客户机 i 回送 M_MSG 消息。

(3) 若客户 i 向服务器发送了一条离线消息 M_QUIT，服务器收到后会转发给其他 $N-1$ 个客户机。

5.8　客户机登录逻辑

客户机登录服务器的过程如图 5.24 所示。客户机向服务器发送 M_LOGIN 报文，服务器向客户机回送 M_SUCCESS 报文或 M_FAILURE 报文。客户机如果收到 M_FAILURE 报文，则弹出信息框提示登录失败。如果是 M_SUCCESS 报文则意味着登录成功，进入聊天界面，并且自动处理来自服务器的 M_ACK 消息，更新在线用户列表。登录逻辑如程序 5.3 所示，对应 LoginUI 对话框上“登录”按钮的事件过程。

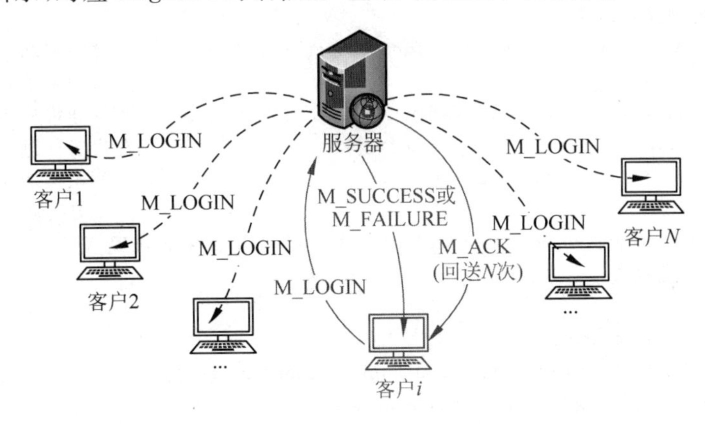

图 5.24　客户机登录逻辑

程序 5.3　客户机登录，即“登录”按钮的事件过程

```
01  private void btnLoginActionPerformed(java.awt.event.ActionEvent evt) {
02  try {
```

```
03        String id = txtUserId.getText();
04        String password = String.valueOf(txtPassword.getPassword());
05        if (id.equals("") || password.equals("")) {
06            JOptionPane.showMessageDialog(null, "账号或密码不能为空!",
07            "错误提示", JOptionPane.ERROR_MESSAGE);
08            return;
09        }
10        //获取服务器地址和端口
11        String remoteName = txtRemoteName.getText();
12        InetAddress remoteAddr = InetAddress.getByName(remoteName);
13        int remotePort = Integer.parseInt(txtRemotePort.getText());
14        //创建 UDP 套接字
15        DatagramSocket clientSocket = new DatagramSocket();
16        clientSocket.setSoTimeout(3000);                          //设置超时时间
17        //构建用户登录消息
18        Message msg = new Message();
19        msg.setUserId(id);                                        //登录名
20        msg.setPassword(password);                                //密码
21        msg.setType("M_LOGIN");                                   //登录消息类型
22        msg.setToAddr(remoteAddr);                                //目标主机地址
23        msg.setToPort(remotePort);                                //目标主机端口
24        byte[] data = Translate.ObjectToByte(msg);                //消息对象序列化为字节数组
25        //定义登录报文
26        DatagramPacket packet = new DatagramPacket(data,data.length,remoteAddr,remotePort);
27        //发送登录报文
28        clientSocket.send(packet);
29        //接收服务器回送的报文
30        DatagramPacket backPacket = new DatagramPacket(data,data.length);
31        clientSocket.receive(backPacket);
32        clientSocket.setSoTimeout(0);                             //取消超时时间
33        Message backMsg = (Message)Translate.ByteToObject(data);
34        //处理登录结果
35        if (backMsg.getType().equalsIgnoreCase("M_SUCCESS")) {  //登录成功
36            this.dispose();                                       //关闭登录对话框
37            ClientUI client = new ClientUI(clientSocket,msg);     //创建客户机界面
38            client.setTitle(msg.getUserId());                     //设置标题
39            client.setVisible(true);                              //显示会话窗体
40        }else {                                                   //登录失败
41          JOptionPane.showMessageDialog(null, "用户 ID 或密码错误!\n",
42            "登录失败",JOptionPane.ERROR_MESSAGE);
43        }
44    } catch (IOException ex) {
45        JOptionPane.showMessageDialog(null, ex.getMessage(),
46        "登录错误", JOptionPane.ERROR_MESSAGE);
47      } //end try
48    }
```

程序 5.3 解析如下:

(1) 03～09 行,获取用户账号与密码。

(2) 11～13 行,获取服务器地址与端口。

(3) 15～16 行，创建 UDP 套接字，工作于本机地址，端口自动获取。设置超时时间。

(4) 18～23 行，定义登录消息对象，指定用户账号、密码、消息类型、目标主机地址和端口。

(5) 24 行，消息对象序列化为字节数组。

(6) 26 行，定义登录报文。

(7) 28 行，发送登录报文。

(8) 30～32 行，接收服务器回送的报文，取消套接字超时时间设置。

(9) 33 行，从收到的报文还原消息对象。

(10) 35～39 行，如果登录成功，关闭登录对话框，初始化并显示聊天窗体。

(11) 40～43 行，登录失败，给出提示。

(12) 44～47 行，异常处理。

5.9 客户机发送消息

客户机发送消息逻辑如图 5.25 所示。客户机 i 向服务器发送消息 M_MSG，服务器向其他所有在线用户转发，同时也回送给客户机 i。实现逻辑如程序 5.4 所示，对应 ClientUI 窗体上“发送”按钮的事件过程。

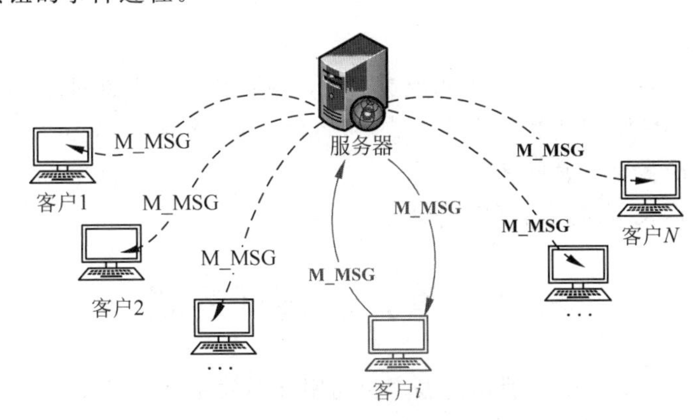

图 5.25 客户机发送消息逻辑

程序 5.4 客户机发送消息，定义为 ClientUI“发送”按钮的事件过程

```
01 public class ClientUI extends javax.swing.JFrame {
02     private DatagramSocket clientSocket;          //客户机套接字
03     private Message msg;                          //消息对象
04     private byte[] data = new byte[8096];         //8KB 数组
05     …
06     public ClientUI(DatagramSocket socket,Message msg) {
07         this();                                   //调用无参数构造函数,初始化界面
08         clientSocket = socket;                    //初始化会话套接字
09         this.msg = msg;                           //登录消息
10         //创建客户机消息接收和处理线程
11         Thread recvThread = new ReceiveMessage(clientSocket,this);
```

```
12          recvThread.start();                        //启动消息接收线程
13      }
14      …
15      private void btnSendActionPerformed(java.awt.event.ActionEvent evt) {
16          try {
17              msg.setText(txtInput.getText());       //获取输入的文本
18              msg.setType("M_MSG");                  //普通会话消息
19              data = Translate.ObjectToByte(msg);    //消息对象序列化
20              //构建发送报文
21              DatagramPacket packet = new DatagramPacket(
22                  data,data.length,msg.getToAddr(),msg.getToPort());
23              clientSocket.send(packet);             //发送
24              txtInput.setText("");                  //清空输入框
25          } catch (IOException ex) {
26              JOptionPane.showMessageDialog(null, ex.getMessage(),
27              "错误提示", JOptionPane.ERROR_MESSAGE);
28          }
29      } //btnSendActionPerformed
30      …
31  } //end class
```

程序 5.4 解析如下：

(1) 02～04 行,定义 ClientUI 类的成员变量,包括套接字、消息对象、缓冲区。

(2) 06～13 行,ClientUI 类的构造函数,初始化界面,接收由 LoginUI 传递过来的套接字和消息对象,启动客户机消息接收线程。

(3) 15～29 行,发送消息的事件过程。

5.10 客户机离开逻辑

客户机离开逻辑如图 5.26 所示。客户机向服务器发送 M_QUIT 消息,服务器将其转发给其他所有在线用户,客户机 i 是在关闭 ClientUI 窗体之前触发了 M_QUIT 消息逻辑过程,如程序 5.5 所示。

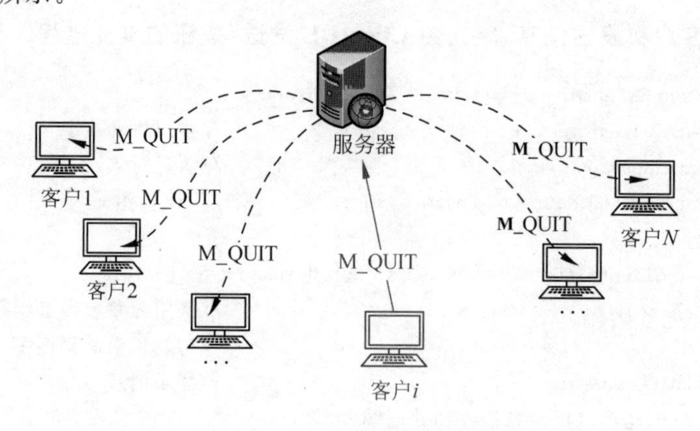

图 5.26 客户机离开逻辑

程序 5.5　客户机离开逻辑，定义为 ClientUI 的窗体关闭之前的事件过程 formWindowClosing

```
01  /**
02    * 单击窗体"关闭"按钮,关闭窗体之前发送 M_QUIT 下线消息
03    * @param evt 窗体事件
04    */
05  private void formWindowClosing(java.awt.event.WindowEvent evt) {
06      try {
07          msg.setType("M_QUIT");                        //消息类型
08          msg.setText(null);
09          data = Translate.ObjectToByte(msg);           //消息对象序列化
10          //构建发送
11          DatagramPacket packet = new DatagramPacket(
12          data,data.length,msg.getToAddr(),msg.getToPort());
13          clientSocket.send(packet);                    //发送
14      } catch (IOException ex) { }
15      clientSocket.close();                             //关闭套接字
16  }
```

5.11　客户机自动接收消息

因为无法预知消息何时到达，有多少条消息到达，所以将客户机接收消息的逻辑定义为线程是个好办法，程序 5.4 的 11～12 行，在客户机窗体初始化的末尾创建和启动了消息接收线程。消息接收线程的逻辑如图 5.27 所示。

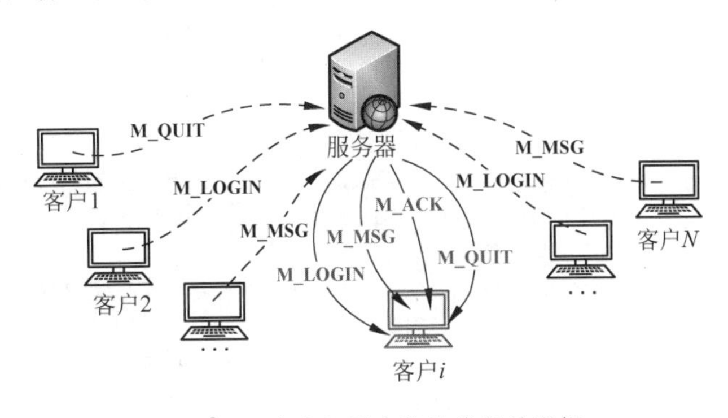

图 5.27　客户机消息接收线程的逻辑

客户机 i 的消息接收线程可以收到四种不同类型的消息，其中 M_LOGIN、M_QUIT 这两类消息都来自于其他客户机。M_MSG 既可能来自于其他客户机，也可能来自客户 i 向服务器发送 M_MSG 消息后的回送消息。M_ACK 是客户 i 登录成功后服务器的回送消息。客户机消息接收线程的逻辑如程序 5.6 所示。

程序 5.6　客户机接收消息的线程类 ReceiveMessage.java

```
01  public class ReceiveMessage extends Thread{
02      private DatagramSocket clientSocket;              //会话套接字
03      private ClientUI parentUI;                        //父类
```

```
04        private byte[] data = new byte[8096];                     //8KB 数组
05        private DefaultListModel listModel = new DefaultListModel();     //列表 Model
06        //构造函数
07        public ReceiveMessage(DatagramSocket socket,ClientUI parentUI) {
08            clientSocket = socket;                                 //会话套接字
09            this.parentUI = parentUI;                              //父类
10        }
11        @Override
12        public void run() {
13            while (true) {                                         //无限循环,处理收到的各类消息
14              try {
15                DatagramPacket packet = new DatagramPacket(data,data.length);
                                                                     //构建接收报文
16                clientSocket.receive(packet);                      //接收
17                Message msg = (Message)Translate.ByteToObject(data);     //还原消息对象
18                String userId = msg.getUserId();                   //当前用户 id
19                //根据消息类型分类处理
20                if (msg.getType().equalsIgnoreCase("M_LOGIN")) {  //是其他用户的登录消息
21                    playSound("/cn/edu/ldu/sound/fadeIn.wav");    //上线提示音
22                    //更新消息窗口
23                    parentUI.txtArea.append(userId + " 昂首挺胸进入聊天室...\n");
24                    //新上线用户加入列表
25                    listModel.add(listModel.getSize(), userId);
26                    parentUI.userList.setModel(listModel);
27                }else if (msg.getType().equalsIgnoreCase("M_ACK")) {  //是服务器确认消息
28                    //登录成功,将自己加入用户列表
29                    listModel.add(listModel.getSize(), userId);
30                    parentUI.userList.setModel(listModel);
31                }else if (msg.getType().equalsIgnoreCase("M_MSG")) {  //是普通会话消息
32                    playSound("/cn/edu/ldu/sound/msg.wav");            //消息提示音
33                    //更新消息窗口
34                    parentUI.txtArea.append(userId + " 说: " + msg.getText() + "\n");
35                }else if (msg.getType().equalsIgnoreCase("M_QUIT")) {//是其他用户下线消息
36                    playSound("/cn/edu/ldu/sound/leave.wav");        //消息提示音
37                    //更新消息窗口
38                    parentUI.txtArea.append(userId + " 大步流星离开聊天室...\n");
39                    //下线用户从列表删除
40                    listModel.remove(listModel.indexOf(userId));
41                    parentUI.userList.setModel(listModel);
42                } //end if
43              }catch (Exception ex) {
44                 JOptionPane.showMessageDialog(null, ex.getMessage(),
45                 "错误提示",JOptionPane.ERROR_MESSAGE);
46              } //end try
47            } //end while
48        } //end run
49        //播放声音文件,@param filename 声音文件路径和名称
50        private void playSound(String filename) {
51            URL url = AudioClip.class.getResource(filename);
52            AudioClip sound;
53            sound = Applet.newAudioClip(url);
```

```
54            sound.play();
55        }
56  } //end class
```

程序 5.6 解析如下：

(1) 02～05 行，定义成员变量，包括套接字、父类、缓冲区、列表 Model。

(2) 07～10 行，构造函数，初始化套接字与父类。

(3) 13～47 行，用 while 无限循环处理消息。

(4) 15～17 行，接收消息，还原消息对象。

(5) 20～26 行，处理 M_LOGIN 消息。

(6) 27～30 行，处理 M_ACK 消息。

(7) 31～34 行，处理 M_MSG 消息。

(8) 35～42 行，处理 M_QUIT 消息。

(9) 50～55 行，定义声音播放函数。

程序 5.6 中用到的声音文件可以在 chap05 的"素材"文件夹中找到，本案例统一将声音素材存放到客户机项目 QQClient 的 cn. edu. ldu. sound 包中。至此，客户机的相关设计全部完成，QQClient 项目的结构如图 5.28 所示。

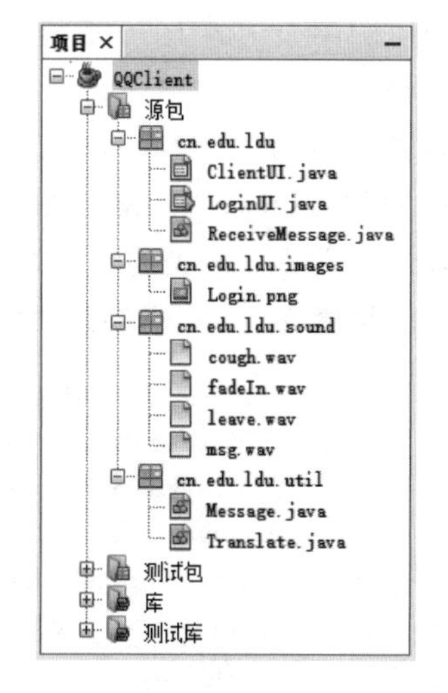

图 5.28　QQClient 项目的结构

5.12　启动服务器

服务器的启动逻辑比较简单：创建数据报套接字，创建消息接收线程，将套接字作为参数传递到线程，如程序 5.7 所示。

程序 5.7　服务器启动逻辑，定义为"启动服务器"按钮的事件过程

```
01  private void btnStartActionPerformed(java.awt.event.ActionEvent evt) {
02      try {
03          //获取服务器工作地址端口
04          String hostName = txtHostName.getText();
05          int hostPort = Integer.parseInt(txtHostPort.getText());
06          //创建 UDP 数据报套接字,在指定端口侦听
07          DatagramSocket serverSocket = new DatagramSocket(hostPort);
08          txtArea.append("服务器开始侦听...\n");
09          //创建 UDP 消息接收线程
10          Thread recvThread = new ReceiveMessage(serverSocket,this);
11          recvThread.start();                              //启动线程
12      } catch (NumberFormatException | SocketException ex) {
13          JOptionPane.showMessageDialog(null, ex.getMessage(), "错误提示",
14  JOptionPane.ERROR_MESSAGE);
15      }
16      btnStart.setEnabled(false);
17  }
```

程序 5.7 在服务器启动成功之后，不需要像 TCP 协议那样专门定义一个处理连接的线

程,这是由 UDP 协议的特点决定的。

5.13 服务器处理消息线程

程序 5.7 的 10～11 行创建并启动了消息接收线程,本节实现线程类 ReceiveMessage 的设计。由图 5.24～图 5.26 客户机向服务器发送消息的类型看,服务器收到的消息类型包括 M_LOGIN、M_MSG、M_QUIT 三种,对于 M_LOGIN 消息,服务器可能需要向客户机回送 M_SUCCESS、M_FAILURE、M_ACK 三种消息,向其他客户机转发 M_LOGIN 消息。ReceiveMessage 类的设计如程序 5.8 所示。

程序 5.8 服务器处理消息的线程类 ReceiveMessage.java

```
01  public class ReceiveMessage extends Thread {
02      private DatagramSocket serverSocket;                    //服务器套接字
03      private DatagramPacket packet;                          //报文
04      private List<User> userList = new ArrayList<User>();    //用户列表
05      private byte[] data = new byte[8096];                   //8KB 数组
06      private ServerUI parentUI;                              //消息窗口
07      //@param socket 会话套接字,@param parentUI 父类
08      public ReceiveMessage(DatagramSocket socket, ServerUI parentUI) {
09          serverSocket = socket;
10          this.parentUI = parentUI;
11      }
12      @Override
13      public void run() {
14          while (true) {                                      //循环处理收到的各种消息
15              try {
16                  packet = new DatagramPacket(data, data.length);  //构建接收报文
17                  serverSocket.receive(packet);               //接收客户机数据
18                  //收到的数据转为消息对象
19                  Message msg = (Message)Translate.ByteToObject(packet.getData());
20                  String userId = msg.getUserId();            //当前消息来自用户的 id
21                  if (msg.getType().equalsIgnoreCase("M_LOGIN")) { //是 M_LOGIN 消息
22                      Message backMsg = new Message();
23                      //假定只有 2000、3000、8000 三个账号可以登录
24                      if (!userId.equals("2000") && !userId.equals("3000") && !userId.equals("8000")) {
25                          //登录不成功的情况
26                          backMsg.setType("M_FAILURE");
27                          byte[] buf = Translate.ObjectToByte(backMsg);
28                          DatagramPacket backPacket = new DatagramPacket(
29                          buf, buf.length, packet.getAddress(), packet.getPort());
                                                                //向登录用户发送的报文
30                          serverSocket.send(backPacket);      //发送
31                      }else {                                 //登录成功的情况
32                          backMsg.setType("M_SUCCESS");
33                          byte[] buf = Translate.ObjectToByte(backMsg);
34                          DatagramPacket backPacket = new DatagramPacket(
```

```
35                      buf,buf.length,packet.getAddress(),packet.getPort());
                                                        //向登录用户发送的报文
36                      serverSocket.send(backPacket);          //发送
37                      User user = new User();
38                      user.setUserId(userId);                 //用户名
39                      user.setPacket(packet);                 //保存收到的报文
40                      userList.add(user);                     //将新用户加入用户列表
41                      //更新服务器聊天室大厅
42                      parentUI.txtArea.append(userId + " 登录!\n");
43                      //向所有其他在线用户发送 M_LOGIN 消息,向新登录者发送整个用户列表
44                      for (int i = 0;i < userList.size();i++) { //遍历整个用户列表
45                          //向其他在线用户发送 M_LOGIN 消息
46                          if (!userId.equalsIgnoreCase(userList.get(i).getUserId())){
47                              DatagramPacket oldPacket = userList.get(i).getPacket();
48                              DatagramPacket newPacket = newDatagramPacket(data,data.length,
49                              oldPacket.getAddress(),oldPacket.getPort());//转发的报文
50                              serverSocket.send(newPacket);  //发送
51                          } //end if
52                          //向当前用户回送 M_ACK 消息,将第 i 个用户 id 加入其用户列表
53                          Message other = new Message();
54                          other.setUserId(userList.get(i).getUserId());
55                          other.setType("M_ACK");
56                          byte[] buffer = Translate.ObjectToByte(other);
57                          DatagramPacket newPacket = new DatagramPacket(
58                          buffer,buffer.length,packet.getAddress(),packet.getPort());
59                          serverSocket.send(newPacket);
60                      } //end for
61                  } //end if
62              }else if (msg.getType().equalsIgnoreCase("M_MSG")) {      //是 M_MSG 消息
63                  parentUI.txtArea.append(userId + " 说: " + msg.getText() + "\n"); //更新显示
64                      for (int i = 0;i < userList.size();i++) {  //遍历用户,转发消息
65                      DatagramPacket oldPacket = userList.get(i).getPacket();
66                      DatagramPacket newPacket = new DatagramPacket(
67                      data,data.length,oldPacket.getAddress(),oldPacket.getPort());
68                      serverSocket.send(newPacket);           //发送
69                  }
70              }else if (msg.getType().equalsIgnoreCase("M_QUIT")) {      //是 M_QUIT 消息
71                  parentUI.txtArea.append(userId + " 下线!\n");          //更新显示
72                  for(int i = 0;i < userList.size();i++) {//从服务器的在线列表删除用户
73                      if (userList.get(i).getUserId().equals(userId)) {
74                          userList.remove(i);
75                          break;
76                      }
77                  } //end for
78                  for (int i = 0;i < userList.size();i++) {       //向其他用户转发下线消息
79                      DatagramPacket oldPacket = userList.get(i).getPacket();
80                      DatagramPacket newPacket = new DatagramPacket(
81                      data,data.length,oldPacket.getAddress(),oldPacket.getPort());
```

```
82                     serverSocket.send(newPacket);
83                 } //end for
84             } //end if
85             } catch (IOException | NumberFormatException ex) { }
86         } //end while
87     } //end run
88 } //end class
```

程序 5.8 解析如下:

(1) 02~06 行,成员变量定义。

(2) 08~11 行,构造函数,获取会话套接字与父类。

(3) 14~86 行,while 无限循环,处理各类消息。

(4) 16~20 行,接收消息,报文还原为消息对象。

(5) 21~61 行,处理 M_LOGIN 消息。服务器可能需要根据情况向客户机发送 M_LOGIN、M_SUCCESS、M_FAILURE、M_ACK 四种消息。

(6) 62~69 行,处理 M_MSG 消息。

(7) 70~84 行,处理 M_QUIT 消息。

第 19 行用到的 Message 和 Translate 两个类,与客户机项目的定义是相同的。完成的 QQServer 项目组织结构如图 5.29 所示。

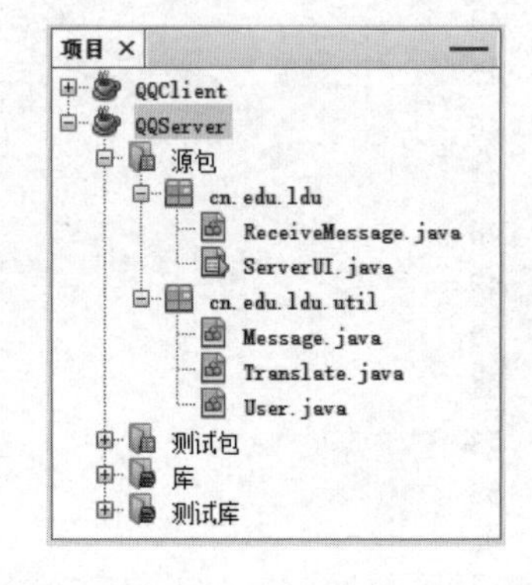

图 5.29 QQServer 项目组织结构

5.14 小　　结

UDP 协议不是面向连接的传输协议,不能保证数据按照顺序到达,无重传机制,会丢包、收到重复包、乱序等,所以在数据可靠性要求很高的场合,一般采用 TCP 协议。

尽管如此,UDP 协议仍然应用广泛,例如 DNS 服务、DHCP 服务、网络音视频点播等都是用 UDP 协议传输数据。因为这些应用对速度要求很高,对丢包情况反应不明显,偶尔丢包也不是致命的,大不了重试一次,用户都能忍受。

事实上,在某些应用中,例如 QQ 聊天项目,一般会在应用层做很多传输规则和协议设计,以保证 UDP 数据的可靠性,这样一来虽然增加了软件设计的复杂度,但在并发量很大的情况下,却能够大幅降低 TCP 连接带来的资源消耗。

Java 定义了 DatagramSocket 类接收和发送数据报,实现 UDP 协议服务,DatagramSocket 本身不维护连接状态,不能产生 I/O 流,Java 使用 DatagramPacket 代表数据报文,DatagramSocket 接收和发送的数据都是通过 DatagramPacket 报文对象完成的。

TCP 是为数据可靠传输设计的协议。如果数据传输过程中丢失,TCP 会保证再次发送数据,如果数据乱序到达,TCP 会将其重新排序,但是这些纠错机制也降低了传输速度。TCP 将网络数据传输看作是网络流,UDP 不支持这一点。UDP 处理的都是单个报文,上一个报文和下一个报文不必有必然的联系。报文仅受制于网络速度,会尽快地到达目标主机,甚至蜂拥而至,出现拥挤和丢包现象。就通信的形式与特点而言,TCP 与电话通信非常像,UDP 则与书信往来非常像。

Java 也提供了 UDP 协议的通道解决方案，通过 DatagramChannel 类实现。

与 TCP 套接字技术不同，DatagramSocket 不太在意会话对象，如果要限定服务器只接收它关心的对象的数据，则可以用 connect()、disconnect()、getPort()、getInetAddress()、getRemoteSocketAddress()等方法对主机做出筛选，从而拒绝其他主机的报文。

5.15　实验 5：QQ 聊天项目拓展

1. 实验目的

(1) 理解掌握 UDP 协议通信编程方法。

(2) 理解掌握自定义协议的编程方法。

2. 实验内容

重温本章完成的 QQ 客户机/服务器设计，改进客户机与服务器设计，双击用户列表中的某一用户，打开一个新的一对一聊天界面，实现私聊功能。

3. 实验方法与步骤

(1) 回顾程序 5.1 第 10 行，消息类 Message 中定义了一个字段：targetId 用于指向目标用户，可以帮助实现私聊设计。

(2) 回顾现有的各类消息，考虑增加私聊消息类型 M_PRIVATE。

(3) 设计私聊窗体，完成客户机逻辑的修改，增加对 M_PRIVATE 消息的处理。

(4) 完成服务器逻辑的修改，增加对 M_PRIVATE 消息的处理。

4. 边实验边思考

(1) 本章实现的 QQ 案例，依靠服务器的中转，虽然消息能够到达各个客户机，但这并不是广播机制，只能说是转播机制。Java 定义的 MulticastSocket 类是 DatagramSocket 的子类，可以用来接收广播消息。例如可以在一个主机上用 MulticastSocket 向某一组播地址广播消息，而在另一些主机上用 MulticastSocket 加入组播地址后可以接收广播消息。如何用这种机制改写本章案例，实现消息的小范围广播？

(2) 服务器对用户登录采用了简化处理方法，如果希望采用数据库校验用户账号和密码的正确性，应该如何改进服务器登录验证的逻辑设计？

5. 撰写实验报告

根据实验情况，撰写实验报告，简明扼要记录实验过程、实验结果，提出实验问题，做出实验分析。

5.16　习　题　5

1. 简要描述 Java UDP 协议套接字技术与 Java TCP 协议套接字技术的不同。

2. 请比较客户机的消息线程类 ReceiveMessage 与服务器的消息线程类 ReceiveMessage 的异同。

3. 如何让用户列表支持头像显示？如何让聊天窗口支持图片显示？

4. DatagramSocket 也有一个 connect()方法，作用是否与 Socket 中的 connect()方法相同？

5. 什么是广播、组播？两者有什么区别？简要描述利用 MulticastSocket 加入组播和退出组播的方法？

6. 通过实验验证 DatagramSocket 所能发送和接收的最大消息长度。

7. 如何确定 UDP 套接字发送和接收报文时，所允许的最小和最大缓冲区的大小？为什么不建议 DatagramPacket 的大小超过 8KB？

8. 请描述 DatagramSocket udpSocket＝new DatagramSocket(0)语句的含义。

9. 为什么对于 DtagramSocket 套接字，建议用 setSoTimeout()方法设置其超时时间？

10. DatagramSocket 的 setAddress()方法会修改报文发往的地址，即允许将同一个报文发送给多个接收方。但是若要向一个网段上所有用户发送，最好使用本地广播地址。请问如何根据网段号确定本地广播地址？

11. DatagramSocket 的 receive(DatagramPacket dp)用于接收一个报文，与 ServerSocket 类的 accept()类似，receive()方法会阻塞调用线程直到报文到达。如果除了等待还有其他工作，则应当在单独的线程中调用 receive()方法。其中参数 dp 应该足够容纳接收的数据，否则超长部分会被舍掉。但是 dp 的长度有限制，请问 dp 的最大长度是多少？是如何计算出来的？

12. Java 允许设置 UDP 套接字的工作模式，请描述 SO_TIMEOUT、SO_RCVBUF、SO_SNDBUF、SO_BROADCAST 模式的作用。

13. 一个 DatagramSocket 可以处理多个客户端的输入与输出请求，这也体现了 UDP 天生就比 TCP 具有异步性。请结合本章 QQ 案例，说明服务器是如何依赖一个 DatagramSocket 处理所有客户机消息的。

14. DatagramChannel 用于非阻塞 UDP 应用程序，就像 SocketChannel 和 ServerSocketChannel 用于 TCP 非阻塞通信一样。请用 DatagramChannel 改写本章的服务器程序。

15. 向组播地址发送报文与向单播地址发送报文类似，不需要加入组播组也可以向组播地址发送数据。但是如果希望接收组播报文，则需要加入组播组。请以组播地址“224.100.100.100”为例，写出一个简单的组播示例。

16. 如果使用 UDP 传输一个文件，为了实现文件的可靠传输，你认为应该采取什么控制措施？

18. UDP 套接字与 TCP 套接字不同，客户机与服务器使用相同的 DatagramSocket 套接字，为什么可以这样？一个 DatagramSocket 为什么可以同时对多个主机收发数据？

19. 修改客户机聊天界面的功能设计，使得用户可以控制发送消息的字体、字号和颜色等格式信息。

20. 本章完成的 QQ 项目作品，所有消息都经过服务器转发。如果希望实现客户机之间直接发送消息？应如何改进设计？

21. 在使用腾讯的 QQ 聊天时，如果两个客户机分布在不同的局域网，仍可以通过互联网直接交换数据。这个机制是如何实现的？具体到本章作品案例，应该如何修改客户机与服务器设计？

22. 恭喜你完成了“UDP 协议通信”的全部学习，请在表 5.3 中写下你的收获与问题，带着收获的喜悦、带着问题激发的好奇继续探索下去，欢迎将问题发送至：upsunny2008@163.com，与本章作者沟通交流。

表 5.3 “UDP 协议通信”学习收获清单

序号	收获的知识点	希望探索的问题
1		
2		
3		
4		
5		

第6章　TCP 协议传输文件

TCP 协议有保证数据可靠传输的一套机制，用 TCP 协议传输文件，是个很好的选择。事实上，文件是有效组织信息的基本手段，文件传输服务一直是网络资源共享和网络数据交换的重要形式。本章在第 5 章案例的基础上，增加文件传输的功能设计，为节省篇幅，主要介绍文件的发送和接收过程，至于发送和接收的界面设计以及用户便捷性设计，读者可自行完成。

6.1　作品演示

作品描述：客户机用 TCP 协议向服务器发送一个任意类型的文件，如果发送成功，客户机显示“发送成功”消息，服务器端显示“接收成功”消息。如果发送失败，客户机与服务器均有失败消息提示。

打开 chap06 目录下的 begin 子文件夹，可以看到第 5 章完成的 QQClient 与 QQServer 两个项目，本章将在第 5 章的基础上增加基于 TCP 协议的文件传输功能。upload 文件夹用来存放服务器端收到的客户机文件。begin 子目录中还有 QQClient. jar 和 QQServer. jar 两个文件，分别表示实现了文件传输功能的客户机与服务器，是用作测试，如图 6.1 所示。

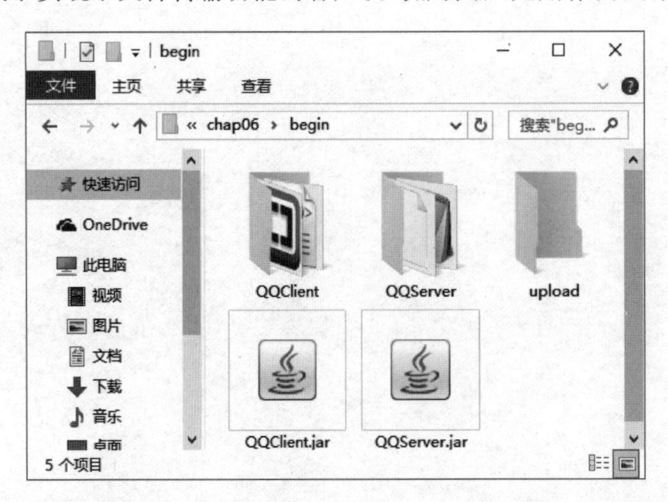

图 6.1　chap06 目录下 begin 文件夹的内容

双击 QQServer. jar 程序，启动服务器之后，服务器初始界面如图 6.2 所示。双击 QQClient. jar 程序，出现客户机登录界面，输入账号 8000，密码随机输入，进入客户机聊天界面,如图 6.3 所示。

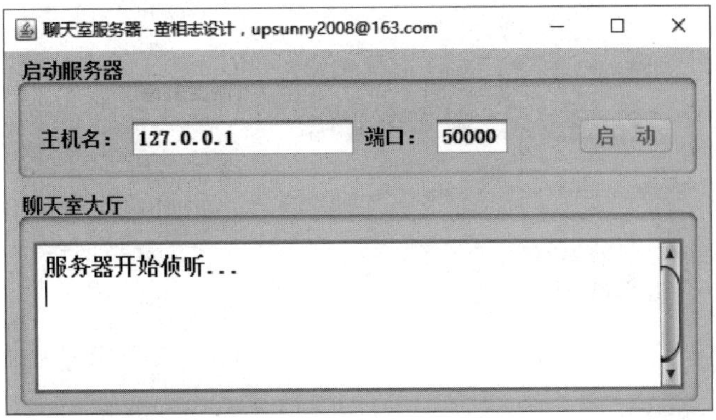

图 6.2　服务器启动的初始界面

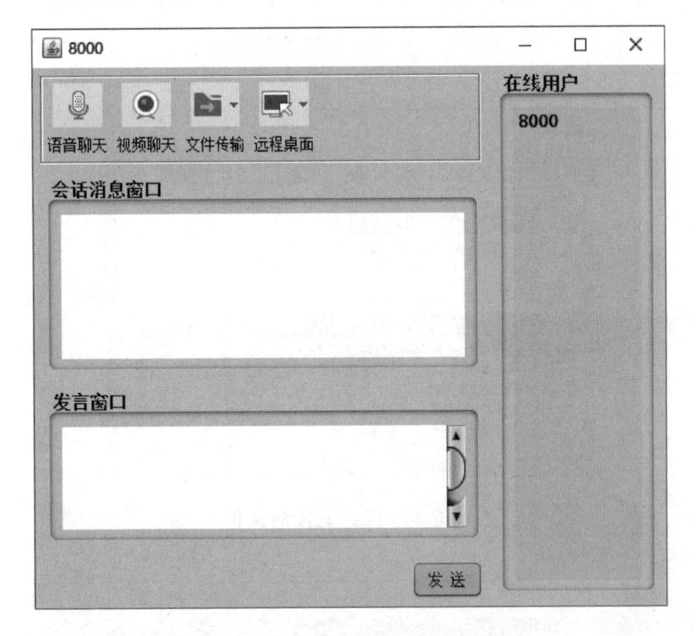

图 6.3　客户机登录后的聊天界面

如图 6.3 所示,用户 8000 登录后,与第 5 章相比,聊天界面的顶端增加了一个工具栏,包括语音聊天、视频聊天、文件传输和远程桌面四个命令按钮,细心的读者会发现这几个功能按钮与现实版的 QQ 相似,但是本章并不打算一下子完成所有这些功能设计,而是集中力量对文件传输做原理性设计。单击“文件传输”按钮,会出现一个弹出式快捷菜单,如图 6.4 所示。单击“上传文件”,打开如图 6.5 所示的对话框,引导用户确定待传文件。

如图 6.5 所示,打开 chap01 目录下的“实验报告”文件夹,选择文件,单击“选择”按钮,执行文件上传逻辑。同样的操作再做一遍,分别完成 Word 与 pdf 两个文件传输。图 6.6 是在 Word 文件传输完成后,正在传输 pdf 文件的状态截图。文件传输完成后,服务器如图 6.7 所示,文件默认被传输到了服务器根目录下面的 upload 子文件夹中,如图 6.8 所示。

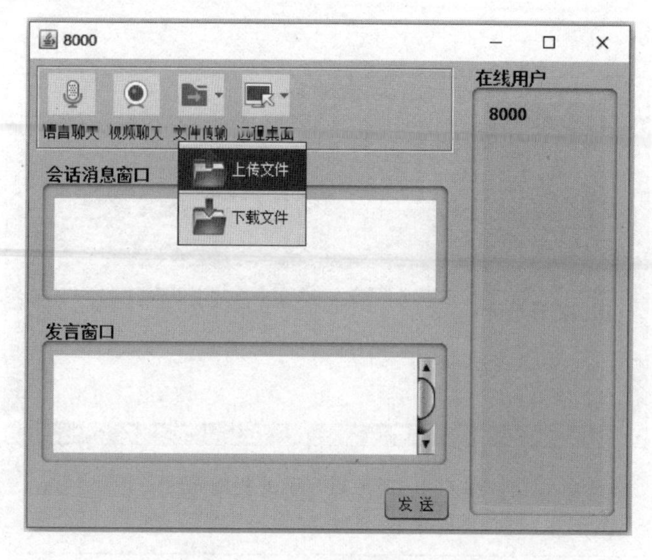

图 6.4　上传文件快捷菜单命令

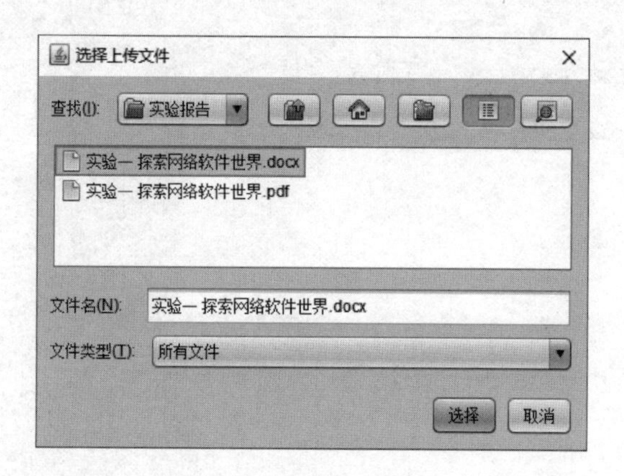

图 6.5　选择上传的文件

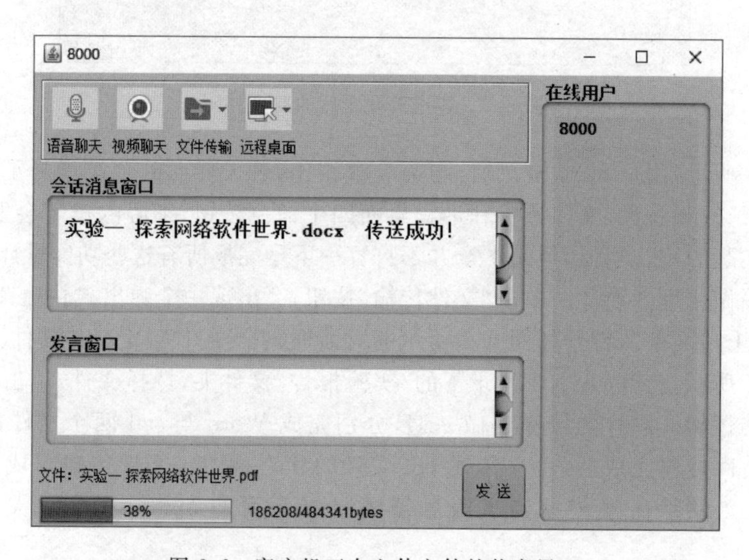

图 6.6　客户机正在上传文件的状态界面

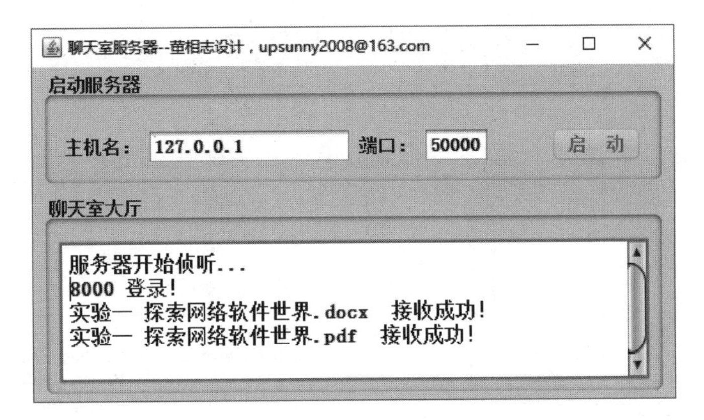

图 6.7 服务器接收文件后的状态界面

图 6.8 upload 文件夹新增服务器接收的文件

6.2 本章重点知识介绍

基于 TCP 协议传输文件，需要用到 java. net 包的 ServerSocket 和 Socket 两个套接字类。或者选择 java. nio. channels 包的 ServerSocketChannel 和 SocketChannel 套接字通道类。文件从客户机传输到服务器的逻辑设计如图 6.9 所示。

客户机发送文件与服务器接收文件的逻辑解析：

(1) 客户机连接到服务器。

(2) 客户机基于选择的源文件创建文件输入流 in，基于连接服务器的套接字创建输出流 out。从 in 中获取文件数据到缓冲区，然后通过 out 发送到服务器，直到文件读完并发送完成为止。

(3) 服务器基于文件的保存路径创建文件输出流 out，基于与客户机会话的套接字创建输入流 in 接收数据，服务器收到的数据通过 out 写入文件中。直到文件接收完成为止。如果文件全部成功接收，向客户机回送 M_DONE 消息，否则回送 M_LOST 消息。

服务器如何知道客户机文件传输结束呢？双方可以约定一个标志性的消息，或者通过文件的长度做出判断。

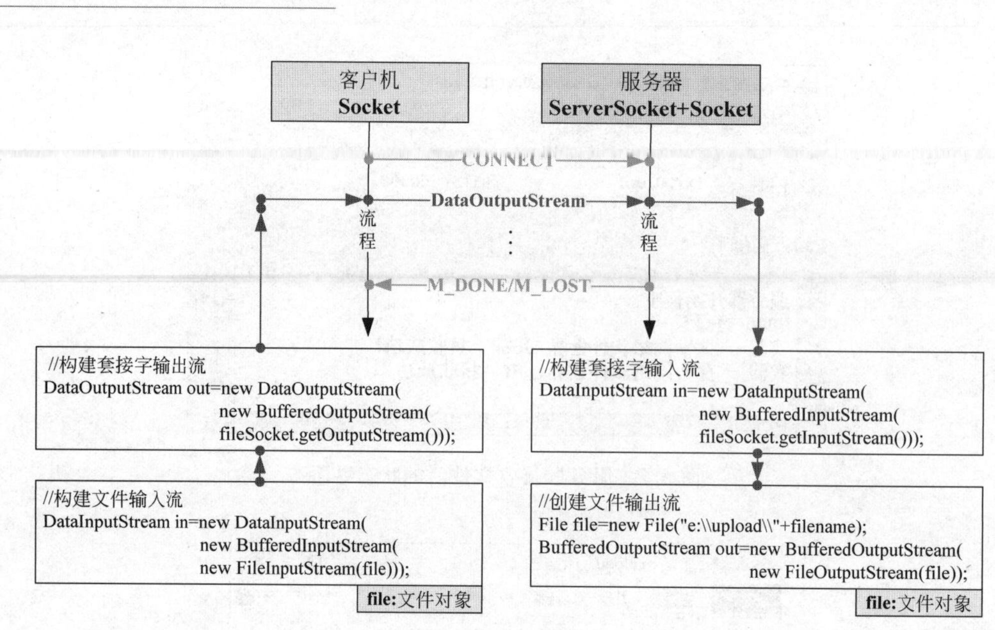

图 6.9　文件从客户机传输到服务器的逻辑设计

图 6.9 所示的输入输出流,无论是在客户机还是服务器,都采用了带缓冲的 I/O 构建复合流以提高数据交换效率。

6.3　工具栏、弹出菜单和进度条

本章案例客户机界面新增一个工具栏和弹出式快捷菜单设计,如图 6.4 所示,工具栏中包含四个按钮,每个按钮用一个形象化的图片表示。单击“文件传输”按钮时,会弹出快捷菜单。工具栏和菜单的设计步骤:

(1) 打开 chap06 目录下的“素材”文件夹,可以看到语音聊天、视频聊天、文件传输、远程桌面、上传文件和下载文件共六张图片。将这些图片复制到客户机的 cn. edu. ldu. images 包。

(2) 在客户机界面设计窗口,向下调整客户机“会话消息窗口”,在窗体顶部空出一个空白区域,从工具箱中拖放“工具栏”(JToolBar)控件到窗体顶部。设置工具栏的 floatable 属性为 false。

(3) 从工具箱中拖放四个按钮到工具栏并水平排列。设置按钮的变量名依次为 btnPhone、btnVideo、btnFile、btnRemote。依次设置按钮的 icon 属性为对应的图片,同时设置其 text 属性的值依次为语音聊天、视频聊天、文件传输、远程桌面。

(4) 添加快捷菜单。从工具箱中拖放一个“弹出式菜单”(JPopupMenu)控件到窗体的任意位置,这个控件默认是隐藏的,可以在导航器的“其他组件”中找到这个控件,修改其变量名称为 fileMenu。

(5) 在导航器中选择 fileMenu 控件,右击,在弹出的快捷菜单中选择“从组件面板上添加”→“菜单项”命令,如图 6.10 所示,为 fileMenu 添加两个菜单项,分别命名为 uploadFile 和 downloadFile,修改这两个菜单项的 icon 属性为 cn. edu. ldu. images 包中的对应图片文件。

(6) 完成工具栏设计和 fileMenu 设计的客户机控件布局逻辑关系如图 6.11 所示。

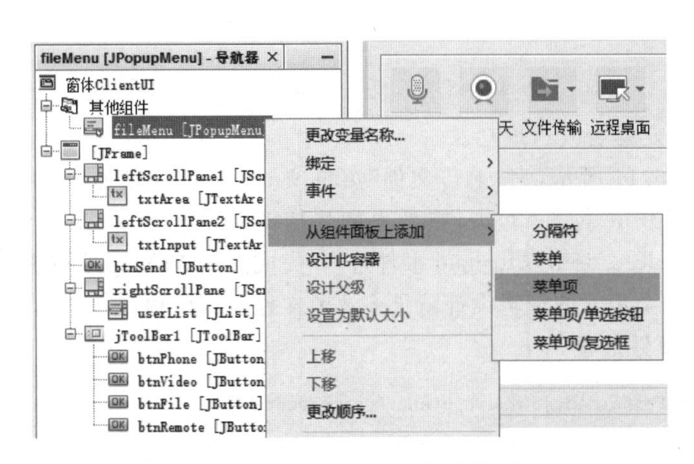

图 6.10　为 fileMenu 添加菜单项

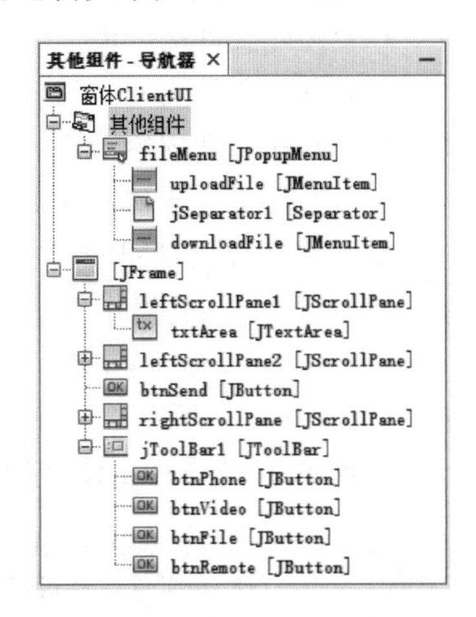

图 6.11　完成工具栏和快捷菜单设计的客户机控件布局逻辑关系

(7) 如图 6.11 所示，为“文件传输”按钮添加“鼠标按下”事件。在导航器中选择 btnFile 控件，右击，在弹出的快捷菜单中为 btnFile 添加 Mouse→mousePressed 事件，在事件过程中添加下面的程序：

```
fileMenu.show(btnFile, evt.getX() - 35, evt.getY() + 40); //弹出菜单
```

该语句的意思是在 btnFile 按钮下方偏左 35 像素、向下 40 像素的位置显示 fileMenu 控件。

完成上述设计后，做简单测试，效果如图 6.4 所示。

关于传送文件的进度条设计，简述如下：文件较大时，传输文件比较耗费时间，进度条可以给用户一个友好提示，表示文件传输进度，为此，在客户机界面下方与“发送”按钮同一行的位置，增加一个 JPanel 类型的面板控件 filePanel，默认情况下 filePanel 是隐藏的，在 ClientUI 类的构造函数中加上 filePanel.setVisible(false)即可。

filePanel 中包含一个 JProgressBar 类型的进度条控件 progressBar，包含一个 JLabel 类型的字节数进度标签控件 progressLabel，还有一个 JLabel 类型的提示文件名称的标签控件 fileLabel。当用户确定了待传文件后，在进入发送文件线程之前，应该将 filePanel 面板显示出来，并在 fileLabel 面板上显示文件名称。progressBar 和 progressLabel 都需要随着文件传输进度实时更新，对界面的实时更新操作在发送文件线程中完成，文件传输完成后，隐藏 filePanel 面板控件，并在接收消息窗口中显示文件发送成功。

6.4　选择文件

客户机向服务器发送文件的逻辑过程可以归纳为以下七个步骤：

(1) 选择待发送的文件。

(2) 创建发送文件的套接字,连接服务器。

(3) 构建套接字输出流。

(4) 构建文件输入流。

(5) 发送文件名和文件长度。

(6) 发送文件内容。

(7) 根据服务器回送的消息,确定是否发送成功。

接下来完成其逻辑编程。如图 6.11 所示,为“上传文件”菜单项 uploadFile 添加“鼠标单击”事件。在导航器中选择 uploadFile 控件,右击,在弹出的快捷菜单中选择 Action→actionPerformed 命令,生成 uploadFileActionPerformed 事件过程,完成上述步骤(1)的逻辑设计,如程序 6.1 所示。(2)～(7)六个步骤的逻辑设计请见 6.5 节文件发送线程。

程序 6.1 “选择上传文件”的事件过程

```
01  private void uploadFileActionPerformed(java.awt.event.ActionEvent evt) {
02      //打开文件选择对话框
03      JFileChooser fileChooser = new JFileChooser();
04      fileChooser.setDialogTitle("选择上传文件");
05      fileChooser.setApproveButtonText("选择");
06      int choice = fileChooser.showOpenDialog(this);                //显示对话框
07      if (choice == JFileChooser.APPROVE_OPTION) {                  //单击选择按钮
08          File file = fileChooser.getSelectedFile();                //获取文件对象
09          //启动发送文件线程
10          SwingWorker<List<String>,String> sender = new FileSender(file,msg,this);
11          sender.addPropertyChangeListener(new PropertyChangeListener() {
12          publicvoid propertyChange(PropertyChangeEvent evt) {
13            if ("progress".equals(evt.getPropertyName())) {
14                progressBar.setValue((Integer)evt.getNewValue());
15            }
16          } });
17       filePanel.setVisible(true);
18       fileLabel.setText("文件: " + file.getName());
19       sender.execute();
20      }
21  }
```

程序 6.1 解析如下:

(1) 03～06 行,创建并显示选择文件的对话框。

(2) 07～20 行,选择文件,定义文件对象,将文件交给发送文件线程处理。

(3) 10 行,new FileSender(file,msg,this)包含三个参数。除了 file 表示文件对象外,msg 可以表示这个文件是由哪个用户发送的、消息类型是什么、目标地址在哪里等。this 表示文件线程的父类。发送文件的线程 FileSender 是一个 SwingWorker 类,SwingWorker 类是一个后台任务类,用来处理比较耗费时间或者 I/O 操作密集的任务非常合适。

(4) 11～16 行,定义文件发送线程的侦听函数,实时更新进度条。

(5) 17 行,显示文件传输状态面板。

(6) 18 行,显示文件名称。

(7) 19 行,sender.execute()启动文件发送线程。

6.5 文件发送线程

发送文件的线程用 SwingWorker < T,V >类定义。SwingWorker 定义在 javax. swing 包,是一个抽象类,必须定义其子类才能使用。SwingWorker 有两个类型参数: T 和 V。T 是 doInBackground()和 get()方法的返回类型; V 是 publish()和 process()方法要处理的数据类型。

SwingWorker 包含三个重要的方法: doInBackground()方法、process()方法和 done()方法。

doInBackground()方法是任务线程的核心方法,它负责完成线程的基本任务,并以返回值来作为线程的执行结果。继承类须重写该方法以实现任务逻辑。不要直接调用该方法,应使用 SwingWorker 对象的 execute()方法来调度执行。

可以在 SwingWorker 子类中重写 done()方法。done()方法可以在 doInBackground()方法结束后被事件调度线程(EDT: Event Dispatch Thread)调用。用 get()方法可以获取 doInBackground()方法的返回结果。可以使用 isDone()方法来检验 doInBackground()方法是否完成,通常在 done()方法内部用 get()方法获取任务结果,因此在 done()方法中后台线程可以安全地更新 UI 控件。

SwingWorker 在 doInBackground()方法结束后才产生最后结果,但任务线程也可以产生和发布中间结果,可以在 doInBackground()方法中用 publish()方法将中间结果传送到 process()方法,以反映执行过程和进度变化。SwingWorker 的父类会在 EDT 线程上激活 process()方法,因此在 process()方法中后台线程可以安全地更新 UI 控件。文件发送线程如程序 6.2 所示。

程序 6.2 文件发送线程 FileSender. java

```
01 public class FileSender extends SwingWorker < List < String >, String >{
02     private File file;                                      //文件
03     private Message msg;                                    //消息类
04     private ClientUI parentUI;                              //父类
05     private Socket fileSocket;                              //传送文件的套接字
06     private static final int BUFSIZE = 8096;                //缓冲区大小
07     private int progress = 0;                               //文件传送进度
08     private String lastResults = null;                      //传送结果
09     //构造函数
10     public FileSender(File file, Message msg, ClientUI parentUI) {
11         this. file = file;
12         this. msg = msg;
13         this. parentUI = parentUI;
14     }
15     @Override
16     protected List < String > doInBackground() throws Exception {
17         fileSocket = new Socket();
18         //连接服务器
19         SocketAddress remoteAddr = new InetSocketAddress(msg. getToAddr(), msg. getToPort());
20         fileSocket. connect(remoteAddr);
```

```
21            //构建套接字输出流
22            DataOutputStream out = new DataOutputStream(
23                                  new BufferedOutputStream(
24                                  fileSocket.getOutputStream()));
25            //构建文件输入流
26            DataInputStream in = new DataInputStream(
27                                new BufferedInputStream(
28                                new FileInputStream(file)));
29            long fileLen = file.length();                          //计算文件长度
30            //发送文件名称、文件长度
31            out.writeUTF(file.getName());
32            out.writeLong(fileLen);
33            out.flush();
34            //传送文件内容
35            int numRead = 0;                                       //单次读取的字节数
36            int numFinished = 0;                                   //总完成字节数
37            byte[] buffer = new byte[BUFSIZE];
38            while (numFinished < fileLen && (numRead = in.read(buffer))!= - 1) {//文件可读
39                out.write(buffer,0,numRead);                       //发送
40                out.flush();
41                numFinished += numRead;                            //已完成字节数
42                //Thread.sleep(1000);                              //演示文件传输进度用
43                publish(numFinished + "/" + fileLen + "bytes");
44                setProgress(numFinished * 100/(int)fileLen);
45            } //end while
46            in.close();
47            //接收服务器反馈信息
48            BufferedReader br = new BufferedReader(
49                               new InputStreamReader(
50                               fileSocket.getInputStream()));
51            String response = br.readLine();                       //读取返回串
52            if (response.equalsIgnoreCase("M_DONE")) {             //服务器成功接收
53                lastResults =  file.getName()  + " 传送成功!\n" ;
54            }else if (response.equalsIgnoreCase("M_LOST")){        //服务器接收失败
55                lastResults =  file.getName()  + " 传送失败!\n" ;
56            } //end if
57            //关闭流
58            br.close();
59            out.close();
60            fileSocket.close();
61            return null;
62        } //doInBackground
63        @Override
64        protected void process(List < String > middleResults) {
65            for (String str:middleResults) {
66                parentUI.progressLabel.setText(str);
67            }
68        }
69        @Override
70        protected void done() {
71            parentUI.progressBar.setValue(parentUI.progressBar.getMaximum());
```

```
72            parentUI.txtArea.append(lastResults + "\n");
73            parentUI.filePanel.setVisible(false);
74        }
75    }
```

程序 6.2 解析如下：

(1) 01 行，指定 FileSender 类的父类 SwingWorker < List < String >,String >。

(2) 02～08 行，定义成员变量。

(3) 10～14 行，构造函数，获取文件对象、消息对象以及父类对象。

(4) 16～62 行，重写 doInBackground()方法，实现文件的发送逻辑，如图 6.12 所示。

(5) 64～68 行，process()方法接收 publish()方法的中间结果，实时显示已完成字节数。

(6) 70～74 行，done()方法显示文件最后的传送结果，隐藏文件传送进度面板。

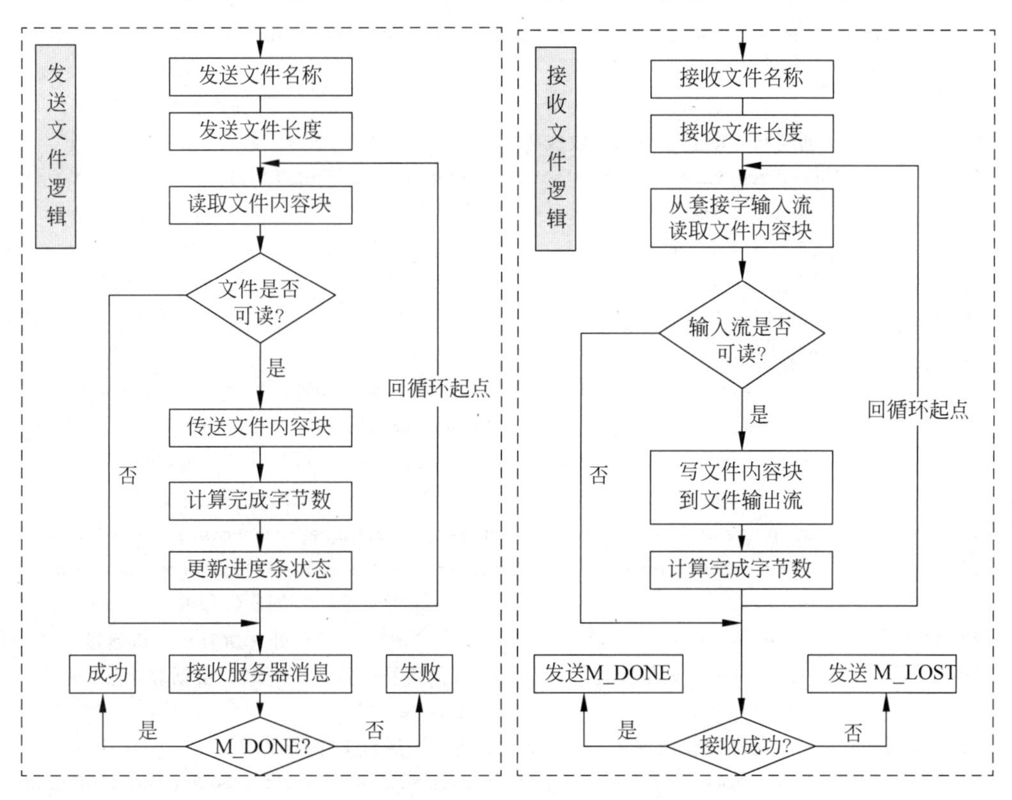

图 6.12　客户机发送文件逻辑与服务器接收文件逻辑

如图 6.12 所示，客户机发送文件的逻辑可以归纳为如下四个步骤：

(1) 发送文件名称。

(2) 发送文件长度。

(3) 传送文件内容。

(4) 接收服务器回馈消息，确定发送结果。

图 6.12 同时也给出了服务器端接收文件线程的基本逻辑，与客户机对照学习，可以更好地理解文件收发双方的协议约定，理解 SwingWorker 后台任务线程类的运行机制。

6.6 服务器处理连接线程

为了让服务器能同时接收来自多个客户机的并发文件传输,服务器端处理客户机连接时仍然采用线程池模式。

在第 5 章程序 5.7 服务器启动逻辑中,10～11 行创建并启动了消息接收线程 ReceiveMessage。但是 ReceiveMessage 是基于 UDP 协议的。所以本章的文件传输服务器需要重新定义,如程序 6.3 所示。不难看出,程序 6.3 是接着第 5 章程序 5.7 的第 11 行后面开始的,所以在启动服务器时,会同时启动一个 UDP 协议的消息接收线程和一个 TCP 协议的文件接收线程 RecvFile。

程序 6.3 服务器启动逻辑,包含了启动 UDP 消息接收线程和 TCP 文件接收线程

```
01  private void btnStartActionPerformed(java.awt.event.ActionEvent evt) {
02       try {
03       …
04           //创建并启动 UDP 消息接收线程
05           Thread recvThread = new ReceiveMessage(serverSocket,this);
06           recvThread.start();
07           //创建并启动文件接收线程
08           new Thread(new Runnable() {
09             public void run() {
10             try {
11             SocketAddress serverAddr = new InetSocketAddress(
12                           InetAddress.getByName(hostName),hostPort);
13             ServerSocket listenSocket = new ServerSocket();//创建侦听套接字
14             listenSocket.bind(serverAddr);                  //绑定到工作地址
15             int processors = Runtime.getRuntime().availableProcessors();    //CPU 数
16             ExecutorService fixedPool = Executors.newFixedThreadPool(processors * 2);
                                                               //创建线程池
17             while (true) {                                  //处理所有客户机连接
18               //accept()如果无连接,则阻塞,否则接受连接并创建新的会话套接字
19               Socket fileSocket = listenSocket.accept();
20               //文件接收线程为 SwingWorker 类型的后台工作线程
21               SwingWorker< Integer,Object > recver = new RecvFile(fileSocket,ServerUI.this);
22               fixedPool.execute(recver);                    //用线程池调度客户线程运行
23             } //end while
24             } catch (IOException ex) {
25                  JOptionPane.showMessageDialog(null, ex.getMessage(),
26                  "错误提示", JOptionPane.ERROR_MESSAGE);
27             } //end try catch
28          } //end run()
29     }).start();
30     …
31  } //end btnStartActionPerformed
```

程序 6.3 解析如下：

(1) 02～06 行的内容承接自程序 5.7。

(2) 07～29 行的匿名线程为新增内容，处理来自客户机的文件传送请求。从 30 行开始省略了与程序 5.7 相同的内容。

(3) 21～22 行，文件接收线程 RecvFile 仍然采用 SwingWorker 类定义。

6.7 服务器接收文件线程

服务器端接收文件的线程与客户机发送文件的线程可以视为一个互逆过程。一方有"发送"动作，对方则有"接收"动作，一一对应，这一点在图 6.12 中已经显示得比较直观。服务器接收文件逻辑如程序 6.4 所示。

程序 6.4　服务器接收文件线程 RecvFile.java

```
01  public class RecvFile extends SwingWorker<Integer,Object>{
02      private final Socket fileSocket;                    //接收文件的套接字
03      private ServerUI parentUI;                          //主窗体类
04      private static final int BUFSIZE = 8096;            //缓冲区大小
05      public RecvFile(Socket fileSocket,ServerUI parentUI) {
06          this.fileSocket = fileSocket;
07          this.parentUI = parentUI;
08      }
09      @Override
10      protected Integer doInBackground() throws Exception {
11          //获取套接字输入流
12          DataInputStream in = new DataInputStream(
13                              new BufferedInputStream(
14                              fileSocket.getInputStream()));
15          //接收文件名、文件长度
16          String filename = in.readUTF();                 //文件名
17          int fileLen = (int)in.readLong();               //文件长度
18          //创建文件输出流
19          File file = new File("./upload/" + filename);
20          //文件输出流
21          BufferedOutputStream out = new BufferedOutputStream(
22                                  new FileOutputStream(file));
23          //接收文件内容,存储为外部文件
24          byte[] buffer = new byte[BUFSIZE];              //读入缓冲区
25          int numRead = 0;                                //单次读取的字节数
26          int numFinished = 0;                            //完成字节总数
27          while (numFinished<fileLen && (numRead = in.read(buffer))!= -1) {//输入流可读
28              out.write(buffer,0,numRead);
29              numFinished += numRead;                     //已完成字节数
30          } //end while
31          //定义字符输出流
32          PrintWriter pw = new PrintWriter(fileSocket.getOutputStream(),true);
33          if (numFinished >= fileLen) {                   //文件接收完成
34              pw.println("M_DONE");                       //回送成功消息
35              parentUI.txtArea.append(filename + " 接收成功!\n");
36          }else {
37              pw.println("M_LOST");                       //回送失败消息
```

```
38                parentUI.txtArea.append(filename + " 接收失败!\n");
39            } //end if
40            //关闭流
41            in.close();
42            out.close();
43            pw.close();
44            fileSocket.close();
45            return 100;
46        } //end doInBackground
47    }
```

程序 6.4 解析如下：

(1) 01 行,RecvFile 继承 SwingWorker 类。

(2) 02～04 行,定义成员变量。

(3) 05～08 行,构造函数。

(4) 09～46 行,重写 doInBackground()方法,实现文件的接收逻辑。

文件接收过程归纳为如下四个步骤：

(1) 接收文件名称。

(2) 接收文件长度。

(3) 接收文件内容。

(4) 根据收到的文件长度,确定向客户机发送 M_SUCCESS 消息或者 M_LOST 消息。

6.8 小　　结

本章案例在第 5 章的基础上,实现了 TCP 文件传输。在服务器和客户机两端,同时采用 UDP 与 TCP 两种协议通信,在服务器端,TCP 与 UDP 均使用了相同的端口 50000,不但互不影响,而且功能上可以相互补充,二者混用也从实践上证明 TCP 与 UDP 是相对独立的两种传输协议。

文件传输不同于简单的消息传输,因为文件往往“体积”较大,需要分块传输,会占用较多的 I/O 资源和 CPU 时间,所以需要用后台任务线程模式,避免用户界面出现卡顿和停止响应的情况。本章案例采用 SwingWorker<T,V>类定义后台任务线程,SwingWorker 提供了自己的方法：doInBackground()、process()、done()、execute()等。任务线程的主逻辑都是在 doInBackground()中完成的,process()和 done()分别处理中间结果和最后结果,execute()用来启动和调度线程运行。

SwingWorker<T,V>类实现了 java.util.concurrent.RunnableFuture<V>接口,RunnableFuture 接口包含 Future<V>接口和 Runnable 接口,所以 SwingWorker<T,V>类也实现了 run()方法,而且是一种能够返回结果的线程。

学习 SwingWorker 要注意区分以下三种线程的不同。

(1) 当前线程(Current Thread)：在当前线程调用 execute()方法启动工作线程后会立即返回,工作线程的调度和执行交由系统处理。

(2) 工作线程(Worker Thread)：工作线程中的 doInBackground()方法是所有后台任务逻辑完成的地方,可以通过检查与设置工作线程的 state 和 progress 属性,来反映任务完成的状态和进展程度。

(3) 事件调度线程(Event Dispatch Thread)：一般是程序的主线程,负责处理与SwingWorker相关的各种活动与事件,调用process()方法和done()方法以及捕获并处理PropertyChangeListeners事件过程,实时更新任务状态变化等。

多数情况下,当前线程和事件调度线程是同一个线程。

本章案例为了实现文件传输,在客户机与服务器两端均定义了文件输入输出复合流和套接字输入输出复合流,实现了I/O流的综合应用,当然也可以采用NIO通道技术予以替代。在服务器端,为了保障资源的可用性,采用线程池方法响应客户机连接。总之,本章文件传输案例,实现了多种网络编程技术的综合性混用,值得深入揣摩学习。

6.9　实验6：端口扫描器

1. 实验目的

(1) 理解掌握SwingWorker类的用法。

(2) 理解掌握端口扫描的编程方法。

(3) 学习Swing界面设计技术。

2. 实验内容

重温本章完成的基于TCP协议的客户机/服务器文件传输项目,综合运用Swing界面设计、SwingWorker类和端口连接测试技术,实现网络端口的扫描检测功能。图6.13给出了针对www.163.com的80～90端口所做的扫描测试实例,扫描结果显示,80、81、88三个端口可达,其余不可达。

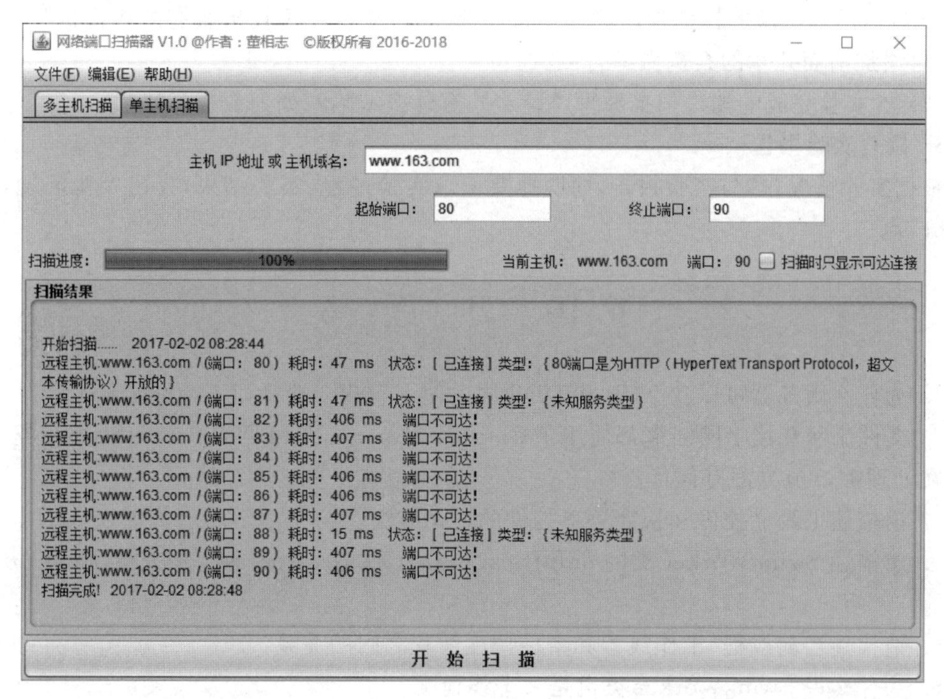

图6.13　对www.163.com主机的80～90端口扫描测试结果

也可采用多主机扫描模式,如图 6.14 所示,实现主机群的批量扫描。

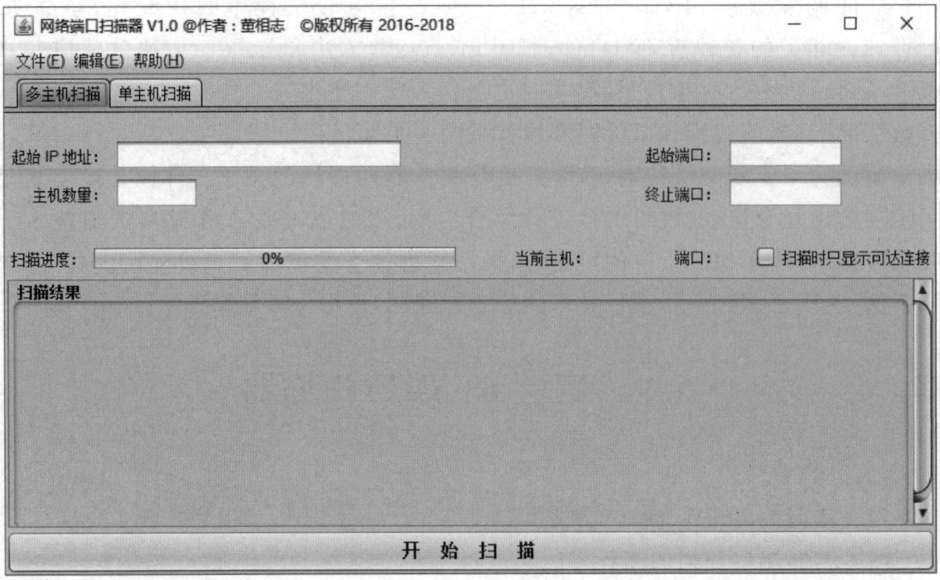

图 6.14　多主机扫描模式

3. 实验方法与步骤

完整的实验程序,请参阅 chap06 目录下的“实验报告”子文件夹。

4. 边实验边思考

(1) 运行本章案例程序,启动两个客户机连接服务器,服务器同时使用 TCP 和 UDP 的 50000 端口,用本实验的扫描程序测试本机开放端口,查看能否找出所有的客户机与服务器端口,再增加前面几章的案例做综合测试。

(2) 本实验完成的端口扫描原理是什么?有什么缺陷?如何改进?

5. 撰写实验报告

根据实验情况,撰写实验报告,简明扼要记录实验过程、实验结果,提出实验问题,做出实验分析。

6.10　习　题　6

1. 为什么服务器可以让 TCP 和 UDP 同时使用 50000 端口而不冲突?

2. 文件流和套接字网络流都使用了 DataInputStream 类和 DataOutputStream 类,这两个类在处理 I/O 流方面有何优点?

3. 请描述工具栏控件和快捷菜单控件的定义方法。

4. 请描述 SwingWorker 类的 doInBackground()方法、process()方法和 done()方法的关系。

5. 请描述当前线程、工作线程和事件调度线程之间的关系。

6. 为什么说 SwingWorker 类也是一个线程类?

7. 为什么说用 SwingWorker 类传输文件是个不错的选择?

8. 图 6.12 给出了文件发送逻辑与接收逻辑的对照关系。如果希望在接收端增加一个提示，让文件接收方决定是继续接收文件还是取消文件，收发文件的双方逻辑应如何修改？

9. 真实版的 QQ 上传文件后，会有一个文件目录集中显示群里所有共享文件，请结合 Java 关于目录操作的类和方法，为客户机增加一个预览共享文件的设计。

10. 请结合 Java 多媒体技术，谈谈如何实现工具栏里的语音聊天功能设计。

11. 请结合 Java 多媒体技术，谈谈如何实现工具栏里的视频聊天功能设计。

12. 请结合 Java 多媒体技术，谈谈如何实现工具栏里的远程桌面功能设计。

13. 请结合本章案例，谈谈 SwingWorker 类是如何实现进度条的实时更新的。

14. JFileChooser 类是一个通用对话框控件，请结合程序 6.1，描述 JFileChooser 类的基本用法。

15. 程序 6.1 的第 10 行语句创建发送文件的任务线程时，向构造函数传递了一个 msg 参数。根据这个参数，可以实现用户之间的文件传送。请修改本章案例设计，实现用户之间的文件传输。

16. 根据程序 6.2，描述程序如何实现了文件输入流与网络输出流的无缝对接。

17. 根据程序 6.4，描述程序如何实现了网络输入流与文件输出流的无缝对接。

18. 请解析程序 6.2 的第 43 行语句 publish 和第 44 行的语句 setProgress 的执行逻辑。

19. 如果用 Thread 类替换本章案例中的 SwingWorker 类是否可行？有何不同？

20. 如果希望中途取消文件传输，应如何改进客户机与服务器两端的设计？

21. 如果需要实现客户机 A 和客户机 B 之间的直接文件交换，文件数据不经过服务器转发，显然每个客户机既要扮演客户机角色，又要扮演服务器角色。那么客户机的侦听套接字 ServerSocket 应该何时创建？工作地址和端口应该如何确定？

22. 恭喜你完成了“TCP 协议文件传输”的全部学习，请在表 6.1 中写下你的收获与问题，带着收获的喜悦、带着问题激发的好奇继续探索下去，欢迎将问题发送至：upsunny2008@163.com，与本章作者沟通交流。

表 6.1 “TCP 协议文件传输”学习收获清单

序号	收获的知识点	希望探索的问题
1		
2		
3		
4		
5		

第7章 SSL安全通信

安全套接层(Secure Sockets Layer,SSL)是由NetScape公司开发设计的互联网安全通信协议,广泛应用于Web浏览器与Web服务器之间的安全通信。用户每次在网上下单购物或者登录电子银行,其交易细节都自动进行了一些SSL加密和认证。可以说,没有SSL,就没有今天电子商务的繁荣景象。本章焦点不是针对SSL协议本身的探讨,而是基于SSL协议的基本原理,基于Java的安全套接字技术和加密解密技术,为人们自行开发的客户机和服务器实现SSL级别的通信保护。

7.1 作品演示

作品描述:本章案例在第5章和第6章案例的基础上,实现用户的安全登录与安全注册,实现文件的安全传输。这里安全注册是指用户的密码在数据库中以加密形式保存,用户的安全登录是指用户的密码从客户机到服务器以加密形式传输。为保证文件传输安全,传输文件的同时传送加密的数字签名,传送服务器公钥加密的密钥,服务器端需要用私钥解密密钥,然后再用解密的密钥解密加密的数字签名,进而还原消息摘要。通过比较消息摘要确定文件的完整性,通过数字签名确定发送方的真实性。

打开chap07目录下的begin子文件夹,如图7.1所示。QQClient与QQServer两个文件夹是第6章完成的项目。upload文件夹存放客户机上传的文件。member.sql文件包含服务器端创建Member会员表的SQL脚本。QQClient.jar和QQServer.jar是本章案例完成后的项目打包文件。

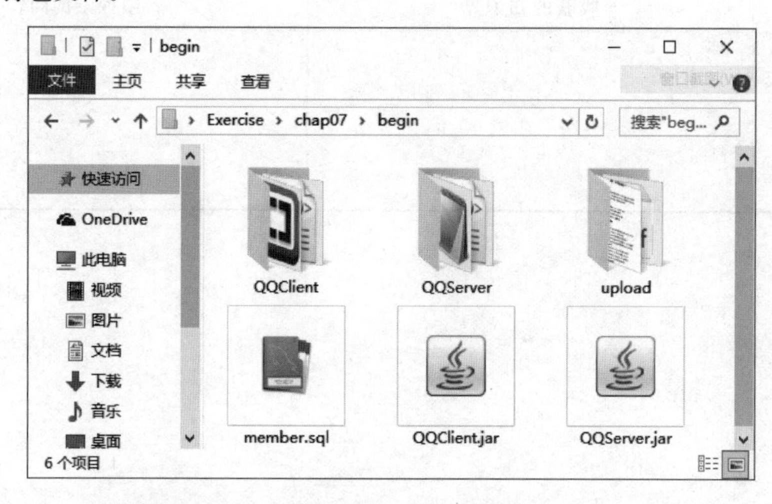

图7.1 chap07目录下begin子文件夹的内容

双击 QQServer.jar，启动服务器程序。双击 QQClient.jar，启动客户机程序，出现如图 7.2 所示的登录对话框，输入用户账号 50000，输入密码 123456，单击“登录”按钮，登录成功后的界面如图 7.3 所示。值得指出的是，这里的登录步骤与第 5 章中的登录过程表面看是一样的，但实现逻辑完全不同。第 5 章中的登录，用了 2000、3000、8000 作为模拟账号，服务器端并不到数据库查找和验证用户名与密码。本章中账号 50000，在客户机发送之前需要加密，到了服务器之后，服务器需要到 QQDB 数据库的 Member 表中查找，账号与密码均正确，用户 50000 才算登录成功，否则给出登录失败的消息。

图 7.2　账号 50000 登录（密码加密后发送到服务器）

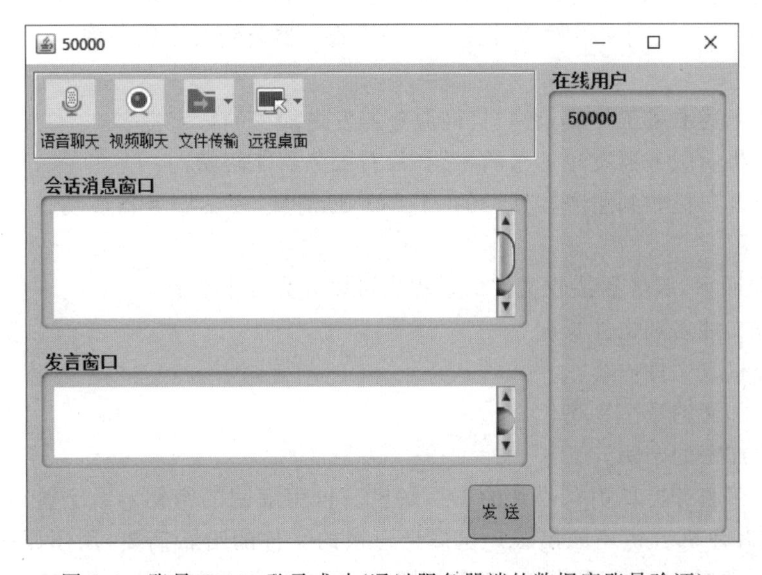

图 7.3　账号 50000 登录成功（通过服务器端的数据库账号验证）

接下来账号 50000 向服务器发送一个文件。图 7.4 给出了客户机监控的文件发送过程和数字签名与密钥等信息。图 7.5 给出了服务器接收文件过程和解密过程。

如图 7.4 所示，客户机发送文件分为如下五个步骤。

(1) 发送文件名称与文件长度。

(2) 传输文件内容，是一个循环过程。

```
1.发送文件名称、文件长度成功!
2.传送文件内容成功!
生成的摘要：19B0514142C6320C8A3084763981D3F68B52A02A3AB54D3B82117D3B684425
82
生成的数字签名：A8E215239DE639DAA455A4686F2B24829E18558008A99B9A70E80FAC168
78CF89BE8B9D307A7AFB5515CCA4C37CDB9B65F27AEECFCB44B1B40289F5EC5F2D5DA80180
16AA70A5412BE8B01D15EF6E395FBC8DE6A872191F5A5BD5278BB9A4D7416C82D8A3D4D7A7
0DD6262F957E43743F50E25F05BA6CEF2628B6DACA74E9824
生成的密钥：4B55B1358394BA9F1D85E15663E232B8
用密钥加密后的数字签名：A07ABAB98021EADE78B363959F1C9AB8E09B9C073F40CD4135E
34525C1A1D33607755931D32518DFFD99C21EEE0F335230B901FBCD533ADED3FF1F4090267
481EFC18DA27E3E75095851BCCD2D9304E44CB76DCE3482416E2CE704705F34160277BC0CD
DFB0E873E787032C4FBC7B9B8FEFA28E505E3922B6D9EFC0C5AF649E9C91683F233A004F51
D42A2873AB84449
对密钥加密：8EBF40C0041E4E1777E66F4D0FCA4696E2779972E78A8EC00F5D1AD0759151
DC696C1605187570E40C131CF6122AA4BA0F9D2B71D7FE86E03BC6F729C12D9070EDCE7781
0D4943EF79BB33C1C718C5432BBC10FEDA57D2208345415D56935D9686662A5B9283A42BF4
5BD80D6A075BEFB47E306E3DE55C7EF143A7C869C84F7E
3.发送加密的数字签名成功!
4.发送加密的密钥成功!
5.实验一 探索网络软件世界.docx   服务器成功接收!
```

图 7.4　客户机发送 SSL 加密文件过程

文件传输结束,文件的哈希摘要也会同步计算出来。然后客户机用自己的私钥对文件摘要加密,这个过程可以视为数字签名。客户机随机生成一个 AES 密钥,用这个随机密钥对数字签名进一步加密,防止数字签名被盗取。由于到了服务器端,仍然需要这个随机密钥解密,因此密钥也要随同文件发送过去。于是用服务器公钥对密钥加密,这样只有服务器可以解密。

(3) 完成上述准备工作后,客户机向服务器发送加密的数字签名。

(4) 客户机向服务器发送加密的密钥(只有服务器能解密)。

(5) 如果客户机收到服务器回送的 M_DONE 消息,表示服务器成功接收文件,否则视为失败。

如图 7.5 所示,服务器接收文件的过程也可以分为五个步骤。

(1) 接收文件名和文件长度。

(2) 循环接收文件内容。

(3) 接收加密的数字签名。

(4) 接收加密的密钥。

(5) 首先用服务器私钥对收到的密钥解密。再用解密的密钥对数字签名解密,解密数字签名后,用客户机公钥还原出客户机发送过来的文件的哈希摘要,用还原的哈希摘要和服务器重新计算的哈希摘要比较,二者相同,表示文件没有被篡改,是完整的。数字签名也同时证明发件人是真实可靠的。然后服务器向客户机回送 M_DONE 消息,否则回送 M_LOST 消息。

图 7.4 和图 7.5 给出了丰富的提示信息,应该仔细对照,例如发送的加密数字签名与收到的加密数字签名做比较,发送之前计算的文件摘要与服务器端重新计算的摘要做比较。

```
服务器开始侦听...
50000 登录!
1.收到文件名：实验一 探索网络软件世界.docx文件长度：54653字节
2.接收文件内容结束!
3.收到加密的数字签名：A07ABAB98021EADE78B363959F1C9AB8E09B9C073F40CD4135E34525C1A1D
33607755931D32518DFFD99C21EEE0F335230B901FBCD533ADED3FF1F4090267481EFC18DA27E3E750
95851BCCD2D9304E44CB76DCE3482416E2CE704705F34160277BC0CDDFB0E873E787032C4FBC7B9B8F
EFA28E505E3922B6D9EFC0C5AF649E9C91683F233A004F51D42A2873AB84449
4.收到加密的密钥：8EBF40C0041E4E1777E66F4D0FCA4696E2779972E78A8EC00F5D1AD0759151DC6
96C1605187570E40C131CF6122AA4BA0F9D2B71D7FE86E03BC6F729C12D9070EDCE77810D4943EF79B
B33C1C718C5432BBC10FEDA57D2208345415D56935D9686662A5B9283A42BF45BD80D6A075BEFB47E3
06E3DE55C7EF143A7C869C84F7E
密钥解密：4B55B1358394BA9F1D85E15663E232B8
签名解密：A8E215239DE639DAA455A4686F2B24829E18558008A99B9A70E80FAC16878CF89BE8B9D30
7A7AFB5515CCA4C37CDB9B65F27AEECFCB44B1B40289F5EC5F2D5DA8018016AA70A5412BE8B01D15EF
6E395FBC8DE6A872191F5A5BD5278BB9A4D7416C82D8A3D4D7A70DD6262F957E43743F50E25F05BA6C
EF2628B6DACA74E9824
去掉签名后的摘要：19B0514142C6320C8A3084763981D3F68B52A02A3AB54D3B82117D3B68442582
服务器根据收到的文件重新计算的摘要：19B0514142C6320C8A3084763981D3F68B52A02A3AB54D3B
82117D3B68442582
5.实验一 探索网络软件世界.docx  接收成功!
```

图 7.5　服务器接收文件过程和解密过程

7.2　本章重点知识介绍

1994 年,NetScape 公司设计了 SSL 协议的 1.0 版,但未公开发布。

1995 年,NetScape 公司发布 SSL 2.0 版,很快发现有严重漏洞。

1996 年,SSL 3.0 版问世,得到大规模应用。

1999 年,国际互联网协会(Internet Society,ISOC)接替 NetScape 公司,发布了 SSL 的升级版 TLS 1.0 版。

2006 年和 2008 年,TLS 进行了两次升级,分别为 TLS 1.1 版和 TLS 1.2 版。2011 年对 TLS 1.2 做了进一步修订。目前,应用最广泛的是 TLS 1.0。主流浏览器业已实现对 TLS 1.2 的支持。TLS 1.0 通常被标示为 SSL 3.1,TLS 1.1 为 SSL 3.2,TLS 1.2 为 SSL 3.3。

SSL 协议在网络数据交换中的逻辑地位介于 TCP 传输层与应用层之间,如图 7.6 所示。

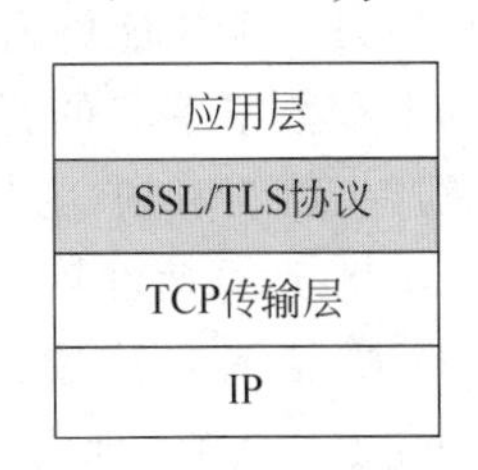

图 7.6　SSL 协议层次

为什么要使用 SSL? 如图 7.7 所示,买家上网购物过程中,可能受到黑客的多重攻击。由于客户机与服务器之间网络连接地域的广泛性和复杂性,从个人计算机到服务器之间的网络攻击是最难防范的。例如,来自 WiFi 接入的攻击、网络线路的侦听攻击等,往往都来无影去无踪。

SSL/TLS 协议可以有效防范网络数据交换过程中的攻击。SSL/TLS 协议的基本原理是采用公钥加密法,也就是说,客户端先向服务器端索要公钥,然后用公钥加密信息,服务器收到密文后,用自己的私钥解密。公钥加密需要解决两个重要问题:

(1) 保证公钥不被篡改。解决方法: 通常将公钥放在数字证书中,只要证书是可信的,公钥就是可信的。

(2) 公钥加密计算量太大,不适合加密大数据量内容。解决方法: 每一次对话,客户端

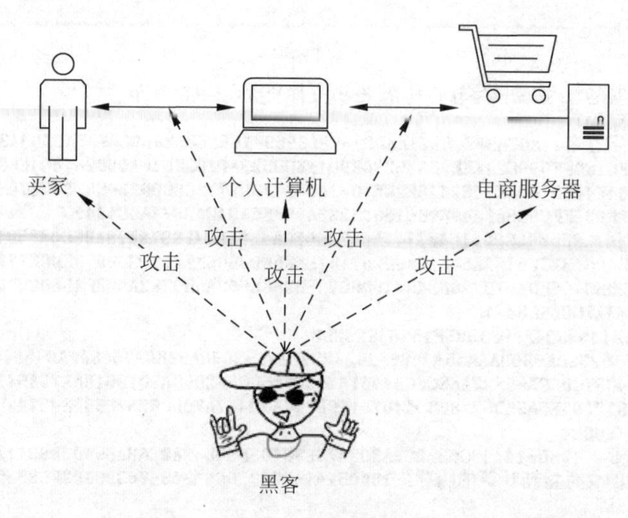

图 7.7　网络攻击

生成一个对称密钥,用对称密钥加密,运算速度会非常快。再用服务器公钥加密对称密钥,客户机将数据和加密的密钥一起发送给服务器。

关于常用加密解密算法,如图 7.8 所示,简述如下。

(1) DES 算法。加密解密的密钥相同,算法公开、计算量小、加密速度快、加密效率高。对称加密算法在分布式网络上管理密钥困难,使用成本较高。具体算法有 3DES 算法、Blowfish 算法、RC5 算法等。

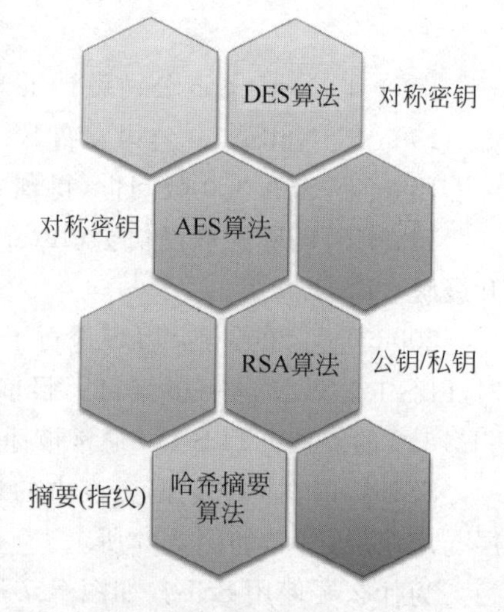

图 7.8　常用加密解密算法

(2) AES 算法。对称分组密码算法。根据使用的密码长度,AES 分为 AES-128、AES-192 和 AES-256 三种算法标准。

(3) RSA 算法。一种非对称密码算法。所谓非对称,是指该算法需要一对密钥,使用其中一个加密,则需要使用另一个才能解密,RSA 算法是第一个能同时用于加密和数字签名的算法,应用广泛。RSA 算法的缺点是产生密钥麻烦,为保证安全性,密钥长度一般在 1024b 以上,运算速度较对称密码算法慢几个数量级。

(4) 哈希摘要算法。常用的有 MD5 和 SHA-1、SHA-256 等。MD5 即 Message Digest Algorithm(消息摘要算法第五版),是安全领域广泛使用的一种散列函数,用以提供消息的完整性保护。不管信息源多么复杂或多么简单,MD5 都对其产生一个 128 位的信息摘要。SHA-1 即 Secure Hash Algorithm(安全哈希算法),会产生一个 160 位的消息摘要。SHA-256 产生 256 位的消息摘要。

JDK 中的安全模块提供了对 SSL 协议丰富的支持,常见的类与接口工作关系如图 7.9 所示。这些类与接口主要定义于下面两个包中。

(1) javax.net.ssl 包:SSLServerSocket(ServerSocket 的子类)和 SSLSocket(Socket 的子类)两个类实现 SSL/TLS 握手和通信,此外 SSLContext、SSLSocketFactory、

KeyManagerFactory、TrustManagerFactory 等也常见于需要 SSL/TLS 应用支持的场景。

（2）java. security 包：常用的有 KeyStore、MessageDigest、Signature、Timestamp、Certificate、Key、PublicKey、PrivateKey 等类与接口。

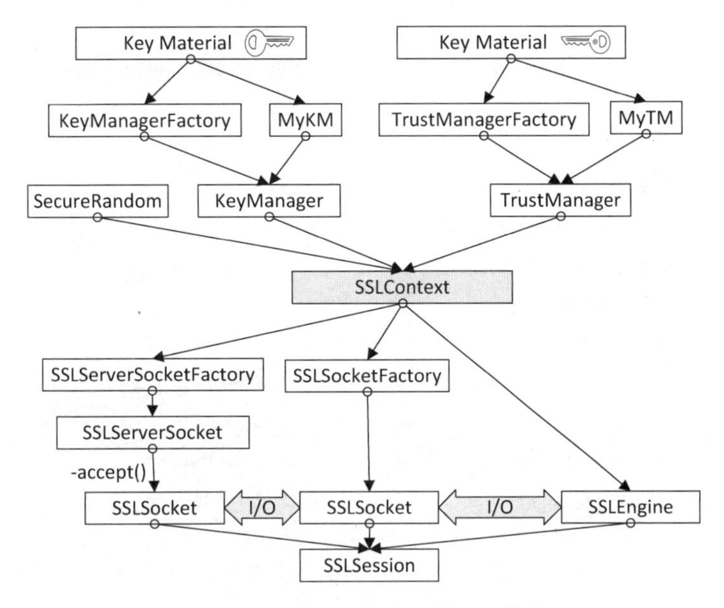

图 7.9　SSL 协议常用类与接口工作关系

如图 7.9 所示，SSL 通信的两端要么是 SSLSocket，要么是 SSLEngine。SSLSocket 可以由 SSLSocketFactory 直接创建，或者由 SSLServerSocket 接受新连接时创建。SSLServerSocket 则由 SSLServerSocketFactory 创建。SSLSocketFactory 与 SSLServerSocketFactory 则由 SSLContext 创建。SSLEngine 可由 SSLContext 直接创建。密钥管理类 KeyManager 与 TrustManager 分别由 KeyManagerFactory 和 TrustManagerFactory 两个核心类根据存储在密钥库中的密钥信息创建。

SSL 协议的基本工作原理可以概括为图 7.10 所示的 15 个步骤。经过前面大约 13 个步骤（有的步骤不是必需的）握手协议约定之后，客户机与服务器之间可以开始交换加密数据。

各步骤主要工作分述如下。

（1）Client hello。客户机将它所支持的 SSL 最高版本（TLS 1.0 视作 SSL 3.1）以及支持的密码组合，包括加密算法以及密钥长度等信息发送给服务器。

（2）Server hello。服务器选择能与客户机匹配的 SSL 最高版本以及与客户机最佳匹配的密码组合信息发送给客户机。

（3）Certificate（可选）。服务器向客户机发送证书和证书链，服务器的证书链应该从服务器的公钥证书开始到证书颁发机构（CA）的根证书结束。这一项是可选的，但是如果客户机需要验证服务器，服务器就需要发送。

（4）Certificate request（可选）。如果服务器需要认证客户机，就会向客户机发送一个证书请求。

（5）Server key exchange（可选）。如果服务器向客户机发送的证书中包含的密钥信息

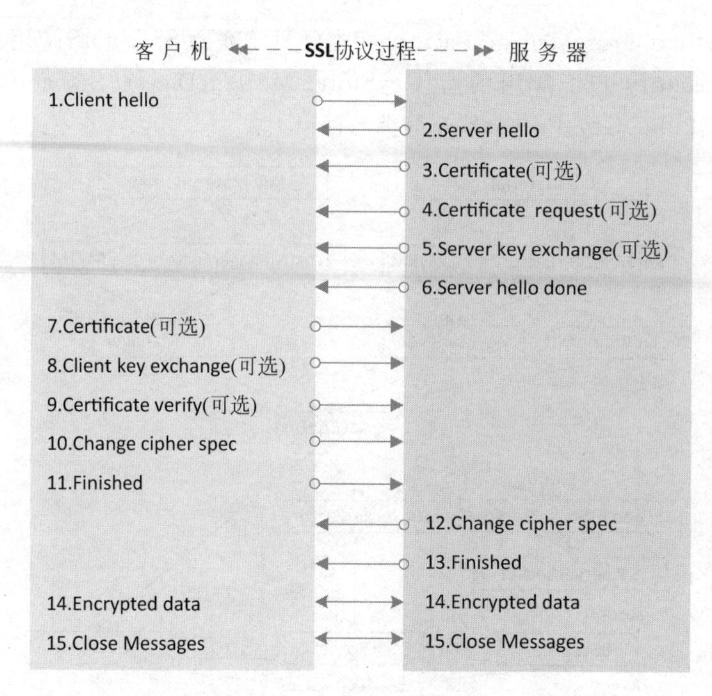

图 7.10　SSL 协议工作过程

不够充分,服务器就会向客户机发送一条服务器密钥交换消息。例如,如果双方约定的是 Diffie-Hellman (DH)密码组,那么就需要向客户机发送一条包含服务器 DH 公钥的消息。

(6) Server hello done。服务器向客户机发送 hello done 消息,表示服务器与客户机的会话协商工作结束了。

(7) Certificate(可选)。如果第(4)步服务器向客户机请求了数字证书,那么客户机就需要向服务器发送自己的公钥证书及其完整的证书链。

(8) Client key exchange(可选)。客户机向服务器发送用于对称加密解密的密钥。如果前面双方约定了 RSA 密码组,那么客户机会用服务器的公钥加密"对称密钥"后发送给服务器。如果双方约定了 DH 密码组,则将客户机的 DH 公钥一起发送给服务器。

(9) Certificate verify(可选)。如果第(7)步客户机向服务器提供了自己的公钥数字证书,那么这条消息的作用是服务器对客户机证书进行验证。方法是客户机向服务器发送一条用客户机私钥签名的消息,如果服务器能够用客户机公钥证书解密,则服务器对客户机的证书验证获得通过。

(10) Change cipher spec。客户机向服务器发送消息,根据前面的协商结果转入加密工作模式。

(11) Finished。客户机告诉服务器,它的加密工作模式已经准备就绪,可以随时开始。

(12) Change cipher spec。服务器向客户机发送消息,告知客户机服务器转入加密工作模式。

(13) Finished。服务器告知客户机,它的加密工作模式已经准备就绪,可以随时开始。客户机与服务器 SSL 握手结束,可以开始加密数据交换了。

(14) Encrypted data。客户机与服务器使用前面协商的加密算法进行数据交换。在此期间 SSL 握手可以重新开始，双方按照新协商的算法通信。

（15）Close Messages。在 SSL 通信结束之前，双方互相向对方发送一条通知消息，告知对方连接关闭。

7.3 用 keytool 生成公钥/私钥

keytool 是 Java 随 JDK 一起发布的关于密钥和 x.509 证书管理的实用工具。keytool 将创建的密钥和证书存放于 KeyStore 类型的库文件中。可以在 Java 的 JDK 安装目录下的 bin 文件夹中找到 keytool.exe 程序。

如图 7.11 所示，为保障通信安全，客户机需要拥有自己的公钥/私钥对，电商服务器也需要拥有证明其身份的公钥/私钥对。通信时，双方互相交换其持有的公钥。用私钥加密的数据，称为数字签名，只能由公钥解密。用公钥加密的数据，只能由私钥解密。私钥是保密的，不对外公开。

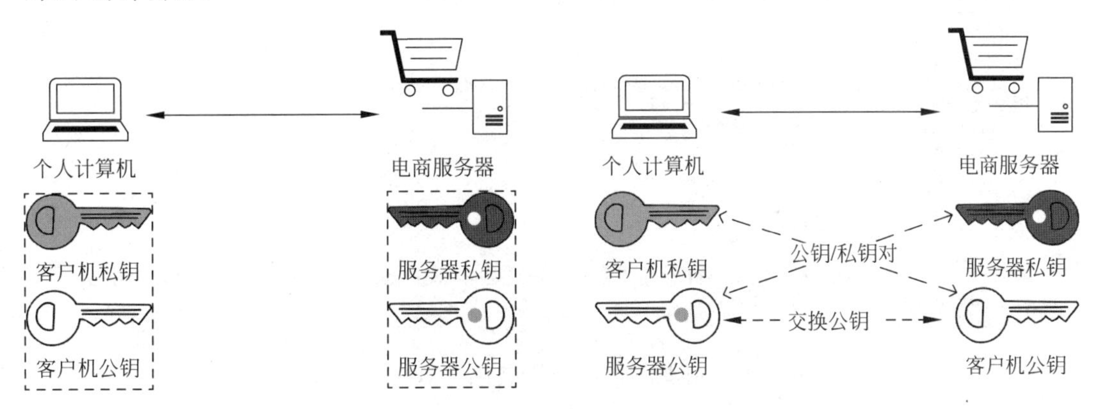

图 7.11 客户机与服务器用公钥/私钥保障数据安全

下面演示用 keytool 分别为客户机和服务器生成公钥/私钥的方法步骤。

（1）首先以管理员身份进入命令窗口。

（2）在 C:盘根目录下创建 keystore 文件夹，进入 keystore 文件夹。

（3）如图 7.12 所示，按照给出的 keytool 命令格式，创建客户机密钥库 client.keystore。库中包含公钥/私钥对，密钥采用 RSA 算法，密钥长度为 1024 位，密钥库访问密码为 123456，私钥访问密码为 123456，密钥有效期为 365 天，密钥库别名为 client。命令执行过程中，需要回答密钥持有者的组织信息和区域信息，最后生成 client.keystore 文件保存关于密钥的所有信息。输入命令行时注意所有命令参数要保持在一行，不能回车换行。

（4）如图 7.13 所示，按照给出的 keytool 命令格式，创建服务器密钥库 server.keystore。库中包含公钥/私钥对，密钥采用 RSA 算法，密钥长度为 1024 位，密钥库访问密码为 123456，私钥访问密码为 123456，密钥有效期为 365 天，密钥库别名为 server。命令执行过程中，需要回答密钥持有者的组织信息和区域信息，最后生成 server.keystore 文件保存关于密钥的所有信息。输入命令行时注意所有命令参数要保持在一行，不能回车换行。

（5）如图 7.14 所示，按照给出的 keytool 命令格式，分别导出服务器公钥证书 server.cer 和客户机公钥证书 dongxiangzhi.cer。

```
C:\keystore>keytool -genkeypair -keystore c:\keystore\client.keystore -storepass 123456 -al
ias client -keyalg RSA -keysize 1024 -keypass 123456 -validity 365
您的名字与姓氏是什么?
  [Unknown]:  DongXiangzhi
您的组织单位名称是什么?
  [Unknown]:  School of Information and Electrical Engineering
您的组织名称是什么?
  [Unknown]:  LuDong University
您所在的城市或区域名称是什么?
  [Unknown]:  Yantai
您所在的省/市/自治区名称是什么?
  [Unknown]:  Shandong
该单位的双字母国家/地区代码是什么?
  [Unknown]:  CN
CN=DongXiangzhi, OU=School of Information and Electrical Engineering, O=LuDong University,
L=Yantai, ST=Shandong, C=CN是否正确?
  [否]:  y
```

图 7.12　创建客户机公钥/私钥库 client. keystore

```
C:\keystore>keytool -genkeypair -keystore c:\keystore\server.keystore -storepass 123456 -al
ias server -keyalg RSA -keysize 1024 -keypass 123456 -validity 365
您的名字与姓氏是什么?
  [Unknown]:  Server
您的组织单位名称是什么?
  [Unknown]:  School of Information and Electrical Engineering
您的组织名称是什么?
  [Unknown]:  LuDong University
您所在的城市或区域名称是什么?
  [Unknown]:  Yantai
您所在的省/市/自治区名称是什么?
  [Unknown]:  Shandong
该单位的双字母国家/地区代码是什么?
  [Unknown]:  CN
CN=Server, OU=School of Information and Electrical Engineering, O=LuDong University, L=Yant
ai, ST=Shandong, C=CN是否正确?
  [否]:  y
```

图 7.13　创建服务器公钥/私钥库 server. keystore

```
C:\keystore>keytool -exportcert -rfc -alias server -file c:\keystore\server.cer
-keystore c:\keystore\server.keystore -storepass 123456
存储在文件 <c:\keystore\server.cer> 中的证书

C:\keystore>keytool -exportcert -rfc -alias client -file c:\keystore\dongxiangzh
i.cer -keystore c:\keystore\client.keystore -storepass 123456
存储在文件 <c:\keystore\dongxiangzhi.cer> 中的证书

C:\keystore>
```

图 7.14　分别导出服务器公钥证书 server. cer 和客户机公钥证书 dongxiangzhi. cer

第一行命令指定从密钥库 server. keystore(别名：server)导出公钥信息到文件 server. cer 中，密钥库 server. keystore 的访问密码为 123456，命令行中的-rfc 参数指定导出的证书符合 RFC 1421 标准可打印编码格式。输入命令行时注意所有命令参数要保持在一行，不能回车换行。同样，第二行命令指定从密钥库 client. keystore(别名 client)导出公钥信息到证书文件 dongxiangzhi. cer。经过这一步的操作，客户机和服务器的公钥分别导出到各自的证书文件。

(6) 如图 7.15 所示，这一步的目的是将服务器公钥证书分发给客户机。为了便于管理，为客户机创建一个公钥库 tclient. keystore，集中存放客户机信任的所有公钥证书。

图 7.15 的命令行将服务器公钥证书 server.cer 导入到 tclient.keystore 公钥库。

```
C:\keystore>keytool -importcert -alias server -file c:\keystore\server.cer -keypass 123456
-keystore c:\keystore\tclient.keystore -storepass 123456
所有者: CN=Server, OU=School of Information and Electrical Engineering, O=LuDong University
, L=Yantai, ST=Shandong, C=CN
发布者: CN=Server, OU=School of Information and Electrical Engineering, O=LuDong University
, L=Yantai, ST=Shandong, C=CN
序列号: 17263181
有效期开始日期: Sat Nov 19 20:55:04 CST 2016, 截止日期: Sun Nov 19 20:55:04 CST 2017
证书指纹:
         MD5: 7C:7A:27:84:16:C8:37:DF:8B:4A:27:0D:43:7F:4A:A1
         SHA1: C0:7D:8D:76:26:7F:EC:3A:10:94:C3:8C:A2:A6:A0:E7:4D:81:AA:53
         SHA256: 5F:87:14:BE:C4:8A:76:89:20:5B:7F:FD:A0:A3:73:DC:3D:85:E0:B0:94:75:CA:FA:66
:6C:68:25:EA:AF:28:6D
         签名算法名称: SHA256withRSA
         版本: 3

扩展:

#1: ObjectId: 2.5.29.14 Criticality=false
SubjectKeyIdentifier [
KeyIdentifier [
0000: 83 6A 3E 82 AD 23 A9 D4   74 1E AC 88 91 B0 CD 36  .j>..#..t......6
0010: 70 42 A7 78                                        pB.x
]
]

是否信任此证书? [否]:  y
证书已添加到密钥库中
```

图 7.15　将服务器公钥证书 server.cer 导入到客户机信任的公钥库 tclient.keystore

（7）如图 7.16 所示，将客户机公钥证书分发给服务器。为了便于管理，为服务器创建一个公钥库 tserver.keystore，集中存放服务器信任的所有公钥证书。图 7.16 的命令行将客户机公钥证书 dongxiangzhi.cer 导入到 tserver.keystore 公钥库。

```
C:\keystore>keytool -importcert -alias client -file c:\keystore\dongxiangzhi.cer -keypass 1
23456 -keystore c:\keystore\tserver.keystore -storepass 123456
所有者: CN=DongXiangzhi, OU=School of Information and Electrical Engineering, O=LuDong Univ
ersity, L=Yantai, ST=Shandong, C=CN
发布者: CN=DongXiangzhi, OU=School of Information and Electrical Engineering, O=LuDong Univ
ersity, L=Yantai, ST=Shandong, C=CN
序列号: 63fba2e9
有效期开始日期: Sat Nov 19 20:53:13 CST 2016, 截止日期: Sun Nov 19 20:53:13 CST 2017
证书指纹:
         MD5: 4E:F6:4C:9F:D2:8D:CA:89:9D:E4:E2:64:D9:90:5A:24
         SHA1: 26:2D:44:0C:03:DE:40:07:88:61:69:2D:2D:19:C4:1A:89:C6:06:B7
         SHA256: 30:5E:EF:D9:DA:5D:0A:43:C0:65:21:94:5C:43:9C:F0:15:61:84:AF:45:37:FA:29:73
:BE:A9:59:37:BC:1A:32
         签名算法名称: SHA256withRSA
         版本: 3

扩展:

#1: ObjectId: 2.5.29.14 Criticality=false
SubjectKeyIdentifier [
KeyIdentifier [
0000: 31 07 EB 5A 01 5C D3 48   FF 0F 6E 21 C4 B9 02 FB  1..Z.\.H..n!....
0010: FA 4A CD 86                                        .J..
]
]

是否信任此证书? [否]:  y
证书已添加到密钥库中
```

图 7.16　将 dongxiangzhi.cer 导入到服务器信任的公钥库 tserver.keystore

图 7.17 列出了经过上述步骤(1)~(7)生成的相关文件,client. keystore、server. keystore 两个库文件分别包含客户机与服务器的私钥与公钥。tclient. keystore 包含服务器的公钥,tserver. keystore 包含客户机的公钥。Dongxiangzhi. cer、server. cer 分别表示客户机和服务器的公钥证书。

图 7.17 keytool 为客户机和服务器生成的密钥库文件和证书文件

用 NetBeans 8.2 打开 chap07 目录下的 begin 子文件夹中的 QQClient 和 QQServer 项目,分别在两个项目上新建 cn. edu. ldu. keystore 包。将图 7.17 中的 client. keystore 和 tclient. keystore 两个库文件复制到 QQClient 项目的 keystore 包,将 server. keystore 和 tserver. keystore 两个库文件复制到 QQServer 项目的 keystore 包。

7.4 创建 QQDB 数据库

为了实现用户的登录验证,需要在服务器端实现数据库访问逻辑。为简化设计,这里采用 JDK 内嵌的轻量级 Java DB(Derby)数据库。NetBeans 集成了 Java DB 数据库管理界面,通过 NetBeans 操作和管理 Derby 数据库异常简单。需要注意的是,如果使用的是 Windows 10 操作系统,需要以管理员身份运行 NetBeans 才能访问安装在 C:盘的 Derby 数据库。

如图 7.18 所示,在 NetBeans 的服务视图中,在 Java DB 数据库节点上右击,在弹出快捷菜单中选择“创建数据库”命令,打开如图 7.19 所示的对话框。

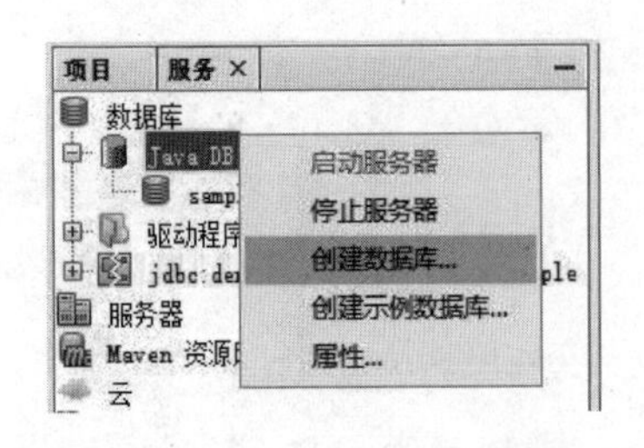

图 7.18 创建一个新的 Derby 数据库

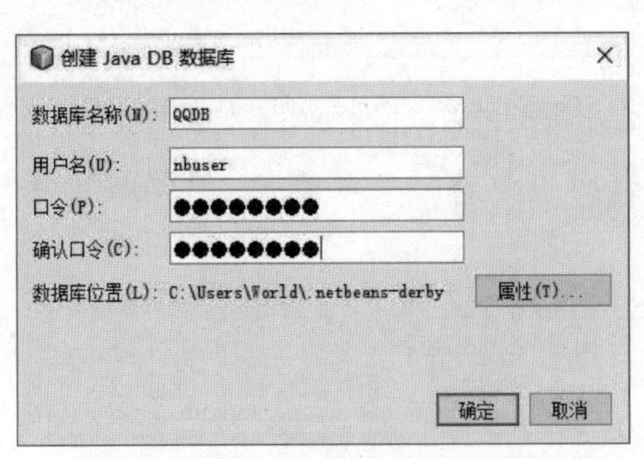

图 7.19 指定 Derby 数据库的名称、用户名和密码

如图 7.19 所示，指定数据库名称为 QQDB，用户名为 nbuser，输入密码，单击“确定”按钮，生成的数据库 QQDB 显示在 Java DB 数据库节点下。右击 QQDB 节点，在弹出的快捷菜单中选择“连接”命令，连接数据库之后，生成数据库 QQDB 的专用连接节点，以连接串 jdbc：derby://localhost:1527/QQDB 命名，如图 7.20 所示。

展开 QQDB 的连接节点，在“表”节点上右击，在弹出的快捷菜单中选择“执行命令”命令，在命令窗口中粘贴 chap07 目录下的 begin 子文件夹中 member. sql 文件的 SQL 脚本，创建和初始化数据表 Member。SQL 脚本如程序 7.1 所示，初始化的 Member 数据表如图 7.21 所示。

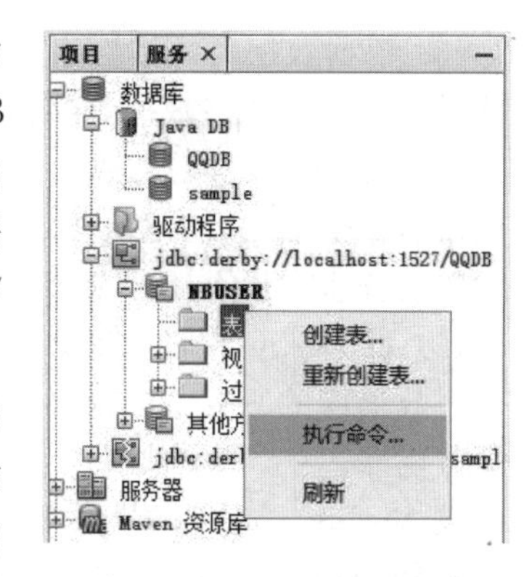

图 7.20　打开对数据表操作的命令窗口

#	ID	NAME	PASSWORD	EMAIL	HEADIMAGE	TIME
1	10000	张三	123456	zhangsan@163.com	i9000.jpg	2017-02-08 16:46:31.958
2	20000	李四	123456	lisi@163.com	i9001.jpg	2017-02-08 16:46:31.968
3	30000	王五	123456	wangwu@163.com	i9002.jpg	2017-02-08 16:46:31.978

图 7.21　初始化的 Member 数据表

程序 7.1　创建和初始化 Member 数据表的 SQL 脚本

```
01  DROP TABLE MEMBER;
02  CREATE TABLE "MEMBER" (
03      "ID" INTEGER not null primary key,
04      "NAME" VARCHAR(32),
05      "PASSWORD" VARCHAR(256),
06      "EMAIL" VARCHAR(64),
07      "HEADIMAGE" VARCHAR(128),
08      "TIME" TIMESTAMP
09  );
10  INSERT INTO MEMBER VALUES(10000,'张三','123456',
11  //'zhangsan@163.com','i9000.jpg',current_timestamp);
12  INSERT INTO MEMBER VALUES(20000,'李四','123456',
13  'lisi@163.com','i9001.jpg',current_timestamp);
14  INSERT INTO MEMBER VALUES(30000,'王五','123456',
15  'wangwu@163.com','i9002.jpg',current_timestamp);
16  SELECT * FROM MEMBER
```

如图 7.21 所示，Member 表中包含账号为 10000、20000、30000 的三条初始记录，密码以明文方式存储。在 7.5 节将完成针对 Member 表的增、删、改、查等基本操作方法，修改服务器的登录验证逻辑，使得只有账号和密码与 Memer 中的用户信息匹配才能成功登录。

7.5　数据库操作类

从 Java 中访问数据库，一般需要完成如下四项工作准备和逻辑设计：

(1) 在项目中引入数据库驱动程序包。

(2) 编写连接数据库的公共模块。

(3) 根据数据表的结构定义实体类,一般有多少个数据表,就需要定义多少个实体类。实体类的字段结构与数据表字段结构一一对应,以方便程序与数据库之间的数据交换。

(4) 根据数据表定义数据表的管理类。管理类一般包含对数据表的增、删、改、查操作。一般有多少个数据表,就需要定义多少个数据表管理类。

下面分步完成上述四项工作。

(1) 将 Derby 数据库驱动程序导入到 QQServer 项目库。

对数据库的所有访问都是在服务器端完成的,为安全起见,客户机不需要也不应该直接访问数据库。

在 NetBeans 项目视图中展开 QQServer 项目,在"库"节点上右击,在弹出的快捷菜单中选择"添加库"命令,如图 7.22 所示,打开如图 7.23 所示的"添加库"面板,选择"Java DB 驱动程序",单击"添加库"按钮,将 Derby 数据库驱动程序包链接到 QQServer 项目,完成后项目的库结构如图 7.24 所示。

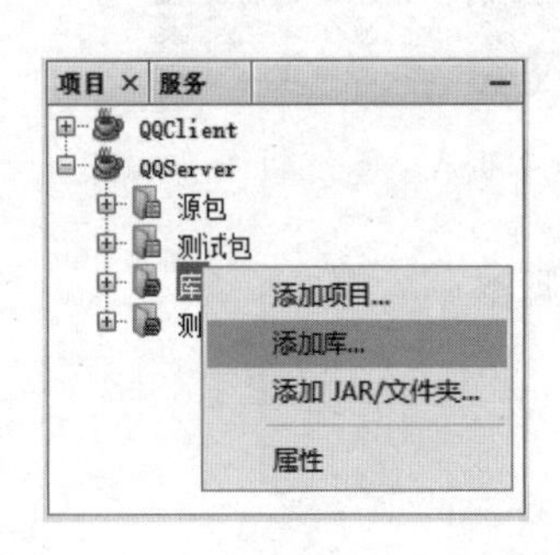

图 7.22　添加 Derby 数据库驱动包

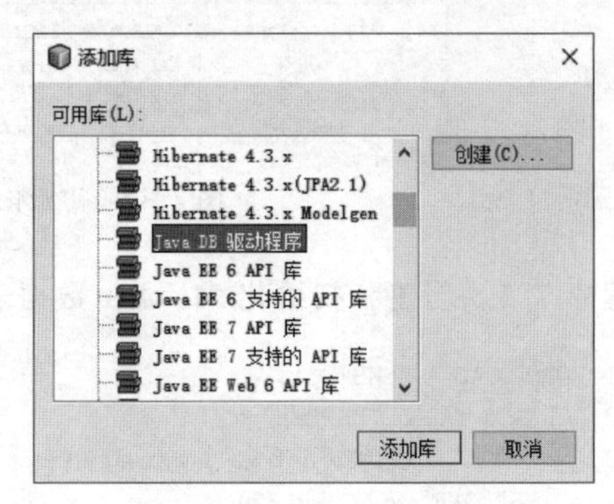

图 7.23　选择"Java DB 驱动程序"

如图 7.23 所示,NetBeans 库面板给出了常用库列表,选择项目需要的库,即可将其导入到项目中,为 Java 程序提供相关的 API 支持。图 7.24 显示添加"Java DB 驱动程序"后,QQServer 项目库新增了 derby.jar、derbyclient.jar、derbynet.jar 三个包。

从 Java 程序访问数据库有多种途径,如图 7.25 所示的模式最为通用,这是一种 100% 纯 Java 驱动的模式,驱动程序用纯 Java 编写,直接包含在项目库中,程序直接调用相关的 JDBC API,实现对数据库的无缝操作。此时,数据库就像一个普通的外部文件,对数据库的连接、读写等全部由 JDBC API 完成。

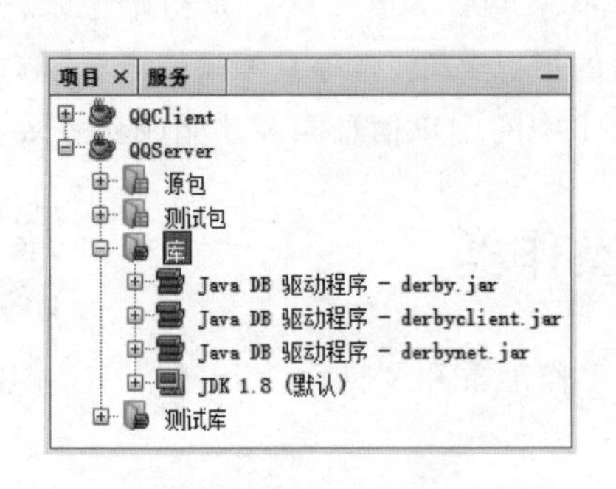

图 7.24　添加 Derby 数据库驱动

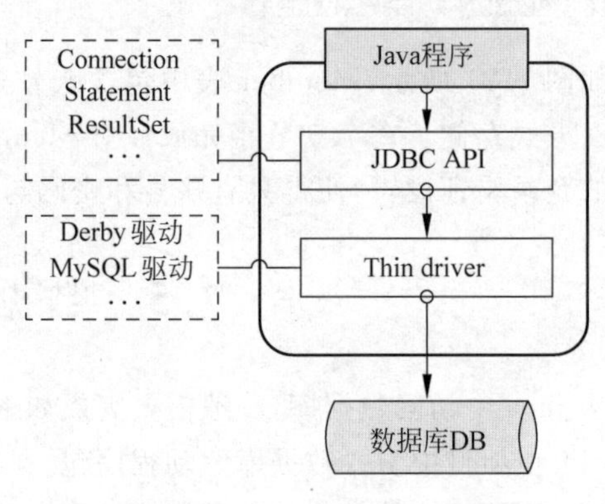

图 7.25　Java 数据库驱动程序原理

(2) 编写连接数据库的公共类 DBUtils.java。

在 QQServer 项目上新建 cn.edu.ldu.db 包，创建 DBUtils 类，如程序 7.2 所示，为简化设计，DBUtils 类暂且只定义 getConnection()这一个方法。连接数据库的 Url、用户名和密码可以从前面创建的 QQDB 数据库中获取。

程序 7.2　DBUtils.java，定义连接数据库的方法

```
01 public class DBUtils {
02     private static final String DBURL = "jdbc:derby://localhost:1527/QQDB"; //Derby 数据库 Url
03     private static final String USERNAME = "nbuser";            //Derby 数据库用户名
04     private static final String PASSWORD = "password";          //Derby 登录密码
05     public static Connection getConnection() throws SQLException {
06       return DriverManager.getConnection(DBURL, USERNAME, PASSWORD);
07     } //end getConnection
08 } //end class
```

(3) 编写与数据表 Member 对应的实体类 Member.java。

在 QQServer 项目中新建 cn.edu.ldu.db.beans 包，创建与 QQDB 数据库的 Member 数据表对应的 Java 实体类 Member.java。用数据表的名称命名实体类，是为了见名知意，大幅提升代码可读性。实体类 Member 中各属性的定义仍然要与数据表 Member 中的字段一一对应，保持属性名与字段名相同，数据类型一致。Member 类定义如程序 7.3 所示。

程序 7.3　实体类 Member.java

```
01 public class Member {                          //定义实体类,属性名与字段名相同,类型也相同
02     private int id;                            //对应数据表中的 id
03     private String name;                       //对应数据表中的 name
04     private String password;                   //对应数据表中的 password
05     private String email;                      //对应数据表中的 email
06     private Timestamp time;                    //对应数据表中的 time
07     private String headImage;                  //对应数据表中的 headImage
08     public int getId() { return id; }
09     public void setId(int id) {this.id = id; }
10     public String getName() { return name; }
11     public void setName(String name) { this.name = name; }
12     public String getPassword() { return password; }
13     public void setPassword(String password) { this.password = password; }
14     public String getEmail() { return email; }
15     public void setEmail(String email) { this.email = email; }
16     public Timestamp getTime() { return time; }
17     public void setTime(Timestamp time) { this.time = time; }
18     public String getHeadImage() {return headImage;}
19     public void setHeadImage(String headImage) {this.headImage = headImage;}
20 }
```

(4) 编写与数据表 Member 对应的管理类 MemberManager.java。

在 QQServer 项目中新建 cn.edu.ldu.db.tables 包，创建与 QQDB 数据库的 Member 数据表对应的管理类 MemberManager.java。用数据表的名称加上 Manager 命名管理类，也是为了见名知意。这个类主要实现针对 Member 数据表的增、删、改、查等基本操作，如程序 7.4 所示。为节省篇幅，只给出了 displayAllRows()、registerUser(Member bean)、 userLogin(Member bean)三个方法的完整实现过程,其他三个方法 getRowById(int id)、updateUser(Member bean)、deleteUser(int id)的实现请参见 chap07 目录下的 end 子文件夹包含的 QQServer 项目源代码。

程序 7.4　数据表 Member 对应的管理类 MemberManager. java

```
01  public class MemberManager {
02      //返回表中所有记录
03      public static void displayAllRows() throws SQLException{
04          String sql = "SELECT * FROM MEMBER";
05          ResultSet rs = null;                                  //结果集
06          try (
07              Connection conn = DBUtils.getConnection();
08              Statement st = conn.createStatement(ResultSet.TYPE_SCROLL_INSENSITIVE,
09                  ResultSet.CONCUR_READ_ONLY);
10              ){
11              rs = st.executeQuery(sql);                        //返回结果集
12              rs.last();                                        //指针到最后一条记录
13              int nRows = rs.getRow();                          //返回记录数
14              if (nRows == 0) {
15                  System.out.println("没有找到满足查询条件的记录!\n");
16              }else {
17                      rs.beforeFirst();                         //指针到第一条记录之前
18                      StringBuilder buffer = new StringBuilder(); //动态字符串
19                      while (rs.next()) {                       //遍历记录集
20                        buffer.append(rs.getInt("id")).append(",");
21                        buffer.append(rs.getString("name")).append(",");
22                        buffer.append(rs.getString("password")).append(",");
23                        buffer.append(rs.getString("email")).append(",");
24                        buffer.append(rs.getString("headimage")).append(",");
25                        buffer.append(rs..getTimestamp ("time")).append("\n");
26                  } //end while
27                  System.out.println(buffer.toString());
28              } //end if
29          }catch (SQLException ex) {
30          }finally {
31              if (rs!= null) rs.close();
32          } //end try
33      } //end displayAllRows
34      //根据 id 查找记录
35      public static Member getRowById(int id) throws SQLException {
36          //… 此处编码省略,请查看随书附带的源代码
37      } //end getRowById
38      //注册用户
39      public static boolean registerUser(Member bean) throws SQLException{
40          if (getRowById(bean.getId())!= null) return false; //如果用户存在,则注册失败
41          String sql = "INSERT INTO member (id,name,password,email,headimage,time)
42                      VALUES (?,?,?,?,?,?)";
43          try (
44              Connection conn = DBUtils.getConnection();
45              PreparedStatement st = conn.prepareStatement(sql);
```

```
46                ){
47                //设置参数
48                st.setInt(1,bean.getId());
49                st.setString(2, bean.getName());
50                st.setString(3, bean.getPassword());
51                st.setString(4, bean.getEmail());
52                st.setString(5, bean.getHeadImage());
53                st.setTimestamp(6,bean.getTime());
54                int affected = st.executeUpdate();
55                return affected == 1;                          //注册成功或失败
56            } catch (SQLException ex) {
57                return false;
58            }finally {
59            } //end try
60        } //end registerUser
61        //用户登录
62        public static boolean userLogin(Member bean) throws SQLException {
63            String sql = "SELECT * FROM member WHERE id = ? AND password = ?";
64            ResultSet rs = null;
65            try (
66                Connection conn = DBUtils.getConnection();
67                PreparedStatement st = conn.prepareStatement(sql, ResultSet.TYPE_SCROLL_
68                    INSENSITIVE, ResultSet.CONCUR_READ_ONLY);
69                ){
70                //设置参数
71                st.setInt(1,bean.getId());
72                st.setString(2, bean.getPassword());
73                rs = st.executeQuery();                        //返回结果集
74                return rs.next();                              //登录成功或失败
75            } catch (SQLException ex) {
76                return false;
77            }finally {
78                if (rs!= null) rs.close();
79            } //end try
80        } //end userLogin
81        //修改用户
82        public static boolean updateUser(Member bean) {
83            //… 此处编码省略,请查看随书附带的源代码
84        } //end updateUser
85        //删除用户
86        public static boolean deleteUser(int id) {
87            //… 此处编码省略,请查看随书附带的源代码
88        } //end updateUser
89    } //end class
```

7.6 密钥算法类

本案例客户机与服务器都用到了加密算法,例如客户机登录时,需要将密码加密后再传输;客户机需要计算文件的哈希摘要;客户机需要将生成的AES对称密钥加密后发送到服

务器；服务器端注册新用户时，也需要将密码加密后再写入数据库中。

为此，分别在客户机项目 QQClient 和服务器项目 QQServer 里创建安全包 cn. edu. ldu. security，在这个包下面定义安全类 Cryptography，将项目中用到的加密解密和生成密钥的方法统统定义到这个公共类中。本章案例实现的 Cryptography 类如程序 7.5 所示。Cryptography 类包括两个功能函数。

(1) getHash：对字符串明文计算摘要，主要用于密码加密传输和将密码以摘要形式保存于数据库。

(2) generateNewKey：生成 AES 对称密钥。

程序 7.5　安全类 Cryptography. java

```
01  public class Cryptography {
02      private static final int BUFSIZE = 8192;                          //缓冲区大小
03      /**
04       * getHash,消息摘要算法,实现明文加密功能
05       * @param plainText: 待加密的明文
06       * @param hashType: 算法类型: "MD5"、"SHA - 1"、"SHA - 256"、"SHA - 384"、"SHA - 512"
07       * @return 密文的十六进制字符串
08       */
09      public static String getHash(String plainText, String hashType) {
10          try {
11              MessageDigest md = MessageDigest.getInstance(hashType);        //算法
12              byte[] encryptStr = md.digest(plainText.getBytes("UTF - 8")); //摘要
13              return DatatypeConverter.printHexBinary(encryptStr);      //十六进制字符串
14          } catch (NoSuchAlgorithmException | UnsupportedEncodingException ex) {
15              return null;
16          }
17      }
18      /**
19       * 用 AES 对称加密算法,生成一个新的密钥
20       * @return 生成的密钥
21       */
22      public static SecretKey generateNewKey() {
23          try {
24              //密钥生成器
25              KeyGenerator keyGenerator = KeyGenerator.getInstance("AES");
26              keyGenerator.init(128); //128,192,256
27              SecretKey secretKey = keyGenerator.generateKey();                  //新密钥
28              return secretKey;
29          } catch (NoSuchAlgorithmException ex) {
30              return null;
31          }
32      }
33  } //end class
```

7.7　数据库测试与数据准备

有了本章前面一系列的准备工作，本节编写一个程序，一方面可以检验数据库访问的正确性，另一方面向数据库中写入一些新数据，模拟用户的注册操作，新注册的数据会用于后

面的测试，为此，在 cn. edu. ldu. db 包中创建一个名称为 DBTest. java 的测试程序。

通过 7.6 节的设计不难发现，为了实现对数据表 Member 的访问，其主要入口都包含在 MemberManager 这个类的成员方法中，可以在 DBTest 程序中一一调用和测试 MemberManager 的各种方法。下面给出的测试程序 7.6 较为简单，只调用了 registerUser()、displayAllRows()两个方法。首先用 registerUser()向数据库注册一个密码为明文的新用户，然后仍然用 registerUser()向数据库注册一个密码经过加密的新用户，最后用 displayAllRows()显示的数据内容如表 7.1 所示。

程序 7.6　数据库测试与数据准备类 DBTest. java

```
01  public class DBTest {
02      public static void main(String[ ] args) throws SQLException{
03          //注册一个新用户,密码为明文
04          Member bean = new Member();
05          bean.setId(40000);
06          bean.setName("好好学习");
07          bean.setPassword("123456");
08          bean.setEmail("hhxx@sina.com");
09          bean.setHeadImage("i9003.jpg");
10          bean.setTime(new Timestamp(Calendar.getInstance().getTime().getTime()));
                                                                         //当前时间
11          MemberManager.registerUser(bean);
12          //注册一个新用户,密码加密
13          Member bean2 = new Member();
14          bean2.setId(50000);
15          bean2.setName("天天向上");
16          String encryptPassword = Cryptography.getHash("123456","sha-256");
17          bean2.setPassword(encryptPassword);
18          bean2.setEmail("ttxs@sina.com");
19          bean2.setHeadImage("i9004.jpg");
20          bean2.setTime(new Timestamp(Calendar.getInstance().getTime().getTime()));
                                                                  //当前时间
21          MemberManager.registerUser(bean2);
22          MemberManager.displayAllRows();                       //显示用户列表
23      } //end main
24  } //end class
```

表 7.1　执行程序 7.6 后 Member 表的数据内容

id	name	password	email	headImage	time
10000	张三	123456	zhangsan@163. com	i9000. jpg	2017-02-08 16:46:31. 958
20000	李四	123456	lisi@163. com	i9001. jpg	2017-02-08 16:46:31. 968
30000	王五	123456	wangwu@163. com	i9002. jpg	2017-02-08 16:46:31. 978
40000	好好学习	123456	hhxx@sina. com	i9003. jpg	2017-02-08 16:46:54. 028
50000	天天向上	8D969EEF6ECAD3C29 A3A629280E686CF0C3 F5D5A86AFF3CA120 20C923ADC6C92	ttxs@sina. com	i9004. jpg	2017-02-08 16:46:54. 231

为了执行程序 7.6,需要以管理员身份运行 NetBeans,在程序 7.6 上右击,在弹出的快捷菜单中选择“运行文件”命令,可以在控制台得到如表 7.1 所示的输出内容。表 7.1 中前三行数据是创建 Member 时初始化完成的数据,后面两行的 40000 和 50000 两个账号是新增的,但是前者密码是明文 123456,后者密码是长度为 32 字节 256 位的密文(参见程序 7.6 第 16 行)。这些数据将用于 7.8 节的用户安全登录测试。

7.8 完成安全登录设计

为了用表 7.1 中前四行用户登录,需要对服务器端验证用户的逻辑方法做出修改。尽管登录操作是从客户机 LoginUI 对话框开始的,但是客户机的登录逻辑却不必做出任何修改,读者可以查看第 5 章的程序 5.3,对客户机登录过程做回顾复习。

需要做出修改的是服务器端,请回到第 5 章的程序 5.8 服务器处理消息的线程类 ReceiveMessage 的第 23～24 行,这里假定只有 2000、3000、8000 三个账号可以登录,而且不考虑密码问题。现在需要对 ReceiveMessage 的这两行编码做出修改,用程序 7.7 所示的逻辑替换。

程序 7.7　支持数据库验证的 ReceiveMessage 类(在程序 5.8 的基础上修改)

```
01  …//省略前面的不变部分
02  if (msg.getType().equalsIgnoreCase("M_LOGIN")) {                    //是 M_LOGIN 消息
03      Message backMsg = new Message();
04      Member bean = new Member();
05      bean.setId(Integer.parseInt(userId));
06      bean.setPassword(msg.getPassword());
07      if (!MemberManager.userLogin(bean)) {                           //登录不成功的情况
08          backMsg.setType("M_FAILURE");
09          byte[] buf = Translate.ObjectToByte(backMsg);
10          DatagramPacket backPacket = new DatagramPacket(
11          buf,buf.length,packet.getAddress(),packet.getPort());  //向登录用户发送的报文
12          serverSocket.send(backPacket);                              //发送
13      }else {                                                         //登录成功的情况
14  …//省略后面的不变部分
```

如程序 7.7 所示,只需要将程序 5.8 的 23～24 行替换为程序 7.7 的 04～07 行这四行,即可实现登录用户的数据库验证方法。

经测试,10000、20000、30000、40000 这四个账号均可成功登录,但是这些账号的密码均是明文传输,为了提高密码的安全性,可以考虑在客户机向服务器发送登录报文时,将密码加密后传输,这个改动只需在客户机登录逻辑里修改,而且仅需将程序 5.3 客户机登录逻辑里的第 20 行语句 msg.setPassword(password)替换为下面的语句,即可实现密码以 SHA-256 哈希摘要的形式传输:

```
msg.setPassword(Cryptography.getHash(password, "SHA-256"));
```

这个密码如何得到数据库的验证呢?其实回看表 7.1,50000 账号的密码正是一个 32 字节的哈希摘要形式,服务器只要像其他密码一样,对二者做出字符串比较即可。所以,程序 7.7 服务器的验证部分不需要做出任何修改。

当然,你可能会发现,现在表 7.1 中除了 50000 这个账号,其他账号都不能登录了。原因是所有登录密码都会以 SHA-256 格式交给服务器,服务器再用这个 SHA-256 格式的密码到数据库中验证。

上述是实现用户安全登录设计的一个尝试,简单可行。不过这里仍然有一个严重的安全漏洞:如果用户的这个加密的密码被黑客半路截取,然后黑客继续用这个加密的密码提交给服务器,仍然可以冒充用户登录服务器!

所以,有必要保证只有服务器可以正确解读这个加密密码。有一种解决思路是:加密的密码发送前再用服务器公钥二次加密,到了服务器端,再用服务器私钥解密,服务器解密后再到数据库中验证。这样一来,即使黑客截取了密码,但是无法解密。这个思路是否可行,留给读者课后验证,只要读者耐心读完本章后面安全传送文件的内容,答案自见分晓。

7.9 发送文件与数字签名线程

7.8 节讨论的是用户安全登录问题,本节探讨文件安全传输问题。本章 7.3 节已经用 keytool 工具分别为客户机与服务器创建了私钥库和可信公钥库,而且已经分别在 QQClient 和 QQServer 项目上创建了 cn. edu. ldu. keystore 包。QQClient 项目包含 client. keystore 和 tclient. keystore 两个库文件,QQServer 项目包含 server. keystore 和 tserver. keystore 两个库文件。7.6 节程序 7.5 实现了安全类 Cryptography 设计。本节将在第 6 章程序 6.2 文件发送线程 FileSender 的基础上,增加数字签名机制和密钥机制,完整的逻辑实现如程序 7.8 所示,为了突出变化的内容,对新编语句做了加粗显示。

程序 7.8　新版文件发送线程 FileSender. java,请与程序 6.2 对照学习

```
01 public class FileSender extends SwingWorker < List < String >, String >{
02     …//与程序 6.2 相同的内容省略
03     private SSLSocket fileSocket;                         //传送文件的套接字
04     …//与程序 6.2 相同的内容省略
05     @Override
06     protected List < String > doInBackground() throws Exception {
07         //用客户机密钥库初始化 SSL 传输框架
08         InputStream key = ClientUI.class.getResourceAsStream(
09             "/cn/edu/ldu/keystore/client.keystore");   //私钥库
10         InputStream tkey = ClientUI.class.getResourceAsStream(
11             "/cn/edu/ldu/keystore/tclient.keystore");  //公钥库
12         String CLIENT_KEY_STORE_PASSWORD = "123456";     //client.keystore 私钥库密码
13         String CLIENT_TRUST_KEY_STORE_PASSWORD = "123456";
                                                          //tclient.keystore 公钥库密码
14         SSLContext ctx = SSLContext.getInstance("SSL");//SSL 上下文
15         KeyManagerFactory kmf = KeyManagerFactory.getInstance("SunX509");//私钥管理器
16         TrustManagerFactory tmf = TrustManagerFactory.getInstance("SunX509");
                                                          //公钥管理器
17         KeyStore ks = KeyStore.getInstance("JKS");       //私钥库对象
18         KeyStore tks = KeyStore.getInstance("JKS");      //公钥库对象
19         ks.load(key, CLIENT_KEY_STORE_PASSWORD.toCharArray());          //加载私钥库
20         tks.load(tkey, CLIENT_TRUST_KEY_STORE_PASSWORD.toCharArray());//加载公钥库
21         kmf.init(ks, CLIENT_KEY_STORE_PASSWORD.toCharArray());      //私钥库访问初始化
```

```
22            tmf.init(tks);                                          //公钥库访问初始化
23            //用私钥库和公钥库初始化 SSL 上下文
24            ctx.init(kmf.getKeyManagers(), tmf.getTrustManagers(), null);
25            //用 SSLSocket 连接服务器
26            fileSocket = (SSLSocket)ctx.getSocketFactory().createSocket(
27                      msg.getToAddr(),msg.getToPort());
28            //构建套接字输出流
29            DataOutputStream out = new DataOutputStream(
30                                    new BufferedOutputStream(
31                                    fileSocket.getOutputStream()));
32            //获取客户机私钥
33            PrivateKey privateKey = (PrivateKey)ks.getKey(
34                    "client", CLIENT_KEY_STORE_PASSWORD.toCharArray());
35            //获取服务器公钥
36                PublicKey publicKey = (PublicKey)tks.getCertificate("server").getPublicKey();
37            //定义摘要算法
38                MessageDigest sha256 = MessageDigest.getInstance("SHA - 256");       //256 位
39            //构建文件输入流
40                DataInputStream din = new DataInputStream(
41                                    new BufferedInputStream(
42                                    new FileInputStream(file)));
43            //基于输入流和摘要算法构建消息摘要流
44            DigestInputStream in = new DigestInputStream(din, sha256);
45            long fileLen = file.length();                            //计算文件长度
46            //1.发送文件名称、文件长度
47            out.writeUTF(file.getName());
48            out.writeLong(fileLen);
49            out.flush();
50            parentUI.txtArea.append("1.发送文件名称、文件长度成功!\n");
51            //2.传送文件内容
52            int numRead = 0;                                         //单次读取的字节数
53            int numFinished = 0;                                     //总完成字节数
54            byte[ ] buffer = new byte[BUFSIZE];
55            while (numFinished < fileLen && (numRead = in.read(buffer))!= - 1) {//文件可读
56                out.write(buffer,0,numRead);                         //发送
57                out.flush();
58                numFinished += numRead;                              //已完成字节数
59                Thread.sleep(200);                                   //演示文件传输进度用
60                publish(numFinished + "/" + fileLen + "bytes");
61                setProgress(numFinished * 100/(int)fileLen);
62            } //end while
63            in.close();
64            din.close();
65            parentUI.txtArea.append("2.传送文件内容成功!\n");
66            byte[ ] fileDigest = in.getMessageDigest().digest();           //生成文件摘要
67            parentUI.txtArea.append("生成的摘要: " +
68            DatatypeConverter.printHexBinary(fileDigest) + "\n\n");
69            //用私钥对摘要加密,形成文件的数字签名
70            Cipher cipher = Cipher.getInstance("RSA/ECB/PKCS1Padding"); //加密器
71            cipher.init(Cipher.ENCRYPT_MODE, privateKey);    //用个人私钥初始化加密模式
72            byte[ ] signature = cipher.doFinal(fileDigest);  //计算数字签名
```

```
73            parentUI.txtArea.append("生成的数字签名: " +
74            DatatypeConverter.printHexBinary(signature) + "\n\n");     //更新显示
75            //生成 AES 对称密钥
76            SecretKey secretKey = Cryptography.generateNewKey();
77            parentUI.txtArea.append("生成的密钥: " +
78            DatatypeConverter.printHexBinary(secretKey.getEncoded()) + "\n\n");
79            //对数字签名加密
80            Cipher cipher2 = Cipher.getInstance("AES");
81            cipher2.init(Cipher.ENCRYPT_MODE, secretKey);   //初始化加密器
82            byte[] encryptSign = cipher2.doFinal(signature); //生成加密签名
83            parentUI.txtArea.append("用密钥加密后的数字签名: " +
84            DatatypeConverter.printHexBinary(encryptSign) + "\n\n");
85            //对密钥加密
86            cipher.init(Cipher.ENCRYPT_MODE, publicKey);    //用服务器公钥初始化加密模式
87            byte[] encryptKey = cipher.doFinal(secretKey.getEncoded());     //加密密钥
88            parentUI.txtArea.append("对密钥加密: " +
89            DatatypeConverter.printHexBinary(encryptKey) + "\n\n");
90            //3.发送加密后的数字签名
91            out.writeInt(encryptSign.length);
92            out.flush();
93            out.write(encryptSign);
94            out.flush();
95            parentUI.txtArea.append("3.发送加密的数字签名成功!\n");
96            //4.发送加密密钥
97            out.write(encryptKey);                           //密文长度为 128 字节
98            out.flush();
99            parentUI.txtArea.append("4.发送加密的密钥成功!\n");
100       …//与程序 6.2 相同的内容省略
101   } //end class FileSender
```

程序 7.8 解析如下：

(1) 03 行，用 SSLSocket 声明传送文件的套接字 fileSocket，替代程序 6.2 中的 Socket 类。

(2) 08～24 行，根据 keystore 包中的密钥库，初始化 SSL 通信上下文对象 ctx。

(3) 26～27 行，创建 SSLSocket 对象 fileSocket，与服务器建立 SSL 连接。

(4) 33～34 行，从客户机私钥库 client.keystore 获取客户私钥。

(5) 36 行，从客户机信任库 tclient.keystore 存储的服务器公钥证书中获取服务器公钥。

(6) 38 行，定义哈希消息摘要算法。

(7) 40～44 行，基于文件输入流和摘要算法构建消息摘要流，这样做的好处是当文件读取完成时，文件消息摘要也同步计算完成。

(8) 45～65 行，与程序 6.2 相同，按照传送文件名称、长度和内容的逻辑进行。

(9) 66～68 行，生成文件消息摘要并在客户机显示这个摘要，消息摘要又称文件的数字指纹，具有唯一性。这里生成的消息摘要是 32 字节，消息摘要的长度由采用的哈希算法决定。服务器收到文件后，将重新计算摘要，然后比较收到的摘要与重新计算的摘要，确定文件的完整性。接下来，保证文件摘要安全抵达服务器，这是极其重要的。

(10) 70～74 行,对文件消息摘要进行数字签名。签名方法是用客户机私钥加密消息摘要,这样只有用客户机的公钥才能验证签名,还原消息摘要。由于公钥是公开发行的,因此黑客很容易破获消息摘要的内容。为此,还需对数字签名做进一步的安全设计

(11) 76～78 行,随机生成一个 AES 对称密钥。用这个随机密钥对数字签名加密。这样即使黑客获取加密的数字签名,拥有客户机公钥,也无法解密。这里有个关键问题,如何把这个对称密钥安全地交给服务器呢?答案是用服务器公钥加密,这样即使黑客截获加密的密钥也无法解密。

(12) 80～84 行,用密钥加密数字签名并显示加密后的数字签名。

(13) 86～89 行,用服务器公钥对密钥加密。至此,数字签名是安全的,密钥也是安全的。

(14) 90～99 行,放心地将数字签名和密钥发送给服务器。

服务器通过验证数字签名,获知客户机真实身份,通过还原数字签名内含的消息摘要,验证文件的完整性。图 7.26 将客户机与服务器两端烦琐的加密、解密步骤做了归纳,通过收发两端关键步骤对照,可以清晰地理解数据收发过程和加密、解密过程。参照图 7.26,再回头分析本章 7.1 节作品演示中图 7.4 和图 7.5 所示的步骤对照,可以更准确地理解数字签名的工作原理。

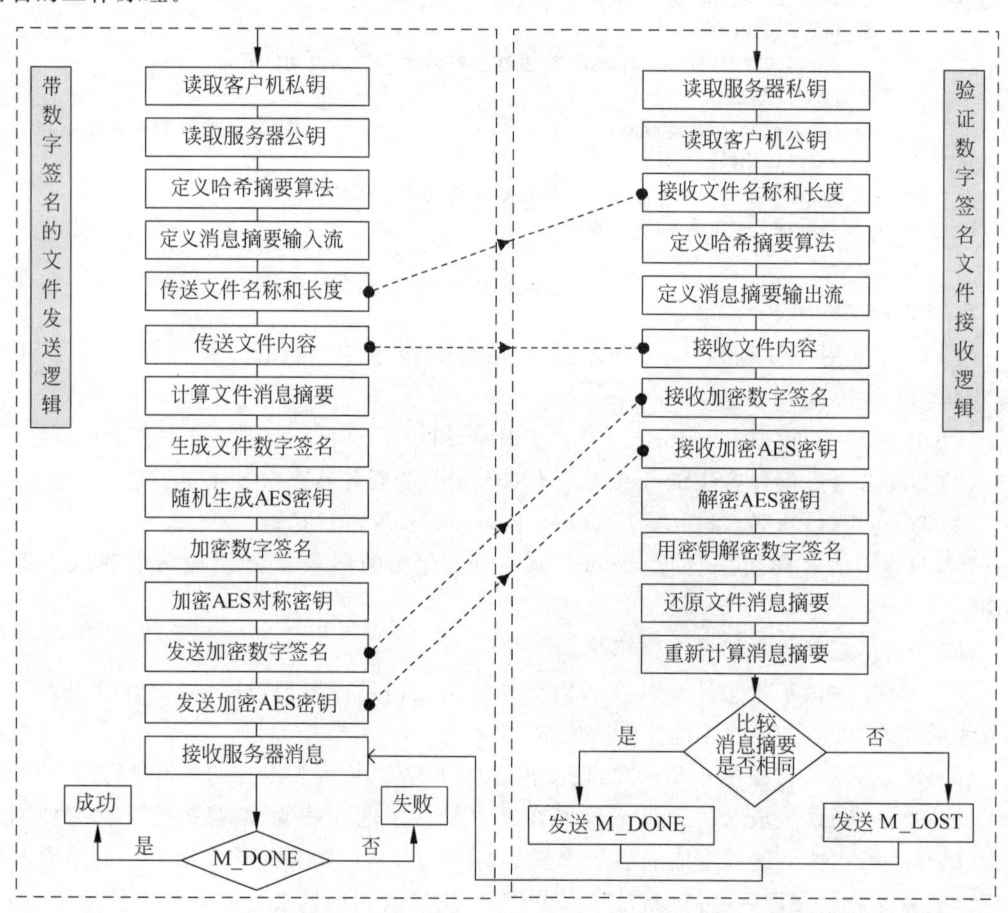

图 7.26 带数字签名的文件收发逻辑对照

7.10 服务器处理连接线程

为了让服务器能同时接收来自多个客户机的并发文件传输，服务器端处理客户机连接时仍然采用线程池模式。本章服务器处理连接的逻辑步骤与第6章程序6.3基本相似，但也有质的不同。不同的地方体现在本章案例增加了读取密钥库以及服务器端的侦听套接字改用SSLServerSocket，会话套接字改用SSLSocket。在处理多客户机并发文件传输时，需要向文件接收线程传送用于解密的公钥/私钥参数。这些变化在程序7.9中用粗体标出并且省略了与程序6.3相同的内容。

程序7.9 服务器启动逻辑和处理连接线程

```
01 private void btnStartActionPerformed(java.awt.event.ActionEvent evt) {
02     try {
03         …//省略与程序6.3相同的内容
04         //创建并启动UDP消息接收线程
05         Thread recvThread = new ReceiveMessage(serverSocket, this);
06         recvThread.start();
07         //创建并启动文件接收线程
08         new Thread(new Runnable() {
09             public void run() {
10             try {
11             InputStream key = ServerUI.class.getResourceAsStream(
12                         "/cn/edu/ldu/keystore/server.keystore");    //私钥库
13             InputStream tkey = ServerUI.class.getResourceAsStream(
14                         "/cn/edu/ldu/keystore/tserver.keystore");   //公钥库
15             String SERVER_KEY_STORE_PASSWORD = "123456";         //server.keystore 密码
16             String SERVER_TRUST_KEY_STORE_PASSWORD = "123456";//tserver.keystore 密码
17             SSLContext ctx = SSLContext.getInstance("SSL");    //SSL上下文
18             KeyManagerFactory kmf = KeyManagerFactory.getInstance("SunX509");
19             TrustManagerFactory tmf = TrustManagerFactory.getInstance("SunX509");
20             KeyStore ks = KeyStore.getInstance("JKS");
21             KeyStore tks = KeyStore.getInstance("JKS");
22             //加载私钥证书库
23             ks.load(key, SERVER_KEY_STORE_PASSWORD.toCharArray());
24             //加载公钥证书库
25             tks.load(tkey, SERVER_TRUST_KEY_STORE_PASSWORD.toCharArray());
26             kmf.init(ks, SERVER_KEY_STORE_PASSWORD.toCharArray());
27             tmf.init(tks);
28             ctx.init(kmf.getKeyManagers(), tmf.getTrustManagers(), null);
29             //服务器侦听安全连接
30             SSLServerSocket sslListenSocket = (SSLServerSocket)
31                     ctx.getServerSocketFactory().createServerSocket(hostPort);
32             int processors = Runtime.getRuntime().availableProcessors();    //CPU数
33             ExecutorService fixedPool = Executors.newFixedThreadPool(processors * 2);
                                                       //创建线程池
34             while (true) {                          //处理所有客户机连接
35                 //如果无连接，则阻塞，否则接受连接并创建新的会话套接字
36                 SSLSocket fileSocket = (SSLSocket)sslListenSocket.accept();
```

```
37                      //创建客户线程
38                      SwingWorker< Integer, Object > recver = new RecvFile ( fileSocket, ServerUI.
                        this,tks,ks);
39                      fixedPool.execute(recver);                    //用线程池调度客户线程运行
40                  } //end while
41                  } catch (Exception ex) { }//end try catch
42                  } //end run()
43              }).start();
44          } catch (NumberFormatException | SocketException ex) { }
45          btnStart.setEnabled(false);
46      } //end btnStartActionPerformed
```

程序 7.9 解析如下：

(1) 11～14 行,构建公钥库与私钥库输入流。

(2) 15～28 行,加载公钥和私钥证书,初始化 SSL 上下文对象 ctx。

(3) 30～31 行,根据 SSL 上下文对象 ctx 创建 SSLServerSocket 侦听套接字,并在指定端口侦听来自客户机的 SSL 连接请求。

(4) 32～40 行,逻辑与第 6 章程序 6.3 类似,不同的语句有两个。一个是 36 行,会话套接字要转换为 SSLSocket 类型；另一个是 38 行,需要向文件接收线程 RecvFile 传送私钥库和公钥库这两个参数。

7.11 接收文件与验证签名线程

如图 7.26 所示,接收文件与验证签名的逻辑步骤与发送文件与数字签名的逻辑步骤大致是一一对应的。但是体现在服务器端的编程实现上,还是有较大的变化,这些变化一部分体现在 7.10 节的程序 7.9 文件接收线程 RecvFile 启动之前,另一部分体现在本节文件接收线程 RecvFile 之中,如程序 7.10 所示,其中省略了与程序 6.4 类似的内容,变化的部分用粗体表示。

程序 7.10 服务器文件接收线程 RecvFile.java

```
01  public class RecvFile extends SwingWorker < Integer,Object > {
02      …//省略成员变量和构造函数
03      @Override
04      protected Integer doInBackground() throws Exception {
05          String SERVER_KEY_STORE_PASSWORD = "123456";    //server.keystore 私钥库密码
06          //获取服务器私钥
07          PrivateKey privateKey = (PrivateKey)ks.getKey(
08                  "server",SERVER_KEY_STORE_PASSWORD.toCharArray());
09          //获取客户机公钥
10          PublicKey publicKey = (PublicKey)tks.getCertificate("client").getPublicKey();
11          //获取套接字输入流
12          DataInputStream in = new DataInputStream(
13                              new BufferedInputStream(
14                              fileSocket.getInputStream()));
15          //1.接收文件名、文件长度
16          String filename = in.readUTF();                 //文件名
```

```
17          int fileLen = (int)in.readLong();                //文件长度
18          parentUI.txtArea.append("1.收到文件名: " + filename + "文件长度: " +
19                                  fileLen + "字节\n\n");
20          //创建文件输出流
21          File file = new File("./upload/" + filename);
22          //文件输出流
23          BufferedOutputStream fout = new BufferedOutputStream(
24                                   new FileOutputStream(file));
25          //定义消息摘要算法
26          MessageDigest sha256 = MessageDigest.getInstance("SHA - 256");      //256 位
27          //基于文件输出流和摘要算法构建消息摘要流
28          DigestOutputStream out = new DigestOutputStream(fout,sha256);
29          //2.接收文件内容,存储为外部文件
30          byte[] buffer = new byte[BUFSIZE];               //读入缓冲区
31          int numRead = 0;                                 //单次读取的字节数
32          int numFinished = 0;                             //总完成字节数
33          while (numFinished < fileLen && (numRead = in.read(buffer))!= - 1) {//输入流可读
34              out.write(buffer,0,numRead);
35              numFinished += numRead;                      //已完成字节数
36          } //end while
37          parentUI.txtArea.append("2.接收文件内容结束!\n\n");
38          //3.接收加密的数字签名
39          int size = in.readInt();
40          byte[] signature = new byte[size];
41          int i = in.read(signature);
42          parentUI.txtArea.append("3.收到加密的数字签名: " +
43          DatatypeConverter.printHexBinary(signature) + "\n\n");
44          //4.接收加密的密钥
45          byte[] encryptKey = new byte[128];
46          i = in.read(encryptKey);
47          parentUI.txtArea.append("4.收到加密的密钥: " +
48          DatatypeConverter.printHexBinary(encryptKey) + "\n\n");
49          //用服务器私钥解密密钥
50          Cipher cipher = Cipher.getInstance("RSA/ECB/PKCS1Padding");      //解密器
51          cipher.init(Cipher.DECRYPT_MODE, privateKey);  //用服务器私钥初始化解密器
52          byte[] decryptKey = cipher.doFinal(encryptKey); //解密密钥
53          parentUI.txtArea.append("密钥解密: " +
54          DatatypeConverter.printHexBinary(decryptKey) + "\n\n");
55          //用密钥解密数字签名
56          SecretKey secretKey  =  new SecretKeySpec(decryptKey, "AES");
57          Cipher cipher2 = Cipher.getInstance("AES");      //解密器
58          cipher2.init(Cipher.DECRYPT_MODE,secretKey);
59          byte[] decryptSign = cipher2.doFinal(signature); //解密数字签名
60          parentUI.txtArea.append("签名解密: " +
61          DatatypeConverter.printHexBinary(decryptSign) + "\n\n");
62          //"SHA - 256"算法计算的摘要为 256 位,合 32 字节
63          byte[] sourceDigest = new byte[32];              //收到的摘要
64          cipher.init(Cipher.DECRYPT_MODE, publicKey);     //用客户机公钥初始化解密器
65          sourceDigest = cipher.doFinal(decryptSign);      //还原消息摘要
66          parentUI.txtArea.append("去掉签名后的摘要: " +
67          DatatypeConverter.printHexBinary(sourceDigest) + "\n\n");      //更新显示
```

```
68          //5.根据文件输出流重新计算消息摘要
69          byte[] computedDigest = new byte[32];          //重新计算的摘要
70          computedDigest = out.getMessageDigest().digest();
71          //输出相关提示信息
72          parentUI.txtArea.append("服务器根据收到的文件重新计算的摘要: " +
73          DatatypeConverter.printHexBinary(computedDigest) + "\n\n");
74          //定义字符输出流
75          PrintWriter pw = new PrintWriter(fileSocket.getOutputStream(),true);
76          //比较重新计算的摘要与收到的摘要是否相同
77          if (Arrays.equals(sourceDigest,computedDigest)) {     //验证数字签名
78              //回送消息 M_DONE 或者 M_LOST
79          } //end if
80          //关闭流
81      } //end doInBackground
82  } //end class RecvFile
```

程序 7.10 解析如下:

(1) 05～10 行,读取服务器私钥和客户机公钥。

(2) 16～17 行,读取文件名与文件长度。

(3) 22～28 行,定义 SHA-256 哈希摘要算法,构建输出消息摘要流。当文件存储结束时,也能立即计算文件消息摘要。

(4) 29～37 行,接收文件内容。

(5) 38～43 行,接收并显示数字签名。此时收到的数字签名为加密状态。

(6) 44～48 行,接收并显示收到的密钥。此时密钥为加密状态。

(7) 49～54 行,用服务器私钥解密密钥,显示解密后的密钥状态。

(8) 55～61 行,用密钥解密数字签名。显示解密后的数字签名。

(9) 62～67 行,用客户机公钥解密数字签名,还原文件的消息摘要,显示还原的摘要。

(10) 68～73 行,根据消息摘要输出流重新计算文件摘要,显示重新计算的摘要。

(11) 77 行,比较还原的摘要与重新计算的摘要,根据比较结果向客户机发送 M_DONE 消息或者 M_LOST 消息。

7.12 小　结

加密解密以及 SSL 安全通信,是一个相对复杂的主题,程序员不仅需要正确理解不同加密算法的数学原理,还要深入理解密钥交换和相关协议,因为即使小小的失误或者一个小 bug,也足以为黑客敞开漏洞大门。

在早期的加密、解密实践中,加密、解密使用相同的密钥,即对称密钥,如 DES、AES 等,发送方必须将这个密钥想方设法安全地交给数据的接收方。如果用离线的 U 盘复制方式,则太过麻烦低效。如果在线发送,一旦被黑客截获,则再无秘密可言。

RSA 公开密钥算法(又称非对称密钥算法)由麻省理工学院的 Ron Rivest、Adi Shamir、Leonard Adleman 于 1987 年首次公布,RSA 是三人姓氏开头字母的拼写,后被 ISO 推荐为公钥数据加密标准。

RSA 算法的加密密钥(即公开密钥)PK(Public Key)是公开信息,而解密密钥(即秘密

密钥)SK(Secret Key)是需要保密的。加密算法 E 和解密算法 D 也都是公开的。虽然解密密钥 SK 是由公开密钥 PK 决定的,但却不能根据 PK 计算出 SK。用 PK 加密,只能用 SK 解密,这样就不怕信息被窃听。反之,用 SK 加密,也只能由 PK 解密,这样就可以证明发送方的真实身份。所以,RSA 算法是第一个能同时用于加密和数字签名的算法,易于理解和操作,经历了各种攻击考验,被 SSL 等安全协议广泛采用。

当然,RSA 公钥加密算法也不是万能的,RSA 不适合加密大块的数据,而 DES、AES 都是基于数据区块的加密算法,一般将两者配合使用。例如用对称密钥加密数据,然后用 RSA 公钥算法加密对称密钥,实现对称密钥的在线安全交换。本章案例正是用随机生成的对称密钥加密数字签名,然后用服务器公钥加密对称密钥,实现了数据与密钥的双安全。

本章案例使用的 RSA 公钥和私钥不是从第三方 CA 获得的,而是采用 keytool 生成的。Java 中使用 KeyStore 对象加载证书库,使用 KeyManagerFactory 管理私钥,TrustManagerFactory 管理公钥,SSLContext 获取 SSL 上下文对象,用公钥和私钥初始化 SSLContext 对象,构建 SSL 通信专用的 SSLServerSocket 和 SSLSocket。

7.13 实验 7:安全登录与安全注册

1. 实验目的

(1) 理解掌握非对称加密算法与对称加密算法的异同。

(2) 理解掌握安全登录的步骤与编程方法。

(3) 理解掌握安全注册的步骤与编程方法。

2. 实验内容

(1) 进一步提高登录安全。本章案例为了保障用户登录安全,采取了将用户密码用 SHA-256 算法加密传输的方式。但这里仍有安全隐忧,如果这个加密的密码被窃听后,黑客仍然可以用加密密码登录服务器。所以需要想一些办法,即使黑客获取了加密的密码,也无法完成登录操作。

(2) 完成用户安全注册模块。7.7 节的数据库测试与数据准备,是通过 DBTest.java 这个程序完成的。DBTest 通过调用 MemberManager.java 中的注册方法,向数据表中写入了两条测试数据。请根据本章已经实现的数据库访问基础模块,完成 LoginUI 界面中“注册”按钮的逻辑设计,用户单击“注册”按钮后,弹出注册界面对话框,填入必需的信息后,完成注册,给出注册的结果提示。需要注意的是,用户密码从客户机到服务器的传输过程中,仍然需要加密。而且需要保证一点,即使加密密码被窃听,黑客仍然无法用这个密码登录服务器。

3. 实验方法与步骤

(1) 设计思路:参照 7.8 节的内容,修改程序 7.7 服务器端的 ReceiveMessage 线程和客户机 LoginUI 的“登录”按钮事件过程的逻辑。密码变为 SHA-256 格式后,再在客户机端用服务器公钥加密,在服务器端用服务器私钥解密,然后再到数据库中查询。请在实践中探究这个思路是否确实可行。

(2) 设计思路:首先完成注册界面的窗体设计。单击“注册”按钮后,仍然采用公钥/私钥加密、解密算法,保证密码安全地从客户机送到服务器。服务器端解密后,再以 SHA-256

格式写入数据库中。

4. 边实验边思考

密钥从客户机传送到服务器,为什么用服务器公钥加密是个不错的选择?对数字签名加密时,为什么需要使用AES对称密钥,再用服务器公钥保证密钥的安全?使用服务器公钥对数字签名直接加密不是可以省略一个加密步骤吗?这样做能否行得通?

5. 撰写实验报告

根据实验情况,撰写实验报告,简明扼要记录实验过程、实验结果,提出实验问题,做出实验分析。

7.14 习 题 7

1. 什么是SSL?网络数据交换为什么需要SSL?SSL协议与TLS协议有何关系?

2. 简述SSL协议的工作原理。

3. Java为实现SSL协议支持,提供了哪些包与类的定义?

4. Web的安全访问机制是通过HTTPS协议实现的,HTTPS协议与SSL协议是何关系?

5. 对称加密算法有哪些?有何区别与联系?

6. 非对称加密算法的原理是什么?与对称加密算法相比,各自的优势体现在何处?

7. 什么是数字签名?数字签名的工作原理是什么?

8. 什么情况下需要将文件加密传输?文件加密应该使用哪类加密算法?能使用公钥/私钥方法吗?

9. 在不将文件加密传输的前提下,接收方如何验证数据是否被篡改?

10. 描述SSLSocket与Socket、SSLServerSocket与ServerScoket的关系。

11. 描述客户机与服务器如何分别用消息摘要流DigestInputStream和DigestOutputStream完成了消息摘要的计算。

12. 客户机需要单独向服务器发送数字签名和密钥,那么数字签名的长度和密钥的长度是如何计算的?

13. Cipher这个类既可以加密,也可以解密,请描述加密、解密过程的差异。

14. 客户机是如何随机生成AES对称密钥的?又是如何对密钥加密的?

15. 什么是数字证书?数字证书中一般包含哪些信息?

16. 用keytool生成的密钥与数字证书,与CA颁发的数字证书有何区别?

17. 如何在浏览器查看HTTPS访问时使用的数字证书?以Windows系统为例,操作系统是如何管理数字证书的?

18. 数字签名与数字证书有关系吗?数字签名可以保证数据安全吗?为什么?请举例说明。

19. 什么是SSL Handshake?请结合图7.10所示的SSL原理,描述SSL Handshake过程。

20. Java提供了若干关于SSL安全通信的相关类,请结合图7.9,描述这些类之间的工作关系,并结合本章案例中的用法举例说明。

21. 哈希摘要函数可以用于加密的场合，也可以用于保证数据完整性的场合。那么非对称密钥是否可以同时保证数据的完整性、真实性以及机密性呢？假定用户A向用户B发送一条短消息。A用自己的私钥对消息加密，又用B的公钥进行二次加密。那么这样可以确保B收到的消息是完整的、真实的和机密的吗？为什么？什么情况下这种策略不适用？

22. 恭喜你完成了"SSL安全通信"的全部学习，请在表7.2中写下你的收获与问题，带着收获的喜悦、带着问题激发的好奇继续探索下去，欢迎将问题发送至：upsunny2008@163.com，与本章作者沟通交流。

表7.2 "SSL安全通信"学习收获清单

序号	收获的知识点	希望探索的问题
1		
2		
3		
4		
5		

第8章 网络抓包与协议分析

央视315晚会直播现场，曾多次曝光黑客在公共WiFi场合如何轻易地盗取了用户的账号与密码等重要私密信息，黑客的这些行为无疑与网络抓包与协议分析相关，或许这对于IT专家来说既不高端也不神秘，但对于学习网络来说，如能真正理解网络抓包原理，而且能够进行庖丁解牛般的协议分析，无疑是懂网、用网的更高境界。本章引领读者完成一款类似WireShark的抓包软件。

8.1 作品演示

作品描述：实现类似WireShark或者网络嗅探器的抓包分析软件，实时捕获指定网络端口的所有数据包，从数据链路层、网络层、传输层对包展开分析，包头和数据分开显示。为简化设计，本案例只显示捕获的TCP包或UDP包。可以将捕获的包按照自定义格式保存到文件，也可以打开文件中的包列表。可以按照指定的过滤规则显示满足条件的包列表。

作品功能演示如下：

(1) 打开chap08目录下的end子文件夹，其中包含MySniffer项目文件夹，如图8.1所示。MySniffer是本章已经完成的作品。

图8.1 作品演示文件夹

(2) 用管理员身份启动NetBeans，打开如图8.1所示的MySniffer，“打开项目”对话框如图8.2所示。

(3) 项目采用Maven组织，包含两个模块：一个是Pcap4j，一个是设计的Sniffer。展开Sniffer模块，运行主程序，初始界面如图8.3所示。用户界面自顶向下依次是标题栏、菜单栏、工具栏、包列表主窗口、包协议分层展示窗口和数据包的十六进制字符显示窗口以及状态栏。菜单栏包含所有命令，包括选择网络接口、开始抓包、停止抓包、保存文件和打开文件等。

(4) 抓包之前需要首先选定侦听的网络接口。如果直接单击“开始抓包”按钮，会弹出提示框。用户选择“抓包”→“网络接口”命令，会弹出一个网络接口列表供用户选择，本案例演示主机的测试结果如图8.4所示，这里选择地址为192.168.1.104的无线网卡作为侦听对象。如果所在主机有更多可用网络接口，都会显示在图8.4的列表中供用户选择。由于WinPcap不支持对本机回送地址127.0.0.1抓包，因此图8.4中在第二个接口上捕获不到数据包。

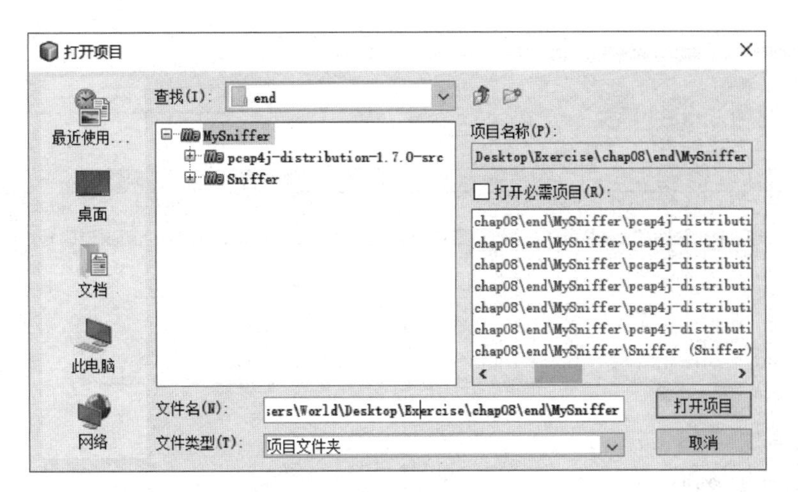

图 8.2　以管理员方式打开 MySniffer 项目文件

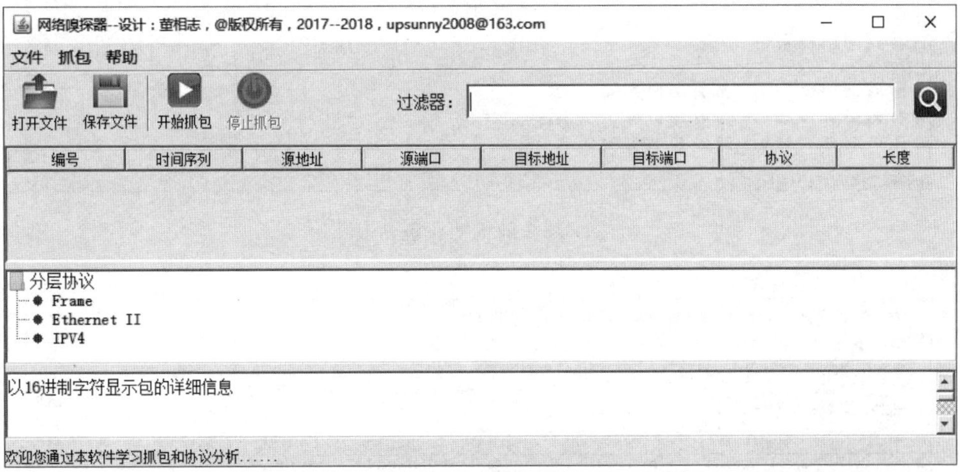

图 8.3　网络嗅探器的初始运行界面

图 8.4　选择侦听的网络接口

(5) 选择网络接口后，单击“开始抓包”按钮。为了配合抓包效果，可以用浏览器随机访问网站，或者启动 QQ 等聊天软件，此时列表框会实时显示抓到的数据包，单击“停止抓包”按钮，抓包停止，图 8.5 为随机捕获的包列表。选择列表中某一帧，可以在下面的详细窗口看到协议的分层展示和数据包十六进制字符展示。

(6) 如图 8.5 所示，在“过滤器”文本框中输入“srcport=80 and srcaddr=61.135.185.119”过滤规则，则筛选之后的包列表如图 8.6 所示。

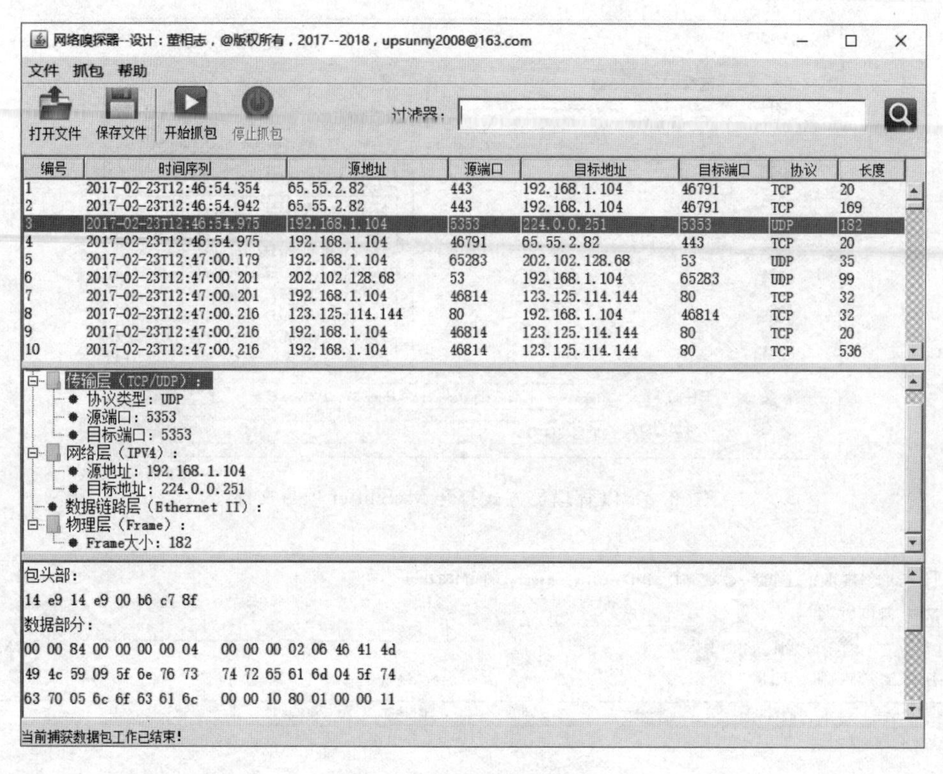

图 8.5 随机捕获包列表

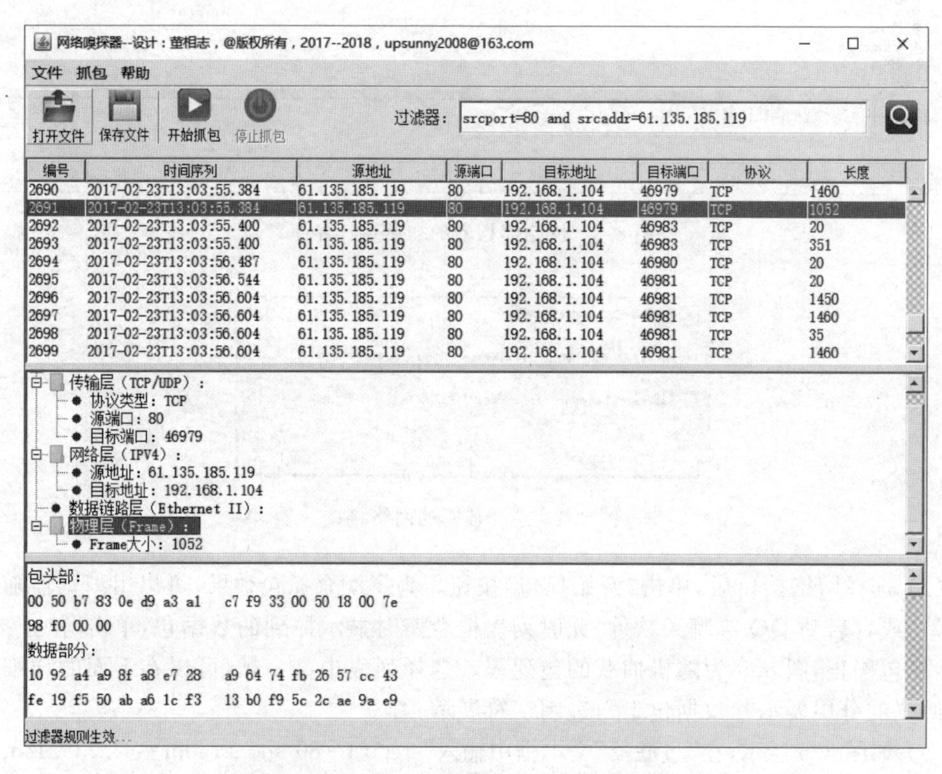

图 8.6 应用过滤器规则查看包列表

关于保存和打开包文件，以及根据某一列排序等功能，不再一一演示。

8.2 本章重点知识介绍

本章案例基于 Java 平台上的抓包库 Pcap4J 设计。Pcap4J 库通过 JNA 技术实现了对 libpcap、WinPcap、Npcap 的封装，是面向 Java 编程的 API。libpcap 是面向 UNIX/Linux 平台的捕包 API，WinPcap、Npcap 是 Windows 平台的捕包 API。二者在业界非常有名，已经成为捕包事实上的工业标准。大名鼎鼎的 WireShark 即是基于 libpcap 或 WinPcap 构建的。

Java 语言因为自身技术体系的原因，JDK 中没有直接从网络接口抓包的 API，其套接字技术中也没有类似 C/C++语言中的原始套接字类型可用，不过在捕包领域，面对海量的数据包，仅依靠原始套接字技术也是不够的。

Java 的抓包函数库是通过对 libpcap 和 WinPcap 等基于操作系统实现的本地函数库的封装实现的，比较知名的有 jpcap 库、jNetPcap 库和 Jpcap 库。jpcap 库和 jNetPcap 库提供了集中于抓包方面的 API，在数据包设计与转发方面较弱。Jpcap 库的缺点是抓取 ICMP 包方面有 bug 并且长期没有更新。基于这些原因，Kaito Yamada 推出了新一代 Java 抓包库 Pcap4J。

当然，基于已有的 Pcap4J 库抓到包是容易的，真正困难的是对包进行有效分析，这就需要读者对网络通信原理有较好的理解与认识。建议网络基础稍弱的读者回顾本书第 1 章图 1.9～图 1.14 的内容，理解包的传输过程，特别是封包过程和解包过程，同时还应该进一步掌握各种报文的基本结构。

如图 8.7 所示，所谓对抓到的包进行解析，就是从协议角度，分析数据包代表的有效含义。解析数据包的作用是多方面的，包括排除网络故障、监控网络流量，以及实施网络攻击等。

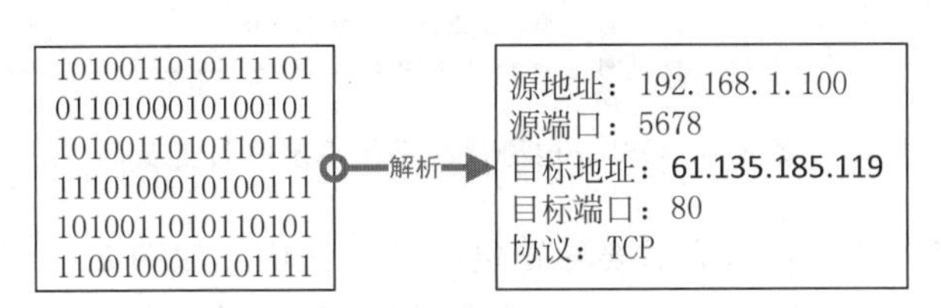

图 8.7　抓包解析的含义

下面结合 OSI 参考模型对数据包的不同形态 PDU(Protocol Data Unit)做进一步解析。如图 8.8 所示，在应用层，数据单元体现为原汁原味的数据原始形态，即真实的 Data；在传输层，需要加上协议端口号，应用程序正是通过这个端口号来区分那些属于自己的数据包，数据形态体现为 Segment；在网络层，加上了 IP 头，设置了源地址和目标地址，数据形态体现为 Packet，可以进一步区分为 IP Packet、ARP Packet 和 ICMP Packet 等；在数据链路层，IP 地址映射为 Mac 地址，数据形态体现为 Frame；在物理层，数据单元体现为以 b 为单位的无意义的二进制数据。由此可见，数据抓包解析工作，主要集中于数据链路层对 Frame 的解析、网络层对 Packet 的解析和传输层对 Port 的解析这三个方面。当然应用层的协议也很多,例如 HTTP、FTP、SMTP、POP3 等,对这些协议做出解析是非常有意义的。

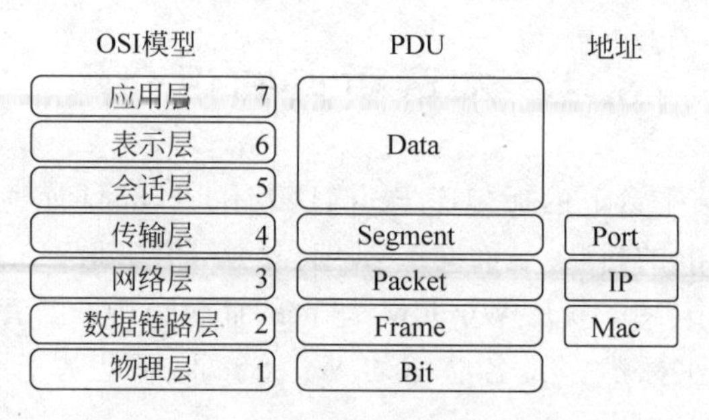

图 8.8　网络数据包的分层解析

OSI 是理解网络原理的基础,OSI 的实现依赖硬件和软件两个方面。如图 8.9 所示,基于操作系统和硬件的角度观察 OSI 各层的实现,可以建立更为朴素的网络认知:物理层和数据链路层体现为网络接口硬件设备,网络层和传输层体现为操作系统核心模块对协议的支持和实现,建立在传输层之上的都可以视作应用层。

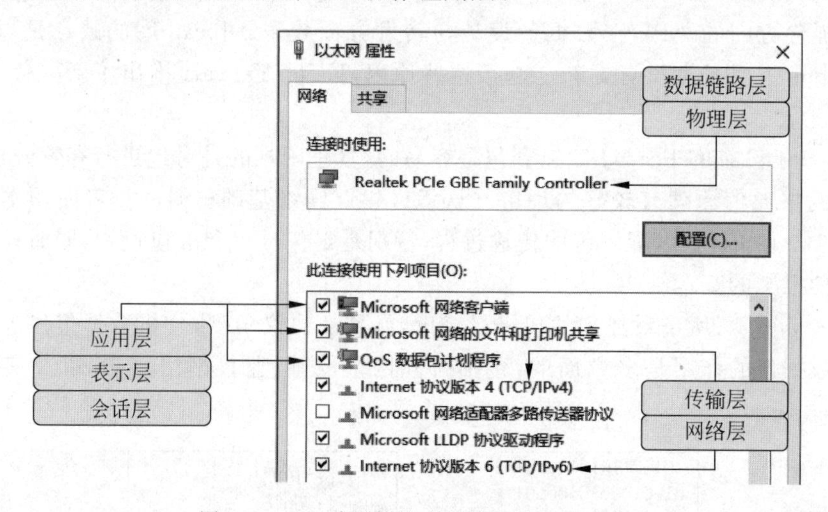

图 8.9　OSI 分层协议在操作系统中的实现

对数据包进行协议解析,首先需要熟知包的基本结构。如图 8.10 所示,帧的基本结构从头到尾依次为帧头部(Frame MAC)、网络层头部(Packet IP)、传输层头部(Segment Port)、数据(Data)和帧校验序列(Frame Check Sequence,FCS)。帧头部包含收发双方的 Mac 地址。

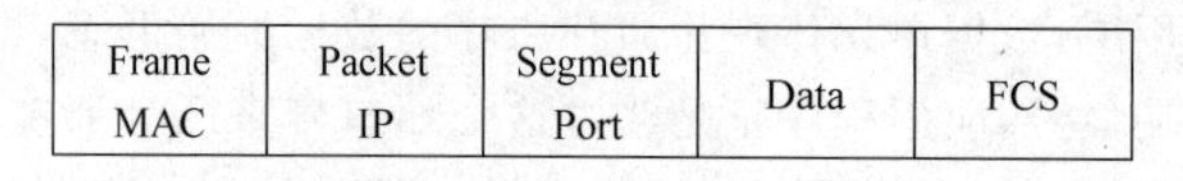

Frame MAC	Packet IP	Segment Port	Data	FCS

图 8.10　Frame 的基本结构

TCP 的头部比 UDP 的头部复杂一些,如图 8.11 所示。没有任何选项的 TCP 头部长度为 20 字节,可以根据情况定义到 60 字节。根据图 8.5 和图 8.6 显示的抓包结果,会看到有一些 TCP 包的长度是 20 字节,没有选项扩展部分,一般都是 TCP 三次握手产生的往返数据包。

Bits	0 1 2 3 4 5 6 7 8 9 10 11 12 13 14 15											16 17 18 19 20 21 22 23 24 25 26 27 28 29 30 31
0	Source Port Number											Destination Port Number
32	Sequence Number											
64	Acknowledgement Number											
96	Data Offset	Reserved	NS	CWR	ECE	URG	ACK	PSH	RST	SYN	FIN	Window Size
128	Checksum											Urgent Pointer
160	Options (if any)											Padding
192	Data (if any)											

图 8.11　TCP 头部基本结构

IP 头部的基本结构如图 8.12 所示，与 TCP 头部一样，基本长度为 20 字节，最大可定义到 60 字节。IP 包总长，即 Total Length 这个字段的长度是 16b，以字节为单位计算 IP 包的长度时，包括头部和数据部分，IP 包最大长度为 65 535 字节。

Bits	0 1 2 3	4 5 6 7	8 9 10 11 12 13 14 15	16 17 18	19 20 21 22 23 24 25 26 27 28 29 30 31
0	Version	Header Length	Type of Service	Total Length	
32	Identification			Flags	Fragment Offset
64	Time to Live		Protocol	Header Checksum	
96	Source Address				
128	Destination Address				
160	Options (if any)				Padding

图 8.12　IP 头部的基本结构

8.3　创建项目框架

创建本章项目 MySniffer 之前，需要首先配置开发环境。其主要工作包括如下三个步骤：

(1) 与此前各章一样，开发主机需要预装 Netbeans 8.2 IDE 编程环境。

(2) 从 WinPcap 官网下载 WinPcap 最新版，安装到开发主机上，本书使用的是 4.1.3 版本。

(3) 从 Maven 中央存储库或者 GitHub 上下载最新的 Pcap4J 库，有 src 和 bin 两个版本，本书使用的是 1.7.0 的 src 版。

MySniffer 采用 Maven 的对象模型(Project Object Model，POM)方式构建，项目创建步骤如下：

(1) 以管理员身份运行 NetBeans，选择“文件”→“新建项目”命令，打开“新建项目”对话框，如图 8.13 所示，项目类别选择 Maven，项目模板选择“POM 项目”，单击“下一步”按钮,设置项目各项初始参数,如图 8.14 所示。

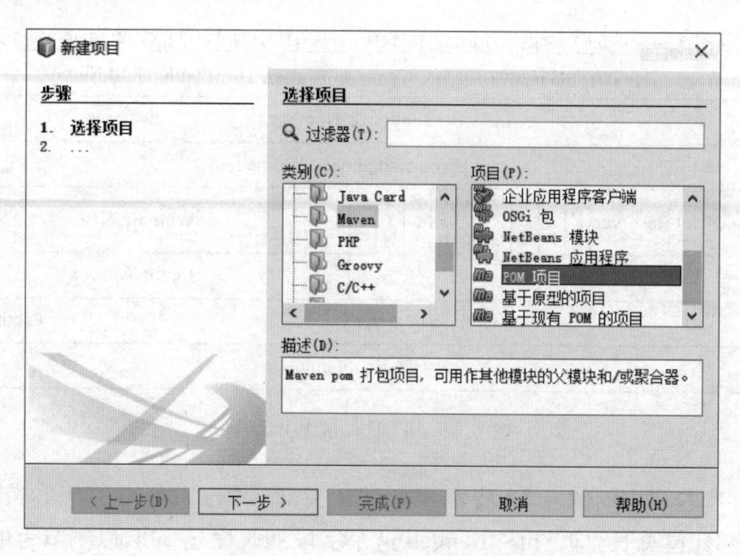

图 8.13　在 NetBeans 中创建 Maven 项目

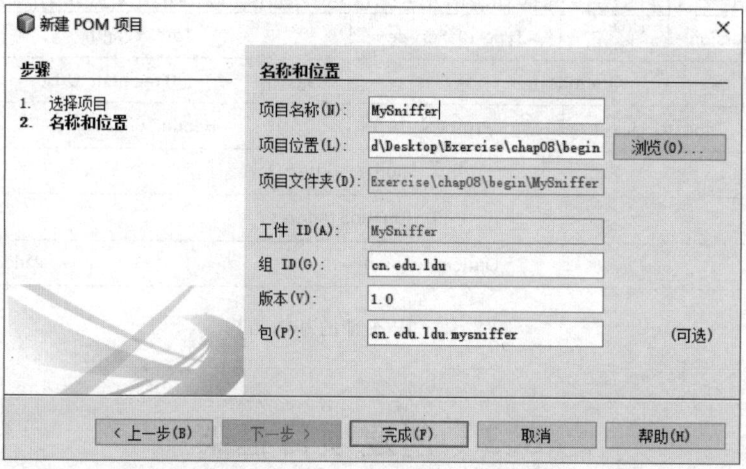

图 8.14　初始化 MySniffer 项目名称、位置和版本等信息

(2) 如图 8.14 所示,项目名称为 MySniffer,项目保存位置为 chap08 目录下的 begin 子文件夹,项目组 ID 为 cn. edu. ldu,项目版本为 1.0。完成项目初始化后,项目的初始结构如图 8.15 所示。

NetBeans 中的项目视图除了 pom. xml 文件,还有"模块"和"依赖关系"两个目录,但是在项目的物理文件夹只能看到 pom. xml 这一个文件。其实 NetBeans 中的"模块"和"依赖关系"目录都是逻辑虚拟目录,不对应物理目录。

(3) 将此前下载的 Pcap4 包解压后,文件夹的名称为 jpcap4j-distribution-1. 7. 0-src,将解压的目录整体复制到图 8.15 右图所示的 MySniffer 项目文件夹中,完成后如图 8.16 所示。

(4) 在图 8.15 的"模块"上右击,在弹出的快捷菜单中选择"添加现有模块"命令,在打开

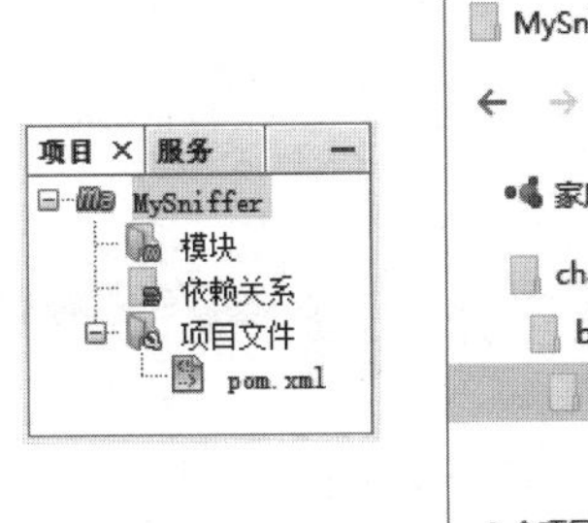

图 8.15　项目初始结构(NetBeans 视图和文件夹视图)

的对话框中选定此前复制的 Pcap4j 库项目,如图 8.16 所示。尽管 Pcap4j 库项目在图 8.16 右图显示为文件夹,但在图 8.16 左图显示为一个标准的 Maven 项目。

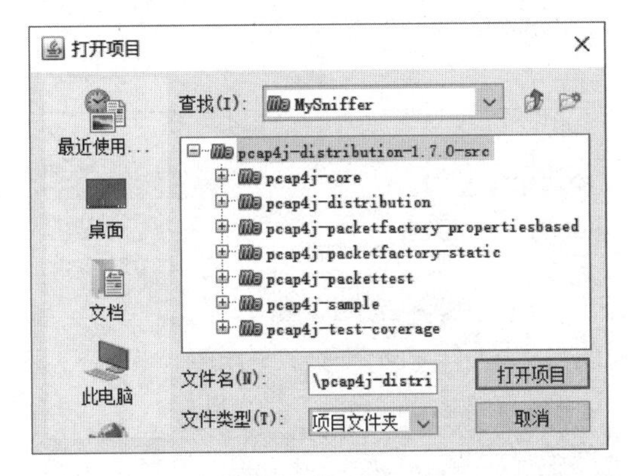

图 8.16　为 MySniffer 项目导入 Pcap4j 库,作为项目的一个模块

(5) 添加 Pcap4j 库后,“模块”下面多了 Pcap4J 子模块,MySniffer 项目结构如图 8.17 所示。其实 pom. xml 文件中也有变化,此处不再赘述。

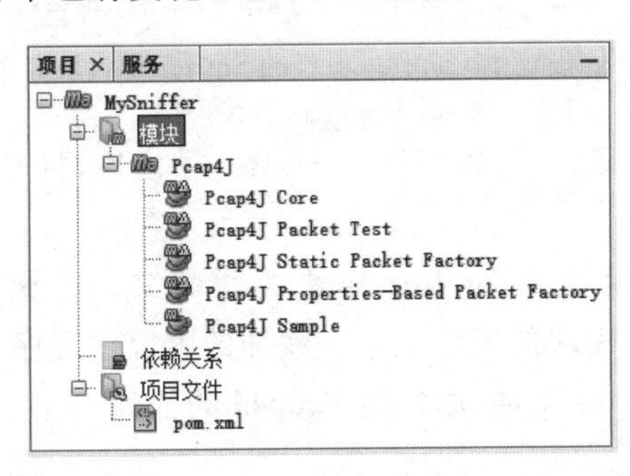

图 8.17　为 MySniffer 项目添加 Pcap4J 子模块

(6) 如图 8.17 所示,继续在“模块”上右击,在弹出的快捷菜单中选择“创建新模块”命令,在打开的对话框中选择项目类别为 Maven,项目模板为“Java 应用程序”,如图 8.18 所示。单击“下一步”按钮后,按照图 8.19 所示的样式初始化 Sniffer 子模块。

如图 8.19 所示,指定 Sniffer 子模块的项目位置、包名称和版本号。

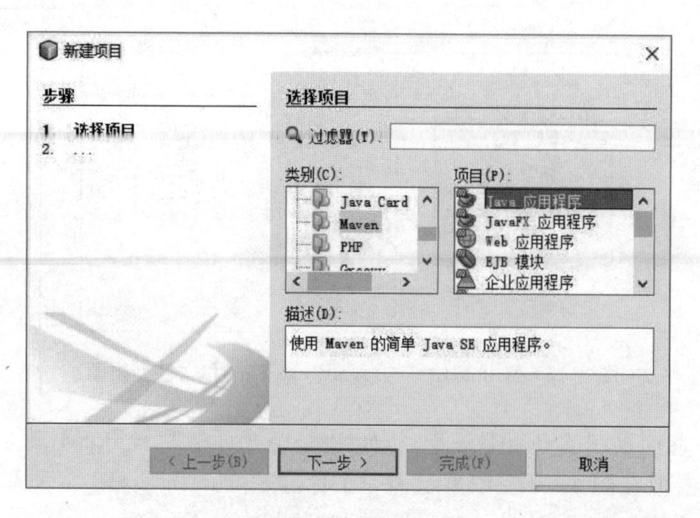

图 8.18　为 MySniffer 项目创建 Java 子模块

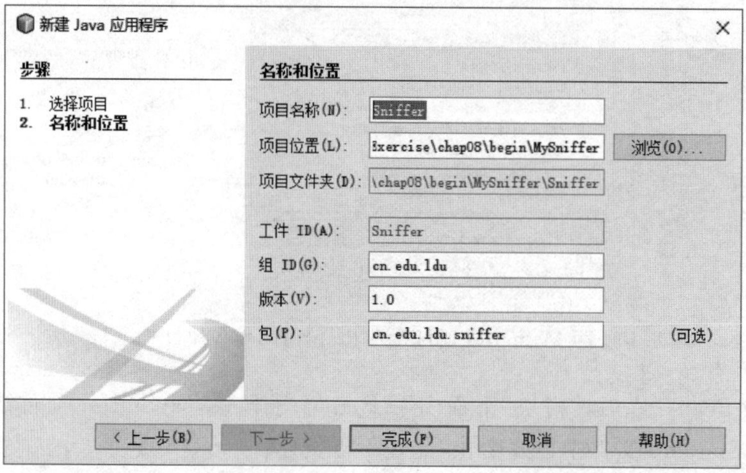

新建 Java 应用程序
步骤
1. 选择项目
2. 名称和位置
名称和位置
项目名称(N): Sniffer
项目位置(L): Exercise\chap08\begin\MySniffer　浏览(O)...
项目文件夹(D): \chap08\begin\MySniffer\Sniffer
工件 ID(A): Sniffer
组 ID(G): cn.edu.ldu
版本(V): 1.0
包(P): cn.edu.ldu.sniffer　(可选)
< 上一步(B)　下一步 >　完成(F)　取消　帮助(H)

图 8.19　设定 MySniffer 项目的 Sniffer 子模块各项参数

查看 NetBeans 项目视图,会发现新增了 Sniffer 子模块,打开 pom.xml 文件,也会看到模块数量的变化。

最后,需要将 Pcap4J 模块与 Sniffer 模块关联起来。方法是在 Sniffer 的项目文件 pom.xml 中添加对 Pcap4J 模块的依赖关系。添加的内容如程序 8.1 所示。

程序 8.1　修改 pom.xml 文件,添加对 Pcap4J 的依赖

```
01  <?xml version = "1.0" encoding = "UTF - 8"?>
02  …
03      <dependencies>
04          <dependency>
05              <groupId>org.pcap4j</groupId>
06              <artifactId>pcap4j - core</artifactId>
07              <version>1.7.0</version>
08          </dependency>
```

```
09              <dependency>
10                <groupId>org.pcap4j</groupId>
11                <artifactId>pcap4j-packetfactory-static</artifactId>
12                <version>1.7.0</version>
13              </dependency>
14      </dependencies>
15    …
16    </project>
```

至此，MySniffer项目的创建和初始化工作全部完成，接下来所有逻辑设计都发生在Sniffer子模块中，当然，捕获数据包的API需要从Pcap4J模块引用。

8.4 用户界面设计

为了便于后面引述，本节首先完成Sniffer模块的主程序Main.java的创建以及各个子包的定义，如图8.20所示。Main是一个JFrame窗体类，用作主程序。file子包中定义打开文件和保存文件的类，filter包中定义一组过滤规则解析类，gui包中定义更新界面内容的类，packet包定义数据包结构，实现抓包逻辑。resources/images文件夹存放图片。图片素材需要从chap08目录的"素材"子目录复制到本项目中。

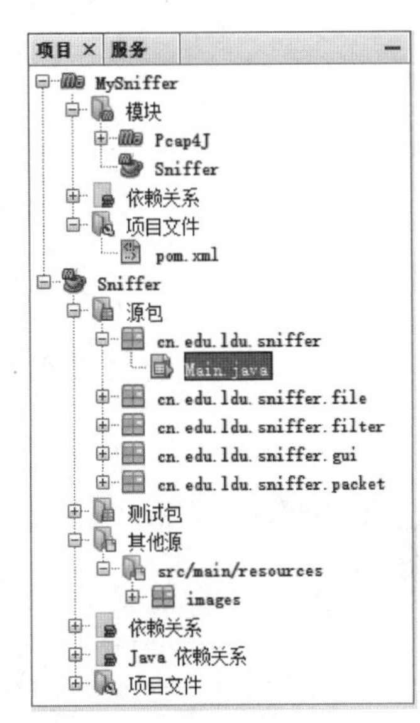

图8.20　Sniffer模块项目结构

Sniffer模块主界面设计如图8.21所示。设定窗体宽度900像素，高度600像素。主窗体采用自由布局，所有可视控件均通过NetBeans的组件面板拖放完成，自顶向下依次为标题栏、菜单栏、工具栏、表格(显示包列表)、树(协议分层显示)、文本区域(包数据的十六进制字符显示)和状态栏。关于各控件属性的定义请参见chap08目录下end子目录中MySniffer项目的完成设计，图8.21给出的是直观界面参考。

"文件"和"抓包"菜单的设计如图8.22所示。在抓包之前需要首先指定网络接口，如果直接单击"开始抓包"命令，会弹出提示框。各菜单项的变量定义如表8.1所示。

表8.1　Sniffer模块菜单项变量定义

主菜单	菜　单　项	菜单项变量名称	功　　能
文件	打开包文件(Alt+O)	openFile	打开包文件、显示包列表
	保存包文件(Alt+S)	saveFile	将当前包列表保存到文件中
	退出(Alt+Q)	quit	退出系统
抓包	网络接口(Alt+I)	setInterface	指定侦听的网络接口
	开始抓包(Alt+B)	start	开始在指定接口捕获数据包
	停止抓包(Alt+D)	stop	停止捕获数据包
帮助	关于(Alt+A)	about	关于程序信息

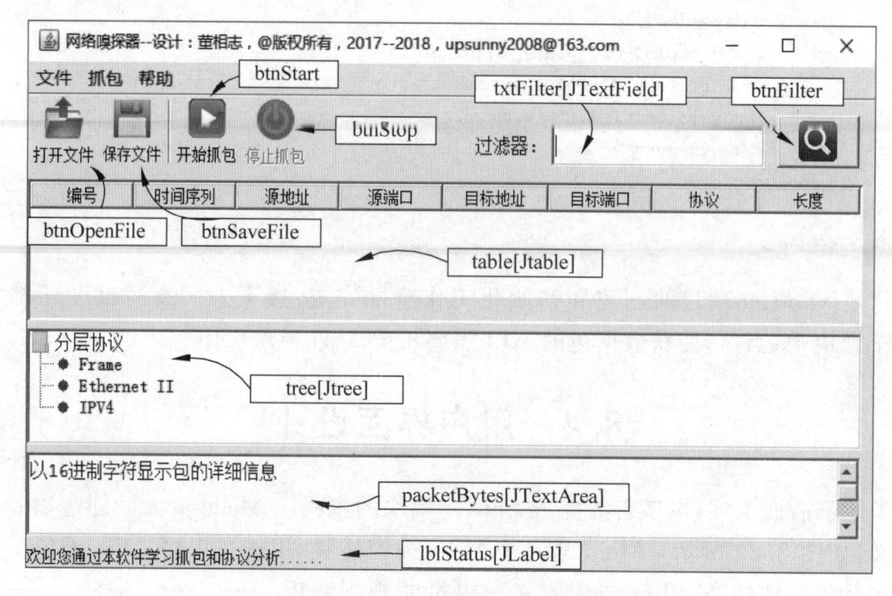

图 8.21　Sniffer 模块主程序界面设计

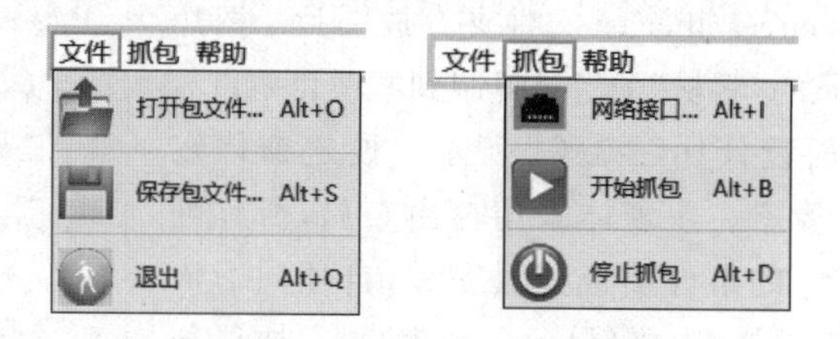

图 8.22　“文件”和“抓包”菜单设计

配置好各控件相关属性后，在 Main 程序的 main()函数中，将窗体风格由 Nimbus 改为 Windows Classic。

8.5　捕获网络数据包

为了捕获数据包，本章案例定义了六个类，这六个类的功能描述如表 8.2 所示，这些类定义在如图 8.20 所示的 cn. edu. ldu. sniffer. packet 中。

表 8.2　与捕包操作相关的类

类 名 称	功 能 简 述
MyNetworkInterface	自定义网络接口类，提供了获取接口地址的方法
MyPacket	包抽象类，包含 UDP 和 TCP 协议的所有字段结构
MyTcpPacket	TCP 包的结构实现
MyUdpPacket	UDP 包的结构实现
MyPacketListener	捕获包接口
MyPacketCapture	捕获数据包类，提供了一系列处理方法

表 8.2 列出的六个类的具体实现请参见下面给出的程序源代码。

网络接口类在 java.net.NetworkInterface 这个类的基础上自定义了三个方法，较多地使用了 Lambda 语法，如程序 8.2 所示。

程序 8.2　网络接口获取类 MyNetworkInterface.java，获取主机上所有网络接口

```
01  public class MyNetworkInterface {
02      public static List<NetworkInterface> getIpv4NetworkInterfaces() throws SocketException {
03          return Collections.list(NetworkInterface.
04              getNetworkInterfaces()).stream()
05              .filter((ni) -> Collections.list(ni.
06              getInetAddresses()).stream()
07              .anyMatch((a) -> a instanceof Inet4Address))
08              .collect(Collectors.toList());
09      }
10      public static List<InetAddress> getIpv4Addresses(NetworkInterface nif) {
11          return Collections.list(nif.getInetAddresses())
12              .stream()
13              .filter((a) -> a instanceof Inet4Address)
14              .collect(Collectors.toList());
15      }
16      public static Map<NetworkInterface, List<InetAddress>> getIpv4AddressMap()
17          throws SocketException {
18          Map<NetworkInterface, List<InetAddress>> addressMap = new HashMap<>();
19          for (NetworkInterface nif : getIpv4NetworkInterfaces()) {
20              addressMap.put(nif, getIpv4Addresses(nif));
21          }
22          return addressMap;
23      }
24  }
```

程序 8.2 解析如下：

(1) 02～09 行，筛选拥有 IPv4 地址的网络接口。

(2) 10～15 行，获取某一指定网络接口上的所有 IPv4 地址，以 List 地址列表形式返回。

(3) 16～23 行，获取主机上所有网络接口的所有 IPv4 地址，以 Map 映射的形式返回接口和地址列表。

自定义包类 MyPacket 的源代码定义如程序 8.3 所示。MyPacket 是一个抽象类，包含 UDP 和 TCP 协议的所有字段结构，同时定义了一个静态方法 fromPcapPacket，基于 Pcap4J 中的 org.pcap4j.packet.Packet 类创建本项目需要的 TCP 包和 UDP 包。

程序 8.3　自定义包类 MyPacket.java

```
01  public abstract class MyPacket {
02      private String srcAddress;                          //源地址
03      private String destAddress;                         //目标地址
04      private int srcPort;                                //源端口
05      private int destPort;                               //目标端口
06      private byte[] header;                              //头部字节数组
```

```
07        private byte[] payload;                                              //数据字节数组
08        private PacketType packetType;                                       //包类型
09        private LocalDateTime timestamp;                                     //时间戳
10        //构造函数
11        public MyPacket(String srcAddress, String destAddress, int srcPort, int destPort,
12            byte[] header, byte[] payload, PacketType packetType, LocalDateTime timestamp)
13    {
14            this.srcAddress = srcAddress;
15            this.destAddress = destAddress;
16            this.srcPort = srcPort;
17            this.destPort = destPort;
18            this.header = header;
19            this.payload = payload;
20            this.packetType = packetType;
21            this.timestamp = timestamp;
22        }
23        /**
24          * 由 Pcap4J 的 packet 构建 Sniffer 的 packet
25          * @param packet MyPacket to be converted
26          * @return 返回 TCPPacket 或 UDPPacket 或 null
27          */
28        static MyPacket fromPcapPacket(org.pcap4j.packet.Packet packet) {
29            if (packet.contains(IpV4Packet.class)) {                      //是 IP 包
30                IpV4Packet ipPacket = packet.get(IpV4Packet.class);
31                String srcAddr = ipPacket.getHeader().getSrcAddr().toString().replace("/", "");
32                String dstAddr = ipPacket.getHeader().getDstAddr().toString().replace("/", "");
33                LocalDateTime time = LocalDateTime.now();
34                if (ipPacket.contains(TcpPacket.class)) {                  //是 TCP 包
35                    TcpPacket tcpPacket = ipPacket.get(TcpPacket.class);
36                    byte[] payload = tcpPacket.getPayload() != null ?
37                        tcpPacket.getPayload().getRawData() : new byte[0];
38                    return new MyTcpPacket(srcAddr, dstAddr,
39                        tcpPacket.getHeader().getSrcPort().valueAsInt(),
40                        tcpPacket.getHeader().getDstPort().valueAsInt(),
41                        tcpPacket.getHeader().getRawData(),payload, time);
42                } else if (ipPacket.contains(UdpPacket.class)) { //是 UDP 包
43                    UdpPacket udpPacket = ipPacket.get(UdpPacket.class);
44                    byte[] payload = udpPacket.getPayload() != null ?
45                    udpPacket.getPayload().getRawData() : new byte[0];
46                    return new MyUdpPacket(srcAddr, dstAddr,
47                    udpPacket.getHeader().getSrcPort().valueAsInt(),
48                    udpPacket.getHeader().getDstPort().valueAsInt(),
49                    udpPacket.getHeader().getRawData(),payload, time);
50                }
51            }
52            return null;
53        }
54        public String getSrcAddress() {return srcAddress;}
```

```
55        public String getDestAddress() {return destAddress;}
56        public int getSrcPort() { return srcPort;}
57        public int getDestPort() {return destPort;}
58        public byte[] getHeader() {return header;}
59        public byte[] getPayload() {return payload;}
60        public PacketType getPacketType() {return packetType;}
61        public LocalDateTime getTimestamp() {return timestamp;}
62        public int getSize() {return header.length + payload.length;}
63        public enum PacketType {UDP, TCP}
64    }
```

程序8.4在MyPacket类的基础上，实现了TCP包和UDP包的构建，定义的两个类MyTcpPacket和MyUdpPacket使得程序具备更好的扩展性。

程序8.4　MyTcpPacket.java和MyUdpPacket.java

```
01    //TCP包的结构实现
02    public class MyTcpPacket extends MyPacket {
03        public MyTcpPacket(String srcAddress, String destAddress,
04            int srcPort, int destPort, byte[] header,
05            byte[] payload, LocalDateTime timestamp) {
06            super(srcAddress, destAddress, srcPort, destPort, header,
07            payload, PacketType.TCP, timestamp);
08        }
09    }
10    //UDP包的结构实现
11    public class MyUdpPacket extends MyPacket {
12        public MyUdpPacket(String srcAddress, String destAddress,
13             int srcPort, int destPort, byte[] header,
14             byte[] payload, LocalDateTime timestamp) {
15             super(srcAddress, destAddress, srcPort, destPort, header,
16             payload, PacketType.UDP, timestamp);
17        }
18    }
```

MyPacketCapture是捕获数据包的核心类，通过调用Pcap4J库中PcapHandle()、PacketListener()以及Packet的broadcastPacketReceived()方法，实现了抓包循环。

程序8.5　MyPacketCapture.java

```
01    //捕获包接口
02    public interface MyPacketListener {
03        void packetCaptured(MyPacket packet);
04    }
05    //捕获数据包类,提供了一系列处理方法
06    public class MyPacketCapture {
07        private Set<MyPacketListener> listeners = new HashSet<>();
08        private boolean capturing = false;                //抓包状态
09        private PcapNetworkInterface networkInterface;    //网络接口
10        private PcapHandle handle;
11        //根据给定网络接口地址创建抓包对象
```

```
12      public MyPacketCapture(InetAddress inetAddress) throws PcapNativeException {
13          networkInterface = Pcaps.getDevByAddress(inetAddress);
14      }
15      //为捕获的包注册侦听器
16      public void registerListener(MyPacketListener listener) {
17          listeners.add(listener);
18      }
19      //注销侦听器
20      public void unregisterListener(MyPacketListener listener) {
21          listeners.remove(listener);
22      }
23      //开始抓包,如果没有包,则阻塞等待
24      public void startCapturing() throws PcapNativeException, NotOpenException,
25        InterruptedException {
26          if (!capturing) {
27              capturing = true;
28              System.out.println("开始抓包...");
29              handle = networkInterface.openLive(65536,
30              PcapNetworkInterface.PromiscuousMode.PROMISCUOUS, 10);
31              PacketListener listener = packet -> broadcastPacketReceived(packet, handle);
32              handle.loop(-1, listener);
33          }
34      }
35      //停止抓包
36      public void stopCapturing() throws NotOpenException {
37          if (capturing) {
38              capturing = false;
39              System.out.println("停止抓包!");
40          }
41      }
42      //通过侦听器发布捕获的包
43      private void broadcastPacketReceived(org.pcap4j.packet.Packet packet, PcapHandle handle) {
44          if (capturing) {
45              MyPacket snifferPacket = MyPacket.fromPcapPacket(packet);
46              if (snifferPacket != null) {                    //是 TCP 包或 UDP 包
47                  for (MyPacketListener listener : listeners) {
48                      listener.packetCaptured(snifferPacket);
49                  } //end for
50              } //end if
51          } //end if
52      } //end broadcastPacketReceived
53  } //end class
```

8.6 包过滤器

过滤器的作用是按照指定规则显示已经捕获的数据包。本章案例定义了八个与过滤规则相关的类,其功能描述如表 8.3 所示,这些类定义在如图 8.20 所示的 cn.edu.ldu.sniffer.filter 中。

表 8.3　与过滤规则相关的类

类 名 称	功 能 简 述
Filter	过滤器接口
FieldFilter	检查过滤器字符串格式是否正确
InvalidFilterException	过滤器字符串格式异常
NotFilter	“否”逻辑解析
AndFilter	“与”逻辑解析
OrFilter	“或”逻辑解析
Filters	过滤器解析类,实现逻辑字符串解析方法
PacketList	数据包列表类,实现了添加新包和过滤数据包方法

表 8.3 列出的八个类的具体实现请参见程序 8.6 和程序 8.7。

程序 8.6 定义的 Filter、FieldFilter、InvalidFilterException、NotFilter、AndFilter、OrFilter 和 Filters 七个类,共同实现包过滤器逻辑。

程序 8.6　包过滤器,由 Filter、FieldFilter、InvalidFilterException、NotFilter、AndFilter、OrFilter、Filters 七个类实现

```
01  //过滤器接口
02  public interface Filter {
03      boolean matches(MyPacket packet);
04  }
05  //检查过滤器字符串格式是否正确
06  class FieldFilter implements Filter {
07      private String filterName;
08      private String filterValue;
09      FieldFilter(String filterString) throws InvalidFilterException {
10          String[] parts = filterString.split("=");
11          if (parts.length != 2) {
12              throw new InvalidFilterException("过滤器字符串: " + filterString + " 格式
                不正确!");
13          }
14          filterName = parts[0].trim();
15          filterValue = parts[1].trim();
16      }
17      @Override
18      public boolean matches(MyPacket p) {
19          switch (filterName) {
20              case "srcaddr":
21                  return p.getSrcAddress().equalsIgnoreCase(filterValue);
22              case "destaddr":
23                  return p.getDestAddress().equalsIgnoreCase(filterValue);
24              case "srcport":
25                  return Integer.toString(p.getSrcPort()).equalsIgnoreCase(filterValue);
26              case "destport":
27                  return Integer.toString(p.getDestPort()).equalsIgnoreCase(filterValue);
28              case "type":
29                  return p.getPacketType().name().equalsIgnoreCase(filterValue);
30              case "length":
```

```
31                  return Integer.toString(p.getSize()).equalsIgnoreCase(filterValue);
32              default:
33                  return false;
34          } //end switch
35      } //end matches
36  } //end class
37  //过滤器字符串格式异常
38  public class InvalidFilterException extends Exception {
39      InvalidFilterException(String message) {
40          super(message);
41      }
42  }
43  //"否"逻辑解析
44  public class NotFilter implements Filter {
45      private Filter filter;
46      NotFilter(Filter filter) {
47          this.filter = filter;
48      }
49      @Override
50      public boolean matches(MyPacket packet) {
51          return !filter.matches(packet);
52      }
53  }
54  //"与"逻辑解析
55  public class AndFilter implements Filter {
56      private Filter field1;
57      private Filter field2;
58      AndFilter(Filter field1, Filter field2) {
59          this.field1 = field1;
60          this.field2 = field2;
61      }
62      @Override
63      public boolean matches(MyPacket packet) {
64          return field1.matches(packet) && field2.matches(packet);
65      }
66  }
67  //"或"逻辑解析
68  public class OrFilter implements Filter {
69      private Filter leftSide;
70      private Filter rightSide;
71      OrFilter(Filter leftSide, Filter rightSide) {
72          this.leftSide = leftSide;
73          this.rightSide = rightSide;
74      }
75      @Override
76      public boolean matches(MyPacket packet) {
77          return leftSide.matches(packet) || rightSide.matches(packet);
78      }
79  }
80  //过滤器逻辑字符串解析类
81  public class Filters {
```

```
82        private final static List<String> FILTER_WORDS = Arrays.asList("and", "or");
83        private Filters() {
84        }
85        //过滤器字符串解析
86        public static Filter parseFilter(String filterString) throws InvalidFilterException {
87            if (filterString.isEmpty()) {
88                throw new IllegalArgumentException("过滤字符串不能为空!");
89            }
90            filterString = filterString.toLowerCase().trim();
91            boolean leftSideNegate = false;
92            Filter leftSide = null;
93            if (filterString.startsWith("not")) {
94                leftSideNegate = true;
95                filterString = filterString.replaceFirst("not", "").trim();
96            }
97            //以左括号开始
98            if (filterString.startsWith("(")) {
99                String clause = getClauseBetweenParenthesis(filterString);
100               leftSide = parseFilter(clause);              //解析括号里的内容
101               if (leftSideNegate) {
102                   leftSide = new NotFilter(leftSide);
103               }
104               int rightSideStartIndex = filterString.indexOf(clause) +
105               clause.length() + 2;                          //+ 2 跳过左右括号
106               if (rightSideStartIndex <= filterString.length() - 1) {
107                   filterString = filterString.substring(rightSideStartIndex);
108               } else {                                      //解析结束
109                   return leftSide;
110               }
111           }
112           String[] parts = filterString.split(" ");
113           for (int i = 0; i < parts.length; i++) {
114               String part = parts[i];
115               if (FILTER_WORDS.contains(part)) {
116                   if (leftSide == null) {
117                       leftSide = parseFilter(joinParts(parts, 0, i));
118                       if (leftSideNegate) {
119                           leftSide = new NotFilter(leftSide);
120                       }
121                   }
122                   Filter rightSide = parseFilter(joinParts(parts, i + 1, parts.length));
123                   switch (part) {
124                       case "and":
125                           return new AndFilter(leftSide, rightSide);
126                       case "or":
127                           return new OrFilter(leftSide, rightSide);
128                   }
129               }
130           }
131           return leftSideNegate ? new NotFilter(new FieldFilter(filterString)) :
132                 new FieldFilter(filterString);
```

```
133     }
134     private static String joinParts(String[] parts, int startIndex, int endIndex) {
135         StringBuilder sb = new StringBuilder();
136         for (int i = startIndex; i < endIndex; i++) {
137             sb.append(parts[i]).append(" ");
138         }
139         return sb.toString().trim();
140     }
141     static String getClauseBetweenParenthesis(String string) throws InvalidFilterException {
142         if (string.isEmpty()) {
143             throw new IllegalArgumentException("被解析字符串为空!");
144         }
145         if (string.charAt(0) != '(') {
146             throw new IllegalArgumentException("字符串不以'('开始");
147         }
148         int openParenthesis = 0;
149         for (int i = 0; i < string.length(); i++) {
150             if (string.charAt(i) == ')') {
151                 openParenthesis--;
152                 if (openParenthesis == 0) {
153                     return string.substring(1, i);
154                 }
155             }
156             if (string.charAt(i) == '(') {
157                 openParenthesis++;
158             }
159         }
160         throw new InvalidFilterException("括号内字符串解析出现错误!");
161     }
162 } //end class
```

程序 8.7 实现了数据包列表定义,实现了添加新包和过滤数据包方法,可以根据过滤规则重构列表。

程序 8.7　数据包列表类 PacketList.java

```
01 public class PacketList {
02     private List<MyPacket> packets;
03     public PacketList(List<MyPacket> packets) {
04         this.packets = packets;
05     }
06     public PacketList() {
07         this.packets = new ArrayList<>();
08     }
09     public void addPacket(MyPacket packet) {
10         if (packet == null) {
11             throw new IllegalArgumentException("试图向列表中加入空包!");
12         }
13         packets.add(packet);
14     }
15     /** 过滤规则: srcaddr = 127.0.0.1
16      *           destaddr = 127.0.0.1
```

```
17          *           srcport =
18          *           destport =
19          *           type =
20          *           length =
21          * 或者匹配上述字段值的一部分内容 * /
22      public PacketList filter(String filterString) {
23          //包含 = 的情况
24          if (filterString.contains(" = ")) {
25              try {
26                  Filter filter  =  Filters.parseFilter(filterString);
27                  return new PacketList(packets.stream()
28                      .filter(filter::matches).collect(Collectors.toList()));
29              } catch (InvalidFilterException e) {
30                  JOptionPane.showMessageDialog(null, "错误提示",
31                  "过滤器语法错误", JOptionPane.ERROR_MESSAGE);
32                  return null;
33              }
34          }
35          //匹配字段的情况
36          return new PacketList(packets.stream()
37              .filter(p  -> anyFieldContains(p, filterString))
38              .collect(Collectors.toList()));
39      }
40      //根据包各部分结构模糊匹配
41      private boolean anyFieldContains(MyPacket p, String filter) {
42          return p.getSrcAddress().contains(filter)
43              || p.getDestAddress().contains(filter)
44              || Integer.toString(p.getSrcPort()).contains(filter)
45              || Integer.toString(p.getDestPort()).contains(filter)
46              || p.getPacketType().name().contains(filter);
47      }
48      public List<MyPacket> getPackets() {
49          return packets;
50      }
51  }
```

8.7 自定义显示类

用户主界面上所有控件的布局和属性设计，包括菜单、工具栏、表格、树、文本框、状态栏等已经在8.3节完成。本节在前面工作的基础上，完成以下三项设计：

(1) InterfaceWindow 类，显示网络接口，如程序8.8所示。

(2) PacketTable 类，用表格显示捕获的数据包，如程序8.9所示。

(3) PacketDetail 类和 PacketTree 类，用树和文本区域显示包明细信息，如程序8.10所示。

InterfaceWindow 类定义一个新窗体，以单选按钮组的形式显示所有可用的网络接口。用户选择一个接口，单击“确定”按钮后将地址更新至父类的 address 变量中。

程序 8.8　InterfaceWindow.java 类,显示网络接口列表

```
01  public class InterfaceWindow extends JFrame {
02      private Main parent;
03      private InetAddress selectedAddress;
04      private Map<NetworkInterface, List<InetAddress>> addressMap;
05      public InterfaceWindow(Main parent, InetAddress selectedAddress) throws SocketException {
06          this.addressMap = MyNetworkInterface.getIpv4AddressMap();
07          this.selectedAddress = selectedAddress;
08          this.parent = parent;
09          setMinimumSize(new Dimension(400, 150));
10          setTitle("选择希望抓包的网络接口");
11          setDefaultCloseOperation(JFrame.DISPOSE_ON_CLOSE);
12          setLayout(new BorderLayout());
13          createAddressSelector();
14          createSubmitButtons();
15      }
16     //生成和显示地址列表
17      private void createAddressSelector() {
18          JPanel selectPanel = new JPanel();
19          selectPanel.setLayout(new BoxLayout(selectPanel, BoxLayout.PAGE_AXIS));
20          ButtonGroup buttonGroup = new ButtonGroup();
21          for (NetworkInterface nif : addressMap.keySet()) {
22              for (InetAddress address : addressMap.get(nif)) {
23                  JPanel addressPanel = new JPanel();
24                  addressPanel.setAlignmentX(Component.LEFT_ALIGNMENT);
25                  addressPanel.setLayout(new BoxLayout(addressPanel, BoxLayout.LINE_AXIS));
26                  addressPanel.setBorder(BorderFactory.createEmptyBorder(5, 5, 5, 5));
27                  JRadioButton radioButton = new JRadioButton(nif.getDisplayName());
28                  if (address.equals(selectedAddress)) {
29                      radioButton.setSelected(true);
30                  }
31                  radioButton.addActionListener((a) -> selectedAddress = address);
32                  buttonGroup.add(radioButton);
33                  addressPanel.add(radioButton);
34                  addressPanel.add(new JLabel(address.getHostAddress()));
35                  selectPanel.add(addressPanel);
36              }
37          }
38          getContentPane().add(selectPanel, BorderLayout.NORTH);
39      }
40      //"确定"按钮将地址传送至父类并关闭窗口,"取消"按钮则只是关闭窗口
41      private void createSubmitButtons() {
42          JPanel buttonPanel = new JPanel();
43          buttonPanel.setLayout(new GridLayout(1, 2));
44          JButton okBtn = new JButton("确定");
45          okBtn.addActionListener((a) -> {
46              parent.updateAddress(selectedAddress);
47              dispose();
48          });
49          JButton cancelBtn = new JButton("取消");
```

```
50          cancelBtn.addActionListener((a) -> dispose());
51          buttonPanel.add(okBtn);
52          buttonPanel.add(cancelBtn);
53          getContentPane().add(buttonPanel, BorderLayout.SOUTH);
54      }
55  }
```

PacketTable类在表格控件中显示捕获的所有包,也可以根据过滤规则显示满足过滤条件的数据包。

程序8.9　PacketTable类,用表格显示捕获的数据包

```
01  public class PacketTable {
02      private Main parent;
03      private PacketList allPackets = new PacketList();       //所有包
04      private PacketList filterPackets = allPackets;          //过滤包
05      private DefaultTableModel tableModel;                   //表格数据模型
06      private final String[] tableColumns = new String[]{"编号","时间序列", "源地址",
07          "源端口","目标地址", "目标端口", "协议", "长度"};
08      public PacketTable(Main parent) {
09          if(parent!= null) {
10              this.parent = parent;
11              //初始化表格
12              tableModel = (DefaultTableModel) this.parent.table.getModel();
13              updateModel(filterPackets);
14              this.parent.table.setSelectionMode(ListSelectionModel.SINGLE_SELECTION);
15              this.parent.table.getSelectionModel()
16                  .addListSelectionListener((e) -> {
17                  if (filterPackets.getPackets().size()> 0) {
18                      int rowIndex = this.parent.table.getSelectedRow();
19                      if (rowIndex == -1) {return;}
20                      if (filterPackets.getPackets().size() > rowIndex) {
21                          this.parent.analyzingPacket(filterPackets
22                              .getPackets().get(rowIndex));
23                      } //end if
24                  } //end if
25              });
26          } //end if
27      }
28      //向表格中追加一行新包
29      public void addPacket(MyPacket packet) {
30          allPackets.addPacket(packet);
31          tableModel.addRow(createRow(packet));
32      }
33      //根据过滤规则更新过滤包列表和表格数据模型
34      public void filterPacketList(String filter) {
35          if (filter.isEmpty()) {
36              filterPackets = allPackets;
37          } else {
38              filterPackets = allPackets.filter(filter);
39          }
40          if (filterPackets!= null)
```

```
41                updateModel(filterPackets);
42        }
43        public void resetFilter() {
44            allPackets = new PacketList();
45            filterPackets = allPackets;
46            updateModel(filterPackets);
47        }
48        public PacketList getFilterPackets() {
49            return filterPackets;
50        }
51        //设置包列表,更新表格数据模型
52        public void setPacketList(PacketList packetList) {
53            allPackets = packetList;
54            filterPackets = allPackets;
55            updateModel(filterPackets);
56        }
57        //更新表格数据模型
58        private void updateModel(PacketList packets) {
59            Object[][] rows = packetListToObjectArray(packets);
60            tableModel.setDataVector(rows, tableColumns);
61        }
62        //将包列表转换为二维对象列表
63        private Object[][] packetListToObjectArray(PacketList packetList) {
64            Object[][] rows = new Object[packetList.getPackets().size()][tableColumns.length];
65            for (int i = 0; i < rows.length; i++) {
66                MyPacket p = packetList.getPackets().get(i);
67                rows[i] = createRow(p);
68            }
69            return rows;
70        }
71        //根据表格结构将包转化为一维数组
72        private Object[] createRow(MyPacket p) {
73            Main.order++;
74            return new Object[]{Main.order,p.getTimestamp(), p.getSrcAddress(), p.getSrcPort(),
75            p.getDestAddress(), p.getDestPort(), p.getPacketType().name(), p.getSize()};
76        }
77    }
```

程序 8.10 PacketDetail 类和 PacketTree 类,用树和文本区域显示包明细信息

```
01    public class PacketDetail extends JTree {
02        public MyPacket packet;
03        public String packetHeader,packetData;
04        public String[] frameData = {"物理层(Frame): ","大小"};
05        public String[] ethernetData = {"数据链路层(Ethernet II): "};
06        public String[] ipv4Data = {"网络层(IPv4): ","源地址","目标地址"};
07        public String[] fourthData = {"传输层(TCP/UDP): ","类型","源端口","目标端口"};
08        public PacketDetail(MyPacket packet) {
09            if (packet!= null) {
10                this.packet = packet;
11                renderDetail();
```

```
12            }
13
14        }
15        //获取包的详细信息
16        private void renderDetail() {
17            packetHeader = byteArrayToHexString(packet.getHeader());
18            packetData = byteArrayToHexString(packet.getPayload());
19
20            frameData[1] = "Frame 大小: " + packet.getSize();
21            ipv4Data[1] = "源地址: " + packet.getSrcAddress();
22            ipv4Data[2] = "目标地址: " + packet.getDestAddress();
23            fourthData[1] = "协议类型: " + packet.getPacketType().name();
24            fourthData[2] = "源端口: " + packet.getSrcPort();
25        fourthData[3] = "目标端口: " + packet.getDestPort();
26        }
27        //字节数组转换为十六进制字符串
28        private String byteArrayToHexString(byte[] bytes) {
29            StringBuilder builder = new StringBuilder(bytes.length * 2);
30            int i = 0;
31            for (byte b : bytes) {
32                builder.append(String.format("%02x", b & 0xff));
33                i++;
34                switch (i) {
35                    case 8:
36                        builder.append(" ");
37                        break;
38                    case 16:
39                        i = 0;
40                        builder.append("\n");
41                        break;
42                    default:
43                        builder.append(" ");
44                        break;
45                }
46            }
47            return builder.toString();
48        }
49    }
50    public class PacketTree {
51        private Main parent;
52        private PacketDetail packetDetail;
53        DefaultMutableTreeNode root, child;
54        DefaultTreeModel treeModel;
55        public PacketTree(Main parent,PacketDetail packetDetail) {
56            this.parent = parent;
57            this.packetDetail = packetDetail;
58            if (this.packetDetail != null) {
59                renderTree();
60                renderBytes();
61            }
62        }
```

```
63      private void renderTree() {
64          treeModel = (DefaultTreeModel)parent.tree.getModel();
65          root = (DefaultMutableTreeNode)treeModel.getRoot();
66          root.removeAllChildren();
67          child = new Branch(packetDetail.frameData).node();      //Frame 子节点
68          treeModel.insertNodeInto(child, root, 0);
69          child = new Branch(packetDetail.ethernetData).node(); //Ethernet II 子节点
70          treeModel.insertNodeInto(child, root, 0);
71          child = new Branch(packetDetail.ipv4Data).node();      //IPv4 子节点
72          treeModel.insertNodeInto(child, root, 0);
73          child = new Branch(packetDetail.fourthData).node();   //传输层子节点
74          treeModel.insertNodeInto(child, root, 0);
75          treeModel.reload();
76      }
77      private void renderBytes() {
78          parent.packetBytes.setText("");
79          parent.packetBytes.setText("包头部: \n" + packetDetail.packetHeader + "\n");
80          parent.packetBytes.append("数据部分: \n" + packetDetail.packetData + "\n");
81      }
82      //定义树的分支节点
83      class Branch {
84      DefaultMutableTreeNode node;
85      public Branch(String[] data) {
86              node = new DefaultMutableTreeNode(data[0]);
87              for (int i = 1; i < data.length; i++)
88                  node.add(new DefaultMutableTreeNode(data[i]));
89      }
90      public DefaultMutableTreeNode node() {                        //返回节点
91              return node;
92      }
93      } //end class Branch
94  } //end class PacketTree
```

8.8 文件操作

文件操作设计了三个类,功能设计如下:

(1) FileExporter 类,保存包文件,将数据包序列化为字符串后保存到文本文件中,如程序 8.11 所示。

(2) FileImporter 类,打开包文件,将文件中的字符串还原为包的结构在列表中显示,如程序 8.12 所示。

(3) MalformedDataException 类,数据包结构不完整时的异常类,如程序 8.11 所示。

FileExporter 类导出包列表中的包到文本文件,以分号分隔各字段值。

程序 8.11 FileExporter 类和 MalformedDataException 类

```
01  public class FileExporter {
02      public void exportToFile(String filepath, PacketList packetList) throws IOException {
03          PrintWriter writer = new PrintWriter(filepath, "UTF-8");
```

```
04          for (MyPacket packet : packetList.getPackets()) {
05              String line = serializePacket(packet);
06              writer.println(line);
07          }
08          writer.close();
09      }
10      //用分号分隔包的各字段,返回一个单行字符串
11      private String serializePacket(MyPacket packet) {
12          try {
13              return String.format("%s;%s;%s;%s;%s;%s;%s;%s",
14                  packet.getPacketType(),
15                  packet.getTimestamp(),
16                  packet.getSrcAddress(),
17                  packet.getSrcPort(),
18                  packet.getDestAddress(),
19                  packet.getDestPort(),
20                  Arrays.toString(packet.getHeader()).replace(" ", ""),
21                  Arrays.toString(packet.getPayload())).replace(" ", "");
22          } catch (NullPointerException e) {
23              System.out.println(packet);
24              return null;
25          } //end try
26      } //end serializePacket
27  } //end class
28  //包结构不完整时抛出异常
29  public class MalformedDataException extends Exception {
30      public MalformedDataException(String message) {
31          super(message);
32      }
33      public MalformedDataException(String message, Throwable cause) {
34          super(message, cause);
35      }
36  }
```

程序 8.12　FileImporter 类,打开包文件

```
01  public class FileImporter {
02      //导入的包存放到列表中
03      public PacketList readFromFile(String filepath) throws IOException,MalformedDataException {
04          PacketList packetList = new PacketList();
05          BufferedReader br = null;
06          try {
07              FileReader fr = new FileReader(filepath);
08              br = new BufferedReader(fr);
09              String line = br.readLine();
10              while (line != null) {
11                  packetList.addPacket(parsePacket(line));
12                  line = br.readLine();
13              }
14          } catch (IOException e) { throw e;
```

```
15            } catch (Exception e) { throw new MalformedDataException("导入包失败!", e);
16            } finally {
17                if (br != null) { br.close();}
18            }
19            return packetList;
20        }
21        //将单行字符串解析成包结构
22        private MyPacket parsePacket(String line) {
23            String[] parts = line.split(";");
24            MyPacket.PacketType type = parts[0].equals("TCP") ? MyPacket.PacketType.TCP :
25    MyPacket.PacketType.UDP;
26            LocalDateTime time = LocalDateTime.parse(parts[1]);
27            String srcAddr = parts[2];
28            int srcPort = Integer.parseInt(parts[3]);
29            String destAddr = parts[4];
30            int destPort = Integer.parseInt(parts[5]);
31            byte[] header = parseByteArray(parts[6]);
32            byte[] payload = parseByteArray(parts[7]);
33            if (type == MyPacket.PacketType.TCP) {
34                return new MyTcpPacket(srcAddr, destAddr, srcPort,
35                    destPort, header, payload, time);
36            } else {
37                return new MyUdpPacket(srcAddr, destAddr, srcPort,
38                    destPort, header, payload, time);
39            }
40        }
41        //字符串还原为字节数组
42        private byte[] parseByteArray(String array) {
43            String[] parts = array.split(",");
44            //如果 string = [],返回空数组
45            if (parts.length == 1) {
46                return new byte[0];
47            }
48            byte[] bytes = new byte[parts.length];
49            for (int i = 0; i < parts.length; i++) {
50                String stringByte = parts[i].replace("[", "").replace("]", "");  //去掉[]
51                bytes[i] = Byte.parseByte(stringByte);
52            }
53            return bytes;
54        }
55    }
```

8.9 主程序逻辑设计

经过前面各项设计之后,完成的 Sniffer 模块的项目组织结构如图 8.23 所示。本节完成 Main.java 的主控逻辑设计如程序 8.13 所示。

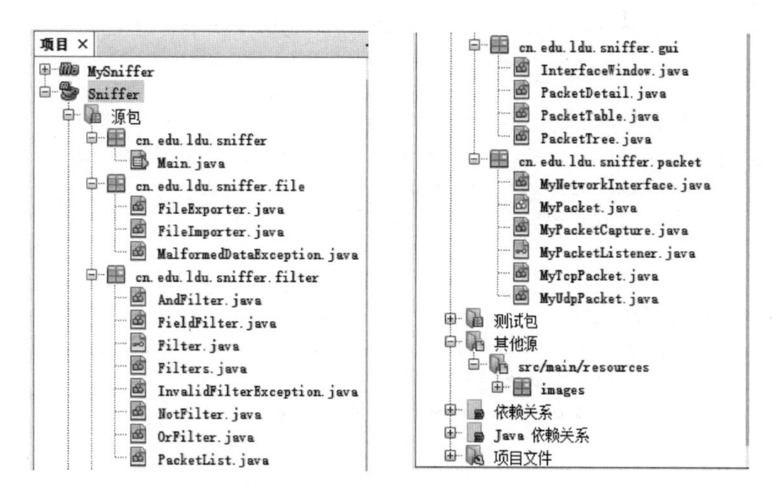

图 8.23 完成的 Sniffer 模块的项目组织结构

程序 8.13 程序主类 Main.java

```
01 public class Main extends javax.swing.JFrame {
02     private InetAddress address;
03     private PacketDetail packetDetail;                    //包明细
04     private JFileChooser fileChooser = null;              //文件对话框
05     private MyPacketCapture packetCapture;                //抓包类
06     private PacketTable packetTable;                      //显示数据包列表
07     private PacketTree packetTree;                        //显示包明细
08     private Thread captureThread;                         //抓包线程
09     private FileImporter fileImporter = new FileImporter();//打开文件
10     private FileExporter fileExporter = new FileExporter();//保存文件
11     public static int order = 0;                          //当前包的序号
12     public Main() {                                       //构造函数
13         initComponents();                 //初始化主界面控件,编码由 NetBeans 自动生成
14         //设定文件默认目录
15         fileChooser = new JFileChooser();
16         if (System.getProperty("user.home") != null &&
17         !System.getProperty("user.home").isEmpty()) {
18             fileChooser.setCurrentDirectory(new File(System.getProperty("user.home")));
19         }
20         packetTable = new PacketTable(this);              //初始化表格
21         packetDetail = new PacketDetail(null);            //初始化包明细
22         packetTree = new PacketTree(this,null);           //初始化包明细显示树和文本框
23     } //end Main
24     …
25         //设置抓包地址
26         public void updateAddress(InetAddress address) {
27             this.address = address;
28         }
29         //在树形窗口和 bytes 窗口显示选定包的详细信息
30         public void analyzingPacket(MyPacket packet) {
31             if (packetDetail.packet != packet) {
32                 packetDetail = new PacketDetail(packet);
```

```
33                  packetTree = new PacketTree(this,packetDetail);
34              }
35          }
36          //退出程序
37          private void quitActionPerformed(java.awt.event.ActionEvent evt) {
38              if (captureThread != null) {
39                  captureThread.interrupt();
40              }
41          }
42          //关闭程序之前
43          private void formWindowClosing(java.awt.event.WindowEvent evt) {
44              if (captureThread != null) {
45                  captureThread.interrupt();
46              }
47          }
48          //工具栏:开始抓包
49          private void btnStartActionPerformed(java.awt.event.ActionEvent evt) {
50              lblStatus.setText("正在捕获数据包,请耐心等候...");
51              btnStart.setEnabled(false);
52              order = 0;
53               DefaultTableModel tableModel = (DefaultTableModel)table.getModel();
54              while(tableModel.getRowCount()>0){
55                  tableModel.removeRow(tableModel.getRowCount() - 1);
56              }
57              table.setModel(tableModel);
58              packetTable.resetFilter();
59              packetDetail = new PacketDetail(null);
60              packetTree = new PacketTree(this,null);
61              if (address == null) {
62                  showMessage("请先指定网卡地址!");
63                  btnStart.setEnabled(true);
64                  return;
65              }
66              if (packetCapture == null) {
67                  try {
68                      packetCapture = new MyPacketCapture(address);
69                      packetCapture.registerListener((packet) -> packetTable.addPacket(packet));
70                  } catch (PcapNativeException ex) {
71                      showError(ex);
72                  }
73              }
74              captureThread = new Thread(() -> {
75                  try {
76                      packetCapture.startCapturing();
77                  } catch (PcapNativeException | NotOpenException | InterruptedException ex) {
78                      showError(ex);
79                  }
80              });
81              captureThread.start();
82              btnStop.setEnabled(true);
83          }
```

```
84          //工具栏：停止抓包
85          private void btnStopActionPerformed(java.awt.event.ActionEvent evt) {
86              btnStop.setEnabled(false);
87              try {
88                  packetCapture.stopCapturing();
89                  captureThread.interrupt();
90                  captureThread = null;
91              } catch (NotOpenException ex) {
92                  showError(ex);
93              }
94              packetCapture = null;
95              btnStart.setEnabled(true);
96              lblStatus.setText("当前捕获数据包工作已结束!");
97          }
98          //菜单项：选择网络接口
99          private void setInterfaceActionPerformed(java.awt.event.ActionEvent evt) {
100             lblStatus.setText("请选择希望抓包的网络接口...");
101             showInterfaceWindow();
102         }
103         //菜单项：保存文件
104         private void saveFileActionPerformed(java.awt.event.ActionEvent evt) {
105             int returnVal = fileChooser.showSaveDialog(this);
106             if (returnVal == JFileChooser.APPROVE_OPTION) {
107                 File file = fileChooser.getSelectedFile();
108                 try {
109                     fileExporter.exportToFile(file.getAbsolutePath(),
110                     packetTable.getFilterPackets());
111                 } catch (IOException e) {
112                     showError(e);
113                 }
114             }
115             lblStatus.setText("文件保存完成!");
116         }
117         //菜单项：打开文件
118         private void openFileActionPerformed(java.awt.event.ActionEvent evt) {
119             order = 0;
120             int returnVal = fileChooser.showOpenDialog(this);
121             if (returnVal == JFileChooser.APPROVE_OPTION) {
122                 File file = fileChooser.getSelectedFile();
123                 try {
124                     PacketList packets = fileImporter.readFromFile(file.getAbsolutePath());
125                     packetTable.setPacketList(packets);
126                 } catch (IOException | MalformedDataException e) {
127                     showError(e);
128                 }
129             }
130             lblStatus.setText("文件已打开!");
131         }
132         //工具栏：打开文件
```

```
133         private void btnOpenFileActionPerformed(java.awt.event.ActionEvent evt) {
134             openFileActionPerformed(evt);
135         }
136         //工具栏：保存文件
137         private void btnSaveFileActionPerformed(java.awt.event.ActionEvent evt) {
138             saveFileActionPerformed(evt);
139         }
140         //菜单项：开始抓包
141         private void startActionPerformed(java.awt.event.ActionEvent evt) {
142             btnStartActionPerformed(evt);
143         }
144         //菜单项：停止抓包
145         private void stopActionPerformed(java.awt.event.ActionEvent evt) {
146             btnStopActionPerformed(evt);
147         }
148         //设置过滤规则生效
149         private void btnFilterActionPerformed(java.awt.event.ActionEvent evt) {
150             packetTable.filterPacketList(txtFilter.getText());
151             lblStatus.setText("过滤器规则生效...");
152         }
153         //关于
154         private void aboutActionPerformed(java.awt.event.ActionEvent evt) {
155           JOptionPane.showMessageDialog(null, "设计：董相志\n@版权所有：2017 - 2018\n",
156               "关于 Sniffer...", JOptionPane.INFORMATION_MESSAGE);
157         }
158         //显示网络接口列表
159         private void showInterfaceWindow() {
160             try {
161                 JFrame nifWindow = new InterfaceWindow(this, address);
162                 nifWindow.setLocationRelativeTo(this);
163                 nifWindow.setVisible(true);
164             } catch (SocketException e) {
165                 showError(e);
166             }
167         }
168         //正常消息提示
169         private void showMessage(String message) {
170             JOptionPane.showMessageDialog(this, message);
171         }
172         //异常提示
173         private void showError(Throwable e) {
174             showMessage("错误消息：" + e.getClass().toString() + "：" + e.getMessage());
175         }
176         public static void main(String args[]) {
177         //只需修改窗体显示风格,将 Nimbus 改为 Windows Classic
178         }
179         …//其他由 NetBeans 自动生成的控件定义和初始化编码省略
180 } //end class Main
```

8.10 小　　结

本章案例实现的网络抓包和协议分析程序相对简单。准确理解 Pcap4J 库中相关类的工作关系，是理解抓包逻辑的关键。Pcap4J 提供了两种抓包模式，一种为静态工厂模式，一种为属性工厂模式，两种工作模式的抓包逻辑是相似的，如图 8.24 所示给出的是静态工厂模式。

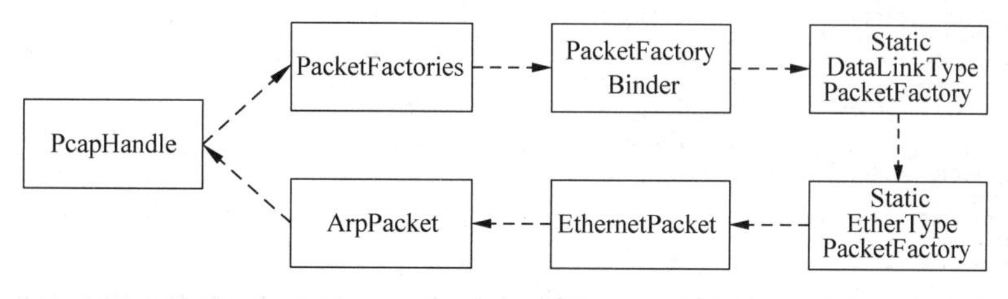

图 8.24　Pcap4J 抓包的基本逻辑

PcapHandle 是 Pcap4J 库中定义的抓包入口类，PcapHandle 从网络接口上返回一个抓包实例，但要真正捕获 ArpPacket 类型的包，需要借助一系列中间类。对数据包展开协议分析工作，正是建立在如图 8.24 所示的抓包基础上，无论是抓包还是分析包，可以参阅 Pcap4J 中所带的 Sample 样例库，更多介绍请参阅 Pcap4J 类库中的静态工厂模式和属性工厂模式。

8.11　实验 8：WireShark 与 Sniffer

1. 实验目的

(1) 理解掌握网络抓包原理。

(2) 理解掌握数据包协议分析技术。

(3) 参照 WireShark 改进 Sniffer 设计。

2. 实验内容

(1) 用 WireShark 与本章完成的 Sniffer，在同一网络接口上，抓取同样实验环境的数据包，做比较分析。

(2) 登录 WireShark 抓包样例学习网站(网址 http://wiresharkbook.com/studyguide.html)下载样例包，进行 TCP、UDP、ICMP、HTTP 等协议分析。

(3) 用前面几章案例作为通信数据源，进行抓包分析。

3. 实验方法与步骤

(1) 用样例文件作为学习手段。除了在主机环境下实时抓取网络数据包，用 WireShark 样例文件学习也是一个很好的选择。在 chap08 目录的“实验报告”文件夹中，有几个从 WireSharkbook.com 网站上下载的样例文件，其中的 ARPExample.pcapng 文件直观地展示了 ARP 包的结构与工作原理，如图 8.25 所示。

(2) 用过滤器对指定包进行研究。面对海量的数据包，WireShark 的过滤器功能非常强大，只要过滤规则组合得当，可以迅速定位到希望重点观察的数据包，包括捕获用户的非

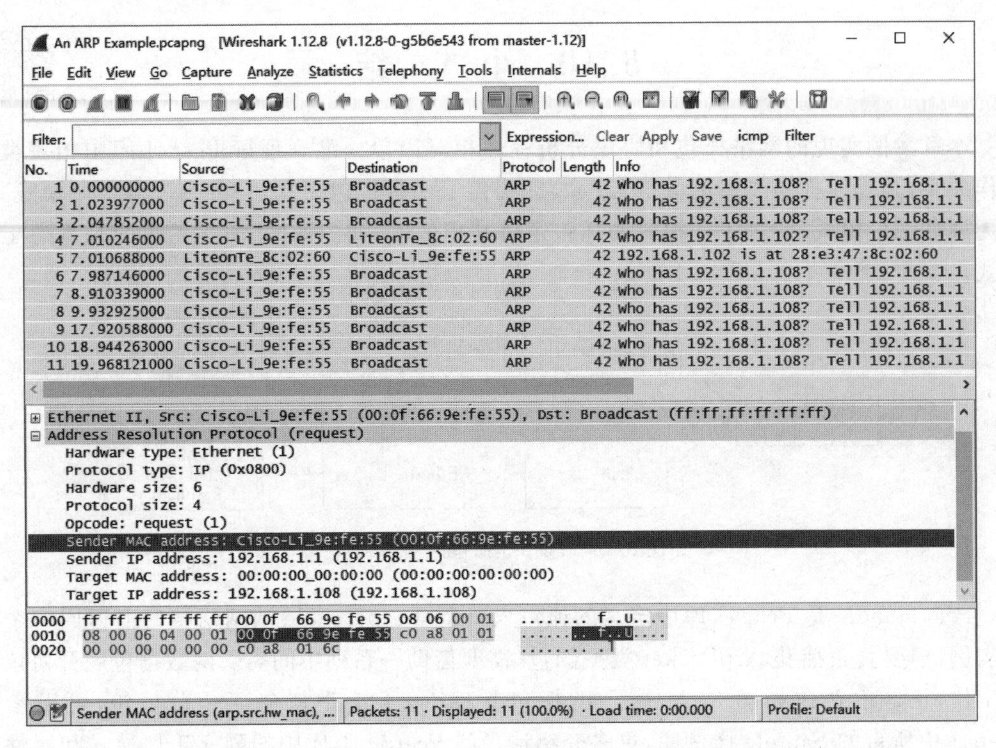

图 8.25 用 WireShark 学习 ARP 包结构与 ARP 协议工作原理

加密账号和密码等。

4. 边实验边思考

对照 WireShark 的强大分析能力,试对本章案例做出探索性改进。有时创造新事物本身,即是更好的研究方法。

5. 撰写实验报告

根据实验情况,撰写实验报告,简明扼要记录实验过程、实验结果,提出实验问题,做出实验分析。

8.12 习 题 8

1. 什么是网络抓包? 网络抓包的意义是什么?
2. 什么是包协议分析? 协议分析的原理是什么?
3. 除了 WireShark,还有哪些抓包软件比较有名?
4. 列举一些你所了解的网络抓包应用。
5. 在抓包实践方面,OSI 参考模型与 TCP/IP 协议模型各有什么指导意义?
6. 请根据图 8.11 给出的 TCP 头部结构,定义一个 TCPPacket 类。
7. 请根据图 8.12 给出的 IP 头部结构,定义一个 IPPacket 类。
8. 查找资料,根据 UDP 包、ARP 包、Ethernet II 包的基本结构,定义相应的 Packet 类。
9. libpcap、WinPcap、Npcap 三种网络抓包各适用何种场合?
10. 面向 Java 的网络抓包库有哪些? 各有什么特点?

11. 本章案例使用 Maven 组织项目，Maven 的特点是什么？ pom. xml 文件的作用是什么？

12. 捕获网络接口时使用的是 java. net. NetworkInterface 类，并没有使用 Pcap4J 中的 API，为什么？

13. Pcap4J 库中 PcapHandle 类和 Packet 类之间的关系是什么？

14. 请参照图 8.23 给出的 Sniffer 项目结构以及各个类的定义，描绘 Sniffer 项目的整体类图。

15. 本章案例将 Pcap4J 作为一个独立模块导入到项目中，请描述需要如何修改 Sniffer 的 pom. xml 文件，以实现对 Pcap4J 的依赖关系。

16. 本章案例中的过滤器对捕获完成的数据包可以有效过滤，请修改本章案例程序，使得在捕获数据包过程中也有效，即按照指定规则去捕获数据包。

17. 本章案例在分层显示包的结构明细时，没有 Ethernet 层的信息，如何改进程序，使得能够解析包的 Mac 地址？

18. 请改进本章案例设计，仿照 WireShark 的样式，在用十六进制字符显示包的原始数据时，也能同步显示每个字节的字符信息。

19. 本章案例只定义了 TCP 和 UDP 两种包类型，请拓展其应用，尝试增加 ICMP、DNS、HTTP 等包类型并进行解析。

20. 深入探究 Pcap4J 的类库，仿照 WireShark 格式，改进本章案例设计，更为详尽地解析数据包各层协议内涵。

21. 模仿 WireShark 的 Follow TCP Stream、Follow UDP Stream 功能，尝试为本章案例完善协议分析功能。

22. 恭喜你完成了“网络抓包与协议分析”的全部学习，请在表 8.4 中写下你的收获与问题，带着收获的喜悦、带着问题激发的好奇继续探索下去，欢迎将问题发送至：upsunny2008@163. com，与本章作者沟通交流。

表 8.4 “网络抓包与协议分析”学习收获清单

序号	收获的知识点	希望探索的问题
1		
2		
3		
4		
5		

第9章 Java 邮件客户端

日常生活中，经常会使用电子邮件进行沟通交流。那么，邮件收发是怎样实现的呢？有的网站注册新会员时，邮箱里往往会收到一封来自网站的自动邮件，用户会被要求通过自动邮件做激活验证，网站系统自动发送邮件功能又是如何实现的呢？本章通过设计一个简易的邮件收发客户端，带你一起来领略 SMTP/POP3 协议的风采，一起来探索邮件收发的奥秘。

9.1 作品演示

作品描述：完成类似 Outlook 的邮件客户端设计。仿照 Outlook 邮件客户端的操作方式，配置邮箱账户、密码、SMTP 服务器地址和 POP3 服务器地址后，可以实现邮件收发功能，登录验证请见本章的实验拓展。

作品功能演示如下：

打开 chap09 目录下的 begin 子文件夹，会看到里面包含一个 jar 文件以及一个 lib 文件夹，如图 9.1 所示。lib 文件夹存放项目需要引用的 jar 包，MailClient.jar 是客户端程序。

图 9.1　chap09 的 begin 目录

启动两个客户端程序联合测试。客户端登录界面如图 9.2 所示，这里用 sdljtyk@163.com 和 sdljtyk@sina.com 两个账户进行登录测试，所有信息都不能为空，否则会有错误提示。

单击图 9.2 中的"登录"按钮，进入收件箱界面。此处以 sdljtyk@163.com 邮箱为例，单击"收信"按钮，如果图 9.2 中用户信息填写正确，则在窗体上方显示收到邮件的标题行，每一行显示一封邮件；反之，则会返回登录界面重新填写信息进行登录。单击邮件标题行会在窗体下方显示邮件的详细信息，如图 9.3 所示。

图 9.2　客户端登录界面

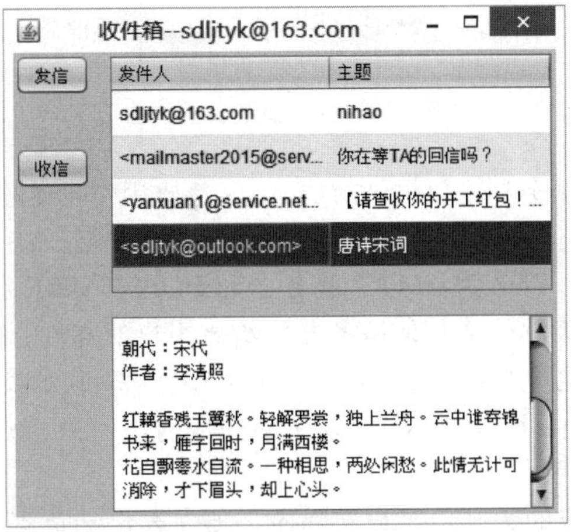

图 9.3　收件箱界面

图 9.3 显示收件箱中已有四封邮件,现在利用 sdljtyk@sina. com 向 sdljtyk@163. com 发送一封邮件,单击图 9.3 中的"发信"按钮,跳转至邮件编辑界面,如图 9.4 所示。

单击图 9.4 中的"添加附件"按钮选择发送的文件,编辑正文后,单击"发送"按钮即可。切换至 163 账户登录的邮箱,单击"收信"按钮,此时收件箱中有五封邮件,包括来自 sdljtyk @sina. com 的新邮件,查看收到的新邮件,结果如图 9.5 所示。

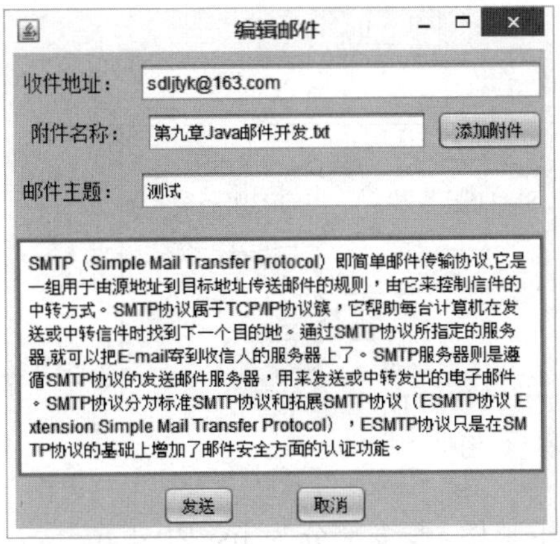

图 9.4　邮件编辑界面

图 9.5　收信结果图

9.2 本章重点知识介绍

了解电子邮件的相关基本概念是编写电子邮件程序的基础，在编写电子邮件程序之前，有必要了解一下邮件服务器、邮件客户端程序以及电子邮件的工作原理。

1. 邮件服务器

要在互联网上使用电子邮件的功能，必须要有专门的电子邮件服务器。而这类电子邮件服务器类似生活中的邮局，它所完成的功能如图 9.6 所示。

图 9.6 邮件服务器功能图

由图 9.6 可知，邮件服务器主要提供的功能为：接收用户投递的邮件；将用户邮件转发给目标邮件服务器；接收其他邮件服务器邮件并存储至用户邮箱；为用户提供读取邮件功能。

邮件服务器按功能可以分为 SMTP 服务器和 POP3/IMAP 服务器两种类型。SMTP 服务器用于发送邮件和接收外部其他服务器发给该用户的邮件；POP3/IMAP 服务器用于帮助用户读取邮件。由此可知，图 9.6 中所示编号为①、②、③的功能是由 SMTP 服务器完成的，编号为④的功能是由 POP3/IMAP 服务器完成的。

2. 邮件客户端

与邮件服务器相对应的为邮件客户端程序。邮件客户端负责与邮件服务器通信，主要负责帮助用户将邮件发送至 SMTP 服务器以及从 POP3/IAMP 服务器读取用户的电子邮件。通常邮件客户端会集邮件撰写、邮件发送、邮件读取功能于一体，例如 Outlook Express 和 Foxmail 等。在 Web 站点也可以集成邮件客户端的功能，例如，163 和新浪等大型网站提供邮件服务，用户可以通过这些网站来完成电子邮件的收发工作。

3. 电子邮件的基本工作原理

以邮箱账户 zhangsan@163.com(以下简称 zhangsan)与邮箱账户 lisi@sina.com(以下简称 lisi)之间发送邮件为例，其工作过程如图 9.7 所示。

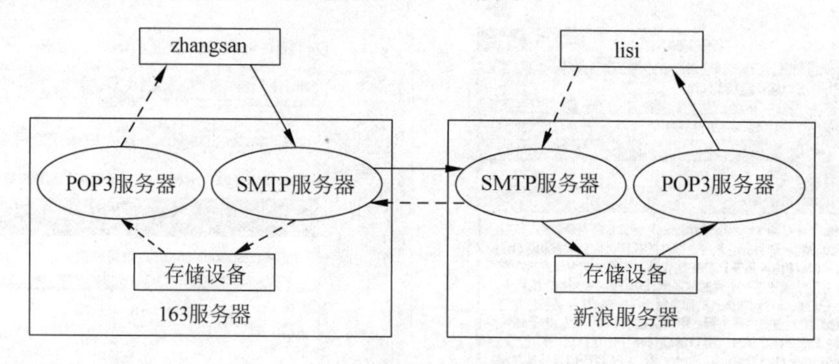

图 9.7 邮件收发过程图

图 9.7 中实线部分为 zhangsan 向 lisi 发送电子邮件，虚线部分为 lisi 向 zhangsan 发送电子邮件。下面以 zhangsan 向 lisi 发送一封电子邮件为例分析账户之间邮件收发的过程

以及工作原理。

(1) zhangsan 通过邮件客户端与 163 的 SMTP 服务器建立连接，并以 zhangsan 的账户与密码进行登录。使用 SMTP 协议将邮件发送给 163 的 SMTP 服务器。

(2) 163 的 SMTP 服务器收到来自 zhangsan 的电子邮件后，判断收件人的邮件地址是否属于该服务器管辖范围(即是否隶属同一 SMTP 服务器)，如果是则直接将该邮件放到收件人的收件箱中，否则 163 的 SMTP 服务器则向 DNS 服务器查询收件人的邮件地址后缀(sina. com)所表示域名的 MX 记录(邮件交换记录)，从而得到新浪的 SMTP 服务器信息，并与之建立连接之后将邮件通过 SMTP 协议发送至新浪的 SMTP 服务器。

(3) 新浪的 SMTP 服务器收到来自 163 的 SMTP 服务器的电子邮件后，将根据收件人的地址进行判断是否属于该服务器的管辖范围，如果是则直接将该邮件放到收件人的收件箱中，否则(一般不会出现这种情况)将继续转发这封电子邮件或者丢弃。

(4) lisi 通过邮件客户端程序与新浪的 POP3/IMAP 服务器建立连接，并以 lisi 的账户名和密码进行登录后，通过 POP3 或者 IMAP 协议查看 lisi 收件箱中的电子邮件。

lisi 向 zhangsan 发送邮件过程与上述过程相似，在此不再赘述。

9.3 SMTP 协议概述与体验

SMTP(Simple Mail Transfer Protocol)即简单邮件传输协议，它是一组用于源地址向目标地址发送邮件的规则，由它来控制信件的中转方式。SMTP 协议属于 TCP/IP 协议簇，它帮助每台计算机在发送或中转信件时找到下一个目的地。通过 SMTP 协议所指定的服务器，就可以把电子邮件发送到收信人的服务器上了。SMTP 服务器遵循 SMTP 协议，用来发送或中转电子邮件。ESMTP(Extension Simple Mail Transfer Protocol)协议在 SMTP 协议的基础上增加了邮件安全方面的认证功能，是对 SMTP 协议的拓展，现在人们所说的 SMTP 协议，一般是指 SMTP 拓展协议。

SMTP 协议默认监听端口号为 25。SMTP 协议一共定义了 18 条命令，发送一条电子邮件通常只需要使用其中的 6 条命令。表 9.1 根据发送一封电子邮件的顺序列举了 6 条命令，描述了命令语法格式以及功能。

表 9.1 SMTP 协议命令描述表

SMTP 命令语法格式	功能描述
ehlo < name >	ehlo 是与 SMTP 服务器建立连接之后的第一条命令，参数< name >是指发送者的主机名，ehlo 命令代替传统 SMTP 命令中的 helo 命令
auth < xxxxx >	如果 SMTP 服务器要求进行验证时，会向发送程序提示所采用的认证方式，使用 auth 命令回应 SMTP 服务器，参数< xxxxx >代表认证方式
mail from:< from >	mail from 命令指定邮件发送者的邮箱地址，参数< from >代表发件人的邮箱地址
rcpt to:< to >	rcpt to 命令指定邮件接收者的邮箱地址，参数< to >代表收件人的邮箱地址。如果收件人有多个则需要多条 rcpt to 命令
data	data 命令代表邮件的内容，遇到"."表示结束
quit	quit 命令代表结束邮件发送过程，关闭与 SMTP 服务器的连接

客户机发出的每条命令，SMTP 服务器都会回复一条响应信息，每一条响应信息都以一个响应状态码开头。响应状态码表示 SMTP 服务器对请求命令处理的结果和状态，是一个三位十进制数。最高位代表不同分类，当其为 2 时表示命令执行成功；为 5 时表示命令执行失败；为 3 时表示命令没有执行完成。

下面通过 telnet 程序手工发送一封电子邮件，模拟邮件客户端发送邮件的过程，以此帮助理解 SMTP 协议的交互过程。

(1) 注册一个 163 邮箱以及一个新浪邮箱，163 邮箱开通 SMTP 和 POP3/IMAP 服务，需要设置授权码(客户端登录时登录密码使用授权码)，授权码以及邮箱密码以下统称密码。

(2) SMTP 服务器进行账户认证时需要对账户以及密码进行 BASE64 编码后再传递给 SMTP 服务器，因此需要编写一个能进行 BASE64 编码的工具程序，如程序 9.1 所示。运行程序得到用户名以及密码的 BASE64 编码后的结果。

程序 9.1　对用户名以及密码进行 BASE64 编码的工具类

```
01  public class Base64Util {
02      public static void main(String[ ] args) throws IOException {
03      BASE64Encoder encoder = new BASE64Encoder();
04      System.out.println("请输入用户名:");
05      String username = new BufferedReader(new InputStreamReader(System.in)).readLine();
                                                                    //用户名
06      System.out.println(encoder.encode(username.getBytes()));    //输出转码后的用户名
07      System.out.println("请输入密码:");
08      String password = new BufferedReader(new InputStreamReader(System.in)).readLine();
                                                                    //密码
09      System.out.println(encoder.encode(password.getBytes()));    //输出转码后的密码
10      }
11  }
```

(3) 使用 telnet 连接 163 的 SMTP 服务器，其连接地址为 smtp.163.com，端口号为 25。打开 Windows 命令行窗口，输入以下命令：

```
telnet smtp.163.com 25
```

该命令执行结果如图 9.8 所示。

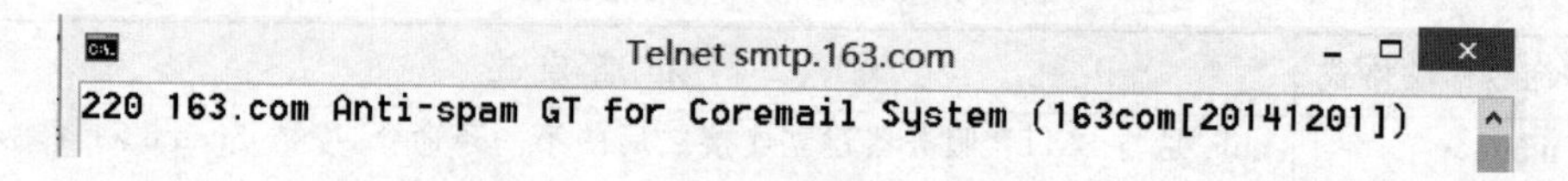

图 9.8　连接命令执行结果图

(4) 参照表 9.1，当完成与 SMTP 服务器的连接后，向服务器发送 ehlo 问候信息，此处使用的主机名为 sdljtyk，发送 ehlo 命令后，服务器返回执行结果，如图 9.9 所示。

在图 9.9 中第一个方框内为发送内容，第二个方框内为响应内容。由图 9.9 可知，SMTP 服务器返回了一系列以 250 开头的信息，代表命令执行正常。其后各种信息的意义如下：

① PIPELINING 表示当前邮件服务器支持流水线操作。

② AUTH LOGIN 表示客户端输入认证命令的格式。

```
Telnet smtp.163.com
220 163.com Anti-spam GT for Coremail System (163com[20141201])
ehlo sdljtyk
250-mail
250-PIPELINING
250-AUTH LOGIN PLAIN
250-AUTH=LOGIN PLAIN
250-coremail 1Uxr2xKj7kG0xkI17xGrU7I0s8FY2U3Uj8Cz28x1UUUUU7Ic2I0Y2Urd0K60UCa0xDr
UUUUj
250-STARTTLS
250 8BITMIME
```

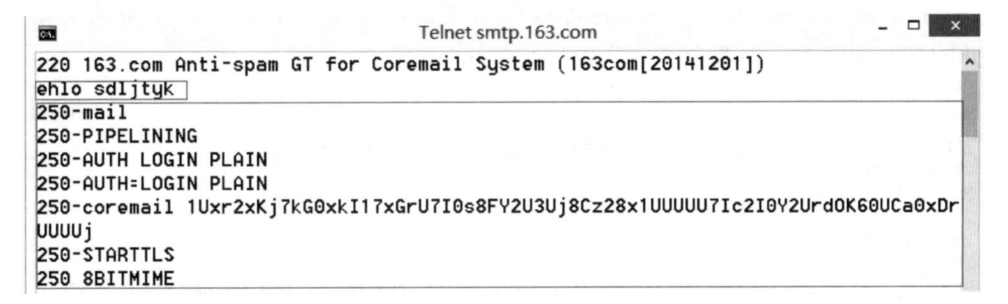

图 9.9　ehlo 命令执行结果图

③ AUTH＝LOGIN 表示 SMTP 服务器对客户端采用的认证方式为 LOGIN。

④ STARTTLS 表示将连接升级为加密连接(TLS 或 SSL)。

⑤ 8BITMIME 表示 SMTP 服务器支持 8BIT 编码的 MIME 邮件内容。

(5) 接着输入如下命令：auth login，返回如图 9.10 所示的执行结果。

```
Telnet smtp.163.com
220 163.com Anti-spam GT for Coremail System (163com[20141201])
ehlo sdljtyk
250-mail
250-PIPELINING
250-AUTH LOGIN PLAIN
250-AUTH=LOGIN PLAIN
250-coremail 1Uxr2xKj7kG0xkI17xGrU7I0s8FY2U3Uj8Cz28x1UUUUU7Ic2I0Y2UFbDYBLUCa0xDr
UUUUj
250-STARTTLS
250 8BITMIME
auth login
334 dXNlcm5hbWU6
```

图 9.10　auth 命令执行结果图

由图 9.10 可知，SMTP 服务器返回响应状态码为 334，它表示命令还没有完成，正在等待输入认证信息，此时将经过 BASE64 编码后的用户名粘贴到命令行中，随后将编码后的密码复制进来，完成认证后的响应结果如图 9.11 所示。

```
Telnet smtp.163.com
220 163.com Anti-spam GT for Coremail System (163com[20141201])
ehlo sdljtyk
250-mail
250-PIPELINING
250-AUTH LOGIN PLAIN
250-AUTH=LOGIN PLAIN
250-coremail 1Uxr2xKj7kG0xkI17xGrU7I0s8FY2U3Uj8Cz28x1UUUUU7Ic2I0Y2UFGOubfUCa0xDr
UUUUj
250-STARTTLS
250 8BITMIME
auth login
334 dXNlcm5hbWU6
c2RsanR5aw==
334 UGFzc3dvcmQ6
dGFuZzEyMzQ1
235 Authentication successful
```

图 9.11　用户认证结果图

(6) 接着输入 mail from 命令,将邮件发送者的地址填写为在 163 注册的邮箱地址 sdljtyk@163.com,执行结果如图 9.12 所示。

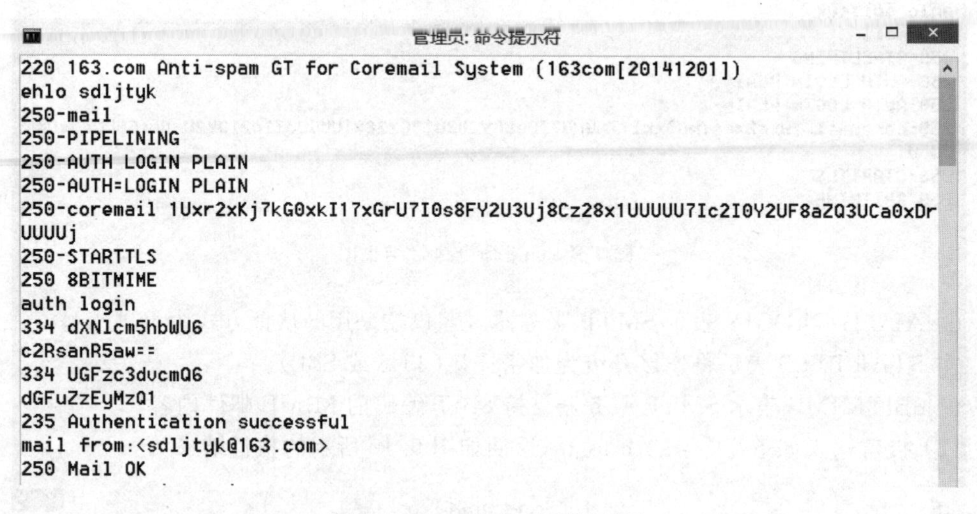

图 9.12　mail from 执行结果图

SMTP 服务器返回一个 250 的响应码,代表当前操作执行成功。

(7) 接着输入 rcpt to 命令,将邮件发送者的地址填写为在新浪注册的邮箱地址 sdljtyk@sina.com,执行结果如图 9.13 所示。

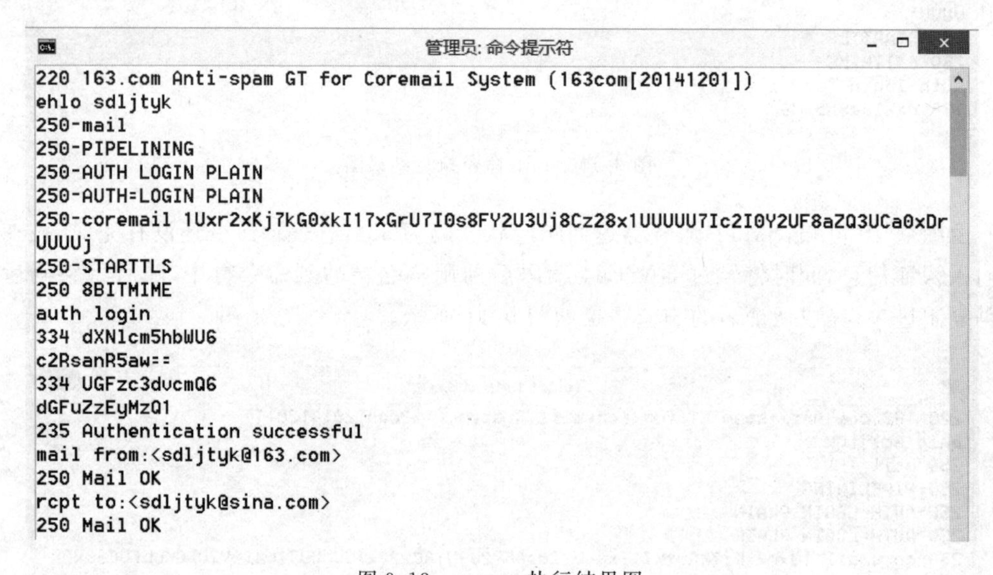

图 9.13　rcpt to 执行结果图

SMTP 服务器返回一个 250 的响应码,代表当前操作执行成功。可以执行多条 rcpt to 命令,指定多个收件人。

(8) 接着输入 data 命令,表示后面将输入邮件内容。邮件服务器返回 354 响应码,等待用户输入邮件内容。from 代表发件人(可与实际发件人邮箱不同),subject 代表邮件主题,最后在单独一行上输入一个“.”作为邮件的结束标志,如图 9.14 所示。

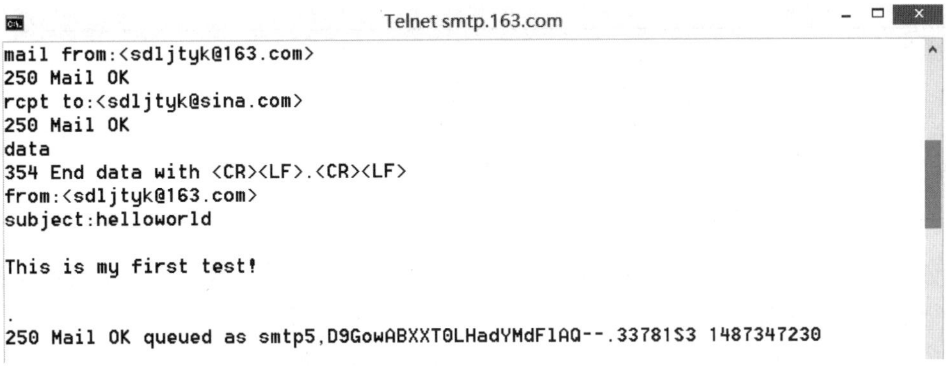

```
Telnet smtp.163.com
mail from:<sdljtyk@163.com>
250 Mail OK
rcpt to:<sdljtyk@sina.com>
250 Mail OK
data
354 End data with <CR><LF>.<CR><LF>
from:<sdljtyk@163.com>
subject:helloworld

This is my first test!

.
250 Mail OK queued as smtp5,D9GowABXXT0LHadYMdF1AQ--.33781S3 1487347230
```

图 9.14　邮件内容编写图

返回 250 响应码代表邮件发送成功。

(9) 输入 quit 命令结束邮件发送过程，结束与 SMTP 服务器的连接，telnet 程序运行结束，回到命令行窗口。

(10) 登录新浪邮箱，可以看到已经收到刚才通过命令方式发送的那封邮件。

9.4　POP3 协议概述与体验

POP3(Post Office Protocol - Version 3)即邮局协议版本 3，是 TCP/IP 协议簇中的一员，由 RFC1939 定义。POP3 协议定义了邮件客户端程序与 POP3 服务器进行通信的具体规则和细节。当用户要从自己的邮箱中获取自己的电子邮件时，需要通过 POP3 邮件服务器帮助完成。除此之外，SSL 加密的 POP3 协议（被称为 POP3S 协议）也被广泛使用。

POP3 协议默认监听端口号为 110。POP3 协议一共定义了 12 条命令，邮件客户端通过这些命令来进行检索和获取电子邮件的信息。表 9.2 中列举了这 12 条命令，并描述了命令语法格式以及功能。

表 9.2　POP3 协议命令描述表

POP3 命令语法格式	功 能 描 述
user username	user 命令用于传递用户名，username 参数即邮箱的用户名
pass password	pass 命令用于传递密码，password 参数即邮箱的密码
apop name,digest	apop 命令代替 user 与 pass 命令向 POP3 服务器提供账户密码，name 参数为账户名，参数 digest 为 MD5 消息摘要的账户密码
stat	用于查询邮箱中的统计信息，例如邮件的总数和总字节数
uidl msg	uidl 命令用于查询邮件的唯一标识符；msg 参数为邮件的编号，是一个从 1 开始编号的数字
list [msg]	list 命令用于列出邮箱中的邮件信息；msg 参数是一个可选参数，表示邮件的编号。当不指定参数时，列出所有邮件信息；当指定 msg 参数时，只列出对应编号的邮件信息
retr msg	retr 命令用于获取 msg 序号对应邮件的内容
dele msg	dele 命令用于给 msg 序号对应邮件设置删除标号，并没有真正删除该邮件，当执行 quit 命令时服务器会删除所有设置了删除标记的邮件

续表

POP3 命令语法格式	功 能 描 述
reset	用于还原设置了删除标记的邮件
top msg n	top 命令用于获取 msg 序号对应邮件的邮件头和邮件中的前 n 行内容
noop	用于检测客户端与服务器的连接情况
quit	退出与服务器的连接

每一条命令 POP3 服务器都会返回一些响应信息。响应信息由一行或多行信息构成，第一行始终以“+OK”或者“-ERR”开头，表示当前命令执行成功或执行失败。

接下来使用 telnet 程序分析邮件的接收过程。因为之前练习 SMTP 协议时向新浪的邮箱发送了一封测试邮件，所以此时使用新浪的邮箱进行过程模拟。

(1) 使用 telnet 连接新浪的 POP3 服务器，其连接地址为 pop. sina. com，端口号为 110。打开 Windows 命令行窗口，输入以下命令：

```
telnet pop.sina.com 110
```

该命令执行结果如图 9.15 所示。

(2) 输入 user 命令以及邮箱账户的用户名，命令执行结果如图 9.16 所示。

图 9.15　telnet 命令执行结果图　　图 9.16　user 命令执行结果图

图 9.16 中返回信息为“+OK”表示命令执行成功，表示 user 命令中指定用户名有效，但是现在大部分 POP3 服务器不管是否存在 user 命令指定的用户名，总是返回“+OK”来表示用户名有效，这样可以让外界无法通过 user 命令来判断账户名的有效性。

(3) 输入 pass 命令以及邮箱账户的密码(授权码)，命令执行结果如图 9.17 所示。至此已经完成了 POP3 服务器的登录过程。

(4) 输入 stat 命令和 list 命令，分别查询邮箱账户中的邮件统计信息和邮件列表信息，命令执行结果如图 9.18 所示。

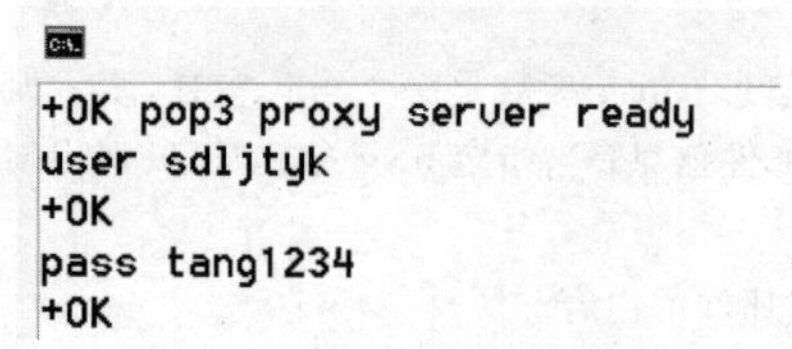

图 9.17　pass 命令执行结果图

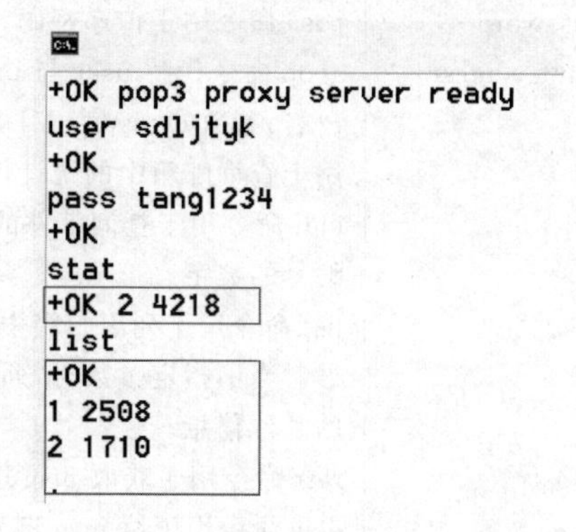

图 9.18　stat、list 命令执行结果图

图 9.18 中的第一个方框为 stat 命令执行返回信息,“2”表示邮箱账户中有两封邮件,“4218”表示所有邮件所占总字节数。第二个方框为 list 命令执行返回信息,信息分为两列,第一列数值为邮件的编号,第二列数值为该邮件所占字节数。

(5) 使用 retr 命令读取图 9.18 中 list 命令返回编号对应邮件的内容。命令执行结果如图 9.19 所示。

图 9.19　retr 命令执行结果图

图 9.19 中显示了指定邮件的邮件头和邮件体,这封邮件就是在 9.3 节中用命令行方式发送的那封邮件。

(6) 输入 quit 命令退出与 POP3 服务器的连接,POP3 服务器会物理删除设置删除标记的邮件,telnet 程序运行结束,回到命令行窗口。命令演示到此为止,其余命令,读者可自行测试体验。

9.5　IMAP 协议概述

IMAP(Internet Mail Access Protocol)即交互式邮件存取协议,是对 POP3 协议的一种拓展,目前使用的是第四个版本,所以也称 IMAP4。与 POP3 协议相比,IMAP 协议的优点

体现在以下几个方面：

(1) IMAP 具有摘要浏览功能,用户可以通过浏览邮件到达时间、主题、发件人、大小等信息后决定是否下载。

(2) IMAP 可以让用户选择性地下载邮件附件,用户可以选择需要的邮件附件进行下载,不必下载所有附件或者下载整个邮件。

(3) IMAP 可以让用户在邮件服务器上创建自己的邮件夹,分类保存邮件,而且用户在客户端对于邮件的操作会反馈到服务器上,服务器也会做出相应的动作。

IMAP 协议作为一种新的邮件协议,使用越来越广泛。但是它也有一些不足,主要体现在以下几个方面：

(1) 客户机使用 POP3 协议下载邮件后会在服务器端删除旧邮件而 IMAP 协议不会,占用了额外空间。

(2) 用户查阅邮件信息标题和决定下载哪些附件需要耗费一定时间,所以链接时间相对比较长。

9.6 JavaMail 概述

经过上述练习之后,我们对于邮件协议以及邮件收发的过程有了初步的认识,于是编写 Java 程序实现相应功能就成了水到渠成的事。有两种思路可用：一种是采用 Socket 技术,遵循 SMTP/POP3/IMAP 协议,实现邮件收发的逻辑设计,不过这条路线需要做较多的底层设计。另一种思路是采用 JavaMail 库。JavaMail 库最初是由 Sun 公司提供的一套标准邮件开发包,应用广泛。开发人员只需调用 JavaMail 库中相应 API 即可轻松完成邮件收发功能。JavaMail 库需要到 Oracle 官网免费下载。

与前一种设计思路相比,JavaMail 库具有更好的健壮性和可靠性,开发效率高,使用简单。

JavaMail 库主要通过以下四个类完成邮件相关设计。

(1) Message 类。javax.mail.Message 类是创建和解析邮件的核心 API,一个 Message 实例封装一封电子邮件。

(2) Transport 类。javax.mail.Transport 类是发送邮件的核心 API。

(3) Store 类。javax.mail.Store 类是接收邮件的核心 API。

(4) Session 类。javax.mail.Session 类用于定义应用程序所需的环境信息,以及收集客户端与邮件服务器建立网络连接的会话信息,如邮件服务器主机名、端口号、邮件协议等。Session 对象会把设置的环境信息作为参数传递给 Message 构造函数。

9.7 客户端登录界面设计

创建一个新项目 MailClient,项目位置为 chap09 目录下的 begin 子文件夹。注意不要勾选"创建主类"复选框。参数设定如图 9.20 所示。单击"完成"按钮完成项目初始化。

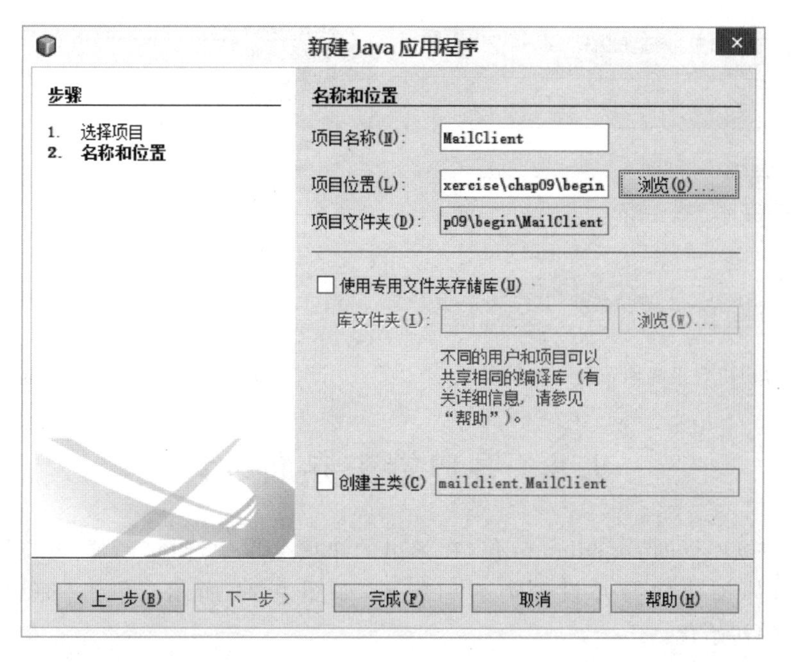

图 9.20　创建客户端项目 MailClient

创建登录界面，在左侧项目栏中默认包上右击，在弹出的快捷菜单中选择"新建"→"JDialog 窗体"命令，如果没有"JDialog 窗体"命令，则选择"其他"命令，然后在过滤器中查找 JDialog，选择"新建 JDialog 窗体"命令，进入 JDialog 窗体创建向导。设定类名为 LoginUI，包名为 cn.edu.ldu，如图 9.21 所示。

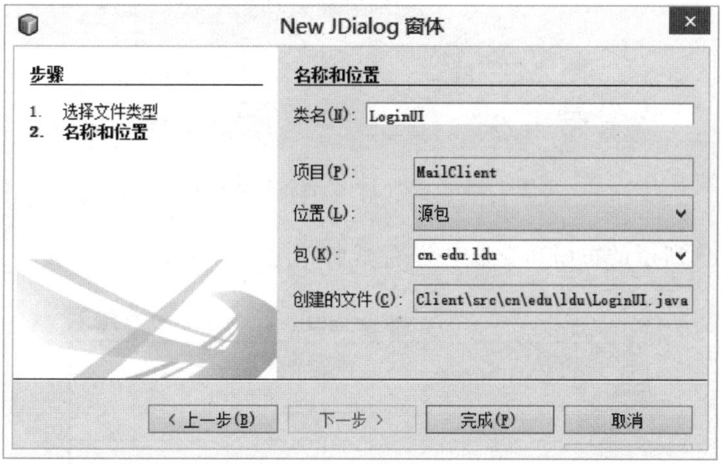

图 9.21　新建 JDialog 窗体作为登录界面

客户端登录界面布局与变量定义如图 9.22 所示。这里采用的是 JDialog 类型的对话框。

借助工具箱面板，按照如图 9.22 所示的布局完成登录界面设计后，各控件之间的逻辑关系如图 9.23 所示。

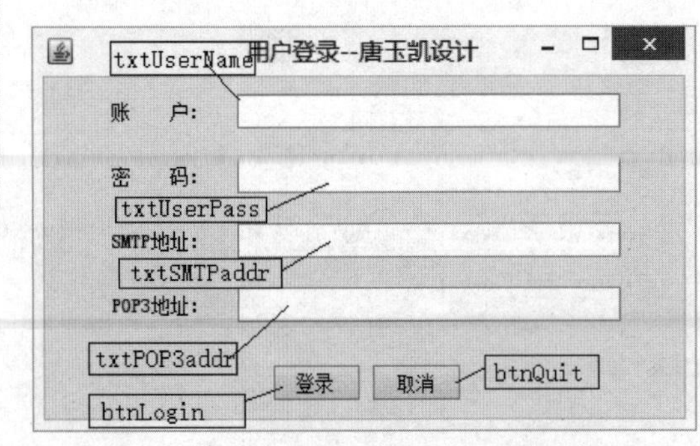

图 9.22 客户机登录界面布局与变量定义

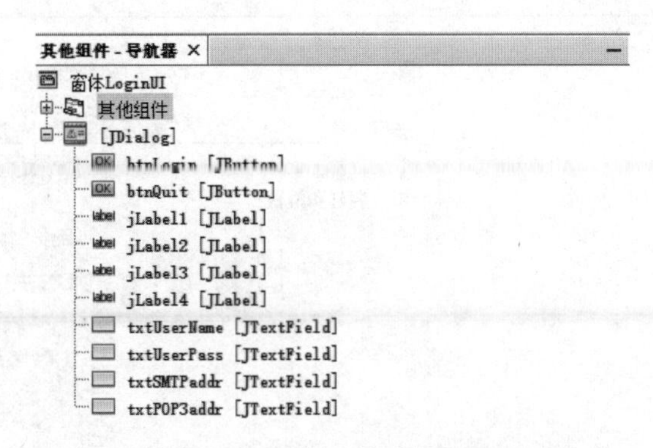

图 9.23 登录界面控件逻辑关系

9.8 客户端主界面设计

右击客户机项目的 cn.edu.ldu 包,在弹出的快捷菜单中选择"新建"→"JFrame 窗体"命令,进入窗体创建向导并设置类名和包名,如图 9.24 所示。单击"完成"按钮完成 MainFrame 的初始化。

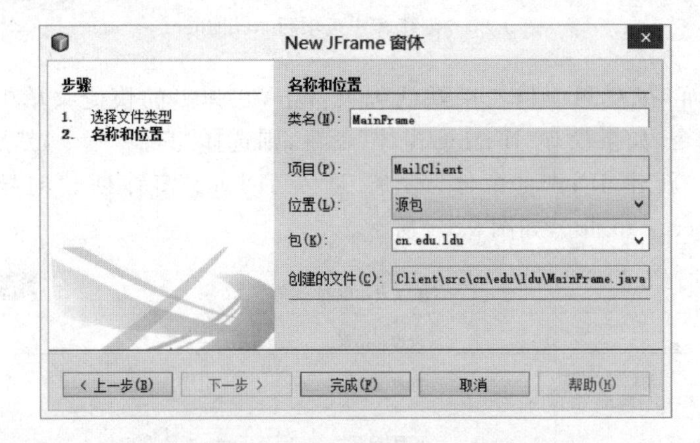

图 9.24 主界面的类名和包名设置

按照图 9.25 所示的布局和变量定义,完成邮箱主界面的设计。

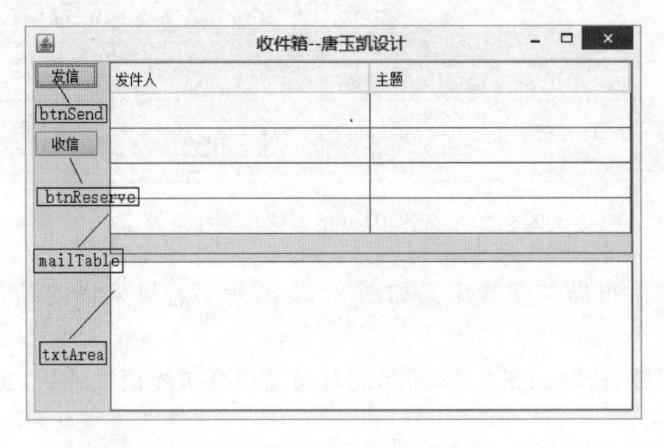

图 9.25 邮箱主界面布局与变量定义

如图 9.25 所示，窗体整体采用自由布局，包括两个按钮，分别用来控制收发信件；一个 JTable 组件用来显示收件箱中的邮件的发件人和主题列表，一个 JTextPane 组件用来显示邮件的详细内容，两个组件都不可编辑。

完成的主界面控件逻辑关系如图 9.26 所示。

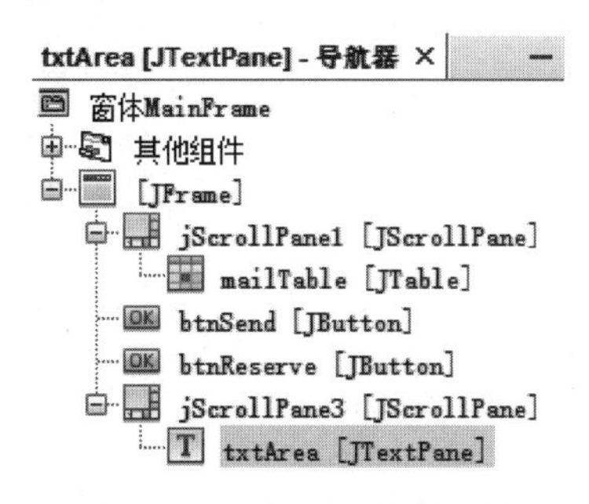

图 9.26　主界面控件逻辑关系

9.9　客户端邮件编辑界面设计

右击客户机项目的 cn.edu.ldu 包，在弹出的快捷菜单中选择“新建”→“JFrame 窗体”命令，进入窗体创建向导并设置类名和包，如图 9.27 所示。单击“完成”按钮完成 SendFrame 的初始化。

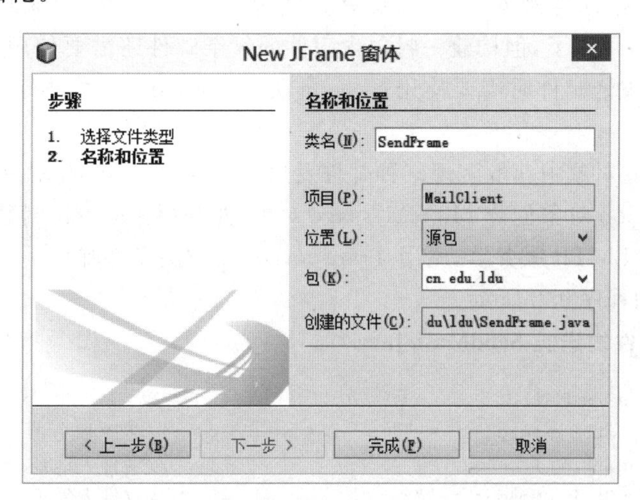

图 9.27　邮件编辑界面的类名和包名设置

按照图 9.28 所示的布局和变量定义，完成邮件编辑界面的设计。

如图 9.28 所示，窗体整体采用自由布局，包括三个按钮，分别用来添加附件、发送邮件和取消编辑；三个 JTextField 组件分别用来填写邮件的收件人信息、显示附件名称、填写邮件的主题，其中第二个 JTextField 组件用于显示附件名称无法编辑，选定附件之后自动显示；一个 JTextArea 组件用来填写邮件的正文。

完成的邮件编辑界面控件逻辑关系如图 9.29 所示。

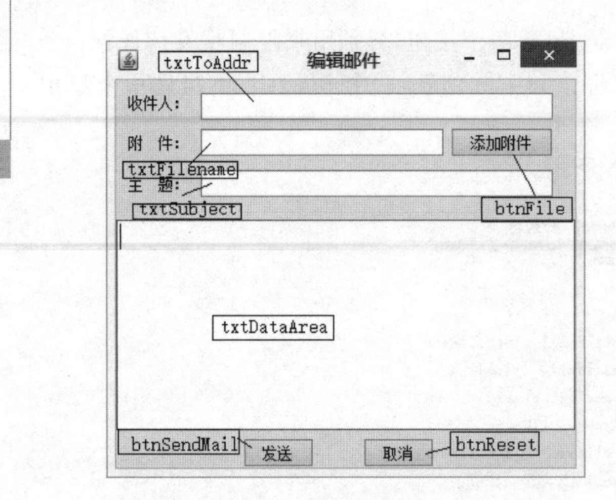

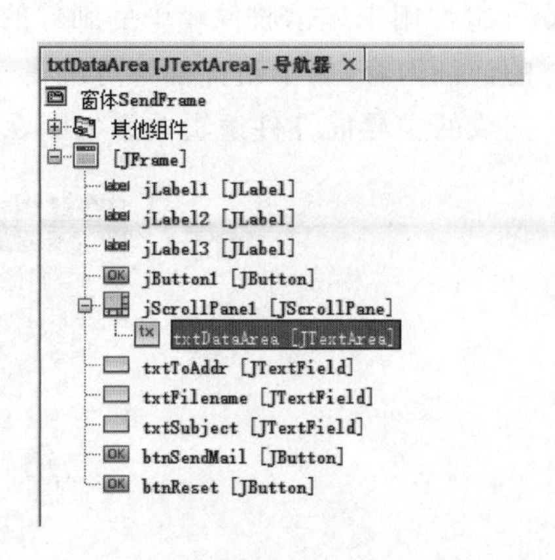

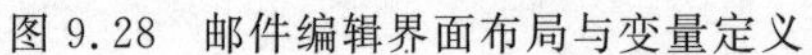

图 9.28 邮件编辑界面布局与变量定义

图 9.29 邮件编辑界面控件逻辑关系

9.10 邮件发送功能

邮件发送功能的主要实现类为 SendMail.java,该类将用户填写信息进行打包,发送给 SMTP 服务器。前文中提到发送邮件需要将邮件信息封装成 Message 对象。然而 javax.mail.Message 类是一个抽象类,需要使用其实现子类 javax.mail.internet.MimeMessage 来创建 Message 类的实例对象。如果只是构建一封简单的文本邮件,只需要使用 MimeMessage 类就可以了,但构建一封包含附件的复杂邮件还需要使用 MimeBodyPart 类和 Multipart 类。发送邮件时需要使用 Session 类和 TransPort 类进行。发送邮件的基本过程为:

(1) 从 Session 对象中获取实现某种邮件发送协议的 Transport 对象。

(2) 使用 Session 对象创建 MimeMessage 对象,并调用相应方法封装邮件信息。

(3) 连接指定 SMTP 服务器,调用 Transport 对象方法发送邮件。

邮件发送类如程序 9.2 所示。

程序 9.2 邮件发送类 SendMail.java

```
01  public class SendMail {
02      private String smtpHost = "";                      //SMTP 服务器
03      private String fromAddr = "";                      //发件人地址
04      private String toAddr = "";                        //收件人地址
05      private String File = "";                          //附件地址
06      private String fileName = "";                      //附件名称
07      private String userName = "";                      //用户名
08      private String userPass = "";                      //密码
09      private String subject = "";                       //邮件标题
10      private String text = "";                          //邮件正文
11      public SendMail(String smtpHost, String fromAddr, String toAddr, String file,
12          String fileName, String userName, String userPass, String subject,
13          String text) {
14          this.smtpHost = smtpHost;
```

```
15          this.fromAddr = fromAddr;
16          this.toAddr = toAddr;
17          this.File = file;
18          this.fileName = fileName;
19          this.userName = userName;
20          this.userPass = userPass;
21          this.subject = subject;
22          this.text = text;
23      }
24      public int Send() {
25          Properties props = new Properties();
26          //设置发送邮件的邮件服务器的属性
27          props.put("mail.smtp.host", smtpHost);
28          //需要经过授权,也就是用户名和密码的校验,这样才能通过验证
29          props.put("mail.smtp.auth", "true");
30          //用刚刚设置好的 props 对象构建一个 session
31          Session session = Session.getDefaultInstance(props);
32          session.setDebug(true);                    //控制台打印交互日志
33          try {
34              //1.获取某种邮件协议的 Transport 对象
35              Transport transport = session.getTransport("smtp");
36              //2.用 session 为参数定义消息对象,封装 Message 对象
37              MimeMessage message = new MimeMessage(session);
38              //加载发件人地址
39              message.setFrom(new InternetAddress(fromAddr));
40              //加载收件人地址
41              message.addRecipient(Message.RecipientType.TO, new InternetAddress(toAddr));
42              //加载标题
43              message.setSubject(subject);
44              //向 multipart 对象中添加邮件的各个部分内容,包括文本内容和附件
45              Multipart multipart = new MimeMultipart();
46              //设置邮件的文本内容
47              BodyPart contentPart = new MimeBodyPart();
48              contentPart.setText(text);
49              multipart.addBodyPart(contentPart);
50              //添加附件
51              if(!(File.equalsIgnoreCase("") || File.equalsIgnoreCase(null))){
52                  BodyPart messageBodyPart = new MimeBodyPart();
53                  DataSource source = new FileDataSource(File);
54                  messageBodyPart.setDataHandler(new DataHandler(source));
                                                     //添加附件的内容
55                  //添加附件的标题
56                  BASE64Encoder encoder = new BASE64Encoder();
57                  messageBodyPart.setFileName("=?GBK?B?" +
58                          encoder.encode(fileName.getBytes()) + "?=");
59                  multipart.addBodyPart(messageBodyPart);
60              }
61              message.setContent(multipart);         //将 multipart 对象放到 message 中
62              message.saveChanges();                 //保存邮件
63              //3.连接指定 SMTP 邮箱调用发送方法进行邮件发送
64              transport.connect(smtpHost, userName,userPass); //连接服务器的邮箱
```

```
65              //把邮件发送出去
66              transport.sendMessage(message, message.getAllRecipients());
67              transport.close();
68              return 1;
69          } catch (Exception e) {
70              e.printStackTrace();
71              return 0;
72          }
73      }
74  }
```

程序解析如下：

(1) 02～10 行,定义成员变量,定义邮件发送所需要的所有信息字段。

(2) 11～23 行,构造函数,初始化字段。

(3) 32 行,将底层发送邮件与服务器之间的交互命令在控制台上输出,与 9.3 节中命令行操作相一致。

(4) 69～72 行,异常处理,邮件发送产生异常时反馈用户异常信息。

发送带有附件的邮件,需要选定附件,并且将附件的名称显示在邮件编辑页面；记录附件的绝对路径,并且传递参数给邮件发送类,以完成邮件构建所需信息。

程序 9.3　SendFrame.java,获取邮件附件绝对路径

```
01  private void btnFileActionPerformed(java.awt.event.ActionEvent evt) {
02          JFileChooser fileChooser = new JFileChooser();
03          fileChooser.setDialogTitle("选择发送文件");
04          fileChooser.setApproveButtonText("确定");
05          int choice = fileChooser.showOpenDialog(this); //显示对话框
06          //单击选择按钮
07          if (choice == JFileChooser.APPROVE_OPTION) {
08              //获取文件对象
09              File f = fileChooser.getSelectedFile();
10              fileName = fileChooser.getName(f);
11              this.txtFilename.setText(fileName);
12              file = f.getAbsolutePath();
13          }
14  }
```

当单击图 9.28 中的"发送"按钮时,进入程序 9.4 所示的事件过程,完成邮件发送逻辑。根据 Send()方法返回值判断邮件发送是否成功,向用户做出相应的反馈。

程序 9.4　发送邮件事件过程,是 SendFrame.java 类的一个方法

```
01  private void btnSendMailActionPerformed(java.awt.event.ActionEvent evt) {
02          //发送邮件
03          SendMail sm = new SendMail(smtpHost,userAddr,this.txtToAddr.getText(),
04                  file,fileName,userName,userPass,
05                  this.txtSubject.getText(),this.txtDataArea.getText());
06          int r = sm.Send();
07          if(r == 1)
08              JOptionPane.showMessageDialog(null, "邮件发送成功",
09                      "提示", JOptionPane.OK_CANCEL_OPTION);
```

```
10          else
11              JOptionPane.showMessageDialog(null, "邮件发送失败",
12                      "错误提示", JOptionPane.ERROR_MESSAGE);
13          this.dispose();
14          new MainFrame(userAddr,userPass,smtpHost,pop3Host).setVisible(true);
15      }
```

9.11 邮件接收类

JavaMail API 中定义了一个 java.mail.Store 类，用于接收邮件，类中封装了底层实现细节，用户调用这个类可以获取每个邮件夹中的信息；然后通过 Folder 对象获得邮件夹中所有邮件的信息，邮件信息使用 Message 对象封装，实现逻辑如程序 9.5 所示。

程序 9.5　邮件接收并显示 MainFrame.java

```
01 private void btnReserveActionPerformed(java.awt.event.ActionEvent evt) {
02         try {
03             //清空表格内容
04             DefaultTableModel tableModel = (DefaultTableModel) mailTable.getModel();
05             tableModel.setRowCount(0);
06             String userName;
07             String[] temp = userAddr.split("@", 2);
08             userName = temp[0];
09             //创建一个有具体连接信息的 Properties 对象
10             Properties props = new Properties();
11             props.setProperty("mail.store.protocol", "pop3");
12             props.setProperty("mail.pop3.host", pop3Addr);
13             //使用 Properties 对象获得 Session 对象
14             Session session = Session.getInstance(props);
15             //利用 Session 对象获得 Store 对象,并连接 POP3 服务器
16             Store store = session.getStore();
17             store.connect(pop3Addr, userName, userPass);
18             //获得邮箱内的邮件夹 Folder 对象,以"只读"打开
19             Folder folder = store.getFolder("inbox");
20             folder.open(Folder.READ_ONLY);
21             //获得邮件夹 Folder 内的所有邮件 Message 对象
22             messages = folder.getMessages();
23             int count = messages.length;
24             for (int i = 0; i < count; i++) {
25                 //表格填充数据
26                 String from = messages[i].getFrom()[0].toString();
27                 Pattern p = Pattern.compile("<(.*?)>",
28                         Pattern.CASE_INSENSITIVE);
29                 Matcher m = p.matcher(from);
30                 if (m.find()) {
31                     from = m.group();
32                 }
33                 tableModel.addRow(new Object[]{from, messages[i].getSubject()});
34             }
```

```
35              //关闭 Folder 会真正删除邮件, false 不删除
36              folder.close(false);
37              //关闭 store, 断开网络连接
38              store.close();
39          } catch (Exception ex) {
40              Logger.getLogger(MainFrame.class.getName()).log(Level.SEVERE, null, ex);
41              JOptionPane.showMessageDialog(null, "邮件接收失败,请检查用户信息填写是否正确",
42                      "错误提示", JOptionPane.ERROR_MESSAGE);
43              this.dispose();
44              LoginUI dialog = new LoginUI(new javax.swing.JFrame(), true);
45              dialog.setVisible(true);
46          }
47      }
```

程序解析如下:

(1) 04～05 行,对表格进行初始化,并且清空表格。

(2) 27～32 行,用正则表达式解析发件人地址。因为直接调用 getFrom()方法获取的发件人信息,不能保证是一个合法有效的邮件地址,例如可能获得的地址信息为"=?gbk?b?zfjS19HP0aE=?= <yanxuan1@service.netease.com>",所以需要对其进一步解析才能获取正确的邮箱地址。

(3) 33 行,用邮件标题填充表格,一行对应一封邮件,每一行包括发件人和邮件主题。

9.12 邮件的解析与显示

接收邮件的信息被封装在 Message 对象中,但是邮件中的辅助信息较多,需要将信息解析后交由客户端显示才有意义,实现逻辑如程序 9.6 所示。

程序 9.6 邮件正文解析 MainFrame.java

```
01  public void getMailContent(Part part) throws Exception {
02          String contenttype = part.getContentType();
03          int nameIndex = contenttype.indexOf("name");
04          boolean flag = false;
05          if (nameIndex != -1) {
06              flag = true;
07          }
08          if (part.isMimeType("text/plain") && !flag) {
09              bodytext = new StringBuffer((String) part.getContent());
10              mimeType = "text/plain";                //保存邮件格式,为页面显示做准备
11          } else if (part.isMimeType("text/html") && !flag) {
12              bodytext = new StringBuffer((String) part.getContent());
13              mimeType = "text/html";
14          } else if (part.isMimeType("multipart/*")) {
15              Multipart multipart = (Multipart) part.getContent();
16              int counts = multipart.getCount();
17              for (int i = 0; i < counts; i++) {
18                  getMailContent(multipart.getBodyPart(i));
19              }
```

```
20          } else if (part.isMimeType("message/rfc822")) {
21              getMailContent((Part) part.getContent());
22          }
23      }
```

当单击邮件标题行时，表格下方应显示该邮件的内容信息，实现方法如程序 9.7 所示。

程序 9.7　邮件正文显示 MainFrame.java

```
01 private void mailTableMouseClicked(java.awt.event.MouseEvent evt) {
02          try {
03              //TODO add your handling code here:
04              int row = ((JTable) evt.getSource()).rowAtPoint(evt.getPoint());
05              if (!messages[row].getFolder().isOpen()) //判断是否打开
06                  messages[row].getFolder().open(Folder.READ_WRITE);
07              String from = messages[row].getFrom()[0].toString();
08              Pattern p = Pattern.compile("<(.*?)>",
09                      Pattern.CASE_INSENSITIVE);
10              Matcher m = p.matcher(from);
11              if (m.find())
12                  from = m.group();
13              String subject = messages[row].getSubject();
14              bodytext.setLength(0);
15              getMailContent((Part) messages[row]);
16              this.txtArea.setContentType(mimeType); //设置 JTextPane 组件的格式
17              if(mimeType.endsWith("text/html"))
18              {                                          //根据不同的格式,控制显示格式
19                  String temp = bodytext.toString().replaceAll("<meta(.*?)>","");
20                  this.txtArea.setText("发件人: " + from + "<br>主题: "
21                          + subject + "<br>正文: <br>" + temp);
22              }else{
23                  this.txtArea.setText("发件人: " + from + "\n 主题: "
24                          + subject + "\n 正文: \n" + bodytext);
25              }
26          } catch (Exception ex) {
27              Logger.getLogger(MainFrame.class.getName()).log(Level.SEVERE, null, ex);
28          }
29      }
```

9.13　小　结

本章基于 JavaMail 库完成了简易邮件客户端实现了邮件的发送、接收与解析，包括附件的发送，用命令行演示了 SMTP 协议与 POP3 协议的工作原理。也可以考虑使用 Socket 技术实现更加灵活的邮件系统设计，不过工作量会比较大。

使用 JavaMail 库无须关心邮件协议的底层细节，拥有更高的开发效率，程序健壮性好。开发一个简单的邮件收发程序需要掌握 Message、Transport、Store、Session 等 JavaMail API 类的用法。

(1) JavaMail 库发送邮件步骤总结如下：

① 创建 Properties 对象，该对象用于存放 SMTP 服务器地址、端口号等参数。

② 通过 Properties 对象创建 Session 对象。

③ 通过 Session 对象获取 SMTP 协议的 Transport 对象。

④ 使用 Session 对象创建 MimeMessage 对象,并调用相应方法封装邮件信息。

⑤ 连接指定 SMTP 服务器,调用 Transport 对象中邮件发送方法发送封装的邮件数据。

(2) JavaMail 库接收邮件步骤如下:

① 创建一个有具体连接信息的 Properties 对象。

② 使用 Properties 对象获得 Session 对象。

③ 利用 Session 对象获得 Store 对象,并使用邮箱账户的身份连接 POP3 服务器。

④ 调用 Store 对象的 getFolder()方法,获取邮箱中某个邮件夹的 Folder 对象。

⑤ 调用 Folder 对象中的 getMessage()或 getMessages()方法,获取邮件夹中的一封邮件或所有邮件,每封邮件以一个 Message 对象返回。

⑥ 读取邮件内容,解析正文内容。

9.14 实验 9:邮件客户端拓展

1. 实验目的

(1) 理解并掌握 SMTP 协议以及 JavaMail 编程方法。

(2) 理解并掌握 POP3 协议以及 JavaMail 编程方法。

2. 实验内容

重温本章完成的邮件客户端设计,改进邮件客户端,实现用户登录校验功能,给多人发送邮件和发送多个附件的功能。

3. 实验方法与步骤

(1) 回顾 9.4 节内容,应用 Socket 技术编写小程序,用命令行方式收发邮件。

(2) 构建收件人地址数组,实现给多人发送邮件。

(3) 将多个附件的绝对路径存储到数组中,实现发送多个附件功能。

4. 边实验边思考

本章简易邮件客户端的制作是基于 SMTP 协议与 POP3 协议完成的,现各网站注册使用邮件验证激活账号也是基于 SMTP 协议完成的,原理是用户注册时在数据库中写入激活码,同时程序把激活码(链接)发送到注册者的信箱中,注册者单击激活链接后,程序会和数据库中的数据进行对比,对比通过即完成激活,那么具体应该如何操作呢?

5. 撰写实验报告

根据实验情况,撰写实验报告,简明扼要记录实验过程、实验结果,提出实验问题,做出实验分析。

9.15 习　题　9

1. 简述两个邮箱之间发送邮件的过程以及原理。

2. 邮件客户端发送邮件和邮箱服务器发送邮件是怎样实现的? 有什么不同?

3. 在使用 9.3 节的命令进行发送邮件时,mail from 命令后的邮箱地址是否必须是真实的邮箱地址? 请实验证明。

4. 客户端使用 data 命令发送完邮件内容之后，当前连接是否还能够使用 rcpt to 命令和 data 命令再向其他人发送邮件呢？请进行实验验证。

5. 简要描述 POP3 协议与 IMAP 协议的不同。

6. JavaMail API 中主要类有 Message、Transport、Store、Session 四个，请简述各自的功能以及四者之间的联系。

7. "session. setDebug(true);"语句实现了什么功能？不加这句可不可以？

8. 构建一个邮件时，需要对附件名进行 BASE64 转换，这是为什么？

9. 通过实验验证添加附件的最大值。一般服务器会控制上传附件的大小，如何在客户端控制？

10. 发送附件时，如果附件文件的名称是中文命名的，则到了服务器端会变成乱码，如何解决这个问题？

11. if(! messages[row]. getFolder(). isOpen())语句的作用是什么？如果不加这句会出现什么样的错误或异常？

12. JTable 的数据填充逐行添加需要事先清空，否则会出现重复邮件，除此之外是否还有更好的办法进行数据填充？

13. 在程序 9.7 中第 14 行代码"bodytext. setLength(0);"有什么作用？如果将这句代码去掉会有什么效果？

14. 项目中类与类之间传递参数过多，容易出现不必要的错误，是否可以做简化？应该如何修改原程序以达到简化传递参数的目的？

15. 请用线程技术修改邮箱收信设计，实现后台自动接收邮件功能。

16. 如何让邮件查看之前与查看之后有所区分？

17. 修改显示邮件信息的功能设计，使得用户可以单击查看邮件中的超链接。

18. 现在邮件客户端都能够多用户同时登录接收邮件，在原有项目的基础上应该怎样修改呢？

19. 修改编写邮件的功能设计，使得用户可以控制字体、字号和颜色等格式信息。

20. 现在广告等垃圾邮件较多，尝试在客户端增加垃圾邮件分类机制。

21. 在使用其他邮件客户端时，邮件的删除、移动等管理也可在本地进行，这是怎样实现的？具体到本章作品案例，应该如何修改客户端的设计？

22. 恭喜你完成了"Java 邮件客户端"的全部学习，请在表 9.3 中写下你的收获与问题，带着收获的喜悦、带着问题激发的好奇继续探索下去，欢迎将问题发送至：sdljtyk@outlook. com，与本章作者沟通交流。

表 9.3 "Java 邮件客户端"学习收获清单

序号	收获的知识点	希望探索的问题
1		
2		
3		
4		
5		

第10章 Java WebSocket

WebSocket 是 HTML5 新增加的一种通信协议，实现了浏览器与 Web 服务器之间的全双工通信，有效弥补了 HTTP 协议实时通信方面的不足，得到了 Chrome、Safrie、Firefox、Opera、IE 等主流浏览器的广泛支持。WebSocket 协议定义于 IETF RFC 6455 文档，本章采用 Java WebSocket 技术，基于浏览器和 Tomcat 服务器，实现 Web 模式的实时聊天室设计。本案例具有通用性和可扩展性，对 Web 实时通信之类的应用具有非常好的拓展参考价值。

10.1 作品演示

作品描述：完成 Web 聊天室的设计。在登录页面上输入用户名与密码，登录验证成功后进入聊天页面。为简化设计，聊天内容向所有在线用户转发，用户之间的一对一私聊请见本章实验拓展。客户端与服务端之间的通信采用 WebSocket 协议。

作品功能演示如下：

(1) 打开 chap10 目录下的 end 子文件夹，如图 10.1 所示，其中包含一个名称为 ChatRoom 的文件夹，这是本章已经完成的项目，作品演示从这里开始。

(2) 打开 Eclipse，先完成项目的导入操作，然后在 Project Explorer 中选中 ChatRoom 项目，选择 Run As→Run on Server 命令，然后项目就运行起来了，根据 web. xml 中的 welcome-file 设置，浏览器会先打开登录页面，如图 10.2 所示。

图 10.1　ChatRoom 的目录结构

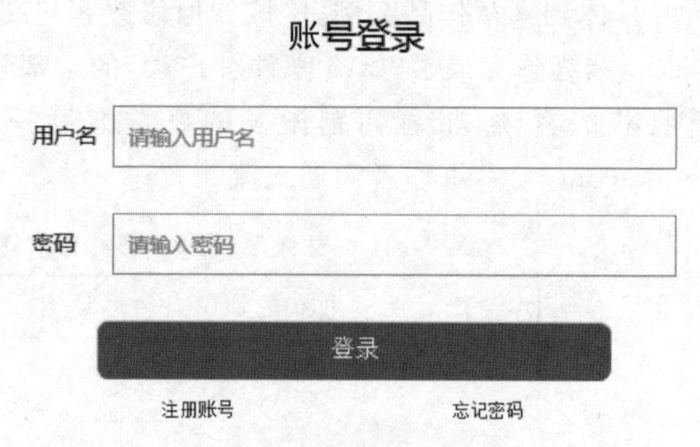

图 10.2　登录页面

(3) 如果一开始没有账号，则单击登录页面上的“注册账号”跳转到注册页面，如图 10.3 所示。如果注册成功，则会直接进入到聊天页面。

(4) 下面用两个用户来进行测试。当运行程序以后，其实就是启动 Tomcat，打开登录页面进行登录，账号用户名为 2000，如图 10.4 所示。

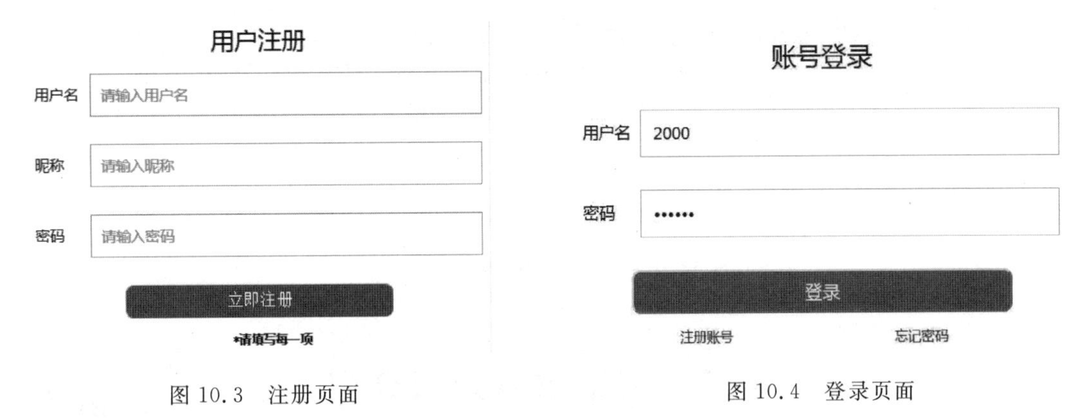

图 10.3　注册页面　　　　图 10.4　登录页面

(5) 单击图 10.4 中的“登录”按钮，若账号信息验证成功则进入聊天页面，如图 10.5 所示。

(6) 用同样的方法，使用用户名为 3000，昵称为“逐梦”的账号，登录后单击聊天页面的“用户列表”，如图 10.6 所示。

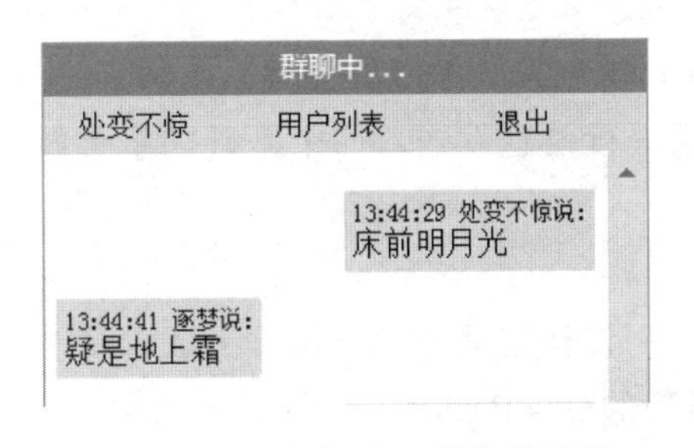

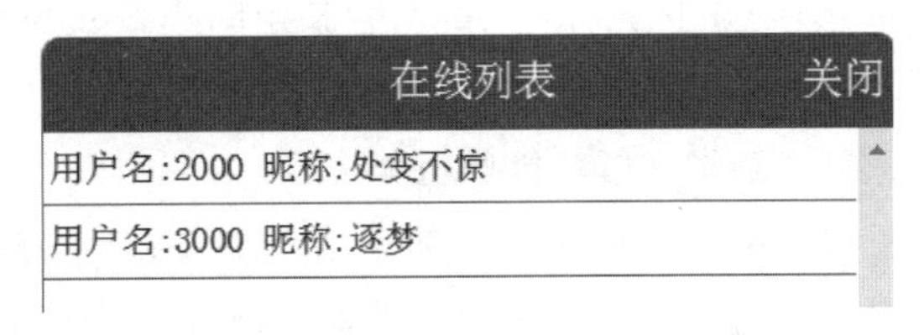

图 10.5　账号为 2000 的聊天页面　　　　图 10.6　聊天页面的在线用户列表

(7) 下面让这两个用户分别发送一条消息，“处变不惊”发送“举头望明月”，“逐梦”发送“低头思故乡”，如图 10.7 所示。

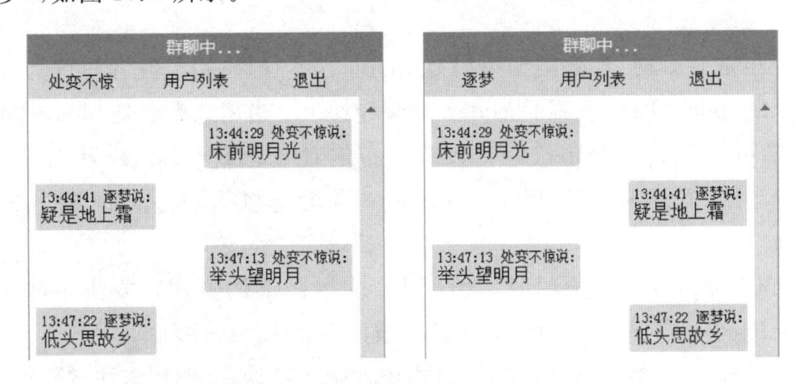

图 10.7　两个用户各发一条信息

细心的读者也许发现了用户一开始登录就有聊天信息，这是因为程序把该用户以前在线接收到的消息保存在本地浏览器的 localStorage 中了，即使刷新页面或者重启服务器，只要不删除浏览器的数据,当用户再次登录的时候,还是能看到以前的群聊信息。

服务器上可以监测到用户的各种动态信息,例如上线或者下线,如图 10.8 所示。

```
Properties  Servers  Data Source Explorer  Problems  Console  Progress  JUnit
Tomcat v7.0 Server at localhost [Apache Tomcat] E:\java\jdk1\bin\javaw.exe (2017年3月3日 下午3:36:26)
json信息{"password":"123456","username":"3000"}
3000上线!
2000下线!
3000下线!
json信息{"password":"123456","username":"2000"}
2000上线!
```

图 10.8　Java 控制台打印信息

10.2　本章重点知识介绍

javax. websocket. server 中有两个重要的注解:@PathParam 和@ServerEndpoint。@ServerEndpoint 将修饰的类定义成一个 WebSocket 服务器端,而注解的值将被用于监听用户连接的终端访问 URI 地址;@PathParam 用来实现动态加载 URI,它允许在 URI 路径中去映射方法中使用的参数。

javax. websocket 中有 Session 的使用方法和四个基础的事件触发注解。Session 中用的是 getBasicRemote()方法,它是用同步阻塞的方式进行消息发送。四个基础的事件触发注解有@OnOpen、@OnMessage、@Onclose 和@OnError。

事件触发注解功能解析如下。

(1) @OnOpen:当新的连接建立成功时,将会调用该注解修饰的方法。方法中的参数可以有 Session、EndpointConfig,零或多个 String 类型的被@PathParam 注释的参数。

(2) @OnMessage:当服务器收到客户端发送的消息时,将会调用该注解修饰的方法。服务器接收的消息类型可以是 text、binary、pong。由于这些信息的类型不同,那么方法中的参数也会有所区别,可以是 Session,零或多个 String 类型的被@PathParam 注释的参数。

当消息类型是 text 时,参数类型可以是 String、java 的原始类或者等价类、String 和布尔对、Reader、Decoder. Text 或者 Decoder. TextStream;当消息类型是 binary 时,参数类型可以是 byte 数组或者 ByteBuffer、byte 数组和布尔对或者 ByteBuffer 和布尔对、输入流、Decoder. Binary 或者 Decoder. BinaryStream;当消息类型是 pong 时,参数类型是 PongMessage。

(3) @OnClose:当连接关闭时,会调用该注解修饰的方法。方法中的参数可以有 Session、CloseReason、零或多个 String 类型的被@PathParam 注释的参数。

(4) @OnError:当 WebSocket 通信过程中发生了错误,会调用该注解修饰的方法。方法中的参数可以有 Session、Throwable、零或多个 String 类型的被@PathParam 注释的参数。各种参数用法详解请参阅官网,网址是 http://docs. oracle. com/javaee/7/api/overview-summary. html。

10.3 开发准备

本章案例是一个 Java Web 项目，使用开发工具 Eclipse 或者 MyEclipse。如果习惯使用 Eclipse，需要配合 Tomcat 来完成；如果不太熟悉配置，建议使用 MyEclipse。MyEclipse 中有自带的 Tomcat 服务器。本章内容是使用 Eclipse 作为开发工具来讲解的，数据库采用 MySQL，管理工具采用 Navicat。

准备好连接 MySQL 的驱动 jar 包，还要准备 org.json 的 jar 包，将传送消息转换成 JSON 格式，页面的 js 部分用的是 jquery，所以也要准备 jquery 的 js 文件。

新建一个 Dynamic Web Project，输入项目名称 ChatRoom，选择好 Target runtime(项目运行时服务器版本)，然后依次单击 Next 按钮进入下个页面，需要注意勾选 Generate web.xml deployment descriptor 复选框，如图 10.9 所示，最后单击 Finish 按钮完成项目的初始化。

图 10.9　创建 ChatRoom 项目

单击项目名称，找到 Java Resoueces 文件夹，在该文件夹下的 src 文件夹是 Java 源代码存放的地方，包名可以按自己意愿来建，这里用 com.zyq 为例，做好包设计，为以后代码的分层管理做准备。

在项目名上右击，在弹出的快捷菜单中选择 Build Path→Configure Build Path 命令，出现的页面如图 10.10 所示，单击 Add External JARs 按钮，然后找到已经准备好的 JSON 包存放位置，单击 Apply、OK 按钮，完成 JSON 的 jar 包路径的构建。

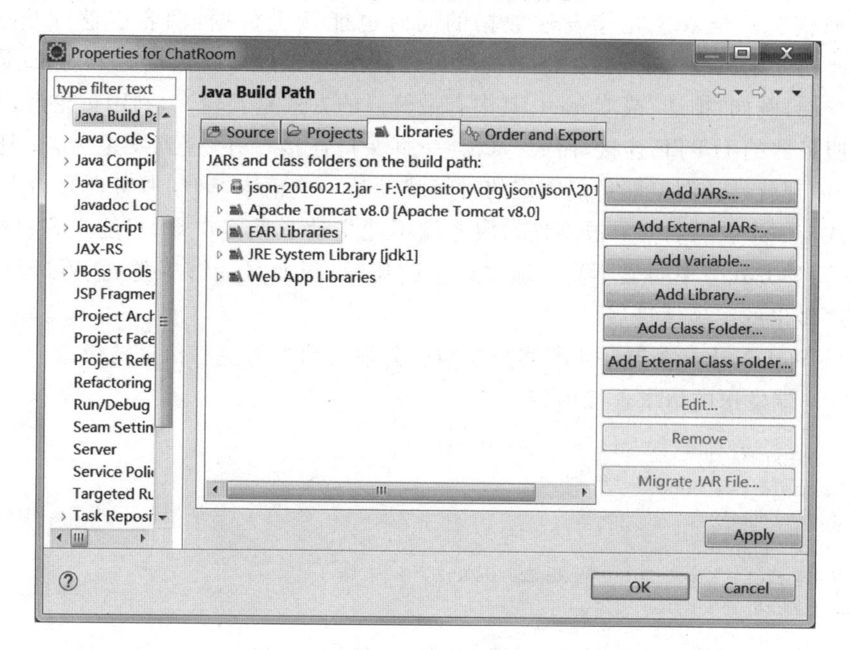

图 10.10　构建 JSON 的 jar 包路径

单击 WebContent 文件夹，找到 WEB-INF 文件夹下的 lib 目录，然后将连接数据库用到的 jar 包和 JSON 格式转换的 jar 包复制到该目录下，同时新建 asserts 文件夹，用来存放 jsp 页面所用到的 css 和 js 文件，在 asserts 文件夹下新建 css 与 js 文件夹，将 jquery 的 js 库文件复制到 js 文件夹中，如图 10.11 所示。


```
ChatRoom
  Deployment Descriptor: ChatRoom
  JAX-WS Web Services
  Java Resources
    src
      com.zyq
    Libraries
  JavaScript Resources
  build
  WebContent
    asserts
      css
      js
        jquery-2.1.4.min.js
    META-INF
    WEB-INF
      lib
        json-20160212.jar
        mysql-connector-java-5.1.38.jar
      web.xml
```

图 10.11　项目开发前的准备

10.4　熟悉 WebSocket

WebSocket 是 HTML5 新增加的一种协议，实现了浏览器与服务器全双工通信。什么是全双工通信呢？全双工是指发送数据的同时也能接受数据，两者能够同步进行。在 WebSocket 协议未出现之前，存在许多技术可以让服务器得知新数据有效时，立即将数据发送到客户端，例如“推送”或 Comet，其中有最普遍的方式是长轮询，利用长轮询，客户端可打开指向服务器的 HTTP 连接，而服务器会一直保持连接打开，直到发送响应；还有 Ajax 轮询方式，原理就是让浏览器每隔固定的时间就发送一次请求，询问服务器是否有新消息。这两种方式有一个公共特点：被动性。服务端不能主动联系客户端，只能是客户端主动发起，而且这两种方式效率明显不高。通过以上的比较，很明显能够感觉到 WebSocket 技术在通信方面做出的突破性进展。

下面是 WebSocket 在握手阶段客户端与服务端的请求与应答信息结构。

(1) 客户端发送的请求连接内容。

```
GET /chat HTTP/1.1
Host: example.com:8000
Upgrade: websocket
Connection: Upgrade
Sec-WebSocket-Key: dGhlIHNhbXBsZSBub25jZQ==
Sec-WebSocket-Version: 13
```

这个请求内容与普通的 HTTP 请求头相比是不同的，其中

```
Upgrade:websocket
Connection:Upgrade
```

是要告诉服务端，客户端将要发起 WebSocket 协议，而 Sec-WebSocket-Key 是浏览器随机生成的 BASE64 编码值，Sec-WebSocket-Version 则代表了 WebSocket 的版本号。

(2) 服务器端应答返回内容。

```
HTTP/1.1 101 Switching Protocols
Upgrade: websocket
Connection: Upgrade
Sec-WebSocket-Accept: s3pPLMBiTxaQ9kYGzzhZRbK+xOo=
```

服务端回送的 Upgrade 和 Connection 表明已经做好了 WebSocket 协议准备，而 Sec-WebSocket-Accept 的值是客户端请求内容中的 Sec-WebSocket-Key 的加密字符串。

10.5 编写基础类

要实现聊天功能，那么用户类和聊天信息类就必不可少。在用户类中，设置聊天用户最基本的属性：用户名 username，用户密码 password，昵称 nickname。在 com.zyq 目录下新建 models 文件夹，用来存放基础类，新建普通的 Java 类 User，放在 models 目录下。User 类的部分代码定义如程序 10.1 所示。

程序 10.1　用户类 User.java 部分代码

```
01  public class User {
02       private String username;                     //用户名
03       private String password;                     //密码
04       private String nickname;                     //昵称
05       public User() {                              //无参构造函数
06           super();
07       }
08       public User(String username, String password, String nickname) {     //构造函数
09           super();
10           this.username = username;
11           this.password = password;
12           this.nickname = nickname;
13       }
14       @Override
15       public String toString() {                   //重写 toString()方法
16        return "User [username=" + username + ", password=" + password +
17       ", nickname=" + nickname + "]";
18       }
19  }
```

聊天信息类中，设置的属性为：发送消息用户 from，接收消息用户 to，消息内容 messageContent，消息类型 messageType，消息发送用户的昵称 fromNick。新建普通的 Java 类 ChatMessage，放在 models 目录下。ChatMessage 类的部分代码定义如程序 10.2 所示。

程序 10.2 消息类 ChatMessage.java 部分代码

```
01  public class ChatMessage {
02      private String from;                    //消息发送的用户
03      private String to;                      //消息接受的用户
04      private String messageContent;          //消息内容
05      private String messageType;             //消息类型：ChatMessage、SystemNotify
06      private String fromNick;                //消息发送用户的昵称
07      public ChatMessage() {                  //无参构造函数
08          super();
09      }
10      public ChatMessage(String from, String to, String messageContent) {     //构造函数
11          super();
12          this.from = from;
13          this.to = to;
14          this.messageContent = messageContent;
15      }
16      @Override
17      public String toString() {              //重写 toString()方法
18          return"ChatMessage [from=" + from + ", to=" + to + ", messageContent=" +
19          messageContent + ", messageType=" + messageType + ", fromNick=" + fromNick + "]";
20      }
21  }
```

这些基础类都重写了 toString()方法，这是为了便于调试程序。当要进行程序某一功能测试的时候，打印出来的这些基础类信息便能帮助进行错误的处理，建议采用这种良好的编码风格。

10.6 实现对数据库的操作

本节完成与用户数据库相关的类设计。在 com.zyq 的目录下新建 db 文件夹，新建普通的 Java 类 DBInfo，放在 db 目录下，DBInfo 类的定义如程序 10.3 所示。

程序 10.3 数据库信息类 DBInfo.java

```
01  public class DBInfo {
02      private final String url = "****";
03      private final String username = "****";
04      private final String password = "****";
05      private final String driver = "com.mysql.jdbc.Driver";
06      public String getUrl() {
07          return url;
08      }
09      public String getUsername() {
10          return username;
11      }
12      public String getPassword() {
13          return password;
14      }
15      public String getDriver() {
```

```
16              return driver;
17          }
18  }
```

这里的 **** 表示内容不唯一，由 driver 变量的值可知用到的数据库是 MySQL，如果不习惯用 MySQL 的可以换其他的数据库系统，连接数据库的 url、password、username 根据自己的情况而定。

有了基础的数据库信息，接下来实现对数据库连接的控制操作。新建普通的 Java 类 DataBase，放在 db 目录下。DataBase 类的定义如程序 10.4 所示。

程序 10.4　数据库连接类 DataBase.java

```
01  public class DataBase {
02          DBInfo info = new DBInfo();
03          Connection conn = null;
04          public DataBase() {                      //无参构造函数
05              super();
06          }
07          public boolean openConnection(){        //打开数据库连接
08              try {
09                  Class.forName(info.getDriver());
10                  conn = DriverManager.getConnection(info.getUrl(), info.getUsername(),
11                      info.getPassword());
12                  if (conn == null)
13                      return false;
14                  return true;
15              } catch (Exception e) {
16                  e.printStackTrace();
17                  return false;
18              }
19          }
20          public boolean closeConnection() {      //关闭数据库连接
21              if (conn!= null){
22                  try {
23                      conn.close();
24                  } catch (SQLException e) {
25                      e.printStackTrace();
26                      return false;
27                  }
28              }
29              return true;
30          }
31          public Connection getConnection () {  //获取数据库连接
32              return conn;
33          }
34  }
```

在 com.zyq 的目录下新建 service 文件夹，用来存储具体的数据库操作以及业务实现类；新建普通的 Java 类 UserService，放在 service 目录下。UserService 类的定义如程序 10.5 所示。

程序 10.5 数据库操作类 UserService. java

```
01 public class UserService {
02     private DataBase db = new DataBase();
03     private final String sql1 = "select * from user where username = ?";
04     public boolean userExists(User user){
05         if (!db.openConnection()){        //如果数据库连接不能打开就直接返回 false
06             return false;
07         }
08         try {
09             Connection conn = db.getConnection();
10             PreparedStatement ps = conn.prepareStatement(sql1);
11             String username = user.getUsername();
12             ps.setString(1, username);
13             ResultSet result = ps.executeQuery();
14             while (result.next()){
15                 return true;
16             }
17             return false;
18         } catch (Exception e) {
19             e.printStackTrace();
20             return false;
21         }finally {
22             db.closeConnection();         //关闭数据库连接
23         }
24     }
25     private final String sql2 = "insert into user values(?,?,?)";
26         public boolean addUser(User user){
27             if (userExists(user) == true){      //如果数据库已有该用户信息,那么则不能
                                                //插入该条信息
28                 return false;
29             }
30             if (!db.openConnection()){
31                 return false;
32             }
33             try {
34                 Connection conn = db.getConnection();
35                 PreparedStatement ps = conn.prepareStatement(sql2);
36                 String username = user.getUsername();
37                 String password = user.getPassword();
38                 String nickname = user.getNickname();
39                 ps.setString(1, username);
40                 ps.setString(2, password);
41                 ps.setString(3, nickname);
42                 ps.executeUpdate();
43                 return true;
44             } catch (Exception e) {
45                 System.out.println("添加失败" + e.getMessage());
46                 return false;
47             }finally {
48                 db.closeConnection();
```

```
49                  }
50              }
51              public User queryUserWithName(String username){
52                  if (!db.openConnection()){
53                      return null;
54                  }
55                  try {
56                      Connection conn = db.getConnection();
57                      PreparedStatement ps = conn.prepareStatement(sql1);
58                      ps.setString(1, username);
59                      ResultSet result = ps.executeQuery();
60                      while (result.next()){
61                          User user = new User();
62                          user.setUsername(result.getString("username"));
63                          user.setPassword(null);
64                          user.setNickname(result.getString("nickname"));
65                          return user;
66                      }
67                      return null;
68                  } catch (Exception e) {
69                      e.printStackTrace();
70                      return null;
71                  }finally {
72                      db.closeConnection();
73                  }
74              }
75  }
```

程序 10.5 解析如下：

(1) 02 行，实例化数据库操作连接的类。

(2) 03 行，声明通过用户名确定用户的 SQL 语句。

(3) 04～24 行，判断数据库是否有该用户信息，注意 14 行中 next()方法的使用。

(4) 25 行，声明添加用户信息的 SQL 语句。

(5) 26～50 行，往数据库里添加新的用户信息。

(6) 51～75 行，通过用户名返回用户信息。

下面对数据库基础操作类进行模块再封装。为什么要进行功能模块的再封装？再封装一遍是不是显得有点冗余呢？功能模块再封装，模块内的相关方法在逻辑上显得更加紧密。新建普通 Java 类 UserServiceImpl，放在 service 目录下。UserServiceImpl 类的定义如程序 10.6 所示。

程序 10.6　功能模块实现类 UserServiceImpl.java

```
01  public class UserServiceImpl {
02          UserService service = new UserService();
03          public boolean authenticateUser(User user) {
04              return service.userExists(user);
05          }
06          public boolean authenticateUser(String username, String password) {
07              User user  =  new User();
```

```
08              user.setUsername(username);
09              user.setPassword(password);
10              return service.userExists(user);
11          }
12          public boolean registerUser(User user) {                    //注册用户
13              return service.addUser(user);
14          }
15          public User queryUserWithUserName(String username) {       //查询用户
16              return service.queryUserWithName(username);
17          }
18      }
```

10.7 JSON 格式转换

由于需要将对象的信息传送到 Web 页面,也需要将 Web 页面获取到的信息封装成对象进行处理,选择使用 JSON 格式,那么这时候就需要用到 JSON 的 jar 包,jar 包中封装的 JSONObject 与 JSONArray 分别能够完成单个和多个对象的 JSON 格式转换。下面是一个接口,里面有两个方法,一个是将对象序列化成 JSON 格式的内容,另一个是将 JSON 格式的内容还原成对象。新建一个接口 IJsonSerialize,放在 models 目录下。IJsonSerialize 接口的定义如程序 10.7 所示。

程序 10.7　JSON 格式转换的接口 IJsonSerialize.java

```
01  public interface IJsonSerialize {
02    public JSONObject toJson();
03    public void readFromJson(JSONObject json);
04  }
```

有了 JSON 格式转换的接口,那么前面的基础类都要进行序列化了,基础类都要实现该接口的两个方法。下面是 User.java 的补充代码,如程序 10.8 所示。

程序 10.8　User.java 的序列化代码

```
01  public static final String USERNAME = "username";
02  public static final String PASSWORD = "password";
03  public static final String NICKNAME = "nickname";
04  @Override
05  public JSONObject toJson() {
06          JSONObject json = new JSONObject();
07          json.put(USERNAME, username);
08          json.put(NICKNAME, nickname);
09          json.put(PASSWORD, password);
10          return json;
11  }
12  @Override
13  public void readFromJson(JSONObject json) {
14          if (json.has(USERNAME))
15          this.username = json.getString(USERNAME);
16          if (json.has(PASSWORD))
```

```
17        this.password = json.getString(PASSWORD);
18        if (json.has(NICKNAME))
19        this.nickname = json.getString(NICKNAME);
20   }
```

通过以上代码就能发现，可以把 JSONObject 看成是 HashMap，在这里用到的就是它的键值对结构，至于为什么要把 USERNAME 等声明成静态常量，这要归咎于 static 与 final 的特性，final 可以让这些变量的值不再发生变化，而 static 可以让这些变量独立于该类的任何对象，也就是说这些变量不依赖于任何特定的特例，让类的所有实例共享该变量。同样的还有聊天消息类 ChatMessage.java 的序列化，它也要实现 IJsonSerialize 接口的两个方法。下面是 ChatMessage.java 的补充代码，如程序 10.9 所示。

程序 10.9　ChatMessage.java 的序列化代码

```
01   public static final String FROM = "from";
02   public static final String TO = "to";
03   public static final String MESSSAGE_CONTENT = "messageContent";
04   public static final String MESSAGE_TYPE = "messageType";
05   public static final String FROM_NICKNAME = "fromNick";
06   @Override
07   public JSONObjecttoJson() {
08        JSONObjectjson = new JSONObject();
09        json.put(FROM, from);
10        json.put(TO, to);
11        json.put(MESSSAGE_CONTENT, messageContent);
12        json.put(MESSAGE_TYPE, messageType);
13        json.put(FROM_NICKNAME, fromNick);
14        return json;
15   }
16   @Override
17   public void readFromJson(JSONObject json) {
18             if (json.has(FROM)) {
19                   this.from = json.getString(FROM);
20             }
21             if (json.has(TO)) {
22                   this.to = json.getString(TO);
23             }
24             if (json.has(MESSSAGE_CONTENT)) {
25                   this.messageContent = json.getString(MESSSAGE_CONTENT);
26             }
27             if (json.has(MESSAGE_TYPE)) {
28                   this.messageType = json.getString(MESSAGE_TYPE);
29             }
30             if (json.has(FROM_NICKNAME)){
31                   this.fromNick = json.getString(FROM_NICKNAME);
32             }
33   }
```

现在准备一个回应消息的类，服务器接受到了 Web 页面的消息以后，通过该类回送收到消息的状态，例如 sucess 或者 error，如果是 error，那么也要把错误原因传送到浏览器上。

在 com. zyq 的目录下新建一个 utils 文件夹,用来存放一些工具类;新建一个普通的 Java 类 ResponseInformation,放在 utils 目录下。ResponseInformation 类的定义如程序 10.10 所示。

程序 10.10　回应消息类 ResponseInformation. java

```
01  public class ResponseInformation {
02          public static String getSuccessInformation(){
03              JSONObject json = new JSONObject();
04              try {
05                  json.put("status", "success");
06              } catch (JSONException e) {
07                  e.printStackTrace();
08              }
09              return json.toString();
10          }
11          public static String getErrorInformation(String reason) {
12              JSONObject json = new JSONObject();
13              try {
14                  json.put("status", "error");
15                  json.put("reason", reason);
16                  return json.toString();
17              } catch (Exception e) {
18                  e.printStackTrace();
19              }
20              return json.toString();
21          }
22          public static String getErrorInformation(Exception ex) {
23              JSONObject json = new JSONObject();
24              try {
25                  json.put("status", "error");
26                  json.put("reason", ex.getMessage());
27              } catch (Exception e) {
28                  e.printStackTrace();
29              }
30              return json.toString();
31          }
32  }
```

程序 10.10 解析如下:

(1) 02～10 行,处理接受浏览器发送的消息内容成功。

(2) 11～21 行,处理接受浏览器发送的消息内容失败,并且知道失败原因。

(3) 22～32 行,处理接受浏览器发送的消息内容失败,并且不知道失败原因。

10.8　实现注册功能

本节开始实现注册功能,需要建立一些 servlet 来浏览和修改数据,首先在 com. zyq 目录下新建 servlet 文件夹,用来存放所有 servlet 程序。先写一个 servlet,用来实现将 request

中 JSON 格式的信息读取成字符串。新建一个 servlet 的 Java 文件 JsonServlet，放在 servlet 目录下。JsonServlet 类的定义如程序 10.11 所示。

程序 10.11　读取 request 内容的 JsonServlet.java

```
01  public class JsonServlet extends HttpServlet {
02          public String ReadFromStream(HttpServletRequest request) {
03              try {
04              BufferedReader bufferedReader = request.getReader();      //获取流
05              char [ ]tmpbuf = new char[5 * 1024];                       //设置缓冲区大小
06              StringBuffer buffer = new StringBuffer();
07              while (bufferedReader.read(tmpbuf) != -1) {
08                  buffer.append(tmpbuf);
09                  }
10                  return buffer.toString();   //将读取到的 request 内容以 String 形式返回
11              } catch (IOException e) {
12                  e.printStackTrace();
13                  return null;
14              }
15          }
16  }
```

新建一个 servlet 的 Java 文件 RegisterServlet，要继承 JsonServlet，以便读取 request 的内容，放在 servlet 目录下。RegisterServlet 类的定义如程序 10.12 所示。

程序 10.12　实现注册功能的 RegisterServlet.java

```
01  @WebServlet("/register")
02  public class RegisterServlet extends JsonServlet {
03      public static final String LOGINED_USER_SESSION_ATTR = "logined_user";
04      protected void doPost(HttpServletRequest request, HttpServletResponse response)
05          throws ServletException, IOException {
06            PrintWriter writer = response.getWriter();
07            String postData = ReadFromStream(request);
08            if (postData == null) {
09                String responseStr = ResponseInformation.getErrorInformation("数据请求
                  为空!");
10                writer.println(responseStr);
11                writer.close();
12                return;
13            }
14            try {
15                JSONObject userJson = new JSONObject(postData);
16                User user = new User();
17                UserServiceImpl impl = new UserServiceImpl();
18                user.readFromJson(userJson);
19                try {
20                    User checkedUser = impl.queryUserWithUserName(user.getUsername());
21                    if (checkedUser!= null) {
22                        writer.println(ResponseInformation.getErrorInformation("用户名
                          已存在"));
23                        writer.close();
```

```
24                  return;
25              }
26          } catch (Exception e) {
27              e.printStackTrace();
28          }
29          if (impl.registerUser(user)){
30              writer.println(ResponseInformation.getSuccessInformation());
31              request.getSession().setAttribute(LOGINED_USER_SESSION_ATTR, user);
32              writer.close();
33              return;
34          }else {
35              writer.println(ResponseInformation.getErrorInformation("未知的错误"));
36              writer.close();
37              return;
38          }
39      } catch (JSONException e) {
40          e.printStackTrace();
41          writer.println(ResponseInformation.getErrorInformation(
42          "系统异常错误!" + e.getMessage()));
43          writer.close();
44      }
45  }
46 }
```

程序 10.12 解析如下:

(1) 01 行,@WebServlet 简化了 xml 文件的配置,它的作用就是将目前的类定义成一个 servlet,如果请求的 URL 是 register,则 RegisterServlet 将会被调用。

(2) 04 行,设置提交方式为 post,因为用户的注册信息包含密码等敏感信息,post 的安全性比 get 高,不会让人直接在地址栏上看到填写信息。

(3) 06～07 行,获取 request 的信息。

(4) 08～13 行,对于 request 消息为空的处理。

(5) 14～28 行,对于数据库已有信息进行处理。

(6) 29～46 行,注册用户信息,将用户填写的信息保存到数据库中。

在 WebContent 目录下新建 regsiter.jsp,在 asserts\css 目录下新建 regsiter.css,在 assert\js 目录下新建 register.js,打开 WEB-INF\lib 目录,在 web.xml 文件中进行配置,代码如下所示。

```
<servlet>
<servlet-name>RegisterPage</servlet-name>       //设置 servlet 名称
<jsp-file>/register.jsp</jsp-file>              //对应 jsp 页面
</servlet>
<servlet-mapping>
<servlet-name>RegisterPage</servlet-name>       //匹配上面的 servlet-name
<url-pattern>/Register</url-pattern>            //设置匹配的 URL
</servlet-mapping>
```

这段代码实现的功能就是为 register.jsp 配置了 Register 的 URL,通过该 URL 便能让浏览器解析 register.jsp,接下来出现的 jsp 页面都会有相应的 URL 来进行匹配。register.jsp

部分代码如程序 10.13 所示。

程序 10.13　注册页面 register.jsp 部分代码

```
01  <form method = "post" onsubmit = "return onRegister()" class = "fm - register">
02      <div class = "fm - group"><input type = "text" placeholder = "用户名" name = "username"
03      id = "username" required = "required" autocomplete = "off"></div>
04      <div class = "fm - group"><input type = "text" placeholder = "昵称" name = "nickname"
05      id = "nickname" required = "required" autocomplete = "off"></div>
06      <div class = "fm - group"><input type = "password" id = "password" name = "password"
07        placeholder = "密码" required = "required" autocomplete = "off"></div>
08      <div class = "operate - grid">
09      <input type = "submit" id = "register" value = "立即注册" class = "btn btn - primary">
10      <a class = "notify">* 请填写每一项</a>
11      </div>
12  </form>
```

程序 10.13 解析如下：

(1) 01 行，该 form 表单通过 post 方式提交，注意这里的 onsubmit 事件，return 不能省略，否则默认值为 true，表单永远都会提交。

(2) 02～07 行，placeholder 属性的值是用来提示用户输入的信息；而 autocomplete 属性值设为 off 是禁用自动完成功能，这时候用户再输入内容，不会出现以前的输入信息；required 属性的值是为了保证该文本框的内容不能为空。

(3) 08～12 行，表单提交按钮以及提示信息。

从前台获取用户信息并传递到后台的 register.js 部分代码如程序 10.14 所示。

程序 10.14　register.js 部分代码

```
01  function onRegister(){
02          var username  =  $ ('#username').val();
03          var password  =  $ ('#password').val();
04          var nickname  =  $ ('#nickname').val();
05          var user  =  {
06                  username: username,
07                  password: password,
08                  nickname: nickname,
09          };
10          $ .ajax({
11               url: 'register',
12               type: 'POST',
13               data: JSON.stringify(user),
14               dataType: 'JSON',
15               contentType: 'application/json;charset = utf - 8',
16               success: function(msg) {
17                   if (msg.status != null && msg.status  ==  "success") {
18                       window.location.href  =  'Chat';
19                   }else {
20                       alert ('注册失败!' + '原因是: \n' + msg.reason);
21                   }
22               },
23               error :function(msg) {
```

```
24                  console.log('ajax 发生错误' + msg);
25              }
26          })
27      return false;
28  }
```


程序 10.14 解析如下:

(1) 02~04 行,通过 id 获取页面上用户填写的信息。

(2) 05~09 行,将获取到的信息封装到 user 变量中。

(3) 10~26 行,通过 ajax 将 user 以 JSON 格式传到对应 URL 为 register 的 servlet 中。如果返回信息成功,那么跳转到对应 URL 为 Chat 的页面,否则给出提示信息。

(4) 27 行,返回 false,由于这个 js 函数是通过 form 表单中的 onsubmit 来触发的,所以最终必须返回 true 或者 false 值。

10.9 实现登录与退出功能

本节实现登录与退出功能。新建一个 servlet 的 Java 文件 LoginServlet,放在 servlet 目录下,LoginServlet 的功能是对提交过来的用户信息进行验证,如果验证成功,那么返回成功信息;如果验证不成功,返回失败信息。LoginServlet 的主要实现代码如程序 10.15 所示。

程序 10.15 实现登录功能的 LoginServlet.java 部分代码

```
01  String loginData = ReadFromStream(request);
02  try {
03      JSONObject loginUserJson = new JSONObject(loginData);
04      User user = new User();
05      UserServiceImpl impl = new UserServiceImpl();
06      user.readFromJson(loginUserJson);
07      if (impl.authenticateUser(user)){
08      PrintWriter writer = response.getWriter();
09      writer.println(ResponseInformation.getSuccessInformation());
10      writer.close();
11      User loginedUser = impl.queryUserWithUserName(user.getUsername());
12      request.getSession().setAttribute(LOGINED_USER_SESSION_ATTR, loginedUser);
13      }else {
14      PrintWriter writer = response.getWriter();
15      writer.println(ResponseInformation.getErrorInformation("用户名或密码错误!"));
16      writer.close();
17      }
18  } catch (Exception e) {
19      e.printStackTrace();
20  }
```

程序 10.15 解析如下:

(1) 01~06 行,将获取到的信息实例化成 user。

(2) 07 行,对实例化的 user 进行验证,查看数据库中是否有该用户的信息。

(3) 08～12 行，数据库中有该用户信息，通过了验证，同时将该用户的信息添加到 session 中，以便进入聊天页面。

(4) 13～20 行，数据库中没有该用户信息，验证失败，返回验证失败原因。

在 WebContent 目录下新建 login. jsp，在 asserts\css 目录下新建 login. css，在 asserts\js 目录下新建 login. js，打开 WEB-INF\lib 目录，在 web. xml 文件中也要进行配置，与 register. jsp 类似，并且还要把 login. jsp 设置成起始页，代码如下：

```
<welcome-file-list>
    <welcome-file>login.jsp</welcome-file>
</welcome-file-list>
```

新建 LogoutServlet. java，放在 servlet 目录下，它的功能是收到浏览器的下线通知消息时，将 session 中关于该用户的信息移除。LogoutServlet 的实现代码如程序 10. 16 所示。

程序 10. 16　logoutServlet. java 的实现源代码

```
01  @WebServlet("/logout")
02  public class LogoutServlet extends JsonServlet {
03          protectedvoid doPost(HttpServletRequest request, HttpServletResponse response)
04          throws ServletException, IOException {
05              request.getSession().removeAttribute(LoginServlet.LOGINED_USER_SESSION_ATTR);
06          }
07  }
```

10. 10　编写聊天页面

本节实现聊天页面的编写。在 WebContent 目录下新建 chat. jsp，在 asserts\css 目录下新建 chat. css，在 asserts\js 目录下新建 chat. js，打开 WEB-INF\lib 目录，在 web. xml 文件中还要进行配置，与 register. jsp 的配置类似。

当用户成功登录或者注册成功以后，跳转到聊天页面；否则跳转到登录页面。下面是实现控制跳转的 chat. jsp 部分代码。如程序 10. 17 所示。

程序 10. 17　实现控制跳转 chat. jsp 部分代码

```
01  Object sessionObj = request.getSession().getAttribute(LoginServlet.LOGINED_USER_SESSION_
    ATTR);
02  User loginedUser = null;
03  if (null != sessionObj) {
04          if (sessionObj instanceof User)
05                  loginedUser = (User)sessionObj;
06  }else {
07          request.getRequestDispatcher("login.jsp").forward(request, response);//重定向
08  }
```

程序 10. 17 解析如下：

(1) 01 行，获取 session 中的用户属性：LOGINED_USER_SESSION_ATTR。进入聊天页面的条件可以是登录成功，还可以是注册成功，不论哪个条件成功，session 中都记录用户信息。

(2) 02～05 行,满足进入聊天页面的条件,session 中有了用户信息。

(3) 06～08 行,session 中没有用户信息,重定向到登录页面。

新建 servlet 程序 UserListServlet.java,放在 servlet 目录下,它的主要功能是当服务器收到浏览器信息的时候,将所有在线用户信息传送给浏览器。UserListServlet 的主要实现源代码如程序 10.18 所示。

程序 10.18　在线用户列表 UserListServlet.java 的主要源代码

```
01  List<ChatController> usersOnline = ChatController.getConnectedUsers();
02  JSONArray allUsers = new JSONArray();
03  UserServiceImpl impl = new UserServiceImpl();
04  for (ChatController chatController : usersOnline) {
05          User user = impl.queryUserWithUserName(chatController.getUser().getUsername());
06          if (null != user) {
07          user.setPassword(null);
08          allUsers.put(user.toJson());
09          }
10  }
11  PrintWriter writer = response.getWriter();
12  try {
13      writer.println(allUsers.toString());
14  } catch (Exception e) {
15      writer.println(ResponseInformation.getErrorInformation("用户列表获取错误"));
16  }finally {
17      writer.close();
18  }
```

程序 10.18 解析如下:

(1) 01～03 行,实例化各种变量。

(2) 04～10 行,将在线用户实例化,放到 JSON 数组中。

(3) 11～18 行,将 JSON 数组里面的用户信息传到浏览器上,以便显示所有在线用户信息。

获取用户列表的逻辑设计如程序 10.19 所示。

程序 10.19　在线用户列表的 js 源代码

```
01  function getOnlineUser(){
02      $.ajax({
03          url:'userlist',
04          type:'GET',
05          success: function(data){
06            var onlineUserTemplate = '<li class = "user - cell">\
07            <span class = "user - info">用户名:<a class = "user - name">{{username}}</a>\
08             昵称:<a class = "user - nick">{{nickname}}</a></span>\
09            </li>';
10          var htmls = [];
11          var allUsers = data;
12          if (allUsers instanceof Array) {
13              for (var i = 0; i < allUsers.length; i++) {//将用户信息逐个添加到 htmls 数组中
14                  var user = allUsers[i];
```

```
15                     var tempHtml = onlineUserTemplate.replace(/{{username}}/,
16                     user.username).replace(/{{nickname}}/, user.nickname);
17                     htmls.push(tempHtml);
18                 }
19             }
20             $ ('.users - list').html(''); //清空用户列表中的内容
21             $ ('.users - list').append(htmls.join(''));//将 htmls 数组中的用户信息填充到用
                                                           //户列表中
22         },
23         error: function(){
24         }
25     })
26 }
```

10.11 实现收发信息与保存聊天记录

继续完善对 asserts\js 目录下的 chat.js 补充，本节主要实现的功能是完成信息的收发以及聊天记录的保存，如程序 10.20 所示。

程序 10.20 chat.js 中实现消息收发的 js 部分

```
01 var websocket = null;
02 var url = 'ws://localhost:8080/ChatRoom/chat/' + loginedUsername;
03 function initConnection(){
04     if ("WebSocket" in window){                    //检查当前浏览器是否支持 WebSocket
05          websocket = new WebSocket(url);
06     }else{
07          alert('您当前的浏览器不支持 Websocket!');
08     }
09     websocket.onopen = function(){
10         console.log('websocket 协议已经打开');
11     }
12     websocket.onerror = function(){
13         alert('websocke 通信协议发生错误');
14     }
15     websocket.onclose = function(){
16         logout();
17         alert('您当前已经被注销!请重新登录');
18         window.location.href = "Login";
19     }
20     window.onbeforeunload = function(){
21         backupCurHistory();                        //备份聊天历史记录
22     }
23     websocket.onmessage = function(event){         //获取服务器的信息
24         var msg = JSON.parse(event.data);
25         if (msg.messageType.trim() == 'ChatMessage'){
26             addRecievedMessage(msg);
27         }else{
28             if (msg.messageType == 'SystemNotify'){
29                 getOnlineUser();
```

```
30              }
31          }
32      }
33  }
34  function sendMessage(){
35      var content = $('#message-content').val();
36      if (content == null || content.trim().length <= 0){        //检验消息内容是否有效
37          $('#message-content')[0].focus();
38          console.log('内容不符合要求!');
39          return false;
40      }
41      var date = new Date();
42      var msg = {
43          time: date.getHours() + ':' + date.getMinutes() + ':' + date.getSeconds(),
                                                     //获取当前时间
44          messageContent:content,                  //获取消息框的消息内容
45          messageType:'ChatMessage',               //设置消息类型
46          from:loginedUsername,                    //获取 jsp 页面中的登录用户名
47      }
48      addSentMessage(msg);                         //发送消息
49      $('#message-content').val('');               //清空消息框的内容
50      if (websocket == null){                      //如果没有 websocket,就重新初始化
51          initConnection();
52      }
53      websocket.send(JSON.stringify(msg));         //发送消息
54      return false;
55  }
56  function addSentMessage(msg) {
57      var sentMsgTemplate = '<li class="message-cell message-sent">\
58                  <span class="message-info">\
59                      <a class="message-time">{{time}}</a>\
60                      <a class="send-user">{{user}}说:<br/></a>\
61                      <a class="message-content">{{content}}</a>\
62                  </span>\
63              </li>';
64      var msgText = sentMsgTemplate.replace(/{{time}}/, msg.time).replace(/{{user}}/,
65      loginedUsernick).replace(/{{content}}/, msg.messageContent);
66      $('.messages-list').append(msgText);
67      scrollToBottom();
68  }
69  function addRecievedMessage(msg) {
70      var recievedMsgTemplate = '<li class="message-cell message-recieved">\
71                  <span class="message-info">\
72                      <a class="message-time">{{time}}</a>\
73                      <a class="send-user">{{user}}说:<br/></a>\
74                      <a class="message-content">{{content}}</a>\
75                  </span>\
76              </li>';
77      if (msg.time == null) {                      //给信息添加时间属性
78          var now = new Date();
79          msg.time = now.getHours() + ':' + now.getMinutes() + ':' + now.getSeconds();
```

```
80          }
81          var msgText = recievedMsgTemplate.replace(/{{time}}/, msg.time).replace(/{{user}}/,
82      msg.fromNick).replace(/{{content}}/, msg.messageContent);
83          $ ('.messages - list').append(msgText);
84          scrollToBottom();
85      }
86      function scrollToBottom() {                      //控制聊天框的底端与输入框的顶部对齐
87          var destView = $ ('.bottom - anchors')[0];
88          destView.scrollIntoView(false);
89      }
```

程序 10.20 解析如下：

(1) 01～33 行，初始化 WebSocket 协议的连接，其中 window.onbeforeunload 是指页面刷新或者关闭的时候调用函数，而 websocket.onmessage 中的函数参数是服务器传来的数据信息。

(2) 34～55 行，完成消息框内容的发送，websocket.send 函数将信息发送给服务器。

(3) 56～68 行，将消息框输入的内容进行包装修饰，展现在聊天框内。

(4) 69～85 行，将服务器接收到的信息进行包装修饰，展现在聊天框内。

(5) 86～89 行，控制聊天框的底端与输入框的顶部对齐，这样使得每次发送消息以后，页面会在合适的地方显示最新消息。

聊天记录存储逻辑如程序 10.21 所示。

程序 10.21　chat.js 中实现聊天记录存储的 js 部分

```
01  var histories = [];
02  function History(htmls, id){                     //创建一个聊天历史
03      this.id = id;
04      this.htmls = htmls;
05      return this;
06  }
07  function findHistory(history){                   //找到对应的聊天历史
08      for (var i = 0; i < histories.length; i++) {
09          var cur = histories[i];
10          if (cur.id == history.id && cur.from == history.from){
11              return cur;
12          }
13      }
14  }
15  function backupCurHistory(){                     //备份当前历史记录
16      histories = getHistories();                  //从 localStorage 读取历史纪录
17      var curHis = new History( $ ('.messages - list').html(), messageTo);
18      curHis.from = loginedUsername;
19      var storedHis = findHistory(curHis);         //查看以前是否有当前的历史
20      if (storedHis == null) {                     //没有就进行存储
21          histories.push(curHis);
22      }else {                                      //有当前历史则先进行删除，然后再存储
23          histories.splice(histories.indexOf(storedHis), 1);
24          histories.push(curHis);
25      }
```

```
26      saveHistories(histories);                      //将输出存储到 localStorage 中
27  }
28  function getHistories() {                          //获取历史数组,即全部的聊天记录
29      histories = window.localStorage.getItem('histories');
30      if (histories == null) {
31          histories = new Array();
32      }else {
33          histories = JSON.parse(histories);
34      }
35      return histories;
36  }
37  function saveHistories(his) {                      //将历史记录存储到 localStorage
38          window.localStorage.setItem('histories', JSON.stringify(his));
39  }
40  function loadChatHistory() {
41      histories = getHistories();
42      var destHis = new History(null, messageTo); //设置要找的聊天历史记录
43      destHis.from = loginedUsername;
44      var storedHis = findHistory(destHis);//通过 loginedUsername 与 messageTo 确定聊天历史
45      if (storedHis == null) {  //如果没有找到,说明以前就没有该历史,聊天框内显示空白
46          $('.messages-list').html('')
47      }else {                        //找到了聊天历史记录,将内容填充到页面上的聊天框内
48          $('.messages-list').html(storedHis.htmls)
49      }
50  }
```

程序 10.21 解析如下:

(1) 02～06 行,确定一个聊天历史记录,htmls 是指聊天框内的内容,id 是消息发送的目标用户。

(2) 07～14 行,通过登录用户名与消息发送的目标用户来确定聊天历史记录。

(3) 15～27 行,备份当前的聊天历史记录。

(4) 28～36 行,获取全部的聊天记录。

(5) 37～39 行,保存聊天历史记录。

(6) 40～50 行,加载聊天历史记录,将以前的记录填充到聊天框内。

10.12　实现服务器群聊功能

最后要完成服务器通信逻辑的编写,它包括 WebSocket 的四个基本的触发事件的实现。在 com.zyq 目录下新建 controller 文件夹,用来存放控制类;新建一个普通的 Java 类 ChatController,放在 controller 目录下。ChatController 类的定义如程序 10.22 所示。

程序 10.22　控制类 ChatController.java 的部分源代码

```
01  @ServerEndpoint("/chat/{username}")
02  public class ChatController {
03      private final String MessageTypeSystemNotify = "SystemNotify"; //系统通知
04      private final String MessageTypeChatMessage = "ChatMessage";   //聊天消息
05      private static List<ChatController> connectedUsers = new CopyOnWriteArrayList<>();
```

```
                                                //存储在线用户
06      private Session session;                //WebSocket 的 session 会话
07      private User user;                      //登录用户
08      @OnOpen
09      public void onOpen(Session session, @PathParam(value = "username") String username) {
10          this.session = session;
11          User user = new User();
12          UserServiceImpl impl = new UserServiceImpl();
13          user.setUsername(username);
14          this.user = impl.queryUserWithUserName(username);
15          user.setPassword(null);
16          connectedUsers.add(this);           //在线用户集合中添加该用户
17          sendNotifyMessage();                //发送系统消息
18          System.out.println(user.getUsername() + "上线!");
19      }
20      @OnClose
21      public void onClose(){
22          connectedUsers.remove(this);        //在线用户集合中移除该用户
23          sendNotifyMessage();                //发送系统消息
24          System.out.println(user.getUsername() + "下线!");    //下线后,应该发送通知
25      }
26      @OnMessage
27      public void onMessage(String message, Session session){     //群发消息
28          try {
29              JSONObject messageJson = new JSONObject(message);
30              ChatMessage chatMessage = new ChatMessage();
31              chatMessage.readFromJson(messageJson);
32              if (chatMessage.getFrom() == null) {
33                  return;
34              }
35              chatMessage.setMessageType(MessageTypeChatMessage);
36              chatMessage.setFromNick(user.getNickname());
37              if (chatMessage.getTo() == null) {    //全局群聊消息
38                  for (ChatController chatController : connectedUsers) {
39                      if (chatController.user.getUsername().trim().
40                      equals(chatMessage.getFrom())) {
41                          continue;               //如果是消息发送者本身,不再转发
42                      }
43                  String msgContent = chatMessage.toJson().toString();
44                  chatController.sendMessageText(msgContent);//发送接收到的消息内容
45              }
46              }
47          } catch (Exception e) {
48              e.printStackTrace();
49          }
50      }
51      @OnError
52      public void onError(Throwable throwalble) {
53          System.out.println(throwalble.getMessage());
```

```
54        }
55        private void sendMessageText(String content) throws IOException {
56            this.session.getBasicRemote().sendText(content);  //同步发送消息
57        }
58        private void sendNotifyMessage(){
59            ChatMessage message = new ChatMessage();
60            message.setMessageType(MessageTypeSystemNotify);
61            message.setMessageContent(user.toString());
62            message.setFrom("system");
63            message.setTo(null);
64            if (connectedUsers.size() > 0) {
65                try {                              //给所有人发送消息
66                    connectedUsers.iterator().next().session.getBasicRemote().
67                    sendText(message.toJson().toString());
68                } catch (IOException e) {
69                    e.printStackTrace();
70                }
71            }}}.
```

程序 10.22 解析如下:

(1) 01 行,@ServerEndpoint 将目前的类定义成一个 WebSocket 服务器端。注解的值将被用于监听用户连接的终端访问 URL 地址,与 jsp 页面中以 ws://开头的 URL 对应。

(2) 03~07 行,声明各种变量。

(3) 08~19 行,实现 WebSocket 协议打开时的功能设计,显示用户上线信息。

(4) 20~25 行,实现 WebSocket 协议关闭时的功能设计,显示用户下线消息。

(5) 26~50 行,实现 WebSocket 通信时的功能设计,完成消息的发送。

(6) 51~54 行,实现 WebSocket 出现故障时的功能设计,打印故障信息。

(7) 55~71 行,实现两种类型的消息的发送。

10.13 小　　结

Java 的 API 定义了符合 WebSocket 协议标准的 API,支持用注解的方式创建 WebSocket 客户端与服务端。

用@ServerEndpoint 可以将一个普通的 Java 对象声明为 WebSocket 服务器,例如:

```
@ServerEndpoint("/chat")
public class ChatServer {
    @OnMessage
    public String receiveMessage(String message) {
      //...
    }
}
```

注释的类必须有一个公共的无参数构造函数。

@onMessage 注解的 Java 方法用于接收传入的 WebSocket 信息,可以为字符信息或二进制数据。举例如下。

(1) 接收字符串信息。

```
public void receiveMessage(String s) {
//...
}
```

(2) 接收 Java 原始类型信息。

```
public void receiveMessage(int i) {
//...
}
```

(3) 接收大文本数据。

```
public void receiveBigText(String message, boolean last) {
//...
}
```

(4) 使用 Reader 接收消息输入流。

```
public void processReader(Reader reader) {
//...
}
```

(5) 使用缓冲区接收二进制消息。

```
public void receiveMessage(ByteBuffer b) {
//...
}
```

(6) 使用缓冲区接收大块二进制数据。

```
public void receiveBigBinary(ByteBuffer buf, boolean last) {
//...
}
```

(7) 使用 InputStream 获取二进制消息流。

```
public void processStream(InputStream stream) {
//...
}
```

(8) 使用 pongmessage 接收 pong 消息。

```
public void processPong(PongMessage pong) {
//...
}
```

此外,打开连接、关闭连接和错误处理的三个注解方法如下。

```
@OnOpen
public void open(Session s) {
//...
}
@OnClose
```

```
public void close(CloseReason c) {
//...
}
@OnError
public void error(Throwable t) {
//...
}
```

在客户端使用 WebSocket 协议时，需要申请一个 WebSocket 对象，参数是需要连接的服务器端地址，该地址与本项目中用到的@ServerEndpoint 参数相对应，如果地址还需要动态加载，那么还要用到@PathParam 注解，协议用到的 URL 使用 ws://开头，但如果对安全性有要求的话，使用 wss://开头。服务器与客户端都有四个基础的触发事件，onopen 是监听连接创建成功事件，onmessage 是监听收到消息事件，onclose 是监听关闭连接请求事件，onerror 是监听连接、处理、接受、发送数据失败事件。综上可以看出，所有的操作都是触发事件，这样就不会阻塞 UI，使 UI 更快地响应事件，得到更好的用户体验。

10.14 实验 10：实现私聊功能

1. 实验目的

(1) 理解并掌握 WebSocket 通信协议编程方法。

(2) 理解并掌握 JSON 格式的转换方法。

(3) 理解并掌握服务器与浏览器之间数据传递过程。

2. 实验内容

重温本章完成的 ChatRoom 项目设计，改进 chat.jsp 与服务器设计，使得双击 chat.jsp 用户列表中的某一用户，打开一个新的一对一聊天页面，实现私聊功能。

3. 实验方法与步骤

(1) 回顾程序 10.2 第 03 行，聊天消息类 ChatMessage 中定义了一个字段：to 用于指向消息接受的用户，可以帮助实现私聊设计。

(2) 设计私聊页面或者直接修改群聊页面的标题内容，在用户列表中的每个用户上添加相应触发事件。

(3) 新建私聊的 servlet，设置好消息发送与接收用户之间的关系。

(4) 完成服务器逻辑的修改，增加对私聊消息的处理。

4. 边实验边思考

(1) 服务器对用户登录采用了简化处理方法，如果要实现判断用户账号登录不成功的具体原因，应该如何改进登录验证的逻辑设计？

(2) 对于用户注册也是采用了简化处理方法，程序中已经有检验用户是否存在的方法，如何利用它们在用户填写注册信息的时候就提示用户名是否符合唯一性？

5. 撰写实验报告

根据实验情况，撰写实验报告，简明扼要记录实验过程、实验结果，提出实验问题，做出实验分析。

10.15 习　题　10

1. 简要描述与其他的信息推送技术相比 WebSocket 技术的优势。

2. 请描述服务器与客户端是如何建立连接,如何进行数据收发的。

3. 如何让用户列表与聊天信息支持头像显示?

4. 模仿网站的在线聊天,考虑如何让聊天内容也支持图片、语音等。

5. 考虑到聊天信息的多样性,思考如何能够发送文件以及限制发送文件的大小。

6. 如果发送的消息内容对于安全方面要求较高,你认为可以增加什么样的措施来进行控制?

7. 查询资料,掌握 WebSocket 协议与 HTTP 协议之间的关系。

8. 在客户端的 URL 上,ws 与 wss 有什么区别? wss 的安全性体现在哪些方面?

9. 客户端与服务器都有四个基础的触发事件,它们是怎么被触发的? 或者说在什么情况下执行这些事件?

10. 自己动手刷新聊天页面,观察这会对 WebSocket 的通信产生什么影响。

11. 本项目中是将聊天信息存储到浏览器的 localStorage 中,它的存储路径是系统默认的路径,没办法人为控制,能否将聊天信息存储到自定义的外部文件中? 为什么?

12. 在实际项目开发中,前端的 js 部分对于时间的处理都是通过专门的时间格式化函数来实现的,这需要一些 js 正则表达式的知识,通过查询材料,完成时间格式化的 js 函数编写。

13. WebSocket 与 Ajax 都能实现消息的推送,比较两者的异同。

14. 修改服务器设计,记录用户上线时间,统计用户的在线时间。

15. 思考能否实现创建多个聊天室,当用户登录成功以后,让其自由选择已存在的聊天室进行聊天。

16. 考虑聊天室的在线用户数量是否对消息传送有限制? 如果有,应该采取什么样的措施来解决问题?

17. 在用户列表的实现中,我们选择使用 CopyOnWriteArrayList 集合来进行并发处理,与此类似的还有 CopyOnWriteArraySet,比较两者的区别。明白两者的性能差异后,你觉得这里用哪种数据类型更合适本章的项目?

18. 除了本章使用的 Java WebSocket,请举例说明还有哪些平台或框架支持 WebSocket?

19. 在消息发送中,我们用的是 Session 中的 getBasicRemote()方法,还有一个方法 getAsyncRemote(),用来实现异步发送消息。比较两者的区别,确定哪种方法更常用。

20. 本项目简化了服务端的日志设计,考虑日志应记录哪些信息,完善系统日志功能。

21. 总结服务器与浏览器的 WebSocket 通信的前后流程,整体把握 WebSocket 通信要点。

22. 恭喜你完成了"Java WebSocket"的全部学习,请在表 10.1 中写下你的收获与问题,带着收获的喜悦、带着问题激发的好奇继续探索下去,欢迎将问题发送至:17862824448@163.com,与本章作者沟通交流。

表 10.1 “Java WebSocket”学习收获清单

序号	收获的知识点	希望探索的问题
1		
2		
3		
4		
5		

第11章 Nodejs 和 Socket. IO 实现在线客服

本章基于 Nodejs 和 Socket. IO 实现简单的仿淘宝在线客服，在这个简易聊天室里，可以模拟客服向在线用户发消息，也可以模拟用户向客服发消息，消息内容可以是表情、文字、语音等。可以在本案例的基础上进行拓展创新，实现一个功能更全面、界面更美观的商业版在线客服。

11.1 作品演示

作品描述：本作品实现的是在线客服功能，分为两类角色，一类是普通用户，另一类是客服人员，用户对客服是多对一通信，客服和用户之间是一对一通信，本案例主要利用 Nodejs 和 Socket. IO 实现。

作品分析：在日常生活中，几乎每个人都联系过客服，例如咨询淘宝、京东的客服人员，可以和客服互相发送表情、文字、语音等。这些是怎么实现的呢？当然，实现的方式、编程的语言有很多，本章用 Nodejs 和 Socket. IO 实现简化版的在线客服。在这个应用中，Socket. IO 起着举足轻重的作用，是客服和普通用户通信的桥梁。

作品功能演示如下：打开 chap11 目录下的 end 子文件夹下的 server-online 文件夹，会看到如图 11.1 所示的文件目录，里面的 server. js 就是服务端程序。

chap11 ▸ end ▸ server_online　　搜索"server_online"

名称	修改日期	类型
node_modules	2017/2/23 23:54	文件夹
public	2017/2/23 23:54	文件夹
db.js	2017/2/4 19:25	JS 文件
index.js	2016/5/30 9:25	JS 文件
package.json	2017/1/24 11:55	JSON 文件
server.js	2017/2/19 11:24	JS 文件

图 11.1　在线客服项目的主目录

首先，用 node-dev 运行服务端程序。需要注意的是，node-dev 需要先用 npm 进行全局或者本地安装，且 node-dev server 这条命令应该在 server. js 所在目录下运行。运行成功后会打印"listening on 127. 0. 0. 1:3000"，如图 11.2 所示。

```
C:\Users\liu\Desktop\chap11\end\server_online>node-dev server
listening on 127.0.0.1:3000
```

图 11.2　运行 server. js

这时,打开谷歌浏览器,在地址栏输入“127.0.0.1:3000/service”,浏览器将会进入如图 11.3 所示的客服界面。

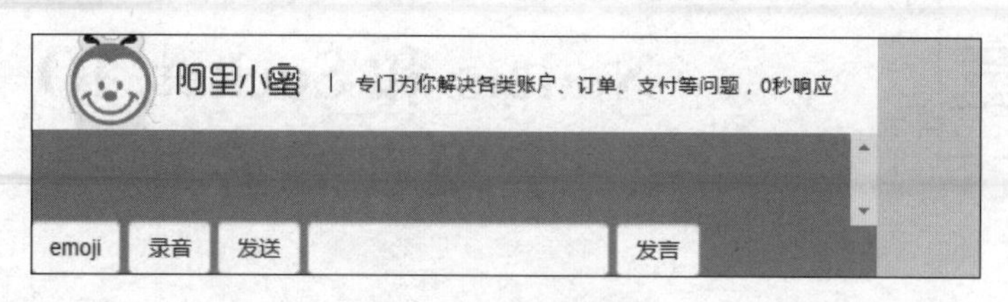

图 11.3　客服界面

在浏览器中另打开一个窗口,输入“127.0.0.1:3000”,进入用户登录界面。在登录前,先进行注册,输入用户名密码后,单击“注册”按钮,注册成功会给出成功提示,如图 11.4 所示,这里注册了 node 和 socket 作为演示账号。

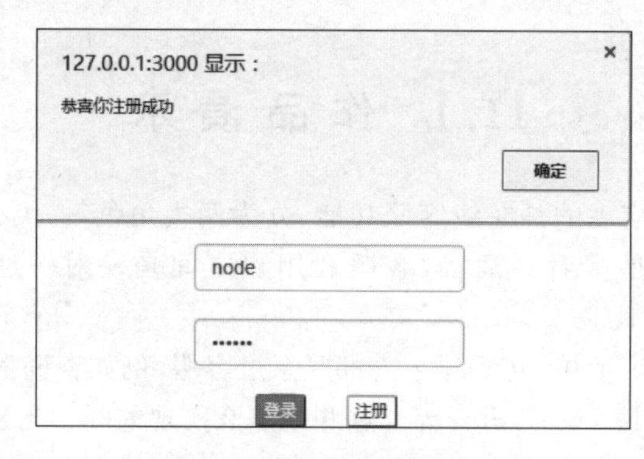

图 11.4　成功注册界面

输入之前注册的用户名和密码,单击“登录”按钮,进入淘宝首页(由于该项目主要为在线客服逻辑,所以该页以图片代替)。单击页面右上方的“联系客服”超链接,进入如图 11.5 所示的用户与客服聊天界面。

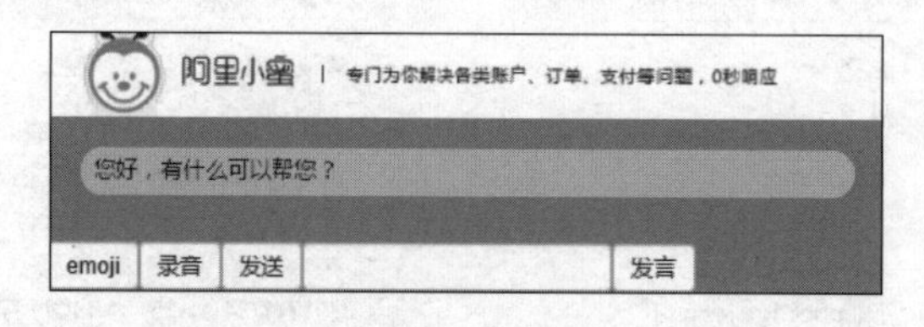

图 11.5　用户与客服聊天界面

以同样的方式再登录一个用户,进入聊天界面。此时各页面如图 11.6 所示。

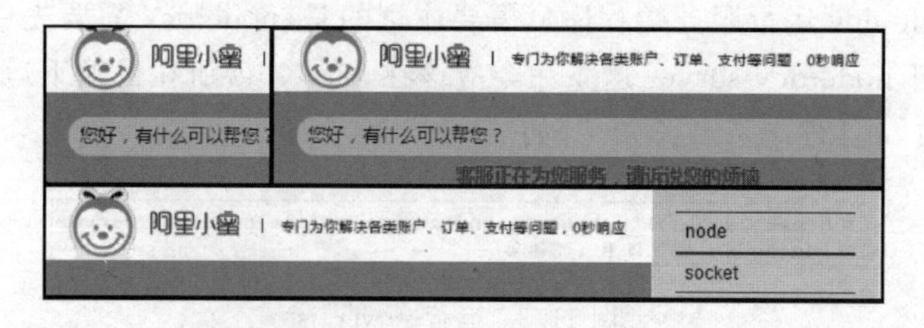

图 11.6　登录两个用户页面

普通用户可以向客服发送消息，客服收到消息会在对应的用户右侧会出现竖线，表示消息来自哪位用户，客服单击用户列表中的用户即可进行一对一聊天，如图 11.7 所示。

图 11.7　与 node 用户进行一对一聊天

如图 11.8 所示，单击 emoji 按钮，选择一个喜欢的表情，单击“发送”按钮即可完成表情的发送。

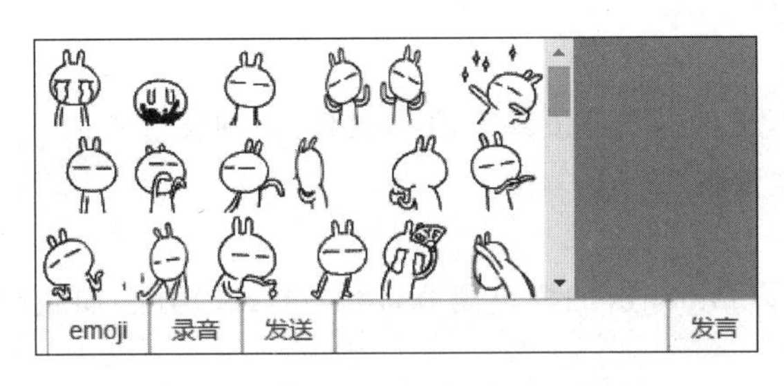

图 11.8　发送表情

如图 11.9 所示，单击“录音”按钮，开始录音，单击“发送”按钮，就能实现语音的发送。

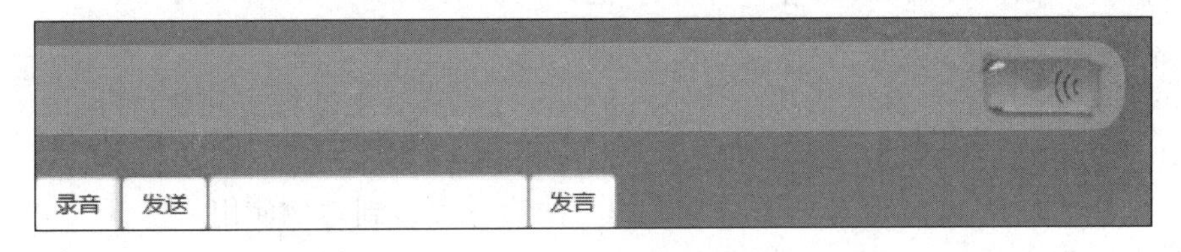

图 11.9　语音通话

11.2　本章重点知识介绍

Nodejs 是 JavaScript 在服务器端的一个运行环境，也是一个工具库，用来与服务器端其他软件互动。它的 JavaScript 解释器，采用了谷歌公司的 V8 引擎。首先需要明白 Nodejs 不是一个 js 应用，而是一个 js 运行平台。Nodejs 的内核由 C++语言编写，是一个后端运行环境，因此可以编写系统级或者服务器端的 js 让 Nodejs 帮助执行。

Nodejs 是由 Ryan Dahl 编写的，其初衷是为了做一个高性能 Web 服务器，其主要技术特点是事件驱动和非阻塞 I/O(异步 I/O)。

1. Nodejs 安装

在官网 https://nodejs.org/en/下载安装即可，安装完成后，在命令行运行“node-v”，如果显示版本号(如图 11.10 所示)，证明安装成功。

```
C:\Users\liu\Desktop>node -v
v6.9.4
```

图 11.10　Nodejs 成功安装

2. Nodejs 运行

Nodejs 提供在命令行中使用(REPL)和执行文件(扩展

名为.js)两种方式。

首先解释下 REPL 模式。REPL 指 Read、Evaluate、Print、Loop,即输入、求值、输出、循环,也就是交互式命令行解析器,非常适合检验和学习 Nodejs,用于验证 Node API 和 JavaScript API 是否正确。如果忘记了 API 的用法,可以用 REPL 来验证。

执行文件方式是指先用 node 编写一个 js 文件,然后通过 node 的相关命令执行这个 js 文件,来实现我们编写的功能。

在命令行中与 node 进行交互的方式很简单,只需两步:

(1) 打开命令行窗口(cmd)。

(2) 输入 node 并按 Enter 键。

执行文件需要三步:

(1) 打开命令行窗口(cmd)。

(2) 进入(cd)执行文件(用 node 编写的 js 文件)所在文件夹。

(3) 运行"node 文件名"。

3. 加载模块

模块的加载遵循 CommonJs 的模块规范,用 require()方法加载模块,这个方法以一个模块标识作为参数。

如果是 node 的核心模块或者第三方模块,使用 require(模块名)的方式加载。而对于自定义的模块,则使用 require(模块路径)的方式加载。

4. npm(node package manage)

1) npm 的使用场景

npm 是 Nodejs 的包管理工具,能解决 Nodejs 代码部署上的很多问题,常见的使用场景有以下几种:

(1) 允许用户从 npm 服务器下载别人编写的第三方包到本地使用。

(2) 允许用户从 npm 服务器下载并安装别人编写的命令行程序到本地使用。

(3) 允许用户将自己编写的包或命令行程序上传到 npm 服务器供别人使用。

2) 常用的 npm 命令

接下来学习在项目开发中常用的几条 npm 命令。

(1) 模块的安装。

在开发项目时,需要用到 npm 来安装项目所需要的模块,如果想安装到全局,使用"npm install -g 模块名"命令安装全局模块。如果想在项目中通过 require()方法引用模块,建议将模块安装到本地项目文件夹。这里使用"npm install 模块名"或"npm install 模块名-- save -dev"等命令来将模块安装到本地。

(2) 安装项目依赖。

如果想运行别人的项目,需要先执行"cd package.json 所在的目录"命令进入到 package.json 文件所在的项目目录下,然后执行 npm install 命令来安装该项目的项目依赖,然后才能运行这个项目。

(3) 生成 package.json。

Node 的每个项目都会有一个 package.json 文件,包含各种所需模块以及项目的配置信息(名称、版本、许可证等)。可以使用 npm init 命令快速生成 package.json 文件,当然也可以自己编写。

5. cnpm

因为 npm 安装插件是从国外服务器下载，时常出现网络速度过慢或异常现象，可以考虑使用淘宝提供的 npm 镜像：cnpm。

cnpm 安装很简单，只需要使用 npm install cnpm -g 命令就能完成 cnpm 的安装工作。cnpm 的使用方法和 npm 基本一致。

6. supervisor

当编写代码时，每修改一次都需要重启服务，这样太麻烦、效率太低下。supervisor 可以解决这个问题，每次修改代码后自动重启服务。

使用“npm/cnpm install -g supervisor”来安装 supervisor，然后用 supervisor 执行 js 文件。例如执行 app. js，可以使用命令 supervisor app. js。

11.3 搭建简单的 Web 服务器

本节将用 Nodejs 搭建简单的 Web 服务器，并为后期实现的在线客服构建好项目目录。

首先，新建 service_online 文件夹。进入该文件夹，按住 Shift 键在文件夹下右击，在弹出的快捷菜单中选择“在此处打开命令窗口”命令。在命令行中输入 npm init 来生成 package. json，按照给出的提示填写相关字段，也可以按照默认一直按 Enter 键，配置完成后，在项目根目录会生成 package. json 文件。

在 service_online 文件夹下创建 server. js 文件和 public 文件夹，再在 public 文件夹下创建 test. html。进入 package. json 所在文件夹，打开命令行，执行命令 npm install express --save-dev。也可以用 cnpm 快速安装。安装完成后用编辑器打开这个项目，会发现该项目多了个 node_modules 文件夹，并且 packeage. json 文件已经加入这个模块，如程序 11. 1 所示。

程序 11. 1　package. json

```
01  {
02    "name": "service_online",
03    "version": "1.0.0",
04    "description": "在线客服",
05    "main": "server.js",
06    "scripts": {
07      "test": "echo \"Error: no test specified\" && exit 1",
08      "start": "node - dev server"
09    },
10    "keywords": [
11      "Node",
12      "socket.io"
13    ],
14    "author": "Liu Xuegang",
15    "license": "MIT",
16    "devDependencies": {
17      "express": "^4.14.1"
```

```
18      }
19  }
```

编写服务端代码 server.js,如程序 11.2 所示。

程序 11.2　server.js

```
01  var express = require('express')
02  app = express (),                                    //创建 express 应用程序
03  app.use(express.static('./public'))                   //静态文件目录
04  app.listen(3000, function(){                          //监听 3000 端口
05       console.log('listening on 127.0.0.1:3000')
06  })
```

进入 public 静态文件夹,简单编写 test.html,如程序 11.3 所示。

程序 11.3　test.html

```
01  <! DOCTYPE html >
02  < html lang = "en">
03  < head >
04       < meta charset = "UTF - 8">
05       < title > test </title >
06  </head >
07  < body >
08       < h1 > Hello World </h1 >
09  </body >
10  </html >
```

可以使用 node server 命令来执行 server.js。为了实现修改后自动重启服务,使用 node -dev 来执行,当然,也可选择 supervisor。首先全局安装 node-dev,在命令行执行 npm install-g node-dev 命令,安装成功后再进入 server.js 所在目录执行 node-dev server 命令,若执行结果如图 11.2 所示,说明服务启动成功。

打开谷歌浏览器,输入网址"127.0.0.1:3000/test.html",会看到网页显示 Hello World,如图 11.11 所示。

图 11.11　显示 Hello World

11.4　应用 Backbonejs 完成登录注册界面

Backbonejs 是一个功能强大的 JavaScript 前端框架,是 MVC 思想的实现。MVC 在大部分语言的框架中都能实现,JavaScript 虽然在这方面起步较晚,但随着前端和 JS 越来越被认可和重视,JSMVC 框架的出现成为必然,Backbonejs 正是一个优秀的 JSMVC 框架。

Backbonejs 的使用依赖于 Underscore.js,所以在引入 Backbonejs 前必须先引入 Underscore.js。

本节用 Backbonejs 的 View 和 Router 实现页面渲染,下面举例说明。

先看一个关于 View 的例子。

```
01  var View = Backbone.View.extend({
02       el: '.main',                       //该视图的 DOM 元素
```

```
03      events: {                          //事件及该事件发生时执行的函数
04          'click input[name = sendMsg]': 'sendMsg',
05          …
06      },
07      initialize: function () {          //视图初始化时执行的函数
08          this.render()
09      },
10      render: function () {              //页面渲染函数,一般在这个函数中渲染 DOM
11      },
12      sendMsg: function () {             //事件方法
13      },
14      …
15  })
```

再看一个关于 Router 的例子。

```
01  var Workspace = Backbone.Router.extend({
02    routes: {                            //定义各种路由及该路由对应的方法
03      "help": "help",
04    },
05    help: function() {                   //URL 为"/help"时所执行的函数
06      ...
07    },
08  });
```

用 router = new Workspace()来实例化路由,Backbone.history.start()来监听 URL 的变化。如果要跳转路由,例如要跳转到"/help",可以使用 router.navigate("help",{trigger: true})来实现。

接下来完成登录注册界面。

修改 server.js,让后端提供一个模板给前端,如程序 11.4 所示。

程序 11.4　server.js

```
01  app.get('/*', function(req,res){      //通配路由
02      res.send('<!DOCTYPE html><html><head><title>在线客服</title><link
03          rel=\"stylesheet\" type=\"text/css\" href=\"libs/bootstrap.min.css\"><link
04          rel=\"stylesheet\" type=\"text/css\" href=\"style/index.css\"><script
05          src=\"libs/socket.io.js\"></script><script type=\"text/javascript\"
06          src=\"libs/require.js\" data-main=\"js/config.js\"></script></head><body><div
07          class=\"main\"></div></body></html>');      //模板框架
08  })
```

这样后端相当于给前端提供了一个模板,前端只需填充<div class=\"main\"></div>即可完成单页面应用。

接着,在 public 目录下建立如图 11.12 所示的目录结构。

先编写登录注册界面模板,可以手工拼字符串完成,也可以用 gulp 插件构建。完成后的模板如程序 11.5 所示。

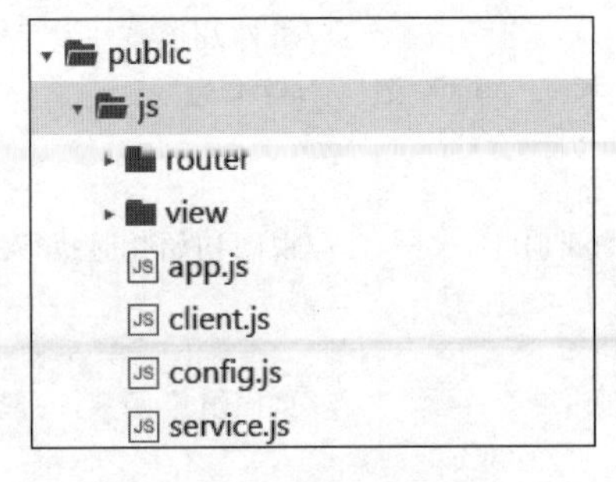

图 11.12　public 的目录结构

程序 11.5　login_register.html.js

```
01  define(function(require){ return '<div class=\"loginform\"><form
02  class=\"form-horizontal\"><input type=\"text\" name=\"nickname\"
03  class=\"form-control\" placeholder=\"请输入昵称\"><input type=\"password\"
04  name=\"passwd\"
05  class=\"form-control\" placeholder=\"请输入密码\"><input type=\"button\"
06  name=\"login\" class=\"btn-success btn-xs\" value=\"登录\"><input
07  type=\"button\" name=\"register\" class=\"btn-default btn-xs\"
08  value=\"注册\"></form></div>'})
```

在 view 目录下创建登录注册视图（login_registerVIew.js），并在 router 目录下新建 router.js，然后根据文件目录配置好 config.js，如程序 11.6 所示。

程序 11.6　config.js

```
01  requirejs.config({
02      baseUrl: '../',                    //以该路径为基准配置 paths
03      paths: {                           //配置路径，扩展名.js 可以省略
04          'jquery': 'libs/jquery.min',
05          'underscore': 'libs/underscore',
06          'backbone': 'libs/backbone',
07          'client': 'js/client',
08          'login_registerView':'js/view/login_registerView',
09          'router': 'js/router/router',
10          'login_register_html': 'templates/login_register.html',
11      }
12  })
13  //先引入路由，监听 URL 变化，再引入入口文件
14  require(['../js/router/router','../js/app'], function(Router) {
15      var router = new Router()
16      Backbone.history.start({pushState:true})
17  })
```

编写程序的入口文件 app.js，如程序 11.7 所示。

程序 11.7　app.js

```
01  define(function(require) {
02      require('client')
03  })
04
```

编写普通用户端代码 client.js，如程序 11.8 所示。

程序 11.8　client.js

```
01  define(function(require) {
02      require('underscore')
03      require('backbone')
04      var router = new Backbone.Router()
05      router.navigate('', {trigger: true})
06  })
```

编写 router.js，如程序 11.9 所示。

程序 11.9　router.js

```
01  define(function(require) {
02      var $  = require('jquery')
03      var login_registerView = require('login_registerView')
04      var Router = Backbone.Router.extend({
05          routes: {
06              ": 'firstPage',
07          },
08          firstPage: function() {
09              new login_registerView()
10          },
11      })
12      return Router
13  })
```

编写 login_registerView.js，如程序 11.10 所示。

程序 11.10　login_registerView.js

```
01  define(function(require) {
02      require('backbone')
03      var ws = require("ws")
04      var $  = require('jquery')
05      var router = new Backbone.Router()
06      var view = Backbone.View.extend({
07          el: '.main', //该 dom 元素为后端返回模板中类名为 main 的 div
08          events: {
09              'click input[name = login]': "login",
10              'click input[name = register]': "register"
11          },
12          template: {
13              'login_register': require('login_register_html')
14          },
15          initialize: function() {
16              this.render()
17          },
18          login: function() {
19          },
20          register: function() {
21          },
```

```
22          render: function() {
23              this.$el.html(this.template.login_register)
24          }
25      })
26      return view
27  })
```

最后,执行 server.js,输入网址“127.0.0.1:3000,”即可看到登录注册界面,如图 11.13 所示。

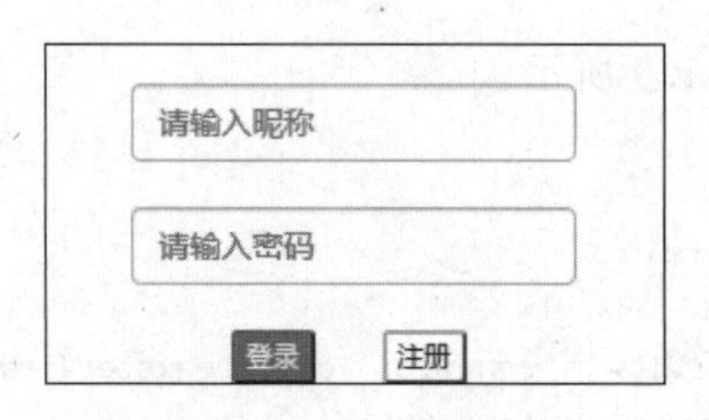

图 11.13　登录注册界面

11.5　初识 MongoDB

本节介绍一种介于关系数据库和非关系数据库之间的产品——MongoDB。MongoDB 是一个基于分布式文件存储的数据库,旨在为 Web 应用提供可扩展的高性能数据存储解决方案,是非关系数据库当中功能最丰富、最像关系数据库的。它支持的数据结构非常松散,是类似 JSON 的 BJSON 格式(Binary JSON),因此可以存储比较复杂的数据类型。MongoDB 最大的特点是它支持的查询语言非常强大,其语法有点类似于面向对象的查询语言,几乎可以实现类似关系数据库单表查询的绝大部分功能,而且还支持对数据建立索引。

1. MongoDB 的基本概念

MongoDB 的数据单元是文档,可以看作 JavaScript 中的对象,类似于关系数据库中的行。

集合(Collection)类似于关系数据库中的表,区别在于没有模式。

每个 MongoDB 数据库都有自身的集合和权限。

MongoDB 的操作主要靠终端的 JavaScript Shell 完成。

2. 专业术语

不管学习什么数据库都应该学习其中的基础概念。MongoDB 的基本概念是文档、集合、数据库,MongoDB 与 SQL 的技术差异体现在术语对照上,如表 11.1 所示。

表 11.1　MongoDB 与 SQL 的技术差异

SQL 术语	MongoDB 术语	说　明
database	database	两者一致,皆为数据库
table	collection	SQL 称其为表,MongoDB 称其为集合
row	document	SQL 称其为行,MongoDB 称其为文档

续表

SQL 术语	MongoDB 术语	说　明
column	field	SQL 称其为“列”,MongoDB 称其为域
index	index	两者一致,皆为索引
table joins		表连接,MongoDB 不支持
primary key	primary key	都有主键,MongoDB 自动将 id 字段设置为主键

3. 实例比较

个人信息用 SQL 方式存储如表 11.2 所示。

表 11.2　数据用 SQL 方式存储

id	user_name	email	age	city
1	Mark Hanks	mark@abc.com	25	Los Angeles
2	Richard Peter	richard@abc.com	31	Dallas

个人信息用 MongoDB 方式存储,结构如下。

```
{
    "_id": ObjectId("5146bb52d8524d854270060001f3"),
    "age": 25,
    "city": "Los Angeles",
    "email": "mark@abc.com",
    "user_name": "Mark Hanke"
},
{
    "_id": ObjectId("5146bb52d8524d854270060001f2"),
    "age": 31,
    "city": "Dallas",
    "email": "richard@abc.com",
    "user_name": "Richard Peter"
}
```

4. Mongoose

Mongoose 是 MongoDB 的一个对象模型工具,是基于 node-mongoldb-native 开发的 MongoDB Nodejs 驱动,可以在异步的环境下执行。同时,它也是针对 MongoDB 操作的一个对象模型库,封装了 MongoDB 对文档的一些增、删、改、查等常用方法,让 Nodejs 操作 MongoDB 数据库变得更加灵活简单。

在学习 Mongoose 之前,先了解三个名词。

Schema:一种以文件形式存储的数据库模型骨架,不具备操作数据库能力。

Model:由 Schema 发布生成的模型,具备操作数据库能力。

Entity:由 Model 创建的实体,具备操作数据库能力。

那么,三者之间是什么关系呢? Schema 生成 Model,Model 创建 Entity,Model 和 Entity 均可操作数据库,Model 比 Entity 更具操作性。

Mongoose 的用法简介如下。

首先执行下面的安装命令：

```
npm install mongoose
```

然后在程序中直接引用并与数据库建立连接：

```
var mongoose = require('mongoose');                              //引入模块
var db = mongoose.connect("mongodb://127.0.0.1:27017/数据库名");//与数据库建立连接
```

Mongoose 的用法分步解析如下。

(1) 创建骨架模型 Schema。

Schema 类似于关系数据库的表结构,可以理解为数据库模型骨架。程序如下面代码片段所示。

```
01  var Schema = mongoose.Schema;
02  var movieSchema = new Schema({
03      title: String,
04      price: Number
05  });
```

(2) 为 Schema 创建模型 Model。

```
var Movie = mongoose.model("movie", movieSchema);
```

(3) 用 Model 创建 Entity。

```
01  var movie = new Movie({
02      title: "黑衣人",
03      price: 68.5
04  });
```

(4) 保存数据到数据库。

```
01  movie.save(function (err) {                         //用 Entity 保存数据
02      if(err){}
03      else{}
04  });
05  Movie.create({                                      //用 Model 保存数据
06      title: "乘风破浪",
07      price: 28.5}, function (err) {
08      if(err){}
09      else{}
10  });
```

(5) 查询数据。

```
01  var query = {
02     title: "乘风破浪"
03  };
04  Movie.find(query, function (err, doc) {
05     console.log(doc);
06  })
```

（6）删除数据。

删除符合条件的数据方法如下。

```
01  var query = {
02     title: "阿甘正传"
03  };
04  Movie.remove(query, function (err) {
05        if(err) {}
06        else {
07            console.log("删除成功")
08        }
09  });
```

删除集合所有数据方法如下。

```
01  Movie.remove({}, function (err) {
02        if(err) {}
03        else {
04            console.log("删除成功")
05        }
06  });
```

（7）修改数据。

```
01  var update = {
02        $ set: {
03              price: 50
04        }
05  };
06  Movie.update(query, update,
07  function (err) {
08     if(err){}
09     else{}
10  });
```

请注意如果匹配到多条记录，默认只更新一条；如果要更新匹配到的所有记录，需要加一个参数{multi:true}。

```
01  Movie.update(query, update, {
02      multi: true
03  }, function (err) {
04         if(err){}
05        else{}
06  });
```

11.6　连接 MongoDB 完成登录注册

登录注册是很简单的模块，登录时，获取用户输入的用户名和密码，然后在数据库中查询是否存在这条记录，若存在，则登录成功。注册时，获取用户填写的信息，并判断该信息在

数据库中是否已经存在,若存在,给出相应提示;若不存在,就将其保存到数据库中。

登录注册的服务端代码,如程序 11.11 所示。

程序 11.11　server.js

```
01 //监听新用户加入
02 socket.on('login', function(obj){
03     var query = {name: obj.nickname, password: obj.passwd};
04     (function(){
05         user.find(query, function(err, doc){
06             if(doc.length > 0){
07                 if(!onlineUsers.hasOwnProperty(socket.id)) {  //判断用户是否已经在线
08                     userSocket[obj.nickname] = socket
09                     console.log(socket.id)
10                     onlineUsers[socket.id] = obj.nickname
11                 }
12                 socket.emit('login', obj.nickname)
13                 console.log(obj.nickname + '加入了聊天室')
14             }else{
15                 console.log('用户名或密码错误')
16                 socket.emit('loginErr')
17             }
18         })
19     })(query)
20 })
21 //用户注册
22 socket.on('register', function(obj){
23     var message = {existed: 0, success: 0}
24     var query = {name: obj.nickname, password: obj.passwd};
25     (function(){
26         //count 返回集合中文档的数量,和 find 一样可以接收查询条件
27         userCollection.count(query, function(err, count){     //query 表示查询的条件
28             if(count!= 0){
29                 message.existed = 1
30                 socket.emit('register_msg', message)
31             }else{
32                 var user = new userCollection({
33                     name: obj.nickname,
34                     password: obj.passwd
35                 })
36                 user.save(function(err,docs){
37                     if(err){
38                         throw err
39                     }
40                     if(docs) {
41                         message.success = 1
42                         console.log("注册成功")
43                         socket.emit('register_msg', message)
44                     }
45                 })
46             }
47         })
```

```
48        })(query)
49    })
```

用户端监听服务端发起的事件，如程序 11.12 所示。

程序 11.12　login_registerView.js

```
01  ws.on('login', function (name) {
02      router.navigate('shop', {trigger: true})
03      $ ("a.service").click(function () {
04          router.navigate('chatroom', {trigger: true})
05      })
06      ws.emit("reload", name)
07  })
08  ws.on('loginErr', function () {
09      alert("用户名或密码错误")
10  })
11  ws.on('register_msg', function (msg) {
12      if(msg.existed == 1)
13      {
14          alert("该用户已经注册")
15      }
16      if(msg.success == 1) {
17          alert("恭喜你注册成功")
18      }
19  })
```

11.7　完成聊天室基本界面

11.6 节完成了登录注册的功能，接下来实现登录后要进入的聊天室界面。聊天室界面分为普通用户界面和客服界面，每个界面对应一个 View，为简单起见两个界面的设计基本一样，只是客服界面多了一个在线用户列表。当新用户登录后，在线用户列表会实时刷新。

普通用户聊天室 View 为 chatroomView.js，客服 View 为 serviceView.js。聊天功能逻辑主要放在 View 中实现。

下面分普通用户端和客服端分别介绍。

1. 普通用户端

新建模板文件 chatroom.html.js，然后在路由中加入"/chatroom"，登录成功单击"联系客服"后跳转到聊天室，即用"router.navigate('chatroom', {trigger: true}),"跳转到 URL，在"/chatroom"路由对应的函数内实例化定义的 chatroomView.js 来渲染界面。

使用 gulp 插件完成的 chatroom.html.js 模板文件，如程序 11.13 所示。

程序 11.13　chatroom.html.js

```
01  define(function(require){ return '<div class=\"chatroom\"><div class=\"left\"><img
02  src=\"../images/top.png\"><div class=\'speakpanel\'><ul class=\"panel\"></ul></div>
03  <audio autoplay></audio><div class=\"bottonBtn form-inline\"><input type=\"button
04  \" name=\"emoji\" id=\"emoji\" class=\"form-control\" value=\"emoji\"><input type=
```

```
05  \"button\" value = \"录音\" class  =  \"startRecord form - control\" />< input type = \"button
06  \" value = \"发送\" class  =  \"sendRecord form - control\" /> < input type = \"text\" name =
    \"content
07  \" id = \"content\" class = \"form - control\">< input type = \"submit\" name = \"sendMsg\" value =
08  \"发言\" class = \"form - control\"></div></div>< img src = \"../images/right.png\" class = \"
    right\"></div>< div
09  class = \"emoji\"></div>'})
```

普通用户的聊天室 View(chatroomView.js),如程序 11.14 所示。

程序 11.14　chatroomView.js

```
01  define(function (require) {
02      require('backbone')
03      var template = require('chatroom')//引入定义好的聊天室界面模板(html 拼接的字符串)
04      var ws = require("ws")
05      var View  =  Backbone.View.extend({
06           el: '.main',
07          events: {
08          },
09          initialize: function () {
10              this.render()
11          },
12          render: function () {
13           this.$el.html(template)
14               this.$('.panel').append('<li class = "li_left" >您好,请问有什么可以帮您?
                 </li>')
15          },
16          …
17      })
18       …
19      return View
20  })
```

2. 客服端

新建客服界面模板程序 serviceRoom.html.js,在用户的 chatRoom.html.js 的基础上添加一个用户列表:<ul id="userList" class="right"></ul>,其他与用户界面完全相同。

写出用户列表模板 userList.html.js,内容如下:

```
define(function(require){ return '{{#.}}<li>{{nickname}}</li>{{/.}}'})
```

这里用到了 mustache 模板引擎,渲染时用 Mustache.render(temp,data)。其中,temp 即为上面的模板的内容,data 为给出的 JSON 数据数组,{{#.}}…{{/.}}代表循环遍历 data,{{ nickname }}会取出 data 中 nickname 键对应的值,data 有多少在线用户数据就会输出多少"<li>昵称</li>"。页面逻辑和普通用户聊天室相同。

11.8　实现文本聊天功能

本节实现文本聊天功能,让用户和客服通过文本在线交流。客服可以同时面对多个用户,所以客服端需要维护一个在线用户列表。用户与客服是一对一的关系,不必维护在线用户列表，这是二者的功能差异。技术逻辑主要靠 Socket.IO 实现。当用户登录时，会以"用户名：socket"键值对的形式存入 JSON 对象 userSocket 中。

1. 用户发消息给客服

当客服在线时，会给服务端发送 serve 事件，由服务端记住这个客服的 socket 为 waitersocket。当用户发送文字消息时，用户发送 chat 事件给服务端，服务端接收消息内容，并用记住的客服 socket—waitersocket 来转发消息给客服。若客服已经选定该聊天对象，消息内容会显示在客服界面，否则，只是在消息列表给出红色竖线标识，说明该用户有问题咨询。

监听客服登录，记住客服的 socket，代码如程序 11.15 所示。

程序 11.15 server.js

```
01  socket.on('serve', function () {
02      waitersocket = socket//记住客服的 socket
03      waitersocket.emit('serve', onlineUsers)
04  })
```

用户端获取并将消息发给服务端，代码如程序 11.16 所示。

程序 11.16 chatroomView.js

```
01  sendMsg: function () {
02      var content = $('#content').val()
03      this.$('.panel').append('<li class = "li_right" >' + content + '</li>')//显示在用户界面
04      ws.emit('chat',content)
05      this.$('#content').val('')//将文本框清空
06  },
```

服务端接收消息，代码如程序 11.17 所示。

程序 11.17 server.js

```
01  socket.on("chat", function(msg){
02      var currentuser = onlineUsers[socket.id]//确认当前用户
03      waitersocket.emit('chat', currentuser, msg)//转发给客服
04  })
```

客服端更改用户列表界面，代码如程序 11.18 所示。

程序 11.18 serviceView.js

```
01  ws.on('chat', function(curruser, msg) {
02      $("#userList li").each(function (i, obj) {
03          if(curruser == obj.innerHTML) {
04              $(obj).css("borderRight", "2px solid red")//标识发消息用户
05          }
06      })
07      if(curruser == user) {          //判断客服是否正在和该发消息用户聊天
08          $('.panel').append('<li class = "li_left" >' + msg + '</li>')
09      }
10  })
```

2. 客服发消息给用户

客服单击用户列表,选定聊天对象,然后即可与用户进行点对点通信。其实这并不是真正意义的点对点,因为还有服务端作为中介,就像一个转发站。

当客服选好聊天对象时会将该用户的用户名传送到服务端,服务端可以根据接收到的用户名在 userSocket 中找到这个用户对应的 socket,然后用这个 socket 将信息转发给刚才通过单击选定的聊天对象。

选择聊天对象,发送消息,代码如程序 11.19 所示。

程序 11.19　serviceView.js

```
01  confirm_user: function (e) {
02      var $target = $(e.target)
03      user = $target.html()
04      $target.css({"background": "#96BDFB", "borderRight": "0px"})
05      $target.siblings().css("background", "#E9FC99")
06      this.$('.panel').html('')
07      this.render()
08      ws.emit('serving', user)
09  },
10  sendMsg: function () {
11      var content = $('#content').val()
12      if(user != "") {//如果客服选定了聊天对象
13          this.$('.panel').append('<li class="li_right">' + content + '</li>')
14          ws.emit('toUser', content, user)
15          $("#userList li").each(function (i, obj) {
16              if(user == obj.innerHTML) {
17                  $(obj).css("borderRight", "0px")
18              }
19          })
20      } else {
21          alert("请选择谈话对象")
22      }
23      this.$('#content').val('')
24  },
```

服务端接收并转发消息,代码如程序 11.20 所示。

程序 11.20　server.js

```
01  socket.on("toUser",function(msg, user){
02      if (user in userSocket) {
03          userSocket[user].emit('toUser', msg)
04      }
05  })
06  socket.on('serving', function (user) {
07      if (user in userSocket) {
08          userSocket[user].emit('serving')
09      }
10  })
```

客服端接收信息,将信息显示在界面,代码如程序 11.21 所示。

程序 11.21　server.js

```
01  ws.on('toUser', function (msg) {
02      $ ('.panel').append('<li class = "li_left" >' + msg + '</li>')
03  })
04  ws.on('serving', function () {
05      $ ('.panel').append("<li class = 'li_center'>客服正在为您服务,请诉说您的烦恼</li>")
06  }
```

11.9　发送可爱表情

在使用QQ、微信等聊天工具时,总爱用各种表情来表达情感,与文字相比,表情有着更强的表现力,考虑到本章的客服项目,如何才能实现发送表情功能呢?本节将继续完善在线客服项目设计,实现发送表情的功能。

发送表情的技术逻辑与发送文本信息相似,只不过其在用户—服务端—客服间传递的不再是文字消息内容,而是表情图片的路径,接收到路径后在界面添加这个路径对应的图片就能实现发送表情的功能,实现效果如图11.14所示。

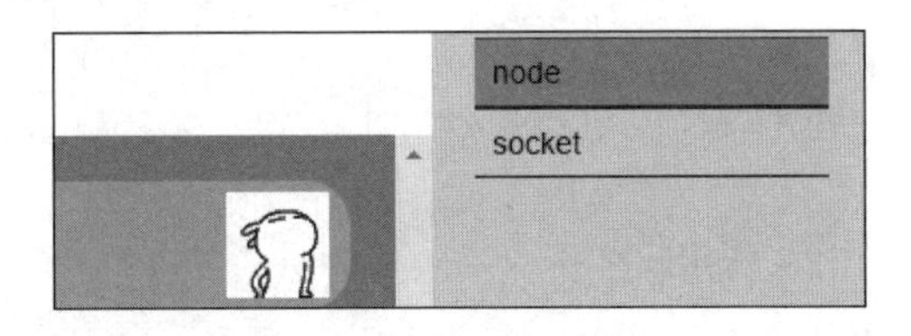

图11.14　发送表情效果

先创建表情包,将表情都展示在一个div中,代码如程序11.22所示。

程序 11.22　chatroomView.js

```
01  emoji: function () {
02      var list = []
03      for(var i = 1; i < 70; i++)
04      {
05          list.push(i + ".gif")
06      }
07      var html = ""
08      for(var i = 0; i < list.length; i++) {
09          html += "< img src = '../../images/" + list[i] + "'/>"
10      }
11      if( $ (".emoji").html() == "") {
12          $ (".emoji").slideDown().html(html)
13      }
14      else {
15          $ (".emoji").slideUp().html('')
16      }
17  },
```

效果如图11.8所示。当单击表情时,获取当前单击表情的路径,发送到服务端。普通用户聊天室界面的源代码,如程序 11.23 所示。

程序 11.23 chatroomView.js

```
01  sendEmoji: function (e) {
02      var src =  $ (e.target).attr("src")
03      this.$ ('.panel').append("<li class = 'li_right'><img src = '" + src + "'></li>")
04      ws.emit('emoji',src)
05       $ ('.emoji').slideUp()
06  },
```

客服界面的源代码,如程序 11.24 所示。

程序 11.24 serviceView.js

```
01  sendEmoji: function (e) {
02      var src =  $ (e.target).attr("src")
03      this.$ ('.panel').append("<li class = 'li_right'><img src = '" + src + "'></li>")
04      ws.emit('toUser_emoji', src, user)
05       $ ("#userList li").each(function (i, obj) {
06          if(user == obj.innerHTML) {
07               $ (obj).css("borderRight", "0px")
08          }
09      })
10       $ ('.emoji').slideUp()
11  },
```

服务端代码如程序 11.25 所示。

程序 11.25 server.js

```
01  //用户发的表情转发给客服
02  socket.on("emoji", function(src){
03      var currentuser = onlineUsers[socket.id]
04      waitersocket.emit('emoji', currentuser, src)
05  })
06  //客服发的表情,转发给客服当前选定的聊天对象
07  socket.on('toUser_emoji', function (src, user) {
08      if (user in userSocket) {
09          userSocket[user].emit('toUser_emoji', src)
10      }
11  })
```

监听事件代码如程序 11.26 及程序 11.27 所示。

程序 11.26 chatroomView.js

```
01  ws.on('toUser_emoji', function (src) {
02       $ ('.panel').append("<li class = 'li_left'><img src = '" + src + "'></li>")
03  })
```

程序 11.27 serviceView.js

```
01  ws.on('emoji', function(curruser, src) {
02       $ ("#userList li").each(function (i, obj) {
03          if(curruser == obj.innerHTML) {
```

```
04                $(obj).css("borderRight", "2px solid red")//标识出发信息的用户
05            }
06        })
07        if(curruser == user) {                          //判断是否为当前聊天对象
08            $('.panel').append("<li class = 'li_left'><img src = '" + src + "'></li>")
09        }
10  })
```

11.10 完成语音通话

HTML 5 新增了许多可以访问硬件设备的 API，例如访问 GPS 设备的 Geolocation API、访问 accelerometer 设备的 Orientation API、访问 GPU 设备的 WebGL API、访问音频播放设备的 Web Audio API 等。这些 API 是非常强大的，因为开发者可以直接通过编写 JavaScript 脚本代码来访问底层硬件设备。

本节使用 navigatior. getUserMedia()方法来让 Web 应用程序拥有访问用户麦克风设备的能力，以此来获取用户语音消息，实现语音通话。

对音频的处理需要用到 Audio API，一段音频到达扬声器进行播放之前，拦截工作是由 window. AudioContext 实现的，所有对音频的操作都基于这个对象。通过 AudioContext 可以创建不同的 AudioNode，即音频节点，不同节点作用不同，有的对音频加上滤镜，例如提高音色；有的对音频进行分割，例如将音源中的声道分割出来得到左右声道的声音；有的对音频数据进行频谱分析。音频处理过程如图 11.15 所示。

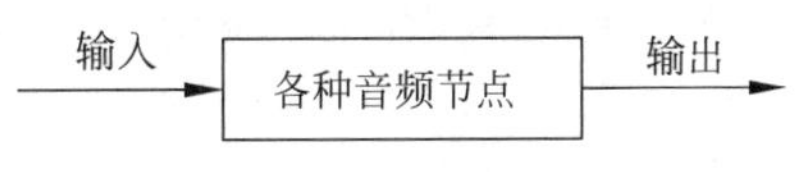

图 11.15　音频处理过程

本节直接引用一个处理音频的库文件 recorder. js，完成语音通话的功能。引入 recorder. js 后，直接调用它封装的方法使用即可。其方法有：

(1) recorder. start()，开始录音。

(2) recorder. stop()，停止录音。

(3) recorder. play(audio)，播放音频。

(4) recorder. getBlob()，获取 wav 格式的音频文件。

(5) recorder. upload()，上传音频。

录到声音后，用 window. URL. createObjectURL(recorder. getBlob())来创建音频路径，发送语音消息时只需发送这个路径给服务端，服务端再转发路径消息给其他用户，用户获取路径后将其赋值给 audio 标签的属性 src 即可自动播放，逻辑过程与 10.9 节发送表情完全一样。这里只给出用户发送语音给客服的代码，如程序 11.28 所示。

程序 11.28　chatroomView. js 的发送语音源代码

```
01  hasGetUserMedia: function () {//判断浏览器是否支持
02      return !!(navigator.getUserMedia || navigator.webkitGetUserMedia || navigator.mozGetUserMedia
03  || navigator.msGetUserMedia);
04  },
05  startRecording: function () {
06      if (this.hasGetUserMedia()) {
07        HZRecorder.get(function (rec) {
```

```
08              recorder = rec
09              recorder.start()
10          })
11      } else {
12          alert('getUserMedia() is not supported in your browser')
13      }
14  },
15  sendVoice: function () {
16      if (this.hasGetUserMedia()) {
17          var src = window.URL.createObjectURL(recorder.getBlob())
18          ws.emit('voiceMsg', src)
19          $ ('.panel').append('< li class = "li_right">< img class = "voiceimg"
20  src = "../../images/voice.png"/></li>')
21      } else {
22          alert('getUserMedia() is not supported in your browser')
23      }
24  }
```

服务器监听事件,并将消息内容转发给客服,如程序 11.29 所示。

程序 11.29　server.js 的监听事件函数

```
01  socket.on('voiceMsg', function (src) {
02      var currentuser = onlineUsers[socket.id]
03      waitersocket.emit('voiceMsg', currentuser, src)
04  })},
```

客服对应的 View—serviceView.js 接收逻辑(发送给谁就由谁的 View 接收),如程序 11.30 所示。

程序 11.30　serviceView.js 的监听事件函数

```
01  ws.on('voiceMsg', function (curruser, src) {
02      $ ("#userList li").each(function (i, obj) {
03          if(curruser == obj.innerHTML) {
04              $ (obj).css("borderRight", "2px solid red")
05          }
06      })
07      if(curruser == user) {
08          document.querySelector('audio').src = src
09          $ ('.panel').append('< li class = "li_left">< img class = "voiceimg"
10  src = "../../images/voice1.png"/></li>')
11      }
12  })
```

11.11　小　　结

在服务器搭建上,使用 Nodejs,运用 express 框架搭建了 Web 服务器,为这个 Web 项目建立了根基。后端为前端提供模板和通配路由,由前端负责填充渲染页面。

前端运用 Backbonejs 的 View 和 Router,View 负责页面的显示和事件的处理,Router

负责监听页面 url 变化，渲染界面。代码使用 require.js，进行模块化开发。

登录注册选用 MongoDB 数据库存储用户信息，用 Mongoose 这个对象模型工具操作数据库，完成了数据的存储和查询。

用户和客服的通信使用 Socket.IO，熟练掌握 Socket.IO 的主要 API 就能很容易上手和使用。

语音聊天使用 H5 的 getUserMedia API，用 Web 方式操作麦克风实现录音功能，应用 Audio API 处理音频。

本章作品只是一个小小的开始，相信读者会在此基础上站得更高，看得更远。

11.12 实验 11：存储聊天记录

1. 实验目的

(1) 巩固前面章节所学知识。

(2) 对项目进行拓展升级。

2. 实验内容

重温本章完成的在线客服应用，并对它进行改进。原本的项目中，客服和用户的聊天内容不会被保存，客服每切换一个聊天对象，与之前的聊天对象的聊天记录就会被清空，这样是不是有些欠缺呢？本实验的主要任务是实现对聊天记录的存储，当客服再切换回前面的聊天对象时，能看到之前和该用户的聊天记录，以及用户新发的一些消息。

3. 实验方法与步骤

(1) 将用户和客服的聊天记录可以用 HTML5 的 localStorage()方法存储，也可以用 MongoDB 数据库存储。

(2) 当客服单击用户列表的用户时，在数据库中查询该用户与客服的聊天记录，并将它显示在聊天界面。

4. 边实验边思考

对于用户和客服的聊天记录，如果以键值对的方式存储，谁作为键？获取到数据库里的聊天记录后，又该如何完成页面的渲染？

5. 撰写实验报告

根据实验情况，撰写实验报告，简明扼要记录实验过程、实验结果，提出实验问题，做出实验分析。

11.13 习 题 11

1. package.json 文件有什么作用？为什么要编写这个文件？
2. 使用 npm 有哪些好处？为项目开发带来了哪些便利？
3. 如何让 Node 服务器在更新代码设计后自动重启服务？有哪些方法可用？
4. Node 执行 js 文件的方式有很多，你知道几种呢？
5. 用 npm 安装模块时，哪些需要本地安装？哪些更适合全局安装？
6. npm install --save 与 npm install --save-dev 的区别是什么？

7. 本章使用 express. static()方法来设置静态文件夹,谈谈你对静态文件夹的理解。

8. 使用 Nodejs 创建服务器的方法有哪些?

9. Backbonejs 依赖的库是什么? 在引入 Backbonejs 时要注意什么?

10. 为什么说 Backbonejs 是 MVC 思想的实现?

11. 什么是 NoSQL 数据库? 你知道的 NoSQL 数据库系统有哪些?

12. 传统 MySQL 与 MongoDB 之间最基本的差别是什么?

13. MongoDB 成为最好 NoSQL 数据库的原因是什么?

14. 对 MongoDB 进行操作时,使用 mongoose 的有哪些优点?

15. 在实现登录注册功能时,如何判断用户名已经被占用?

16. 在 mustache 中{{#.}}…{{/.}}所起的作用是什么?

17. Socket. io 与 WebSocket 之间的区别和联系是什么?

18. 简述 mustache 模板引擎的使用步骤。

19. 客服是如何实现与用户的一对一通信的?

20. 使用 require. js 的好处有哪些?

21. 如何使用 HTML5 的 localStorage 存储和获取数据?

22. 恭喜你完成了"Nodejs 和 Socket. IO 实现在线客服"的全部学习,请在表 11.3 中写下你的收获与问题,带着收获的喜悦、带着问题激发的好奇继续探索下去,欢迎将问题发送至:2604561685@qq. com,与本章作者沟通交流。

表 11.3 "Nodejs 和 Socket. IO 实现在线客服"学习收获清单

序号	收获的知识点	希望探索的问题
1		
2		
3		
4		
5		

第12章 网络爬虫

百度、谷歌等搜索引擎是如何获取海量网页信息并实现实时更新的？人们常说的网络爬虫是什么？企业是如何在网络爬虫的帮助下获取海量数据以求占得市场先机的？下面介绍网络爬虫的奥秘，通过学习，随意抓取互联网上有趣的东西，可以设计一个工作的可爱爬虫。

12.1 作品演示

作品描述：本章作品是一个能够抓取指定网站 ACM 比赛信息的爬虫。ACM 程序设计大赛是一项国际型的比赛，有很多训练编程能力的网站可供 ACM 队员使用，网页上的用户信息可以衡量一个 ACM 队员的水平。为了简化设计，本章作品以获取一个指定用户的信息为例。多个用户与多个比赛的信息获取见本章的实验拓展。

作品功能演示如下：

打开 chap12 目录下的 begin 子文件夹，会看到里面包含一个 jar 文件，如图 12.1 所示，Spider.jar 是爬虫程序。

首先在文件夹地址栏输入 cmd，打开控制台程序，在配置好 JDK 环境变量的前提下，输入“java -jar Spider.jar”运行爬虫程序，根据页面上的用户信息与比赛信息，获取必要的信息与数据，并进行整合，处理结果如图 12.2 所示。

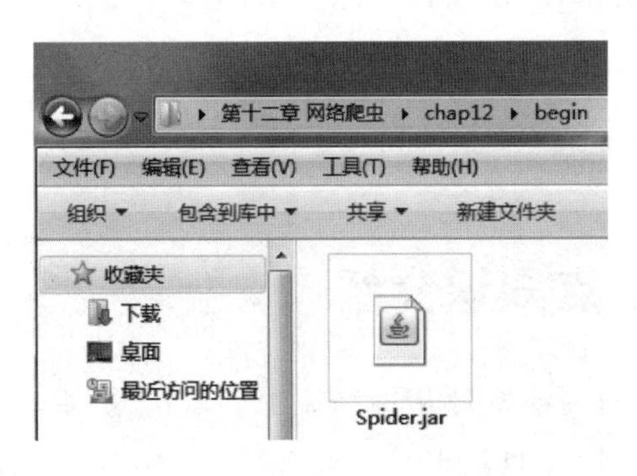

图 12.1 chap12 的 begin 目录

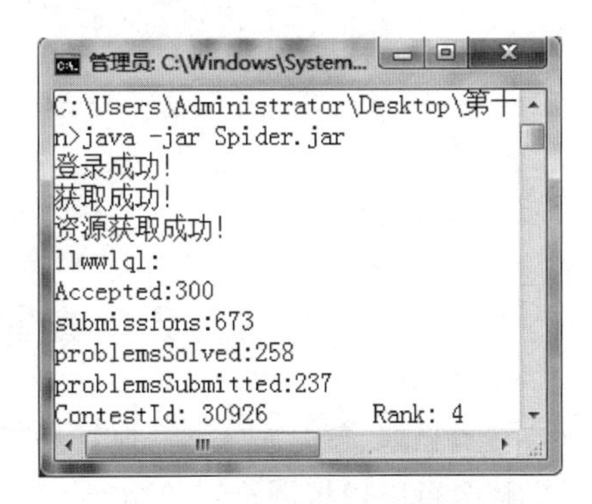

图 12.2 爬虫程序运行结果

其中一个资源是获取杭州电子科技大学 ACM 训练系统(简称 HDU)的用户信息，根据用户名，获取用户的详细信息，如图 12.3 所示。

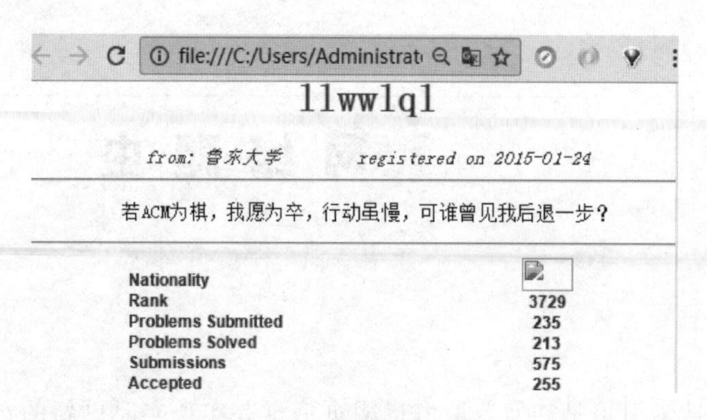

图 12.3　HDU 用户信息

另一个资源是获取杭州电子科技大学 ACM 训练系统的比赛信息，根据比赛的 ID 号和比赛密码，获取比赛排行榜资源，如图 12.4 所示。

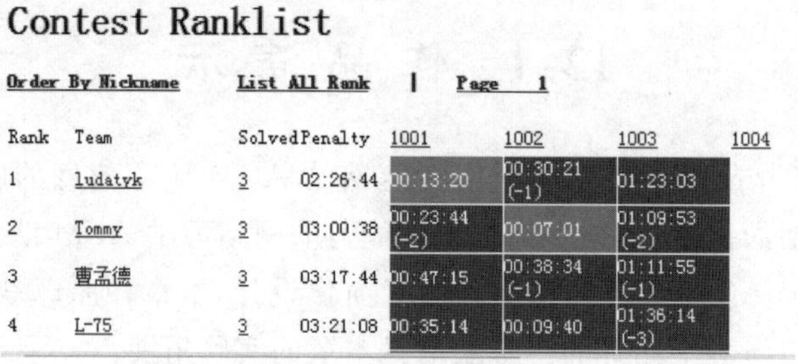

Contest Ranklist

Order By Nickname　List All Rank | Page 1

Rank	Team	Solved	Penalty	1001	1002	1003	1004
1	ludatyk	3	02:26:44	00:13:20	00:30:21 (-1)	01:23:03	
2	Tommy	3	03:00:38	00:23:44 (-2)	00:07:01	01:09:53 (-2)	
3	曹孟德	3	03:17:44	00:47:15	00:38:34 (-1)	01:11:55 (-1)	
4	L-75	3	03:21:08	00:35:14	00:09:40	01:36:14 (-3)	

图 12.4　HDU 比赛信息

最后一个资源是获取虚拟评测系统(简称 Vjudge)的用户信息，根据用户名，获取用户详细信息数据，该页面中的用户数据是 JSON 字符串，信息如图 12.5 所示。

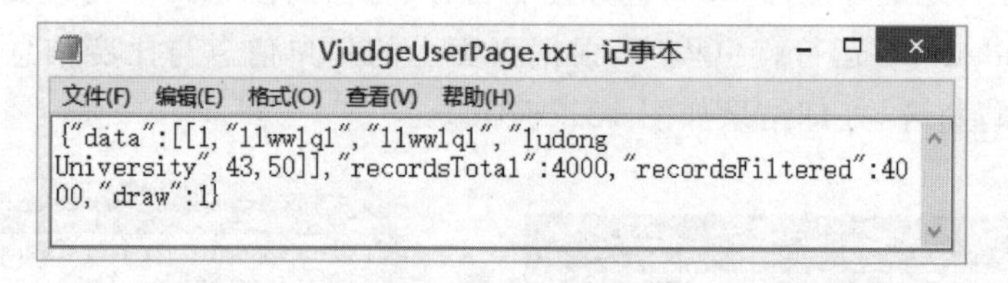

图 12.5　Vjudge 用户信息

12.2　本章重点知识介绍

所谓网页抓取，就是把 URL 地址中指定的网络资源从网络流中读取出来，保存到本地。网络爬虫可以模拟浏览器的功能，把 URL 作为 HTTP 请求的内容发送到服务器端，然后读取服务器端的响应资源。

Java 语言是为网络而生的编程语言，它把网络资源看成是一种文件，它对网络资源的访问和对本地文件的访问一样方便。它把请求和响应封装为流，因此人们可以根据响应内容，获取响应流，之后从流中按字节读取数据。

例如,java.net.URL 类可以对指定的 URL 发送 Web 请求并获取响应文档。用法如下：

```
URL pageUrl = new URL(path);
```

根据 URL 对象,获取网络流,这样就可以像访问本地文件一样访问网络资源：

```
InputStream inStream = pageUrl.openStream();
```

用 Java 语言编写网络爬虫有两种常见方法：一种是用 java.net 包定义的 URL、HttpURLConnection 等基于 HTTP 的访问类；另一种是用 Apache 的 HTTP 客户端开源项目——HttpClient。HttpClient 可以很好地处理 HTTP 连接中的各种问题,操作起来非常方便,开发效率高,健壮性好,本章案例采用 HttpClient 4.3.1 版本,读者可去官网自行下载。

HttpClient 主要用法总结如下。

```
01 //创建一个客户端,相当于打开一个浏览器
02 HttpClient httpClient = HttpClientBuilder.create().build();
03 //创造一个 Get 方法,类似于在浏览器地址栏输入一个地址
04 HttpGet httpGet = new HttpGet("http://acm.hdu.edu.cn/");
05 //发送请求并获取响应对象,相当于浏览器回车访问
06 HttpResponse response = httpClient.execute(httpGet);
07 //获取响应状态码
08 int statusCode = response.getStatusLine().getStatusCode();
09 //获取消息实体,内容是 HTTP 传送的报文
10 HttpEntity resEntity = response.getEntity();
11 //查看网页内容,能查看的信息还有很多,如 head 等
12 System.out.println(EntityUtils.toString(resEntity, "UTF-8"));
13 //释放资源
14 httpGet.abort();
```

第 02 行表示创建一个客户端,相当于打开一个浏览器。第 04 行使用 Get 方法对 http://acm.hdu.edu.cn/进行请求。第 06 行执行 Web 请求,并获取响应对象,响应对象包括响应头部和响应体。第 08 行获取响应状态。第 10 行是消息实体,其中的内容是 HTTP 传送的报文,例如报文头部、HTML 代码等。第 12 行查看获取到的网页的 HTML 源代码,这也是网页抓取中所需要的,在示例中仅仅打印到了控制台中,而在实际项目中,常常写入到文件或数据库中。最后关闭网络链接,释放资源,以免造成资源消耗。

上述示例使用 GET 请求获取 Web 资源,也可以使用 POST 请求获取的 Web 资源。GET 请求与 POST 请求的方式不同,GET 请求常用于信息的获取,而 POST 请求常用于信息的提交。例如：

```
//创建一个 POST 请求
HttpPost httPost = new HttpPost("http://acm.hdu.edu.cn/");
```

12.3 简单的网页抓取实例

本节根据之前所讲的内容,编写一个实例来更好地理解如何实现对网页进行抓取。该实例的程序如程序 12.1 所示。

程序 12.1　Spider 项目的自定义爬虫类 GetHduHome.java

```
01  public class GetHduHome {
02        public void loadPage(String path) throws ClientProtocolException,
03                IOException {
04            //创建客户端
05            HttpClient httpClient = HttpClientBuilder.create().build();
06            HttpGet httpGet = new HttpGet(path);
07            String fileName = "C:/HduHomePage.html";
08            OutputStream fout = null;
09            //获取页面请求对象
10            HttpResponse response = httpClient.execute(httpGet);
11            int statusCode = response.getStatusLine().getStatusCode();
12            //对状态码进行处理(简单起见,只处理状态码为 200 的数据)
13            if (statusCode == HttpStatus.SC_OK) {
14                HttpEntity resEntity = response.getEntity();
15                //获取页面 HTML 数据
16                byte[] pageContent = EntityUtils.toByteArray(resEntity);
17                //写入到文件
18                fout = new FileOutputStream(fileName);
19                fout.write(pageContent);
20            }
21            if (fout != null)
22                fout.close();
23            httpGet.abort();
24        }
25        //测试代码
26        public static void main(String[] args) throws ClientProtocolException,
27                IOException {
28            //抓取"http://acm.hdu.edu.cn/"页面
29            GetHduHome hduUser = new GetHduHome();
30            String path = "http://acm.hdu.edu.cn/";
31            hduUser.loadPage(path);
32        }
33  }
```

程序 12.1 抓取的是杭州电子科技大学 ACM 训练系统首页,查看保存的页面文件,就可以看到抓取的网页信息,如图 12.6 所示。

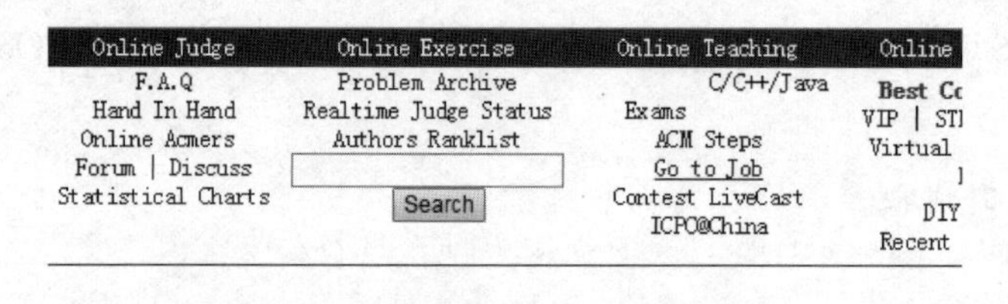

图 12.6　HDU 首页资源

程序 12.1 是一个比较简单的抓取页面实例。由于互联网的复杂性,抓取网页时需要考虑的因素有很多,例如资源类型问题、状态码问题等。12.4 节将重点介绍处理状态码的问题。

12.4 处理 HTTP 状态码

12.3 节介绍 HttpClient 访问 Web 资源时涉及了 HTTP 状态码，例如下面这条语句：

```
int statusCode = response.getStatusLine().getStatusCode();
```

HTTP 状态码是用来表示 HTTP 响应状态的数字代码。例如，客户端向服务器发送请求，若成功的请求到资源，则会返回的状态码为 200。如果请求的资源不存在，则通常返回 404 状态码。

HTTP 状态码由三位整数组成，通常分为五个类型，由数字 1～5 开头。每一大类表示的含义分别如下。

100～199：用于指定客户端相应的动作。

200～299：用于表示请求成功。

300～399：要完成请求，客户端需要进一步进行操作。

400～499：用于指出客户端的错误。

500～599：用于指出服务器错误。

常用的状态码与处理方式如表 12.1 所示。

表 12.1　HTTP 常用的状态码与处理方式

状态码	代码描述	处理方式
200	请求成功	获得相应内容进行处理
201	请求成功且服务器已创建了新的资源	爬虫中不会遇到
202	请求被接受，但处理尚未完成	阻塞等待
204	服务器成功处理了请求，但未返回任何内容	丢弃
300	服务器根据请求可执行多种操作。服务器可根据请求者来选择一项操作，或提供操作列表供请求者选择	如程序不能处理，则丢弃
301	请求的网页已被永久移动到新位置	重定向到分配的 URL
302	请求到的资源在一个不同的 URL 处临时保存	重定向到临时的 URL
304	请求的资源未更新	丢弃
400	服务器不理解请求的语法	丢弃
401	请求要求进行身份验证	丢弃
403	服务器拒绝请求	丢弃
404	服务器找不到请求的网页	丢弃
5XX	以“5”开头的状态码表示服务器端自己出现错误，不能继续执行请求	丢弃

当响应码为 2××时，根据表 12.1，只需要处理 200 和 201 两个状态码，因为是请求成功的状态码，所以可以根据需求，直接抓取网页信息。代码如下：

```
01  //处理为 200 的状态码
02      if (statusCode == HttpStatus.SC_OK) {
03          HttpEntity resEntity = response.getEntity();
04          //获取页面 html 数据
05          byte[] pageContent = EntityUtils.toByteArray(resEntity);
```

```
06            //写入到文件
07            fout = new FileOutputStream(fileName);
08            fout.write(pageContent);
09        }
```


当响应码为 3xx 时,通常需要获取重定向之后的页面,获取相应的页面信息。处理跳转之后的代码如下:

```
01  //处理为 3XX 的状态码
02  if (statusCode == HttpStatus.SC_MOVED_TEMPORARILY
03            || statusCode == HttpStatus.SC_MOVED_PERMANENTLY
04            || statusCode == HttpStatus.SC_SEE_OTHER
05            || statusCode == HttpStatus.SC_TEMPORARY_REDIRECT) {
06        //读取重定向的 URL 地址
07        Header header = httpGet.getFirstHeader("location");
08        if (header != null) {
09            String locUrl = header.getValue();
10            if (locUrl == null || locUrl == "") {
11                locUrl = "/";
12                HttpGet dirGet = new HttpGet(locUrl);
13                //再对重定向页面进一步处理...
14            }
15        }
16  }
```

12.5 分析目标页面参数

某些情况下,想要请求获取 Web 资源,常常需要向服务器发送指定的参数。只有了解目标页面的特点才能够获取到需要的 Web 资源。想要准确获知如何请求服务器,就需要了解传递哪些参数、参数的值是什么等问题。那么,访问参数在哪里可以看到呢?

拿常用的谷歌浏览器来说,打开开发者工具(快捷键为 F12),在地址栏输入地址浏览目标页面 http://acm.hdu.edu.cn/diy/contest_login.php?cid=30926,在开发者视图中选择 Network 选项,就可以看到很多页面的数据包,第一个是主页面加载的数据包,其他都是该页面上的其他数据的加载,例如图片、CSS 样式、JavaScript 等。单击第一个,右边会显示该请求响应的信息,包括常规信息、响应头部信息、请求头部信息、请求参数等,如图 12.7 所示。

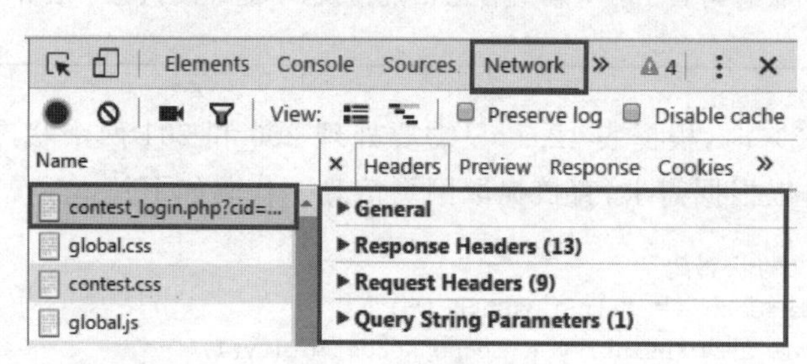

图 12.7　开发者工具

想要了解提交的请求，就要手动登录页面，输入登录密码 lduacm，密码正确后会跳转到重定向页面，状态码为 302，如图 12.8 所示。

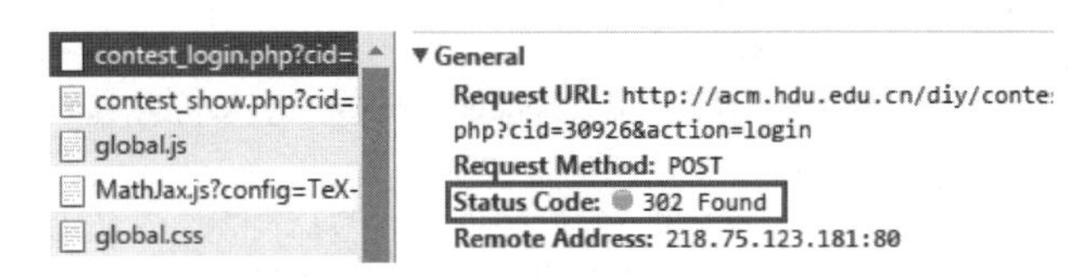

图 12.8　登录成功状态码

其中还包括需要的请求参数，如图 12.9 所示。

图 12.9　页面中的请求参数

(1) URL 中传递的请求参数，常常是 GET 请求。

(2) Form 表单中的请求参数，常常是 POST 请求。

明白了页面是如何传递参数的，就能根据这些请求参数，请求需要的数据，实现自动登录等操作，12.6 节将具体讲解如何实现这些操作。

12.6　GET 方法传递请求参数

前面提到过 GET 请求常用于向服务器索取信息，在浏览器地址栏输入的地址，都是常见的 GET 请求。例如：

```
http://acm.hdu.edu.cn/userstatus.php?user=llwwlql
```

其中，user=llwwlql 就是请求参数。对于一个 URL，"?"后面的键值对就是 GET 请求的请求参数。编程时，只需要在 URL 中以键值对的形式添加上请求参数，就可以访问到目标页面。代码如程序 12.2 所示。

程序 12.2　Spider 项目的自定义爬虫类 GetHduUser.java

```
01 public class GetHduUser {
02       private String path = null;
03       public void loadPage(String path) throws ParseException,
04               UnsupportedEncodingException, IOException {
05          //创建客户端
06          HttpClient httpClient = HttpClientBuilder.create().build();
07          this.path = path;
08          String fileName = "C:/HduUserPage.html";
09          String pageContest = null;
10          OutputStream fout = null;
11          //添加 GET 请求参数
12          List<NameValuePair> nvp = new ArrayList<NameValuePair>();
```

```
13            nvp.add(new BasicNameValuePair("user", "llwwlql"));
14            String pair = "";
15            //键值对转换成字符串
16            pair = EntityUtils
17                    .toString(new UrlEncodedFormEntity(nvp, Consts.UTF_8));
18            this.path = this.path + "?" + pair;
19            HttpGet httpGet = new HttpGet(this.path);
20            HttpResponse response = httpClient.execute(httpGet);
21            int statusCode = response.getStatusLine().getStatusCode();
22            //对状态码进行处理
23            if (statusCode == HttpStatus.SC_OK) {
24                HttpEntity resEntity = response.getEntity();
25                //获取页面 HTML 数据
26                byte[] pageContent = EntityUtils.toByteArray(resEntity);
27                //写入到文件
28                fout = new FileOutputStream(fileName);
29                fout.write(pageContent);
30            }
31            if (fout != null)
32                fout.close();
33            httpGet.abort();
34        }
35        //测试方法
36        public static void main(String[] args) throws ParseException,
37                UnsupportedEncodingException, IOException {
38            GetHduUser hduContest = new GetHduUser();
39            String path = "http://acm.hdu.edu.cn/userstatus.php";
40            hduContest.loadPage(path);
41        }
42    }
```

程序 12.2 解析如下：

(1) 06～10 行，定义需要的成员变量。

(2) 12～19 行，把键值对转换成字符串，并向 GET 请求中添加请求参数。

(3) 20～26 行，获取包含用户信息的 Web 资源。

(4) 28～29 行，将 HTML 源代码写入到文件中，保存起来。

(5) 31～33 行，关闭文件流，回收 HttpGet 资源。

(6) 36～40 行，用 main()方法进行测试。

当然，可以自己把请求参数加到 URL 中，直接请求带有参数的 URL 链接。这样就完成了用 GET 请求传递请求参数，请求 Web 资源。12.7 节会介绍 POST 请求如何传递请求参数，并与 GET 请求作对比。

12.7 POST 方法传递请求参数

前面已介绍 POST 请求常用于向服务器提交信息，POST 请求提交的数据也是用键值对表示的，与 GET 请求不同的是，POST 的请求参数并不是放在 URL 中，而是放在请求头

部里面。

接下来将以实现自动登录为例，详细介绍如何用 POST 请求传递请求参数，这里将会请求 http://acm.hdu.edu.cn/diy/contest_login.php? action=login&cid=30926 链接的 Web 资源，代码如程序 12.3 所示。

程序 12.3 Spider 项目的自定义爬虫类 GetHduContest.java

```
01 public class GetHduContest {
02     //创建客户端
03     String fileName = "C:/HduContest.html";
04     private HttpClient httpClient = HttpClientBuilder.create().build();
05     private String baseUrl = "http://acm.hdu.edu.cn/diy/";
06     private int contestId;
07     public GetHduContest(int contestId) {
08         super();
09         this.contestId = contestId;
10     }
11     //POST 方式提交登录参数
12     public void login() throws ParseException, IOException {
13         String path = "contest_login.php?action = login&cid = " + this.contestId;
14         HttpPost httpPost = new HttpPost(baseUrl + path);
15         //添加 POST 请求参数
16         List < NameValuePair > nvp = new ArrayList < NameValuePair >();
17         nvp.add(new BasicNameValuePair("password", "lduacm"));
18         httPost.setEntity(new UrlEncodedFormEntity(nvp, Charset
19                 .forName("gb2312")));
20         HttpResponse response = httpClient.execute(httPost);
21         int statusCode = response.getStatusLine().getStatusCode();
22         //对 302 状态码进行处理,跳转页面说明密码提交成功
23         if (statusCode == HttpStatus.SC_MOVED_TEMPORARILY) {
24             System.out.println("登录成功!");
25             String locUrl = "contest_ranklist.php?page = 1&cid = " + contestId;
26             this.loadPage(locUrl);
27         } else {
28             System.out.println("登录失败!");
29         }
30         httPost.abort();
31     }
32     //GET 方式获取登录成功后的页面
33     public void loadPage(String path) throws IOException {
34         OutputStream fout = null;
35         HttpGet httpGet = new HttpGet(baseUrl + path);
36         HttpResponse response = httpClient.execute(httpGet);
37         int statusCode = response.getStatusLine().getStatusCode();
38         //对 200 状态码进行处理
39         if (statusCode == HttpStatus.SC_OK) {
40             HttpEntity resEntity = response.getEntity();
41             //获取页面 HTML 数据
42             byte[] pageContent = EntityUtils.toByteArray(resEntity);
43             //写入到文件
44             fout = new FileOutputStream(fileName);
```

```
45                fout.write(pageContent);
46                System.out.println("获取成功!");
47            } else {
48                System.out.println("获取失败!");
49            }
50            if (fout != null)
51                fout.close();
52            httpGet.abort();
53        }
54        //测试方法
55        public static void main(String[] args) throws ParseException, IOException {
56            int contestId = 30926;
57            GetHduContest hduInfo = new GetHduContest(contestId);
58            hduInfo.login();
59        }
60    }
```

程序 12.3 解析如下:

(1) 03~06 行,定义需要的成员变量。

(2) 07~10 行,GetHduContest 类的构造函数,初始化 contestID 成员变量。

(3) 16~19 行,创建 POST 请求,使用 NameValuePair 类型的集合添加请求参数。

(4) 20~24 行,请求比赛登录页面,实现登录。

(5) 33~53 行,使用 GET 请求获取登录后的比赛信息。

(6) 55~59 行,用 main()方法进行测试。

在浏览网页时,时常会有网页保存了用户登录状态,这是浏览器短时间内记住了登录信息,在短时间内,浏览器会查询登录信息,如果登录信息存在,就会将该信息传到服务器,服务器也就返回了用户登录状态。这些登录信息保存到了请求头部的 Cookies 缓存中。在 HttpClient 3.X 版本时,需要自己将登录信息添加到 Cookies 缓存中,而在 HttpClient 4.X 中后台实现了这个操作。

HttpClient 相当于浏览器,所以模拟登录一次,HttpClient 对象就会记住登录信息,只要使用同一个 HttpClient 对象,就可以请求到登录后的页面。所以,程序 12.3 先用 POST 请求传递登录密码到后台服务器,然后获取到 location 重定向的 URL 或者其他目标 URL,最后用 GET 请求获取重定向页面或目标页面的 HTML 源代码,写入到文件中。如果获取 location 重定向链接,可以用以下代码替换第 25 行代码:

```
Header header = response.getFirstHeader("location");
String locUrl = header.getValue();
```

12.8 获取 SSL 加密页面

许多页面已经采用了 HTTPS 协议,使得网络爬虫用常规办法不能爬取网页信息。如图 12.10 所示,有安全加密标志与 https 字样即表明页面采用了 HTTPS 协议。

图 12.10 HTTPS 链接

什么是 HTTPS? HTTPS(Hyper Text Transfer Protocol over Secure Socket Layer)是以安全为目标的 HTTP 通道,简单地讲是 HTTP 的安全版。即 HTTP 下加入 SSL 层,HTTPS 的基础就是 SSL。关于 SSL 在第 7 章已有介绍,这里并不需要关注 SSL 如何执行,只需要跳过 SSL 检验,获取到目标的 Web 资源就可以。在这里将请求 https://vjudge.net/页面的 Web 资源,如程序 12.4 所示。

程序 12.4　Spider 项目的自定义爬虫类 GetVjudgeHome.java

```
01 public class GetVjudgeHome {
02     //生成跳过 SSL 安全检查的 HttpClient 客户端
03     public HttpClient SSLSkip() throws KeyManagementException,
04             NoSuchAlgorithmException, KeyStoreException {
05         SSLContext sslContext = new SSLContextBuilder().loadTrustMaterial(null,
06                 new TrustStrategy() {
07                     @Override
08                     public boolean isTrusted(X509Certificate[] arg0, String arg1)
09                             throws CertificateException {
10                         //TODO Auto - generated method stub
11                         return true;
12                     }
13                 }).build();
14         SSLConnectionSocketFactory sslsf = new SSLConnectionSocketFactory(
15                 sslContext);
16         return HttpClients.custom().setSSLSocketFactory(sslsf).build();
17     }
18     //GET 方式获取 HTTPS 页面
19     public void get() throws KeyManagementException, NoSuchAlgorithmException,
20             KeyStoreException, ClientProtocolException, IOException {
21         HttpClient httpClient = this.SSLSkip();
22         String path = "https://vjudge.net/";
23         HttpGet httpGet = new HttpGet(path);
24         HttpResponse response = httpClient.execute(httpGet);
25         int statusCode = response.getStatusLine().getStatusCode();
26         //处理 200 状态码
27         if (statusCode == HttpStatus.SC_OK) {
28             HttpEntity resEntity = response.getEntity();
29             //获取网页 HTML 源代码
30             byte[] pageContent = EntityUtils.toByteArray(resEntity);
31             //写入到文件
32             String fileName = "C:/VjudgeHomePage.html";
33             OutputStream fout = new FileOutputStream(fileName);
34             fout.write(pageContent);
35             if (fout != null)
36                 fout.close();
37             System.out.println("获取 VjudgeHome 资源成功!");
38         } else {
39             System.out.println("获取 VjudgeHome 资源失败!");
40         }
41     }
42     //测试
```

```
43      public static void main(String[ ] args) throws KeyManagementException,
44              NoSuchAlgorithmException, KeyStoreException,
45              ClientProtocolException, IOException {
46          GetVjudgeHome vjudgeHome = new GetVjudgeHome();
47          vjudgeHome.get();
48      }
49  }
```

程序 12.4 解析如下：

(1) 03～17 行，生成跳过 SSL 安全检查的 HttpClient 对象。

(2) 21～30 行，GET 请求获取虚拟评判系统主页的 HTML 文本。

(3) 32～36 行，将 HTML 文本写入到文件中。

(4) 43～48 行，用 main()方法进行测试。

请求 SSL 验证的页面，需要设置 HttpClient 客户端，让 SSL 安全检查始终返回 true，从而跳过 SSL 的验证步骤，这样就可以获取 HTTPS 页面内容。

12.9 获取异步请求数据

异步请求是相对于同步请求而言的，很多操作都存在异步和同步一说，同步的意思是说，你发起一个操作，程序需要一直等待，直到操作完成，程序才能继续执行进行下一步。异步就是当开始一个操作 A，程序在操作 A 完成之前可以继续其他工作，当操作 A 完成后，触发事件或者使用回调来处理 A。

在 Web 访问的异步请求是指 Ajax 请求。在获取页面的时候，Ajax 请求资源一般无法与页面 HTML 文本资源同时加载，所以获取 HTML 文本的时候，也就请求不到异步资源，想要获取异步请求数据时又该如何去做呢？

这时需要找到 Ajax 请求的路径，然后根据 Ajax 请求参数，向后台发送请求，获取后台返回的资源。

首先找到 Ajax 请求路径，步骤和查看参数时相似。打开开发者工具(快捷键为 F12)，在地址栏输入浏览目标页面地址 https://vjudge.net/wser/data，在开发者视图中选择 NetWork 选项，然后选择 XHR，查看该页面上所有的 Ajax 请求，找到需要的 Ajax 请求，一般一个页面上 Ajax 请求不会太多，找到需要的请求也比较容易，识别方法主要是查看请求链接。请求链接、请求方式、状态码与请求参数等请求信息如图 12.11 所示，请求参数如图 12.12 所示。

了解了这些，就可以模拟 Ajax 请求后台数据了。在这个请求页面中，请求参数比较多，一个一个地添加请求参数这种烦琐的工作应该由程序完成，所以，创建一个 VjudgeUser.properties 属性配置文件，把参数添加到这个配置文件中，只需要读取这个配置文件中的参数就可以，如图 12.13 所示。

前期工作已经完成，现在就可以获取指定的异步请求数据了。需要注意的是，请求链接为 https://vjudge.net/user/data，这是一个后台链接而不是目标页面链接。具体实现如程序 12.5 所示。

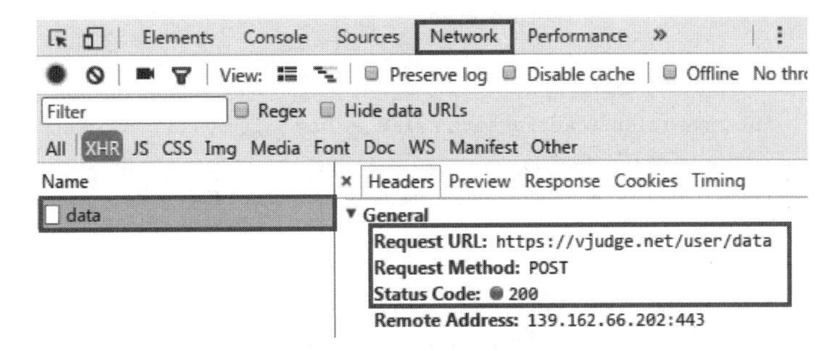

图 12.11　请求头部信息

```
▸ General
▸ Response Headers (8)
▸ Request Headers (14)
▾ Form Data    view source    view URL encoded
    draw: 1
    columns[0][data]: 0
    columns[0][name]:
    columns[0][searchable]: false
    columns[0][orderable]: false
    columns[0][search][value]:
    columns[0][search][regex]: false
```

图 12.12　请求参数

```
VjudgeUser.properties
1 draw=1
2 columns[0][data]=0
3 columns[0][name]=
4 columns[0][searchable]=false
5 columns[0][orderable]=false
6 columns[0][search][value]=
7 columns[0][search][regex]=false
8 columns[1][data]=1
```

图 12.13　请求参数配置文件

程序 12.5　Spider 项目的自定义爬虫类 GetVjudgeUser.java

```
01  public class GetVjudgeUser {
02      private String fileName = "C:\VjudgeUserPage.txt";
03      public void getKeyValue(List<NameValuePair> nvp) throws IOException {
04          Properties prop = new Properties();
05          //路径是:项目\src\VjudgeContest.properties
06          InputStream in = this.getClass().getResourceAsStream(
07                  "/VjudgeUser.properties");
08          prop.load(in);
09          Iterator<String> it = prop.stringPropertyNames().iterator();
10          while (it.hasNext()) {
11              String key = it.next();
12              String value = prop.getProperty(key);
13              nvp.add(new BasicNameValuePair(key, value));
14          }
15          in.close();
16      }
17      //生成跳过 SSL 安全检查的 HttpClient 客户端
18      public HttpClient SSLSkip() throws KeyManagementException,
19              NoSuchAlgorithmException, KeyStoreException {
20          SSLContext sslContext = new SSLContextBuilder().loadTrustMaterial(null,
21                  new TrustStrategy() {
22                      @Override
23                      public boolean isTrusted(X509Certificate[] arg0, String arg1)
24                              throws CertificateException {
25                          //TODO Auto-generated method stub
```

```
26                        return true;
27                    }
28                }).build();
29            SSLConnectionSocketFactory sslsf = new SSLConnectionSocketFactory(
30                    sslContext);
31            return HttpClients.custom().setSSLSocketFactory(sslsf).build();
32        }
33        //POST 方式获取 HTTPS 页面
34        public void loadPage() throws KeyManagementException,
35                NoSuchAlgorithmException, KeyStoreException,
36                ClientProtocolException, IOException {
37            HttpClient httpClient = this.SSLSkip();
38            String path = "https://vjudge.net/user/data";
39            HttpPost httPost = new HttpPost(path);
40            //添加请求参数
41            List<NameValuePair> nvp = new ArrayList<NameValuePair>();
42            this.getKeyValue(nvp);
43            nvp.add(new BasicNameValuePair("username", "llwwlql"));
44            httPost.setEntity(new UrlEncodedFormEntity(nvp, Charset
45                    .forName("gb2312")));
46            HttpResponse response = httpClient.execute(httPost);
47            int statusCode = response.getStatusLine().getStatusCode();
48            //处理 200 状态码
49            if (statusCode == HttpStatus.SC_OK) {
50                HttpEntity resEntity = response.getEntity();
51                //获取请求资源
52                byte[] pageContent = EntityUtils.toByteArray(resEntity);
53                //写入到文件
54                OutputStream fout = new FileOutputStream(fileName);
55                fout.write(pageContent);
56                if (fout != null)
57                    fout.close();
58                System.out.println("资源获取成功!");
59            } else {
60                System.out.println("资源获取失败!");
61            }
62        }
63        public static void main(String[] args) throws KeyManagementException,
64                NoSuchAlgorithmException, KeyStoreException,
65                ClientProtocolException, IOException {
66            GetVjudgeUser postAjax = new GetVjudgeUser();
67            postAjax.loadPage();
68        }
69    }
```

程序 12.5 解析如下:

(1) 03～16 行,读取请求参数的配置文件。

(2) 18～32 行,生成跳过 SSL 安全检查的 HttpClient 客户端。

(3) 41～45 行,向 Post 请求中添加请求参数。

(4) 46～57 行,获取包含用户信息的 JSON 字符串,并写入到文件。

(5) 63～68 行，用 main()方法进行测试。

运行程序 12.5 可以获取到异步请求数据，打开保存的文件会发现，获取到的是一些 JSON 字符串。异步请求就是通过 JSON 字符串传递数据的。至此，已经掌握了如何全面地获取 Web 资源，12.10 节将介绍如何将这些 Web 资源处理成需要的数据。

12.10 处理 HTML 文本

获取网页源代码后，如何正确析取特定文本内容，也是爬虫的一个重要主题。基本思路是可以利用正则表达式，也可以用 HtmlParser 这种开源框架，来对 HTML 文本进行语法分析。

正则表达式优点是灵活、快速，能够适应各种特定要求。下面以获取杭州电子科技大学 ACM 训练系统的用户信息为例，正则解析类的设计如程序 12.6 所示。

程序 12.6 Spider 项目的自定义解析类 HduUserAnalysis.java

```
01 public class HduUserAnalysis {
02     private String fileName = "C:/HduUserPage.html";
03     private Integer problemsSubmitted;
04     private Integer problemsSolved;
05     private Integer submissions;
06     private Integer accepted;
07     ...//省略 GET/SET 方法
08     //HTML 文本抽取
09     public void Analysis() throws IOException {
10         //TODO Auto-generated method stub
11         //正则表达式抽取
12         //匹配<tr><td>Problems Solved</td><td align=center>115</td></tr>
13         Pattern p = Pattern.compile("<tr><td>(.*?)</tr>",
14                 Pattern.CASE_INSENSITIVE);
15         //读取文件,读取网页源代码
16         InputStream fin = new FileInputStream(fileName);
17         StringBuffer pageContents = new StringBuffer();
18         int tempbyte = 0;
19         while ((tempbyte = fin.read()) != -1)
20             pageContents.append((char) tempbyte);
21         Matcher m = p.matcher(pageContents.toString());
22         ArrayList<String> linkList = new ArrayList<String>();
23         while (m.find()) {
24             String link = m.group();
25             linkList.add(link);
26         }
27         int len = linkList.size();
28         //匹配数字
29         problemsSubmitted = Integer.parseInt(linkList.get(len - 4).replaceAll(
30                 "[\\s*a-zA-Z<>=\\/]", ""));
31         problemsSolved = Integer.parseInt(linkList.get(len - 3).replaceAll(
32                 "[\\s*a-zA-Z<>=\\/]", ""));
33         submissions = Integer.parseInt(linkList.get(len - 2).replaceAll(
```

```
34                  "[\\s * a - zA - Z<>=\\/]", ""));
35          accepted = Integer.parseInt(linkList.get(len - 1).replaceAll(
36                  "[\\s * a - zA - Z<>=\\/]", ""));
37          if (fin != null)
38              fin.close();
39      }
40      //测试代码
41      public static void main(String[] args) throws IOException {
42          GetHduUser hduUser = new GetHduUser();
43          hduUser.loadPage();
44          HduUserAnalysis hduUserInfo = new HduUserAnalysis();
45          hduUserInfo.Analysis();
46          System.out.println("problemsSubmitted:" + hduUserInfo.problemsSubmitted);
47          System.out.println("problemsSolved:" + hduUserInfo.problemsSolved);
48          System.out.println("submissions:" + hduUserInfo.submissions);
49          System.out.println("accepted:" + hduUserInfo.accepted);
50      }
51  }
```

程序 12.6 解析如下：

(1) 02～06 行,声明对象属性,属性对应将要获取的数据。

(2) 13～20 行,读取包含用户信息的源代码文件。

(3) 21～26 行,获取 HTML 文本,使用正则表达式进行匹配。

(4) 27～36 行,将匹配结果进一步匹配,获取其中的数字信息。

(5) 42～43 行,获取网页上包含用户信息的 HTML 文本(源代码),并保存到文件中,GetHduUser 类参考程序 12.2。

(6) 41～50 行,用 main()方法进行测试。

程序 12.6 首先通过爬虫获取显示用户信息的 HTML 文本,再通过两步正则表达式匹配,获取到用户信息。对于一般的 HTML 文本,使用正则表达式匹配是较为快捷的,但并不是最方便的方式,这种方式抽取处理 HTML 文本,对编写正则表达式的能力有一定的要求,而且需要不断地分析字符串。所以,经常使用 HtmlParser 方便快捷地提取 HTML 文本中需要的资源。

HtmlParser 是一个纯 Java 编写的 HTML 解析库,它不依赖于其他的 Java 库文件,主要用于改造和提取 HTML。它能够非常快速地解析 HTML,而且不会出现错误。使用 HtmlParser 有以下四个关键步骤：

(1) 通过 Parser 类创建一个解析器；

(2) 创建 Filter 过滤器,过滤指定的内容；

(3) 使用 Parser 根据 Filter 过滤器来取得所有符合条件的节点；

(4) 对节点内容进行处理。

通过 Parser 类创建一个解释器,使用最多的方式是使用 Parser 的构造函数创建解析器,其中有两个最常用的构造函数：Parser(String resource)和 Parser(URLConnection connection)。第一个构造方法是通过一个保存有网页内容的字符串初始化 Parser,第二个构造方法是通过一个 URLConnection 初始化 Parser。对于一些需要登录的页面,常常用 HttpClient 获取 Web 资源,保存到文件中,传入文件路径或者 URL 初始化 Parser,再进行解析。而对于一般页面，不需要登录与SSL验证，则可以直接创建URLConnection初始化Parser。

顾名思义，Filter是过滤器，用来对HTML文本进行过滤，取得需要的内容。所有的过滤器均实现了NodeFilter接口，HtmlParser在org.htmlparser.filters包内一共定义了16个不同的过滤器，常用过滤器如表12.2所示。

表 12.2　常用过滤器

过　滤　器	说　　明
TagNameFilter	根据Tag的名字过滤
HasChildFilter	根据子节点过滤，HasParentFilter根据父节点过滤，HasSiblingFilter根据兄弟节点过滤
HasAttributeFilte	根据属性过滤
StringFilter	根据标签的显示内容过滤
RegexFilter	根据正则表达式匹配节点
NodeClassFilter	根据标签的class属性过滤
LinkStringFilter	根据超级链接过滤
OrFilter	组合过滤条件的"或"过滤器
AndFilter	组合过滤条件的"与"过滤器

除此之外，可以自定义一些过滤器，用于完成特殊需求的过滤。

过滤器将过滤后的内容存储到树形结构的子节点中。节点的常用遍历方法如表12.3所示。

表 12.3　节点的常用遍历方法

方法名与返回类型	说　　明
Node　getParent ()	取得父节点
NodeList　getChildren ()	取得子节点的列表
Node　getFirstChild ()	取得第一个子节点
Node　getLastChild ()	取得最后一个子节点
Node　getPreviousSibling ()	取得前一个兄弟节点
Node　getNextSibling ()	取得下一个兄弟节点

获取节点内容的方法如表12.4所示。

表 12.4　获取节点内容方法

方法名与返回类型	说　　明
String　getText ()	取得文本
String　toPlainTextString ()	取得纯文本信息
String　toHtml ()	取得HTML信息(原始HTML)
String　toHtml (boolean verbatim)	取得HTML信息(原始HTML)
String　toString ()	取得字符串信息(原始HTML)
Page　getPage ()	取得这个节点对应的Page对象
int　getStartPosition ()	取得这个节点在HTML页面中的起始位置
int　getEndPosition ()	取得这个节点在HTML页面中的结束位置

下面基于 HtmlParser 的用法，获取杭州电子科技大学 ACM 训练系统的比赛信息，如程序 12.7 所示。

程序 12.7　Spider 项目的自定义解析类 HduContestAnalysis. java

```
01 public class HduContestAnalysis {
02     private String fileName = "C:/HduContest.html";
03     private int rank;
04     //HTML 文本抽取
05     public void GetInfo(String match) throws ParserException {
06         Parser parser = new Parser(fileName);
07         NodeFilter filter = new StringFilter(match);
08         NodeList nodes = parser.extractAllNodesThatMatch(filter);
09         //获取根节点
10         Node pnode = nodes.elementAt(0).getParent().getParent().getParent();
11         //获取找到信息节点
12         Node cnode = pnode.getChildren().elementAt(0).getFirstChild();
13         this.rank = Integer.parseInt(cnode.toHtml());
14     }
15     //测试代码
16     public static void main(String[] args) throws ParserException,
17             ParseException, IOException {
18         GetHduContest hduInfo = new GetHduContest(30926);
19         hduInfo.login();
20         HduContestAnalysis analysis = new HduContestAnalysis();
21         analysis.GetInfo("L-75");
22         System.out.println("Rank : " + analysis.rank);
23     }
24 }
```

12.11　处理 JSON 文本

12.9 节异步请求获取到的虚拟评测系统上的用户信息，是 JSON 字符串格式的数据。此处引入谷歌公司开发的 JSON 开源框架 Gson。Gson 是一个将 Java 对象转换成 JSON 字符串，将 JSON 字符串转换成 Java 对象的工具库。Gson 具有如下特点：

(1) 提供简单的方法(工厂方法)将 Java 对象转换成 JSON 字符串，反之亦然。

(2) 已经存在的对象转换成 JSON 字符串或者从 JSON 字符串转换成对象。

(3) 可以将定制对象转换成 JSON 字符串的形式。

(4) 支持任意类型的复杂对象。

Gson 提供了 fromJson()和 toJson()两个直接用于解析和生成的方法，toJson()实现序列化，fromJson()实现反序列化。以基本数据类型为例，程序如下：

```
01 //序列化
02 Gson gson = new Gson();
03 gson.toJson(1);                          //==>1
04 gson.toJson("abcd");                     //==>"abcd"
05 gson.toJson(new Long(10));               //==>10
```

```
06  int[] values = { 1 };
07  gson.toJson(values);                          // ==> [1]
08  //反序列化
09  int one = gson.fromJson("1", int.class);
10  Integer one = gson.fromJson("1", Integer.class);
11  Long one = gson.fromJson("1", Long.class);
12  Boolean false = gson.fromJson("false", Boolean.class);
13  String str = gson.fromJson("\"abc\"", String.class);
14  String anotherStr = gson.fromJson("[\"abc\"]", String.class);
```

也可以自定义 POJO(Plain Ordinary Java Object),即简单的 Java 对象,实现 JSON 字符串的序列化和反序列化。这里使用 Gson 来处理虚拟评测系统(Virtual Judge)页面上获取的 JSON 字符串,反序列化为 Java 对象,再从 Java 对象中获取需要的资源信息。Java 实体类的属性与 JSON 字符串 key-value 中 key 的名称是一一对应的,这样才能保证反序列化的正确性,如程序 12.8 所示。

程序 12.8　Spider 项目的自定义实体类 JsonBean.java

```
01  public class JsonBean {
02      private String[][] data;
03      private int recordsTotal;
04      private int recordsFiltered;
05      private int draw;
06      …//GET/SET 方法
07  }
```

自定义实体类 VjudgeUserAnalysis.java 如程序 12.9 所示。

程序 12.9　Spider 项目的自定义实体类 VjudgeUserAnalysis.java

```
01  public class VjudgeUserAnalysis {
02
03      private String fileName = "C:/VjudgeUserPage.txt";
04      private int solved;
05      private int attempted;
06      private int submission;
07      …//省略 GET/SET 方法
08      public void Analysis() throws IOException {
09          //从文件中获取 JSON 字符串数据
10          InputStream fin = new FileInputStream(fileName);
11          StringBuffer pageContents = new StringBuffer();
12          int tempbyte = 0;
13          while ((tempbyte = fin.read()) != -1)
14              pageContents.append((char) tempbyte);
15          //声明 Gson 对象
16          Gson gson = new Gson();
17          //反序列化 JSON 字符串到 Bean 对象
18          JsonBean jsonbean = gson.fromJson(pageContents.toString(),
19                  JsonBean.class);
20          //获取需要的信息
21          String[][] data = jsonbean.getData();
22          this.solved = Integer.parseInt(data[0][4]);
```

```
23              this.attempted = Integer.parseInt(data[0][5]);
24              this.submission = this.solved + this.attempted;
25          }
26
27          //测试方法
28          public static void main(String[] args) throws IOException,
29                  KeyManagementException, NoSuchAlgorithmException, KeyStoreException {
30              GetVjudgeUser vjudgeUser = new GetVjudgeUser();
31              vjudgeUser.loadPage();
32              VjudgeUserAnalysis userAnalysis = new VjudgeUserAnalysis();
33              userAnalysis.Analysis();
34              System.out.println("solved : " + userAnalysis.solved);
35              System.out.println("attempted : " + userAnalysis.attempted);
36          }
37      }
```

程序 12.9 解析如下：

(1) 03～06 行,声明对象属性,属性对应获取的数据。

(2) 10～14 行,获取保存到文件中的 JSON 字符串数据,读取文件路径要与 GetVjudgeUser 类保存的文件路径一致。

(3) 16～19 行,使用 Gson 将 JSON 字符串反序列化为实体对象。

(4) 21～24 行,从实体对象中获取用户信息。

(5) 28～36 行,用 main()方法进行测试。

12.12 信息数据的汇总处理

至此,所需要的 Web 资源都已经完成获取与分析处理,还需要一个控制类将所有分析完的信息进行汇总。在进行信息汇总之前,需要一个用户的实体对象,用来存储用户的信息。用户的实体对象如程序 12.10 所示。

程序 12.10 Spider 项目的自定义实体类 User.java

```
01  public class User {
02      private String username;
03      private String nickname;
04      private int problemsSubmitted;
05      private int problemsSolved;
06      private int submissions;
07      private int accepted;
08      private HashMap<Integer, Integer> contestRank = new HashMap<Integer, Integer>();
09      …//省略 GET/SET 方法
10      @Override
11      public String toString() {
12          //TODO Auto-generated method stub
13          StringBuffer output = new StringBuffer();
14          output.append(this.username + ":\nAccepted:" + this.accepted
15                  + "\nsubmissions:" + this.submissions + "\nproblemsSolved:"
16                  + this.problemsSolved + "\nproblemsSubmitted:"
```

```
17                  + this.problemsSubmitted + "\n");
18          HashMap<Integer, Integer> contest = this.getContestRank();
19          for (Integer key : contest.keySet()) {
20              Integer value = contest.get(key);
21              output.append("ContestId: " + key + "\tRank: " + value);
22          }
23          return output.toString();
24      }
25  }
```

User 类重写了 toString()方法,用于在控制台输出用户信息。接下来就可以进行信息数据的汇总了。通过调用本章前几节写的类,进行网页抓取、信息处理等操作,最后存到用户实体对象中,如程序 12.11 所示。

程序 12.11 Spider 项目的自定义类实体类 Action.java

```
01  public class Action {
02
03      private User user = null;
04      public Action(User user) {
05          super();
06          this.user = user;
07      }
08      …//省略 GET/SET 方法
09      //汇总信息方法
10      public void allInfo() throws ParseException, UnsupportedEncodingException,
11              IOException, ParserException, KeyManagementException,
12              NoSuchAlgorithmException, KeyStoreException {
13          //获取杭州电子科技大学 ACM 训练系统用户信息
14          GetHduUser hduUser = new GetHduUser();
15          hduUser.loadPage();
16          HduUserAnalysis hduInfo = new HduUserAnalysis();
17          hduInfo.Analysis();
18          //获取杭州电子科技大学 ACM 训练系统比赛名次信息
19          int contestId = 30926;
20          GetHduContest hduContest = new GetHduContest(contestId);
21          hduContest.login();
22          HduContestAnalysis contestInfo = new HduContestAnalysis();
23          contestInfo.GetInfo(user.getNickname());
24          //获取虚拟评测系统用户信息
25          GetVjudgeUser vjudgeUser = new GetVjudgeUser();
26          vjudgeUser.loadPage();
27          VjudgeUserAnalysis vjudgeInfo = new VjudgeUserAnalysis();
28          vjudgeInfo.Analysis();
29          int accepted = hduInfo.getAccepted() + vjudgeInfo.getSolved();
30          int problemsSolved = hduInfo.getProblemsSolved()
31                  + vjudgeInfo.getSolved();
32          int problemsSubmitted = hduInfo.getProblemsSubmitted();
33          int submissions = hduInfo.getSubmissions() + vjudgeInfo.getSubmission();
34          user.setAccepted(accepted);
35          user.setProblemsSolved(problemsSolved);
```

```
36              user.setSubmissions(submissions);
37              user.setProblemsSubmitted(problemsSubmitted);
38              user.getContestRank().put(contestId, contestInfo.getRank());
39          }
40  }
```

程序 12.11 解析如下:

(1) 04～07 行,构造函数,初始化 User 属性。

(2) 14～17 行,获取杭州电子科技大学 ACM 训练系统用户信息。

(3) 19～23 行,获取杭州电子科技大学 ACM 训练系统比赛名次信息。

(4) 25～28 行,获取虚拟评测系统用户信息。

(5) 29～39 行,汇总数据,保存到 user 对象中,user 可以保存到文件或数据库。

主函数测试类如程序 12.12 所示。

程序 12.12　Spider 项目的自定义测试类 Main.java

```
01  public class Main {
02
03          public static void main(String[] args) throws ParseException,
04                      UnsupportedEncodingException, IOException, ParserException,
05                      KeyManagementException, NoSuchAlgorithmException, KeyStoreException {
06              User user = new User("llwwlql", "L-75");
07              Action action = new Action(user);
08              action.allInfo();
09              System.out.println(user);
10          }
11  }
```

本章最后完成的 Spider 项目组织结构如图 12.14 所示。

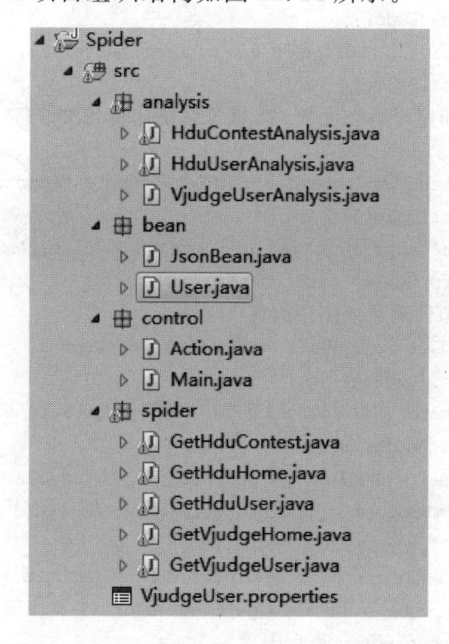

图 12.14　最后完成的 Spider 项目组织结构

12.13 小　　结

本章用网络爬虫技术实现了“ACM 用户信息”的数据处理。重点是 Web 资源的抓取，对于不同类型的资源，主要分为两种：一种是 HTML 文本，另一种是 JSON 字符串。

（1）获取 HTML 文本一般是对网页 HTML 源代码的获取，分为 GET 请求和 POST 请求两种请求资源的方式。对于仅包含 URL 请求参数的目标请求路径，则使用 GET 请求，对于包含 Form 表单请求参数的，则使用 POST 请求。

（2）获取 JSON 字符串需要模拟异步请求，访问异步请求链接。

对于 HTML 的分析，采用以下方法。

（1）HTML 文本可以采用正则表达式匹配的方式和 HtmlParser 框架两种方式操作。正则表达式匹配方便、迅速、准确率高，能够快速地找到目标资源，但对于编写正则表达式的能力要求较高。HtmlParser 框架操作简单快捷，代码可读性好。

（2）使用 Gson 框架处理 JSON 字符串，提高了字符串解析效率，编码简单，可靠性好。

大数据时代，得数据者得天下。网络爬虫，作为一种全天候自动获取数据的技术形态，技术演变必然永无止境。

12.14　实验 12：网络爬虫实验拓展

1. 实验目的

（1）理解并掌握网络爬虫的原理。

（2）理解并掌握页面资源分析方法。

（3）理解并掌握网络爬虫的设计与资源处理。

2. 实验内容

重温本章设计，改进网络爬虫，使得可以在杭州电子科技大学 ACM 评测系统中获取到关键字为 LDU 的比赛，并从每个比赛中获取到“L-75”的排名信息。

3. 实验方法与步骤

（1）访问 http://acm.hdu.edu.cn/diy/contest_search.php?action=go，并进行 LDU 关键字查询，分析页面请求参数与请求路径。

（2）对目标页面发送请求，获取所有关键字为 LDU 的比赛 id，保存到文件或数据库中。

（3）参考程序 12.2，获取每个比赛的 id，模拟登录所有比赛，获取登录后的比赛排名 HTML 文本。比赛的密码一致为 lduacm。

（4）参考程序 12.7，处理排名 HTML 文本，抽取排名信息。

4. 边实验边思考

（1）本章实现的网络爬虫案例，根据 Java 多线程的知识，能否将该案例改写成多线程的网络爬虫，增加效率？

（2）本章案例是针对一个用户进行操作，能不能获取多个用户的信息，将信息保存到数据库中？

5. 撰写实验报告

根据实验情况,撰写实验报告,简明扼要记录实验过程、实验结果,提出实验问题,做出实验分析。

12.15 习 题 12

1. 什么是网络爬虫?网络爬虫实现的主要功能是什么?

2. HttpClient 有什么派生类?每个派生类分别有什么特征?

3. HttpResponse 类对应网络资源的什么信息?主要包含哪些信息?

4. HTTP 状态码的主要作用是什么?如何查看请求资源的 HTTP 状态码?

5. 简要描述传递请求参数的方式,若有多种方式,请说明它们各自的适用范围。

6. GET 请求的参数最大长度为多少?它是根据什么限定的?

7. 请求路径一定是当前访问的页面吗?如何查看 Web 资源的请求路径?

8. 请描述用网络爬虫如何实现自动登录,列举自动登录的步骤。

9. 对于页面上的异步请求,根据网页源代码是查看不到需要的 Web 资源的,如果想要获取异步请求资源,需要如何操作?

10. 网络爬虫的实质是模拟浏览器的作用,对请求链接发送指定的信息,获得响应资源。对于 HttpClient 框架,HttpClientBuilder. create(). build()方法、httpClient. execute(httpGet)方法与 new HttpGet(path)方法分别实现了浏览器的什么功能?

11. 简单描述什么是 HTTPS,网络爬虫常常用什么方式访问 HTTPS 页面。

12. 如何跳过 SSL 安全校验?跳过 SSL 安全校验的原理是什么?

13. 处理 HTML 文本内容常用的有哪两种方法?分别介绍这两种方法的优点和缺点。

14. 处理 JSON 数据时,使用 Gson 反序列化为对象,其中对象的属性是如何决定的?

15. 如果使用 Gson 反序列化为 java 的集合类型,如何进行集合类型的反射,设定反序列化对象类型?

16. 请使用 HtmlParser 框架,处理以下 HTML 文本,获取 Overall attempted 下的数据(数字 50)。

```
01  <table class = "table table - reflow problem - solve">
02      <tr>
03          <th class = "table - active" scope = "row"> Overall solved </th>
04          <td>
05              <a href = "/status/ # un = llwwlql&OJId = All&probNum = &res = 1&orderBy =
06                  run_id&language = "title = "Overall solved" target = "_blank"> 43 </a>
07          </td>
08      </tr>
09      <tr>
10          <th class = "table - active" scope = "row"> Overall attempted </th>
11          <td>
12              <a href = "/status/ # un = llwwlql&OJId = All&probNum = &res = 0&orderBy = run_
13                  id&language = "title = "Overall attempted" target = "_blank"> 50 </a>
14          </td>
15      </tr>
```

```
16        <tr>
17            <th class = "table - active" scope = "row"> Detail </th>
18            <td>
19                <a href = "#" class = "toggle - detail" style = "display: none;"> Toggle </a>
20            </td>
21        </tr>
22    </table>
```

17. 对于网络连接不畅通的时候，发送 GET 或者 POST 请求往往会需要等待较长时间，对网络爬虫的资源获取影响较大，如何才能避免这种问题？

18. 请使用 Gson 框架，处理以下 JSON 数据，获取所有比赛题目与比赛 id。

```
01  {
02    "data": [
03      [
04        148728,
05        "【LDU】16/17 假期常规赛 #1",
06        1485259200000,
07        1485266400000,
08        2,
09        "llwwlql",
10        109672,
11        null,
12        null,
13        0,
14        0,
15        false,
16        false,
17        19
18      ],
19      [
20        149344,
21        "【LDU】16/17 假期常规赛 #2",
22        1485864000000,
23        1485871200000,
24        1,
25        "zhangjiawang",
26        109676,
27        null,
28        null,
29        0,
30        0,
31        false,
32        false,
33        12
34      ]
35    ],
36    "recordsTotal": 4000,
37    "recordsFiltered": 4000,
38    "draw": 2
39  }
```

19. 请根据本章案例,分析 http://poj.org/上的任意用户信息页面,列出请求链接、请求方式和状态码。

20. 请根据本章案例,使用网络爬虫获取 http://poj.org/页面上的任意一个用户信息资源,列出 Solved 与 Submissions 的 HTML 资源信息。

21. 请根据本章案例,使用 HtmlParser 解析 http://poj.org/页面上的用户信息资源,获取 Solved 与 Submissions 数据资源信息。

22. 恭喜你完成了"网络爬虫"的全部学习,请在表 12.5 中写下你的收获与问题,并带着收获的喜悦、带着问题激发的好奇继续探索下去,欢迎将问题发送至: llwwlql@outlook.com,与本章作者沟通交流。

表 12.5 "网络爬虫"学习收获清单

序号	收获的知识点	希望探索的问题
1		
2		
3		
4		
5		

第13章　Android QQ 客户端

将 Windows 桌面版的 QQ 移植到 Android 平台上，服务器仍然采用原有设计，服务器仍在 Windows 上运行，仍然采用原有的协议和套接字技术，这不仅仅是一个想法，而是本章的小杰作。

手机版 QQ 与 PC 桌面版 QQ，从界面到工作模式，极其相似又有不同，需要因"地"制宜，即根据硬件和操作系统的限制而做出相应的改变与调整。但就其网络通信功能的逻辑设计而言，万变不离其宗，网络协议、套接字仍然是一以贯之的，这也体现了网络通信的普适性。

13.1　作品演示

作品描述：本章实现 Android 版 QQ 客户端，服务器采用第 7 章实现的 QQServer，服务器需要做功能性修改，增加注册逻辑和私聊逻辑。数据库仍然采用 Java DB，不需要修改。客户端需要基于 Android 平台做全新设计，包括登录模块、注册模块、在线列表模块和聊天模块，仍然采用 UDP 协议，基于 UDP 套接字与服务器通信，实现用户登录、用户注册和一对一私聊的功能设计。

作品功能演示如下：

(1) 打开 chap13 目录下的 begin 子文件夹，可以看到如图 13.1 所示的目录结构。

图 13.1　chap13 的 begin 目录

(2) 以管理员身份运行 NetBeans，在 NetBeans 的服务视图中双击 Java DB 数据库连接节点"jdbc:derby://localhost:1527/QQDB"，这个步骤的目的是启动 Apache Derby 数据库

服务器。

(3) 双击图 13.1 中的 QQServer.jar 服务器程序,这个程序从界面到主体逻辑都是在第 7 章完成的,服务器运行参数不需要修改,单击"启动"按钮,让服务器运行起来。

(4) 用 Android Studio 2.2 打开 chap13 目录中 end 文件夹中的 QQClient 项目,如图 13.2 所示,同时选用 Nexus 4 API 25 和 Nexus 5X API 25 两个模拟器运行 QQ 客户机程序。

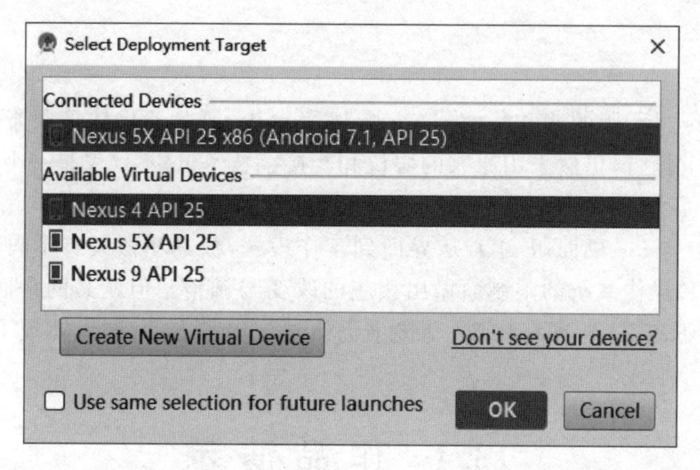

图 13.2 选用 Nexus 4 API 25 和 Nexus 5X API 25 两个模拟器运行程序

(5) 模拟器的初始运行界面如图 13.3 所示,用 10000 账号在 Nexus 5X API 25 上登录,用 20000 账号在 Nexus 4 API 25 上登录;然后回退一步,交换账号顺序,让两个模拟器上同时用 10000 和 20000 两个账号登录。10000 这个账号对应的昵称是"张三",20000 这个账号对应的昵称是"李四"。这些数据都是在第 7 章已经写入到数据库 QQDB 中的。

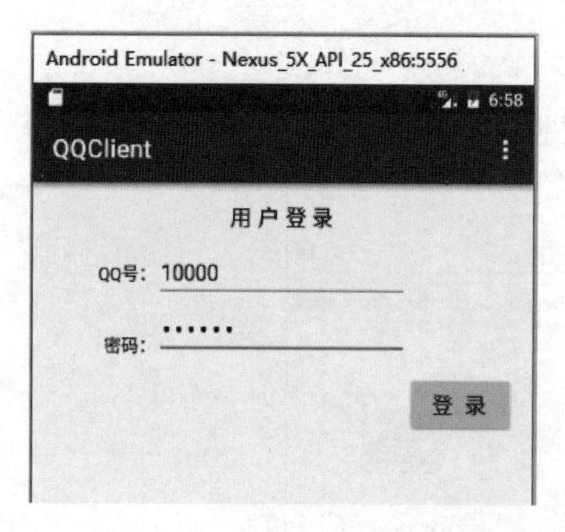

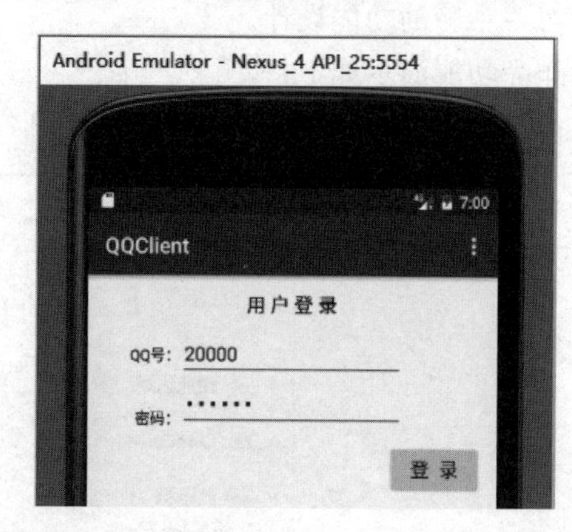

图 13.3 两个模拟器的登录界面

(6) 同时实现 10000 和 20000 两个账号登录的模拟器如图 13.4 所示。

(7) 如图 13.5 所示,给出了张三与李四的对话情景。张三使用的是 Nexus 4 API 25 模拟器,李四使用的是 Nexus 5X API 25 模拟器。后台服务器的消息状态如图 13.6 所示。

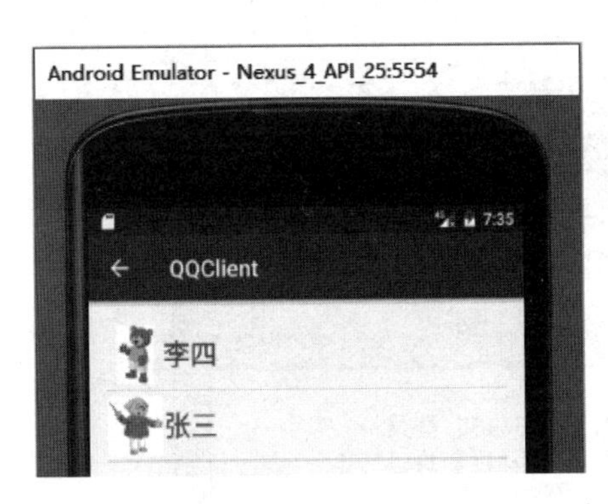

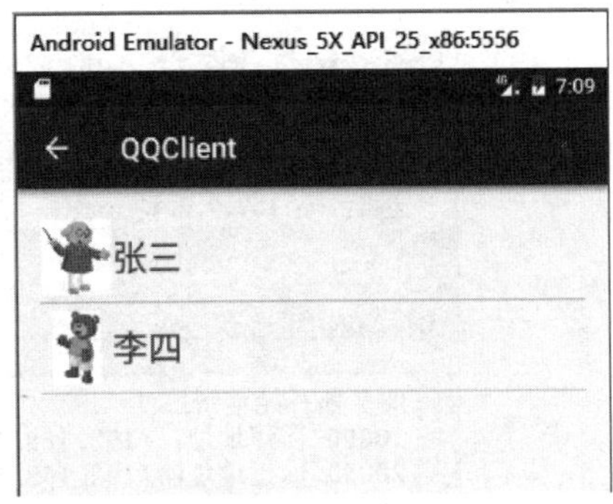

图 13.4　在两个不同模拟器上登录两个相同用户

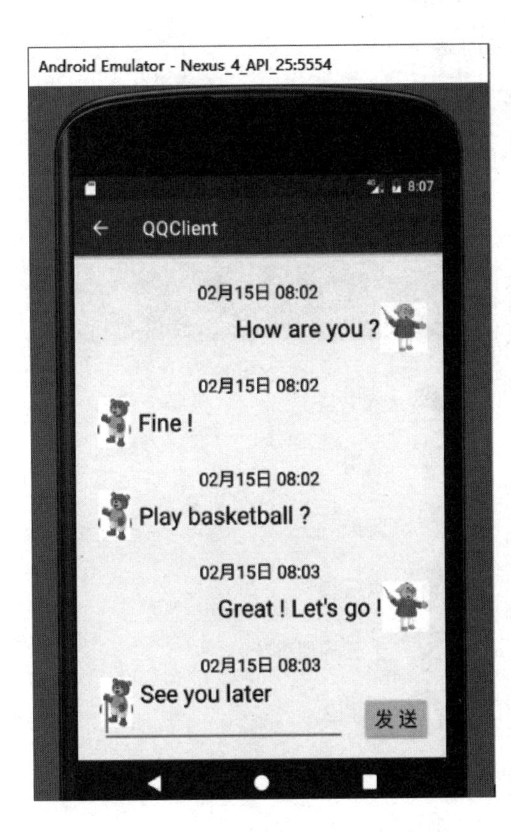

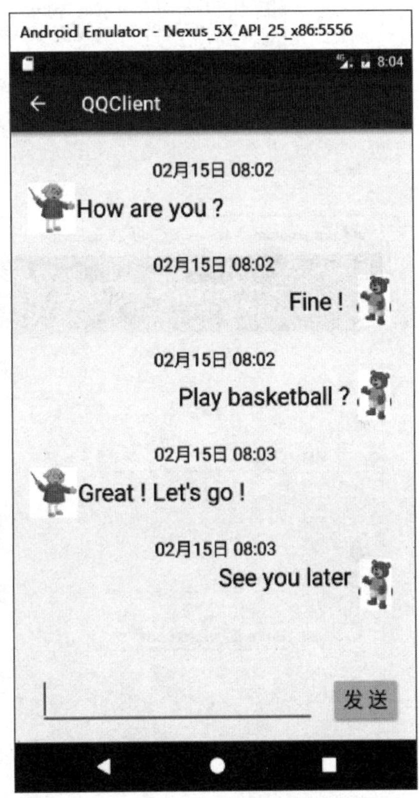

图 13.5　张三和李四在两个模拟器上的对话

(8) 演示用户注册功能。如图 13.3 所示，单击右上角的选项菜单，会显示“注册”命令，单击“注册”，进入注册页面。输入注册信息，如图 13.7 所示单击“注册”。注册成功后会返回登录页面。连续注册多个账号，然后用这些账号登录，如图 13.7 所示展示了多个新注册账号登录后的界面。

本案例亦可用 Android 真机做模拟测试，请读者自行实验。

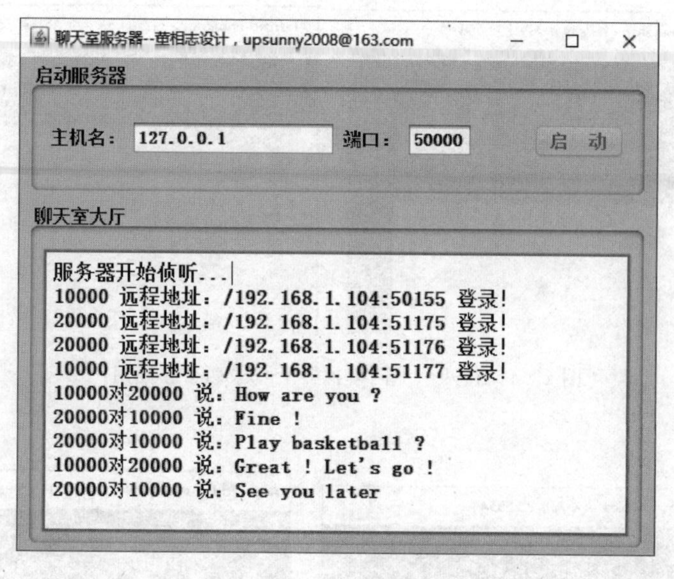

图 13.6　后台服务器的信息状态

图 13.7　用户注册与多用户在线界面

13.2 本章重点知识介绍

本章以及后续两章案例都是讨论基于 Android 的网络编程。虽然 Android 的内核是 Linux 系统，但是 Android 仍然采用 Java 作为编程语言，Java JDK 基础类在 Android 环境仍然得到了很好的支持，而且在 Java SDK 的基础上，Android 也拥有自己的 Android SDK。但是本书不详细讨论 Android 开发的基础内容，例如 android. app. Activity、android. view. View、android. app. Service、android. content. BroadcastReceiver、android. content. ContentProvider 等。本书也不详细介绍 Android Studio 开发环境的使用。学习第 13～15 这三章内容，需要读者具备较好的 Java 编程能力并能做简单的 Android 程序设计。

本章完成的 Android QQ 客户端项目组织结构如图 13.8 所示，所有的设计工作都是围绕 LoginActivity、RegisterActivity、ListActivity 和 ChatActivity 这四个 Activity 类展开的。

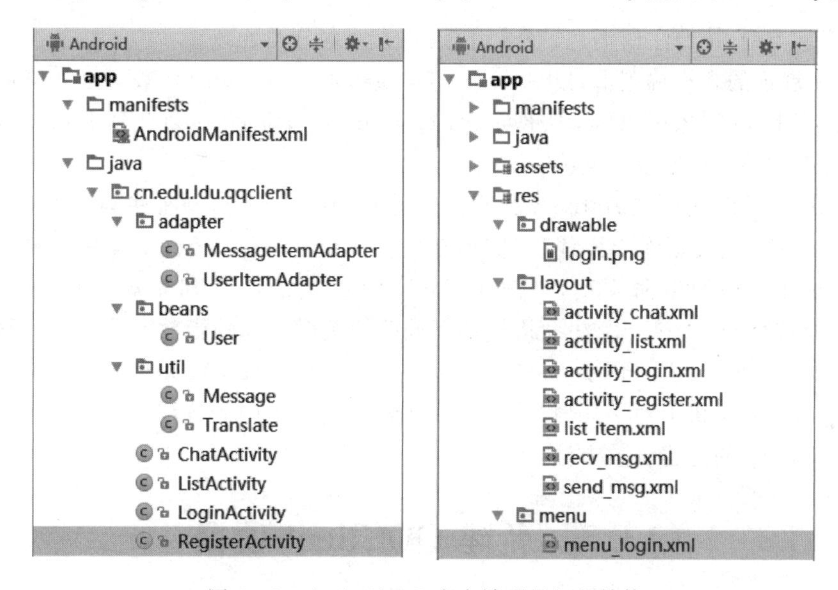

图 13.8　Android QQ 客户端项目组织结构

在 util 包下面的 Message 和 Translate 两个类，与第 7 章的 QQ 版本保持一致，没有变化。Message 类负责定义客户机与服务器之间交换的消息对象；Translate 包含两个静态转换函数，负责对象的序列化和反序列化。

图 13.9 清楚地展示了各个类之间的逻辑关系。Message 类是可序列化的，用于客户机与服务器之间的消息交换，登录、注册、聊天三个模块的消息都要定义成 Message 类再通过报文发送，收到的报文也要首先还原成 Message 类。User 类用于在 LoginActivity、ListActivity 和 ChatActivity 之间通过 Intent 对象传递用户信息。所有的 Activity 都对应一个布局文件。其中 ListActivity、ChatActivity 都包含 ListView 控件，list_item. xml 用于定义 ListActivity 中的列表视图项，recv_msg. xml 和 send_msg. xml 定义 ChatActivity 中的列表视图项。UserItemAdapter 数据适配器向 ListView 中填充 User 类数据，MessageItemAdapter 数据适配器向 ListView 中填充 Message 类数据。

消息发送到服务器后，由 Translate 类对实现了 Serializable 接口的 Message 类进行变

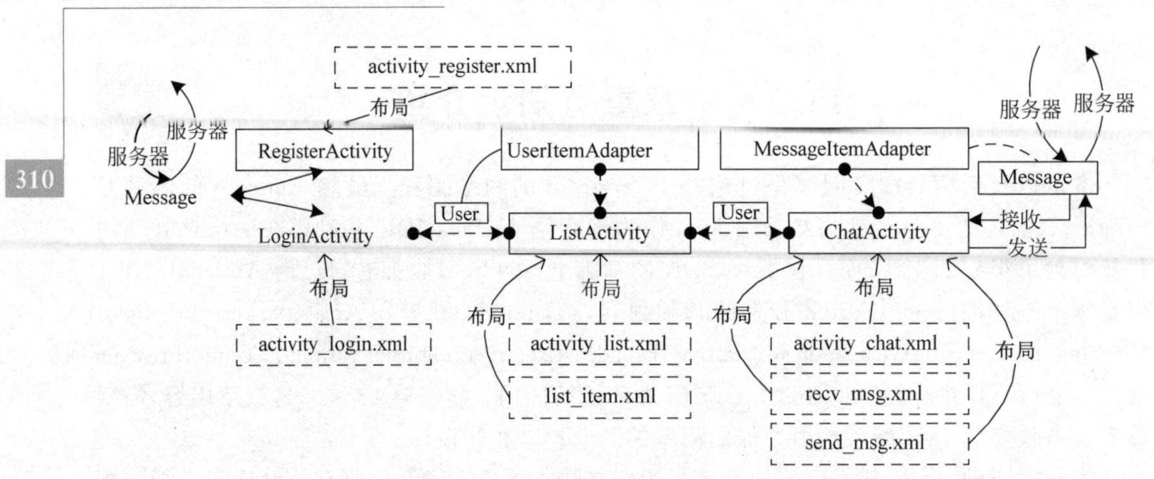

图 13.9　Android 客户端各个类之间的逻辑关系

换。根据消息类型,按照注册消息、登录消息、聊天消息分类处理。

图 13.9 展示的客户端逻辑,以 Activity 为主线,每个 Activity 代表一个功能模块,传递的数据定义到 User 对象中,User 实现了 Parcelable 接口,将 User 封装到 Intent 对象,即可轻松实现复杂的 Activity 数据交换。

初学 Android 时往往被 Activity 搞得一头雾水,其实 Activity 有些类似 Java 桌面编程里面的 Frame 类,主要用作界面线程,实现与用户的交互操作。Activity 界面布局用 XML 文件定义,拥有独特的生命周期,理解了 Activity 的生命周期和布局文件,也就掌握了 Activity 的全部秘密。Activity 生命周期的不同阶段关联不同的函数方法,这些函数方法包括 onCreate()、onStart()、onResume()、onPause()、onRestart()、onStop()、onDestory(),当用户在 Android 手机上对 APP 操作或按下手机面板上不同的按键,实际上调度和触发的即是当前 Activity 的上述函数方法。

13.3　新建 QQClient 项目

启动 Android Studio 2.2,新建 QQClient 项目。跟随项目初始化向导,设定 QQClient 项目的初始化参数如下:

(1) 项目名称为 QQClient。

(2) 公司域名为 ldu. edu. cn。

(3) 项目存放位置为 chap13 目录下的 begin 子文件夹。

(4) 项目类型为 Phone and Tablet,指定 Minimum SDK 版本为 API 15: Android 4.0.3 (IceCreamSandwich)。支持这个版本 API 的 Android 设备市场占有率大约为 97.4%。

(5) 选择项目模板为 Empty Activity。

(6) Activity 的名字设定为 LoginActivity,布局文件名字设定为 activity_login。

单击项目向导上的 Finish 按钮,完成项目创建后,打开项目视图,如图 13.10 中的左图所示。图 13.10 中的右图为项目初始化完成后的项目结构。

图 13.10 左图展示的是新建项目的 Android 视图,这是一个反映项目主要逻辑关系的虚拟视图,便于开发人员管理和操作各个类文件和资源文件。

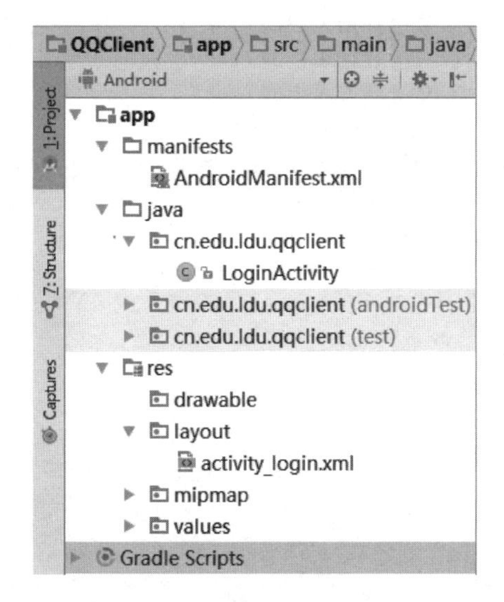

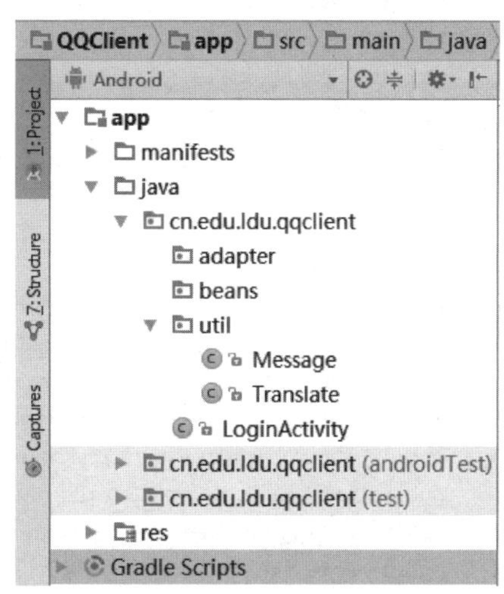

图 13.10　新建 QQClient 项目的视图结构

现在可以直观地看到 QQClient 项目中的几个重要文件：

(1) AndroidManifest. xml 是整个项目的全局配置文件。

(2) LoginActivity 和 activity_login. xml 构成项目的窗体主类。

如图 13.10 所示，单击左上角的视图下拉列表，还可以看到与 Android 选项对应的另一个 Project 选项。Project 视图的作用是展示 QQClient 项目真实的物理目录结构，当需要在项目中创建新的文件夹时，会转到 Project 视图操作。

接下来需要参照图 13.8 中左图的项目组织结构提示，完成一系列项目的搭建和初始化工作。

(1) 在 cn. edu. ldu. qqclient 包下面新建 util 包。转到第 7 章完成的 QQClient 项目，打开 chap07 目录下的 end 子文件夹，将 QQClient 项目中 util 目录下的 Message. java 和 Translate. java 这两个程序原样复制到当前项目中的 util 包中。

(2) 在 cn. edu. ldu. qqclient 包下面新建 beans 包。

(3) 在 cn. edu. ldu. qqclient 包下面新建 adapter 包。

完成上述初始化工作后，项目结构如图 13.10 中的右图所示。

13.4　用户类 User

如图 13.10 中的右图所示，选择 beans 包，在 beans 包中新建 User 类。User 类的定义如程序 13.1 所示，包含九个属性，其中前面六个属性与 QQDB 数据库中 Member 表的结构一致，因此 User 类扮演了数据库实体类的角色。User 类中还有三个附加属性 toAddr、toPort 和 targetId，分别表示目标地址、端口以及与之会话的用户 id。

程序 13.1　用户类 User. java

```
01  public class User implements Parcelable {   //部分属性名与数据库字段名相同,类型也相同
02      private int id;                          //对应数据表中的 id
```

```
03      private String nickName;              //对应数据表中的 name
04      private String password;              //对应数据表中的 password
05      private String email;                 //对应数据表中的 email
06      private Timestamp time;               //对应数据表中的 time
07      private String headImg;               //头像文件名,对应数据表中的 headimage
08      private InetAddress toAddr = null;    //目标用户地址
09      private int toPort;                   //目标用户端口
10      private String targetId = null;       //目标用户 id
11      public int getId() {return id; }
12      public void setId(int id) { this. id = id; }
13      public String getNickName() { return nickName; }
14      public void setNickName(String name) {this. nickName = name; }
15      public String getPassword() { return password; }
16      public void setPassword(String password) { this. password = password; }
17      public String getEmail() { return email; }
18      public void setEmail(String email) { this. email = email; }
19      public Timestamp getTime() { return time; }
20      public void setTime(Timestamp time) { this. time = time; }
21      public String getHeadImg() { return headImg; }
22      public void setHeadImg(String headImg) { this. headImg = headImg; }
23      public InetAddress getToAddr() { return toAddr; }
24      public void setToAddr(InetAddress toAddr) { this. toAddr = toAddr; }
25      public int getToPort() { return toPort; }
26      public void setToPort(int toPort) { this. toPort = toPort; }
27      public String getTargetId() { return targetId; }
28      public void setTargetId(String targetId) { this. targetId = targetId; }
29      public User() { }
30      @Override
31      public int describeContents() { return 0; }
32      @Override
33      public void writeToParcel(Parcel dest, int flags) {
34          dest. writeInt(this. id);
35          dest. writeString(this. nickName);
36          dest. writeString(this. password);
37          dest. writeString(this. email);
38          dest. writeSerializable(this. time);
39          dest. writeString(this. headImg);
40          dest. writeSerializable(this. toAddr);
41          dest. writeInt(this. toPort);
42          dest. writeString(this. targetId);
43      }
44      protected User(Parcel in) {
45          this. id = in. readInt();
46          this. nickName = in. readString();
47          this. password = in. readString();
48          this. email = in. readString();
49          this. time = (Timestamp) in. readSerializable();
50          this. headImg = in. readString();
51          this. toAddr = (InetAddress) in. readSerializable();
52          this. toPort = in. readInt();
53          this. targetId = in. readString();
```

```
54        }
55        public static final Creator< User > CREATOR = new Creator< User >() {
56            @Override
57            public User createFromParcel(Parcel source) {
58                return new User(source);
59            }
60            @Override
61            public User[] newArray(int size) {
62                return new User[size];
63            }
64        };
65    }
```

User类用于在不同的Activity之间传递数据，理想的情况是将会话的套接字也定义为User类的一个属性。因为当用户登录成功后，此后的会话应该仍然使用登录时的套接字，即LoginActivity登录时使用的套接字需要传递到后面负责会话的ChatActivity中继续使用。但是Java.net包定义的Socket和DatagramSocket是非序列化的类，不能在Activity之间作为Serializable或Parcelable对象传递。所以本章案例采用了简化办法，登录使用的套接字定义为LoginActivity的静态变量。

Serializable与Parcelable都有对象序列化之义，不同的是在Activity之间交换数据，Parcelable效率更好，Parcelable是Android提供的新的轻量级高效内存序列化机制。

实现Serializable接口的类不需要额外编写代码，但是实现Parcelable接口的类需要重写构造函数以及writeToParcel()等方法，略显烦琐。不过在Android Studio中可以导入第三方Parcelable包，实现Parcelable接口的自动编码机制。

首先需要检查Android Studio中是否安装了Parcelable插件。选择File→Settings命令，打开Settings的对话框。选择Plugins，在右边的搜索框中输入Parcelable，如果没有找到，会在最右边的小窗口里显示Install，单击Install按钮安装即可。图13.11给出的是安装之后的界面，Parcelable插件已经显示在窗口中。

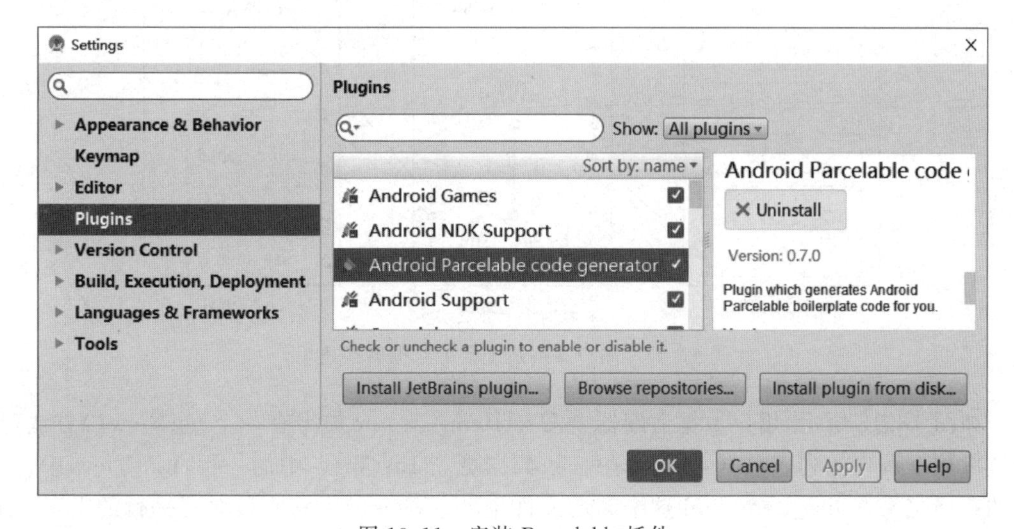

图13.11　安装Parcelable插件

有了图 13.11 所示的 Parcelable 插件,定义 Parcelable 类的工作极其简单。以 User 类为例,首先完成九个属性的定义,然后在 Android Studio 中选择 Code→Generate 命令,弹出如图 13.12 所示的自动编码窗口,完成 Getter and Setter 之后,再选择 Parcelable,即可完成 User 类的全部设计。

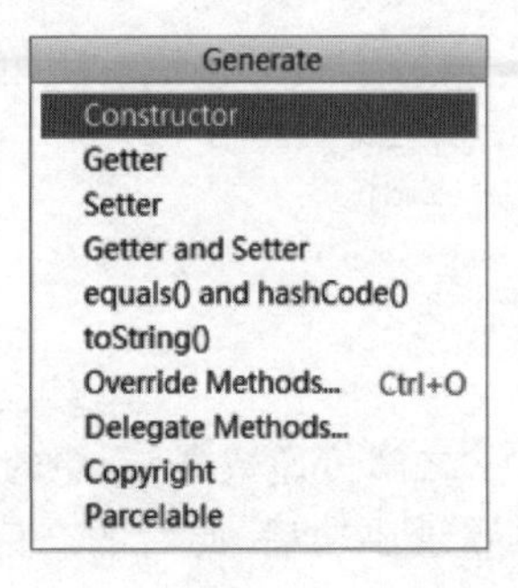

图 13.12 定义 Parcelable 类

13.5 用户适配器类 UserItemAdapter

如图 13.10 中的右图所示,选择 adapter 包,在 adapter 包中新建 UserItemAdapter 类,注意将父类设置为 ArrayAdapter<User>,完整的逻辑设计如程序 13.2 所示。

使用 ListView 显示多条数据时,要用一个适配器作为 Data 和 View 的桥梁,这种设计实现了 UI 界面与数据源的有效分离,具有更好的可扩展性和可维护性。如图 13.7 所示,当前所有在线用户的头像和昵称是以列表视图(ListView)的形式显示的,ListView 中的数据更新是由数据适配器完成的,数据适配器的数据来自于 List<User>类型的数据源,三者之间的关系如图 13.13 所示。

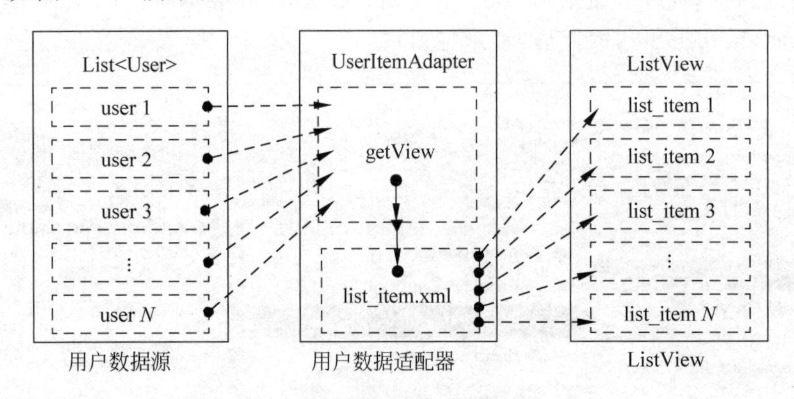

图 13.13 用户数据适配器的数据转换逻辑

如图 13.13 所示,用户数据适配器类 UserItemAdapter 类中有一个 getView()方法,负责读取数据源中的列表数据,数据源中一条数据更新 ListView 中的一行,ListView 中每一行的布局定义在 list_item.xml 这个布局文件中,getView()方法直接对每一行的 list_item 中的控件赋值,详细逻辑步骤如程序 13.2 所示。

程序 13.2　用户数据适配器类 UserItemAdapter.java

```
01  public class UserItemAdapter extends ArrayAdapter<User>{
02      List<User> mUsers;                          //用户列表
03      LayoutInflater mInflater;                   //布局加载器
04      public UserItemAdapter(Context context, List<User> objects) {
05          super(context, R.layout.list_item, objects);
06          mUsers = objects;                       //获取数据源列表
07          mInflater = LayoutInflater.from(context);   //获取布局加载器
08      }
09      @NonNull
10      @Override
11      public View getView(int position, View convertView, ViewGroup parent) {
12          User user = mUsers.get(position);          //从数据源列表取出第 position 个数据
13          if (convertView == null) {              //获取 list_item 视图对象
14              convertView = mInflater.inflate(R.layout.list_item,parent,false);
15          }
16          //用当前 user 更新 list_item 中各个控件
17          TextView textView = (TextView) convertView.findViewById(R.id.tvNickName_list);
18          ImageView imageView = (ImageView) convertView.findViewById(R.id.ivHeadImg_list);
19          textView.setText(user.getNickName());      //设置昵称
20          //设置头像
21          InputStream inputStream = null;
22          try {
23              String imageFile = user.getHeadImg();   //头像文件名
24              inputStream = getContext().getAssets().open(imageFile);
                                                    //从 assets 文件夹获取头像
25              Drawable d = Drawable.createFromStream(inputStream,null);
                                                    //头像转为 Drawable 类型
26              imageView.setImageDrawable(d);          //设置头像控件
27          } catch (IOException e) {
28              e.printStackTrace();
29          }finally {
30              try {
31                  if (inputStream!= null) {
32                      inputStream.close();
33                  }
34              } catch (IOException e) {
35                  e.printStackTrace();
36              }
37          }
38          return convertView;                         //返回视图对象
39      }
40  }
```

13.6　消息适配器类 MessageItemAdapter

如图 13.10 中的右图所示，选择 adapter 包，在 adapter 包中新建 MessageItemAdapter 类，注意将父类设置为 ArrayAdapter<Message>，完整的逻辑设计如程序 13.3 所示。

用户在线聊天的消息仍然采用 ListView 视图显示，消息视图用 chat_activity.xml 布局文件定义。消息数据的列表显示与用户信息的列表显示逻辑类似，如图 13.14 所示。

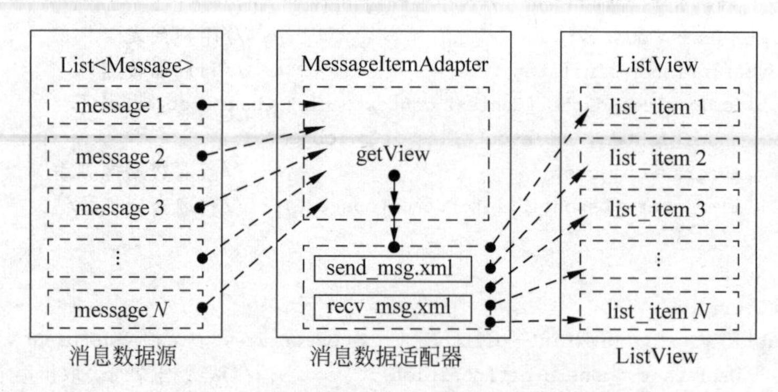

图 13.14　消息数据适配器的数据转换逻辑

与用户列表显示的不同之处主要有两个：

(1) 数据源由 List<User>变成了 List<Message>类型。

(2) 消息适配器中的 MessageItemAdapter 更新视图时，需要根据消息类型在 send_msg.xml 和 recv_msg.xml 两个布局文件中做出选择。

消息数据适配器类 MessageItemAdapter 的定义如程序 13.3 所示，程序中已经给出完备的逻辑注释，所以此处不再进一步解析。

程序 13.3　消息数据适配器类 MessageItemAdapter.java

```
01  public class MessageItemAdapter extends ArrayAdapter<Message> {
02      List<Message> mMessages;                          //消息对象列表
03      LayoutInflater mInflater;                         //布局加载器
04      public MessageItemAdapter(Context context, List<Message> objects) {
05          super(context, R.layout.recv_msg, objects);
06          mMessages = objects;                          //获取消息对象列表
07          mInflater = LayoutInflater.from(context);     //获取布局加载器
08      }
09      @NonNull
10      @Override
11      public View getView(int position, View convertView, ViewGroup parent) {
12          Message msg = mMessages.get(position);        //获取当前消息对象
13          if (convertView == null) {
14              if (msg.getType().equalsIgnoreCase("M_SELFMSG")) {
                                                          //根据消息类型选择布局文件
15                  //加载发送消息的布局文件
16                  convertView = mInflater.inflate(R.layout.send_msg,parent,false);
17              }else{                                    //加载接收消息的布局文件
18                  convertView = mInflater.inflate(R.layout.recv_msg,parent,false);
19              }
20          }
21          //设置布局文件中各控件的值
22          TextView tvTime = (TextView) convertView.findViewById(R.id.tvTime);
23          ImageView imageView = (ImageView) convertView.findViewById(R.id.ivHead);
24          TextView tvMsg = (TextView) convertView.findViewById(R.id.tvMessage);
```

```
25          tvTime.setText(msg.getMsgTime());          //设置时间
26          tvMsg.setText(msg.getText());              //设置消息内容
27          //设置头像
28          InputStream inputStream = null;
29          try {
30              String imageFile = msg.getHeadImage(); //头像文件名
31              inputStream = getContext().getAssets().open(imageFile);
                                                       //从 assets 头像文件夹获取
32              Drawable d = Drawable.createFromStream(inputStream,null);
                                                       //转换为 Drawable 对象
33              imageView.setImageDrawable(d);         //设置头像控件
34          } catch (IOException e) {
35              e.printStackTrace();
36          }finally {
37              try {
38                  if (inputStream!= null) {
39                      inputStream.close();
40                  }
41              } catch (IOException e) {
42                  e.printStackTrace();
43              }
44          }
45          return convertView;                        //返回视图对象
46      }
47  }
```

13.7 登录类 LoginActivity 及其布局

如图 13.10 中的左图所示，双击 activity_login.xml 布局文件，完成登录界面的布局设计。布局效果如图 13.3 所示。布局文件中各控件属性设置如程序 13.4 所示。

程序 13.4 登录类的布局文件 activity_login.xml

```
01  <?xml version = "1.0" encoding = "utf - 8"?>
02  < RelativeLayout xmlns:android = "http://schemas.android.com/apk/res/android"
03      xmlns:tools = "http://schemas.android.com/tools"
04      android:layout_width = "match_parent"
05      android:layout_height = "match_parent">
06      < TextView
07          android:text = "用户登录"
08          android:layout_width = "match_parent"
09          android:layout_height = "wrap_content"
10          android:layout_alignParentTop = "true"
11          android:textAlignment = "center"
12          android:layout_marginTop = "14dp"
13          android:id = "@ + id/tvTitle_login"
14          android:textSize = "18sp"
15          android:textColor = "@android:color/black" />
16      < TextView
17          android:text = "QQ 号: "
```

```
18            android:layout_width = "wrap_content"
19            android:layout_height = "wrap_content"
20            android:id = "@ + id/tvUserId_login"
21            android:textColor = "@android:color/black"
22            android:layout_alignBaseline = "@ + id/etUserId_login"
23            android:layout_alignBottom = "@ + id/etUserId_login"
24            android:layout_toLeftOf = "@ + id/etUserId_login"
25            android:layout_toStartOf = "@ + id/etUserId_login" />
26        <EditText
27            android:layout_width = "wrap_content"
28            android:layout_height = "wrap_content"
29            android:inputType = "number"
30            android:ems = "10"
31            android:layout_below = "@ + id/tvTitle_login"
32            android:layout_centerHorizontal = "true"
33            android:layout_marginTop = "10dp"
34            android:id = "@ + id/etUserId_login" />
35        <TextView
36            android:text = "密码: "
37            android:layout_width = "wrap_content"
38            android:layout_height = "wrap_content"
39            android:id = "@ + id/tvPassword_login"
40            android:textColor = "@android:color/black"
41            android:layout_alignBottom = "@ + id/etPassword_login"
42            android:layout_toLeftOf = "@ + id/etPassword_login"
43            android:layout_toStartOf = "@ + id/etPassword_login" />
44        <EditText
45            android:layout_width = "wrap_content"
46            android:layout_height = "wrap_content"
47            android:inputType = "textPassword"
48            android:ems = "10"
49            android:layout_below = "@ + id/etUserId_login"
50            android:layout_alignLeft = "@ + id/etUserId_login"
51            android:layout_alignStart = "@ + id/etUserId_login"
52            android:id = "@ + id/etPassword_login" />
53        <Button
54            android:text = "登录"
55            android:layout_width = "wrap_content"
56            android:layout_height = "wrap_content"
57            android:layout_below = "@ + id/etPassword_login"
58            android:layout_alignParentRight = "true"
59            android:layout_alignParentEnd = "true"
60            android:layout_marginRight = "14dp"
61            android:layout_marginEnd = "14dp"
62            android:layout_marginTop = "12dp"
63            android:textSize = "18sp"
64            android:id = "@ + id/btn_login"
65            android:onClick = "loginClickHandler"/>
66    </RelativeLayout>
```

打开 LoginActivity 类编码视图,完成登录类的全部逻辑设计如程序 13.5 所示。这其中有两个关键步骤：一个是添加“注册”菜单；一个是完成“登录”按钮的逻辑设计。

（1）在登录页面上添加注册菜单。

如图 13.15 中的左图所示，当用户单击右上角的选项菜单时，会展开如图 13.15 中右图所示的注册菜单。

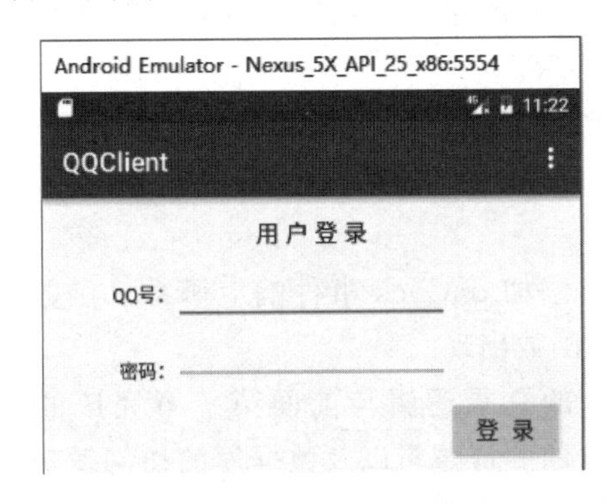

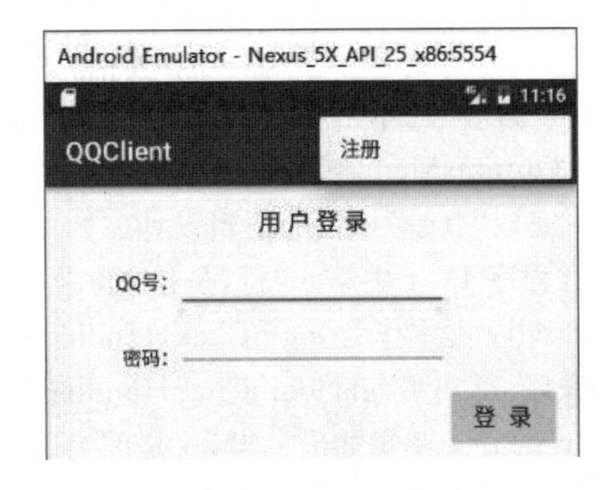

图 13.15　由登录页面切换到注册页面通过菜单完成

为了实现图 13.15 中的注册菜单转换，需要首先在 QQClient 项目的 res 资源文件夹中定义 menu 资源文件。

右击 res 文件夹，在弹出的快捷菜单中选择 New→Android resource directory 命令，打开如图 13.16 所示的对话框，目录名称设为 menu，目录类型设为 menu，单击 OK 按钮完成 menu 文件夹的创建。然后选择 menu 文件夹并右击，在弹出的快捷菜单中选择 New→Menu resource file 命令，打开菜单文件定义对话框，设定菜单资源文件名称为 menu_login，如图 13.17 所示。单击 OK 按钮，在 menu 文件夹中自动生成 menu_login.xml 文件，文件内容如程序 13.5 所示，只需加入“注册”这一个菜单项即可。

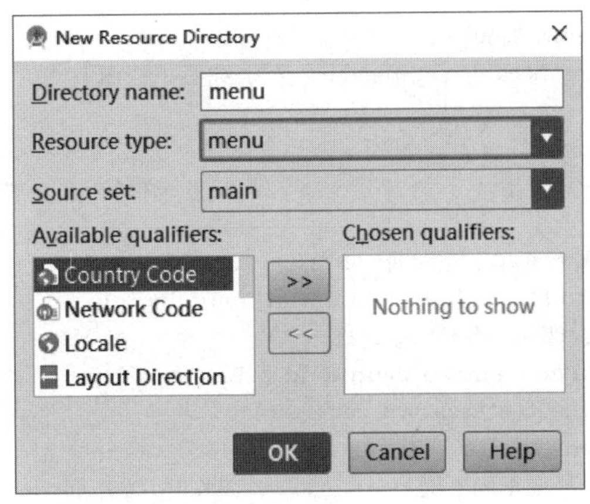

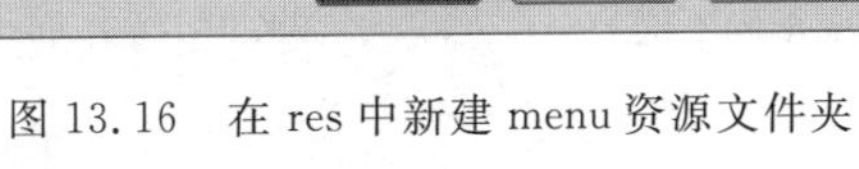
图 13.16　在 res 中新建 menu 资源文件夹

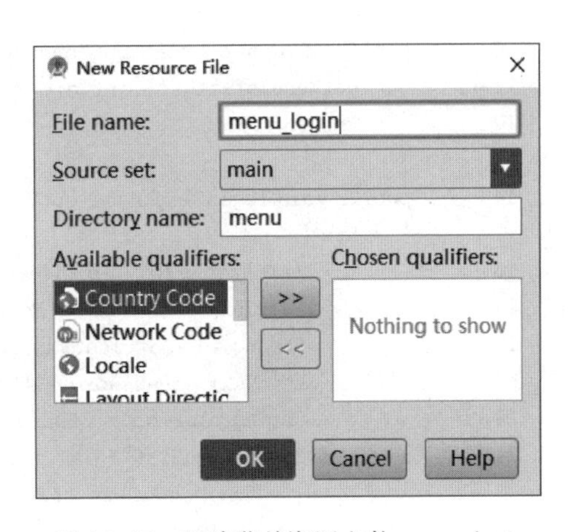

图 13.17　新建菜单资源文件 menu_login

程序 13.5　登录类的菜单文件 menu_login.xml

```
01  <?xml version = "1.0" encoding = "utf - 8"?>
02  <menu xmlns:android = "http://schemas.android.com/apk/res/android"
03      xmlns:app = "http://schemas.android.com/apk/res - auto">
04      <item
```

```
05          android:id="@+id/register_menu"
06          android:title="注册"
07          android:onClick="onRegistHandler"/>
08  </menu>
```


注意程序 13.5 中第 07 行,为"注册"命令添加了 onClick 事件,对应的响应函数 onRegistHandler 在随后的 LoginActivity 类中实现。

同时,为了显示程序 13.5 中定义的菜单项,在 LoginActivity 类中需要重载 onCreateOptionsMenu 函数,相关设计请参见程序 13.6 中的第 09~13 行。

(2) 完成"登录"按钮的逻辑设计。

注意程序 13.4 中第 65 行,是给"登录"按钮添加 onClick 事件响应函数。函数编码在 LoginActivity 类中作为 loginClickHandler 成员函数出现。

如程序 13.6 所示,loginClickHandler 展示的登录逻辑与前面第 7 章完成的桌面版 QQClient 的登录逻辑如出一辙,这是因为服务器的验证逻辑以及数据库的访问逻辑都没有变化,而且客户机都采用了相同的 UDP 套接字技术,也就是说,几乎是将桌面版 QQClient 的登录逻辑克隆到了 Android 平台上。

程序 13.6　登录类 LoginActivity.java

```
01  public class LoginActivity extends AppCompatActivity {
02      public static final String LOGIN_MESSAGE = "LoginMessage";//Intent 对象传递关键字
03      public static DatagramSocket clientSocket;                  //会话套接字
04      @Override
05      protected void onCreate(Bundle savedInstanceState) {
06          super.onCreate(savedInstanceState);
07          setContentView(R.layout.activity_login);                //加载登录布局视图
08      }
09      @Override
10      public boolean onCreateOptionsMenu(Menu menu) {
11          getMenuInflater().inflate(R.menu.menu_login,menu);   //加载菜单视图
12          return true;
13      }
14      public void loginClickHandler(View view) {                  //用户登录模块
15          try {
16              //获取登录用户 id 和密码,并做简单非空验证
17              EditText etUserId = (EditText) findViewById(R.id.etUserId_login);
18              String id = String.valueOf(etUserId.getText());
19              EditText etPassword = (EditText) findViewById(R.id.etPassword_login);
20              String password = String.valueOf(etPassword.getText());
21              if (id.equals("") || password.equals("")) {
22                  Toast.makeText(this, "账号或密码不能为空!", Toast.LENGTH_LONG).show();
23                  return;
24              }
25              //获取服务器地址和端口
26              String remoteName = "192.168.1.104";//根据主机 IP 设置,此处不能用 127.0.0.1
27              InetAddress remoteAddr = InetAddress.getByName(remoteName);
28              int remotePort = 50000;
29              //创建 UDP 套接字
30              clientSocket = new DatagramSocket();
```

```
31              //构建用户登录消息
32              Message msg = new Message();
33              msg.setUserId(id);                              //登录名
34              msg.setPassword(password);                      //密码
35              msg.setType("M_LOGIN");                         //登录消息类型
36              msg.setToAddr(remoteAddr);                      //目标地址
37              msg.setToPort(remotePort);                      //目标端口
38             byte[] data = Translate.ObjectToByte(msg);       //消息对象序列化
39              //定义登录报文
40              DatagramPacket packet = new DatagramPacket(data, data.length, remoteAddr,
                remotePort);
41              //发送登录报文
42              clientSocket.send(packet);
43              //接收服务器回送的报文
44              DatagramPacket backPacket = new DatagramPacket(data,data.length);
45              clientSocket.receive(backPacket);
46              Message backMsg = (Message)Translate.ByteToObject(data);
47              //处理登录结果
48              if (backMsg.getType().equalsIgnoreCase("M_SUCCESS")) {      //登录成功
49                  //接收服务器返回的用户信息
50                  User user = new User();
51                  user.setId(Integer.parseInt(backMsg.getUserId()));
52                  user.setNickName(backMsg.getNickName());
53                  user.setPassword(backMsg.getPassword());
54                  user.setHeadImg(backMsg.getHeadImage());
55                  user.setToAddr(msg.getToAddr());
56                  user.setToPort(msg.getToPort());
57                  //将登录用户的信息以 Parcelable 对象形式封装到 Intent 中
58                  Intent listIntent = new Intent(this,ListActivity.class);
59                  listIntent.putExtra(LOGIN_MESSAGE,user);
60                  startActivity(listIntent);//转到在线列表页面 ListActivity
61              }else {                                         //登录失败
62                  Toast.makeText(this, "用户 id 或密码错误!", Toast.LENGTH_LONG).show();
63              }
64          } catch (IOException e) {
65              e.printStackTrace();
66          }
67      }
68      public void onRegistHandler(MenuItem item) {//单击"注册"命令后,转到注册页面
69          Intent registerIntent = new Intent(this,RegisterActivity.class);
70          startActivity(registerIntent);
71      }
72  }
```

程序 13.6 解析如下：

(1) 02 行,为传递的 Intent 对象定义关键字常量。

(2) 03 行,将登录套接字声明为静态成员,便于在 ChatActivity 中仍能使用。

(3) 5～8 行,完成视图初始化和加载工作。

(4) 10～13 行,加载“注册”菜单视图。

(5) 14～67 行,“登录”按钮的响应函数,实现登录逻辑。

(6) 68～71 行,“注册”菜单的响应函数,跳转到注册页面。

13.8 注册类 RegisterActivity 及其布局

如图 13.10 中的右图所示,选择 cn. edu. ldu. qqclient 包,在 cn. edu. ldu. qqclient 包上右击,在弹出的快捷菜单中选择 New→Activity→Empty Activity 命令,新建 RegisterActivity 类,生成 RegisterActivity 的主类文件和布局文件 activity_register. xml。

首先参照图 13.7 中的左图完成布局文件中各控件的定义,如程序 13.7 所示。

程序 13.7 注册类的布局文件 activity_register. xml

```
01  <?xml version = "1.0" encoding = "utf - 8"?>
02  < RelativeLayout xmlns:android = "http://schemas.android.com/apk/res/android"
03      //省略部分属性
04      < TextView
05          //注册界面的标题控件,省略部分属性
06          android:id = "@ + id/tvTitle"/>
07      < TextView
08          //用户 id 标签控件,省略部分属性
09          android:id = "@ + id/tvUserId"/>
10      < EditText
11          //用户 id 输入框控件,省略部分属性
12          android:id = "@ + id/etUserId" />
13      < TextView
14          //昵称标签控件,省略部分属性
15          android:id = "@ + id/tvNickName"/>
16      < EditText
17          //昵称输入框控件,省略部分属性
18          android:id = "@ + id/etNickName" />
19      < TextView
20          //密码标签控件,省略部分属性
21          android:id = "@ + id/tvPassword"/>
22      < EditText
23          //密码输入框控件,省略部分属性
24          android:id = "@ + id/etPassword" />
25      < TextView
26          //密码标签控件 2,省略部分属性
27          android:id = "@ + id/tvPassword2"/>
28      < EditText
29          //密码输入框控件 2,省略部分属性
30          android:id = "@ + id/etPassword2" />
31      < TextView
32          //Email 标签控件,省略部分属性
33          android:id = "@ + id/tvEmail"/>
34      < EditText
35          //Email 输入框控件,省略部分属性
36          android:id = "@ + id/etEmail" />
37      < Button
38          //注册按钮控件,省略部分属性
39          android:id = "@ + id/btnRegister"
40          android:onClick = "registerClickHandler" />
41  </RelativeLayout >
```

用户注册时需要选择一个头像,这里采用简化设计。将 QQClient 项目视图由 Android 切换到 Project 视图,沿着 app—src—main 路径展开,如图 13.18 所示。选择 main 文件夹并右击,在弹出的快捷菜单中选择 New→Directory 命令,新建文件夹 assets。转到 chap13 目录中的"素材"子文件夹,将其中的所有头像文件复制到当前的 assets 文件夹中,完成头像文件的准备工作,后面的程序读取头像文件时,通过访问 assets 文件夹获取。

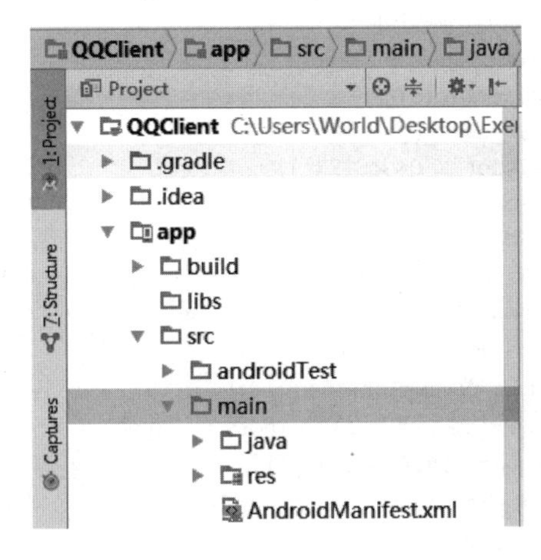

图 13.18 在 Project 视图中创建 assets 文件夹

接下来完成 RegisterActivity 类的逻辑设计,如程序 13.8 所示。

程序 13.8 注册类 RegisterActivity.java

```
01 public class RegisterActivity extends AppCompatActivity {
02     @Override
03     protected void onCreate(Bundle savedInstanceState) {
04         super.onCreate(savedInstanceState);
05         setContentView(R.layout.activity_register);//加载布局文件视图
06     }
07     public void registerClickHandler(View view) {     //注册按钮的响应函数
08         try {
09             //获取用户输入的注册信息,并做非空校验和密码一致性校验
10             EditText etUserId = (EditText) findViewById(R.id.etUserId);
11             EditText etNickName = (EditText) findViewById(R.id.etNickName);
12             EditText etPassword = (EditText) findViewById(R.id.etPassword);
13             EditText etPassword2 = (EditText) findViewById(R.id.etPassword2);
14             EditText etEmail = (EditText) findViewById(R.id.etEmail);
15             String id = String.valueOf(etUserId.getText());
16             String nickName = String.valueOf(etNickName.getText());
17             String password = String.valueOf(etPassword.getText());
18             String password2 = String.valueOf(etPassword2.getText());
19             String email = String.valueOf(etEmail.getText());
20             if (id.equals("") || password.equals("") || nickName.equals("") || email.
               equals("")) {
21                 Toast.makeText(this, "各注册项目不能为空!", Toast.LENGTH_LONG).show();
22                 return;
23             }else if (!password.equals(password2)) {
24                 Toast.makeText(this, "两次输入的密码不一致!", Toast.LENGTH_LONG).show();
25                 return;
```

```
26              }
27              //获取服务器地址和端口
28              String remoteName = "192.168.1.104";      //用服务器的 IP 地址,不能用 127.0.0.1
29              InetAddress remoteAddr = InetAddress.getByName(remoteName);
30              int remotePort = 50000;
31              //创建 UDP 套接字
32              DatagramSocket clientSocket = new DatagramSocket();
33              //创建用户注册消息
34              Message msg = new Message();
35              msg.setUserId(id);                              //登录名
36              msg.setPassword(password);                      //密码
37              msg.setType("M_REGISTER");                      //注册消息类型
38              msg.setToAddr(remoteAddr);                      //目标地址
39              msg.setToPort(remotePort);                      //目标端口
40              msg.setNickName(nickName);                      //昵称
41              msg.setEmail(email);                            //Email
42              Random r = new Random();
43              int index = r.nextInt(16) + 10;                 //生成 10~25 随机整数
44              String headImage = "i90" + index + ".jpg";      //组合出一个头像文件名
45              msg.setHeadImage(headImage);
46              byte[] data = Translate.ObjectToByte(msg);  //消息对象序列化
47              //定义注册报文
48              DatagramPacket packet = new DatagramPacket(data, data.length, remoteAddr,
                remotePort);
49              //发送注册报文到服务器
50              clientSocket.send(packet);
51              //接收服务器回送的报文
52              DatagramPacket backPacket = new DatagramPacket(data,data.length);
53              clientSocket.receive(backPacket);
54              Message backMsg = (Message)Translate.ByteToObject(data);
55              //处理注册结果
56              if (backMsg.getType().equalsIgnoreCase("M_REGISTER_DONE")) {//注册成功
57                  Intent loginIntent = new Intent(this,LoginActivity.class);
58                  startActivity(loginIntent);
59              }else {                                     //注册失败
60                  Toast.makeText(this, "用户注册失败!", Toast.LENGTH_LONG).show();
61              }
62          } catch (IOException e) {
63              e.printStackTrace();
64          }
65      }
```

程序 13.8 解析如下:

注册逻辑都集中在“注册”按钮对应的事件响应函数 registerClickHandler 中。其中“注册”按钮的响应函数,是通过在布局文件中添加 onClick 属性完成的,如程序 13.7 的第 40 行所示。

(1) 10~26 行,获取用户输入的注册信息,并做非空校验和密码一致性校验。

(2) 28~30 行,获取服务器地址和端口信息。如果服务器与客户机都是在本地主机上,注意在客户机端不能使用 127.0.0.1 回送地址,而应该指定为服务器的对外 IP 地址。

(3) 32 行,创建 UDP 套接字。

(4) 34～45 行,完成注册消息对象的定义工作。头像从 assets 文件夹中获取。

(5) 46 行,消息对象序列化。

(6) 48 行,定义注册报文。

(7) 50 行,发送注册报文到服务器。服务器应该有相应的处理逻辑,请参见 13.12 节相关内容。

(8) 52～54 行,接收服务器的回送信息,还原消息对象。

(9) 56～61 行,根据是否收到服务器的回送消息 M_REGISTER_DONE,判断注册成功与否。如果注册成功,转到登录页面。

13.9 用户列表类 ListActivity 及其布局

如图 13.10 中的右图所示,选择 cn. edu. ldu. qqclient 包,在 cn. edu. ldu. qqclient 包上右击,在弹出的快捷菜单中选择 New→Activity→Empty Activity 命令,新建 ListActivity 类,生成 ListActivity 的主类文件和布局文件 activity_list. xml。

用户列表模块的设计需要完成如下三项工作。

(1) 在 activity_list. xml 中定义 ListView 控件,如程序 13.9 所示。

(2) 在 layout 文件夹上右击,在弹出的快捷菜单中选择 New→Layout resource file 命令,打开如图 13.19 所示的对话框,设定程序 13.9 中 ListView 列表视图的行布局文件名称为 list_item,根节点由 LinearLayout 改为 RelativeLayout,单击 OK 按钮,自动生成 list_item. xml 文件,在 list_item. xml 中定义头像和昵称两个控件,完成后的设计如程序 13.10 所示。

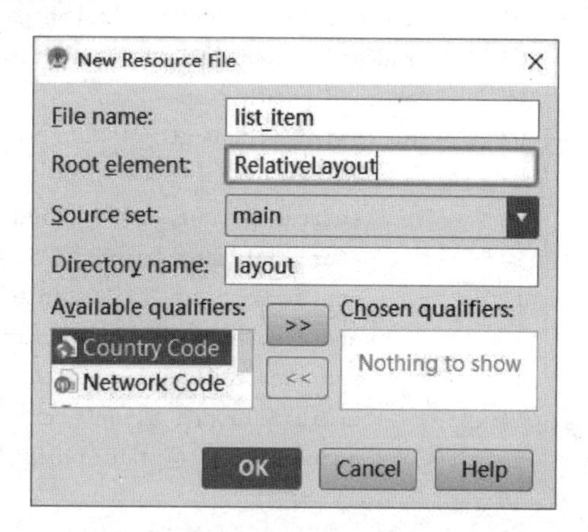

图 13.19 创建 list. item 布局文件

(3) 当前登录用户双击某一个聊天对象时,会转入聊天页面,这个逻辑设计是通过对 ListView 添加 setOnItemClickListener 事件响应函数完成的,详细设计请参见随后给出的程序 13.11。

程序 13.9 用户列表类的布局文件 activity_list. xml,只包含 ListView 一个控件

```
01  <?xml version = "1.0" encoding = "utf - 8"?>
02  <RelativeLayout xmlns:android = "http://schemas.android.com/apk/res/android"
03      xmlns:tools = "http://schemas.android.com/tools"
04      android:id = "@ + id/activity_list"
05      android:layout_width = "match_parent"
06      android:layout_height = "match_parent"
07      android:paddingBottom = "@dimen/activity_vertical_margin"
08      android:paddingLeft = "@dimen/activity_horizontal_margin"
09      android:paddingRight = "@dimen/activity_horizontal_margin"
10      android:paddingTop = "@dimen/activity_vertical_margin"
```

```
11        tools:context = "cn.edu.ldu.qqclient.ListActivity">
12        <ListView
13            android:layout_width = "match_parent"
14            android:layout_height = "match_parent"
15            android:layout_centerVertical = "true"
16            android:layout_centerHorizontal = "true"
17            android:id = "@android:id/list"/>
19    </RelativeLayout>
```

程序 13.10 的第 11 行,ImageView 关联了 drawable 资源文件夹中的 login.png 图片。这个图片放在 chap13 目录中的"素材"子文件夹中,读者应该在设计 list_item.xml 布局文件之前,将其复制到项目的 drawable 文件夹。

程序 13.10　用户列表行布局文件 list_item.xml,每一行包括一个头像控件和一个昵称控件

```
01    <?xml version = "1.0" encoding = "utf - 8"?>
02    <RelativeLayout xmlns:android = "http://schemas.android.com/apk/res/android"
03        xmlns:app = "http://schemas.android.com/apk/res - auto"
04        android:layout_width = "match_parent"
05        android:layout_height = "match_parent"
06        android:paddingTop = "5dp"
07        android:paddingBottom = "5dp">
08        <ImageView
09            android:layout_width = "50dp"
10            android:layout_height = "50dp"
11            app:srcCompat = "@drawable/login"
12            android:layout_centerVertical = "true"
13            android:layout_alignParentLeft = "true"
14            android:layout_alignParentStart = "true"
15            android:id = "@ + id/ivHeadImg_list" />
16        <TextView
17            android:text = "TextView"
18            android:textSize = "24sp"
19            android:layout_width = "wrap_content"
20            android:layout_height = "wrap_content"
21            android:layout_centerVertical = "true"
22            android:layout_toRightOf = "@ + id/ivHeadImg_list"
23            android:layout_toEndOf = "@ + id/ivHeadImg_list"
24            android:id = "@ + id/tvNickName_list" />
25    </RelativeLayout>
```

程序 13.11　用户列表类 ListActivity.java

```
01    public class ListActivity extends AppCompatActivity {
02        public static final String CHAT_WITH_WHO = "chat_with_who";//Intent 对象关键字常量
03        private User user;                                              //当前用户对象
04        Public Stastic List<User> userList = new ArrayList<>();     //用户对象列表
05        private List<String> nickNameList = new ArrayList<>();      //用户昵称列表
06        @Override
```

```
07      protected void onCreate(Bundle savedInstanceState) {
08          super.onCreate(savedInstanceState);
09          setContentView(R.layout.activity_list);              //加载列表视图
10          //通过 Intent 获取从 LoginActivity 传递过来的 user 对象
11          user = getIntent().getExtras().getParcelable(LoginActivity.LOGIN_MESSAGE);
12          //当前用户对象加到数据源列表中
13          userList.add(user);
14          //关联数据源与适配器
15          UserItemAdapter adapter = new UserItemAdapter(this,userList);
16          //关联适配器与列表视图
17          ListView listView = (ListView) findViewById(android.R.id.list);
18          listView.setAdapter(adapter);
19          //为列表添加列表条目单击事件响应函数,跳转到 ChatActivity
20          listView.setOnItemClickListener(new AdapterView.OnItemClickListener() {
21              @Override
22              public void onItemClick(AdapterView<?> parent, View view, int position, long
                    id) {
23                  User toUser = userList.get(position);
24                  if (user.getId() == toUser.getId()) {
25                      Toast.makeText(ListActivity.this, "不能跟自己聊天!", Toast.LENGTH_
                        LONG).show();
26                      return;
27                  }else {
28                      user.setTargetId(String.valueOf(toUser.getId()));
29                      goChatActivity(user);
30                  }
31              }
32          });
33      }
34      private void goChatActivity(User user) {                //转到聊天页面
35          Intent chatIntent = new Intent(this,ChatActivity.class);
36          chatIntent.putExtra(CHAT_WITH_WHO,user);
37          startActivity(chatIntent);
38      }
39  }
40
```

13.10 聊天类 ChatActivity 及其布局

如图 13.10 中的右图所示，选择 cn.edu.ldu.qqclient 包，在 cn.edu.ldu.qqclient 包上右击，在弹出的快捷菜单中选择 New→Activity→Empty Activity 命令，新建 ChatActivity 类，生成 ChatActivity 的主类文件和布局文件 activity_chat.xml。

聊天模块的设计需要完成如下四项工作。

(1) 在 activity_chat.xml 中定义 ListView 控件、输入消息的 EditText 控件以及按钮 Button 控件，布局效果如图 13.5 的聊天界面所示，布局文件如程序 13.12 所示。

(2) 在 layout 文件夹上右击，在弹出的快捷菜单中选择 New→Layout resource file 命

令,创建 ListView 列表视图的行布局文件,名称为 recv_msg,根节点保持 LinearLayout 类型不变,单击 OK 按钮,自动生成接收消息的 recv_msg. xml 文件,在 recv_msg. xml 中定义消息时间、头像和昵称三个控件,用同样的办法创建发送消息的 send_msg. xml 布局文件。recv_msg 和 send_msg 两个布局文件中各控件变量的名称完全相同,不同之处体现在前者的头像和消息是左对齐,后者的头像和消息是右对齐,时间控件则都是居中对齐的。完成后的设计如程序 13.13 所示。

(3) 用户单击"发送"按钮的逻辑设计是通过对 activity_chat. xml 中的按钮控件添加 onClick 事件响应函数完成的。消息发送到服务器后,服务器进行转发,转发的逻辑请参见 13.12 节相关内容。

(4) 客户机对消息的接收是通过消息接收线程类 ReceiveMessage 实现的。这个线程类作为内部类定义在 ChatActivity 主类中。发送消息和接收消息的全部逻辑请参照程序 13.14。

程序 13.12 聊天类的布局文件 activity_chat. xml,包含三个控件

```
01  <?xml version = "1.0" encoding = "utf - 8"?>
02  <RelativeLayout xmlns:android = "http://schemas.android.com/apk/res/android"
03      …//省略部分属性>
04      <RelativeLayout
05          android:layout_width = "match_parent"
06          android:layout_height = "match_parent">
07          <ListView
08              …//省略部分属性
09              android:id = "@ + id/listChat"
10              android:divider = "@null"
11              android:scrollbars = "none"/>
12      </RelativeLayout>
13      <Button
14          android:text = "发送"
15          …//省略部分属性
16          android:id = "@ + id/btnSend"
17          android:onClick = "sendClickHandler"/>
18      <EditText
19          …//省略部分属性
20          android:id = "@ + id/etInput"/>
21  </RelativeLayout>
```

程序 13.13 聊天列表的行布局文件 recv_msg. xml 和 send_msg. xml

```
01  <?xml version = "1.0" encoding = "utf - 8"?>
02  <LinearLayout xmlns:android = "http://schemas.android.com/apk/res/android"
03      …//省略部分属性>
04      <TextView
05          android:id = "@ + id/tvTime"
06          android:text = "消息时间"
07          …//省略部分属性/>
```

```
08      <RelativeLayout
09          …//省略部分属性>
10          <ImageView
11              android:id="@+id/ivHead"
12              …//省略部分属性 />
13          <TextView
14              android:id="@+id/tvMessage"
15              …//省略部分属性
16              android:text="来自对方的消息"/>
17      </RelativeLayout>
18  </LinearLayout>
```

程序 13.14　聊天类 ChatActivity.java

```
01  public class ChatActivity extends AppCompatActivity {
02      private User user;                                  //用户对象
03      private ListView listView;                          //显示聊天信息的列表
04      private DatagramSocket clientSocket;                //客户机套接字
05      private byte[] data = new byte[8096];               //8KB 数组
06      public List<Message> messageList = new ArrayList<>();    //消息列表
07      public MessageItemAdapter adapter;                  //消息列表适配器
08      @Override
09      protected void onCreate(Bundle savedInstanceState) {
10          super.onCreate(savedInstanceState);
11          setContentView(R.layout.activity_chat);         //加载聊天视图
12          //通过 Intent 获取当前用户对象
13          user = getIntent().getExtras().getParcelable(ListActivity.CHAT_WITH_WHO);
14          //将消息列表关联到消息适配器
15          adapter = new MessageItemAdapter(this,messageList);
16          //消息适配器关联到列表视图
17          listView = (ListView) findViewById(R.id.listChat);
18          listView.setAdapter(adapter);
19          clientSocket = LoginActivity.clientSocket;      //获取登录时使用的会话套接字
20          //启动消息接收线程
21          Thread recvMsg = new ReceiveMessage(clientSocket,ChatActivity.this);
22          recvMsg.start();
23      }
24      public void sendClickHandler(View view) {           //发送消息
25          //获取发送内容并进行非空校验
26          EditText etMessage = (EditText) findViewById(R.id.etInput);
27          String txtMessage = String.valueOf(etMessage.getText());
28          if (txtMessage.equals("")) {
29              Toast.makeText(this, "发送内容不能为空!", Toast.LENGTH_LONG).show();
30              return;
31          }
32          //将待发送消息定义为显示在自己这一方的消息
33          Message selfMsg = new Message();
34          selfMsg.setUserId(String.valueOf(user.getId()));
```

```
35        selfMsg.setToAddr(user.getToAddr());
36        selfMsg.setToPort(user.getToPort());
37        selfMsg.setHeadImage(user.getHeadImg());
38        selfMsg.setNickName(user.getNickName());
39        selfMsg.setTargetId(user.getTargetId());
40        selfMsg.setMsgTime(getMsgTime());
41        selfMsg.setType("M_SELFMSG");                    //发给自己的消息
42        selfMsg.setText(txtMessage);
43        //更新数据源,通知适配器,由适配器触发视图更新
44        messageList.add(selfMsg);
45        adapter.notifyDataSetChanged();
46        try {
47            //定义发送给对方的消息
48            Message outMsg = new Message();
49            outMsg.setUserId(String.valueOf(user.getId()));
50            outMsg.setToAddr(user.getToAddr());
51            outMsg.setToPort(user.getToPort());
52            outMsg.setHeadImage(user.getHeadImg());
53            outMsg.setNickName(user.getNickName());
54            outMsg.setTargetId(user.getTargetId());
55            outMsg.setMsgTime(getMsgTime());
56            outMsg.setType("M_PMSG");                    //私聊消息
57            outMsg.setText(txtMessage);
58            data = Translate.ObjectToByte(outMsg);       //消息对象序列化
59            //构建发送报文
60            DatagramPacket packet = new
61            DatagramPacket(data,data.length,outMsg.getToAddr(),outMsg.getToPort());
62            clientSocket.send(packet);                   //发送
63            etMessage.setText("");                       //清空输入框
64        } catch (IOException ex) {
65            Toast.makeText(this, "发送消息失败: " + ex.getMessage(),
66            Toast.LENGTH_SHORT).show();
67        }
68    }
69    private String getMsgTime(){                         //消息发送时间
70        SimpleDateFormat format = new SimpleDateFormat("MM 月 dd 日 HH:mm");
71        Date date = new Date();
72        return format.format(date);
73    }
74    //消息接收和处理线程类
75    public class ReceiveMessage extends Thread{
76        private DatagramSocket clientSocket;             //会话套接字
77        private ChatActivity parent;                     //父类
78        private byte[] data = new byte[8096];            //8KB 数组
79        //构造函数
80        public ReceiveMessage(DatagramSocket socket,ChatActivity parent) {
81            clientSocket = socket;                       //会话套接字
```

```
82                this.parent = parent;
83            }
84            @Override
85            public void run() {
86                while (true) {                              //无限循环,处理收到的各类消息
87                    try {
88                        DatagramPacket packet = new DatagramPacket(data,data.length);
                                                                //构建报文
89                        clientSocket.receive(packet);      //接收
90                        Message msg = (Message) Translate.ByteToObject(data);
                                                                //还原消息对象
91                        String userId = msg.getUserId();   //当前用户 id
92                        if (msg.getType().equalsIgnoreCase("M_PMSG")) {      //收到新消息
93                            parent.messageList.add(msg);
94                            parent.adapter.notifyDataSetChanged();
95                        } //end if
96                    }catch (Exception ex) { }//end try
97                } //end while
98            } //end run
99        } //end class ReceiveMessage
100 }//end class ChatActivity
```

程序 13.14 解析如下:

(1) 02～07 行,定义成员变量。

(2) 08～23 行,获取 Intent 对象,加载聊天视图,启动消息接收线程。

(3) 24～68 行,发送消息。实现逻辑与第 7 章的 QQClient 类似。不同的地方是发送的消息类型由 M_MSG 改为 M_PMSG。

(4) 69～73 行,消息发送的时间函数。

(5) 75～99 行,消息接收线程类。这里实现的 ReceiveMessage 类比第 7 章桌面版的 QQClient 简单得多,因为登录消息、注册消息分别在 LoginActivity 和 RegisterActivity 中处理。

13.11 全局配置文件 AndroidManifest.xml

AndroidManifest 是 Android 项目的全局配置文件,位于整个项目的根目录,是 Android 程序的神经中枢。

QQClient 是个网络程序,所以需要在 AndroidManifest 中配置网络访问权限。QQClient 项目包含四个 Activity,为了关联 Activity 之间的关系,需要设置 parentActivityName 属性。详细配置如程序 13.15 所示。

程序 13.15 全局配置文件 AndroidManifest.xml

```
01  <?xml version = "1.0" encoding = "utf - 8"?>
02  <manifest xmlns:android = "http://schemas.android.com/apk/res/android"
03      package = "cn.edu.ldu.qqclient">
```

```
04      <uses-permission android:name="android.permission.INTERNET" />
05      <application
06          android:allowBackup="true"
07          android:icon="@mipmap/ic_launcher"
08          android:label="@string/app_name"
09          android:supportsRtl="true"
10          android:theme="@style/AppTheme">
11          <activity android:name=".LoginActivity">
12              <intent-filter>
13                  <action android:name="android.intent.action.MAIN" />
14                  <category android:name="android.intent.category.LAUNCHER" />
15              </intent-filter>
16          </activity>
17          <activity android:name=".RegisterActivity"
18              android:parentActivityName=".LoginActivity"/>
19          <activity android:name=".ListActivity"
20              android:parentActivityName=".LoginActivity" />
21          <activity android:name=".ChatActivity"
22              android:parentActivityName=".ListActivity" />
23      </application>
24  </manifest>
```

程序 13.15 解析如下：

根节点是 manifest，最重要的子节点是 application，定义了 APP 程序的全局信息以及包含的 Activity 等。

(1) 03 行，定义程序包名称 cn.edu.ldu.qqclient。

(2) 04 行，允许通过套接字访问网络。

(3) 07 行，指定 APP 程序的图标，默认是 Android 机器人图标，可以修改为自定义图标。

(4) 08 行，指定程序名称，可以在 string.xml 文件中修改。

(5) 11～16 行，声明 LoginActivity 类，指定 LoginActivity 为整个 APP 的主类 Activity。

(6) 17～18 行，声明 RegisterActivity 类，通过 parentActivityName 属性设定其父类为 LoginActivity。关联父类的目的是当打开注册页面时，会在注册页面左上角显示一个返回箭头图标，单击该图标，可以返回其父类，即登录页面。

(7) 19～20 行，声明 ListActivity 类，通过 parentActivityName 属性设定其父类为 LoginActivity。

(8) 21～22 行，声明 ChatActivity 类，通过 parentActivityName 属性设定其父类为 ListActivity。

现在，将 QQClient 的项目图标由默认的 Android 机器人改为 drawable 资源文件夹中的 login.png 图片。

在 QQClient 项目的 app 节点上右击，在弹出的快捷菜单中选择 New→Image Asset 命令，打开图标定制对话框，将图标类型设定为 Image，路径定位到 drawable 中的 login.png，如图 13.20 所示。单击 Next 和 Finish 按钮，即可完成项目图标的修改工作。

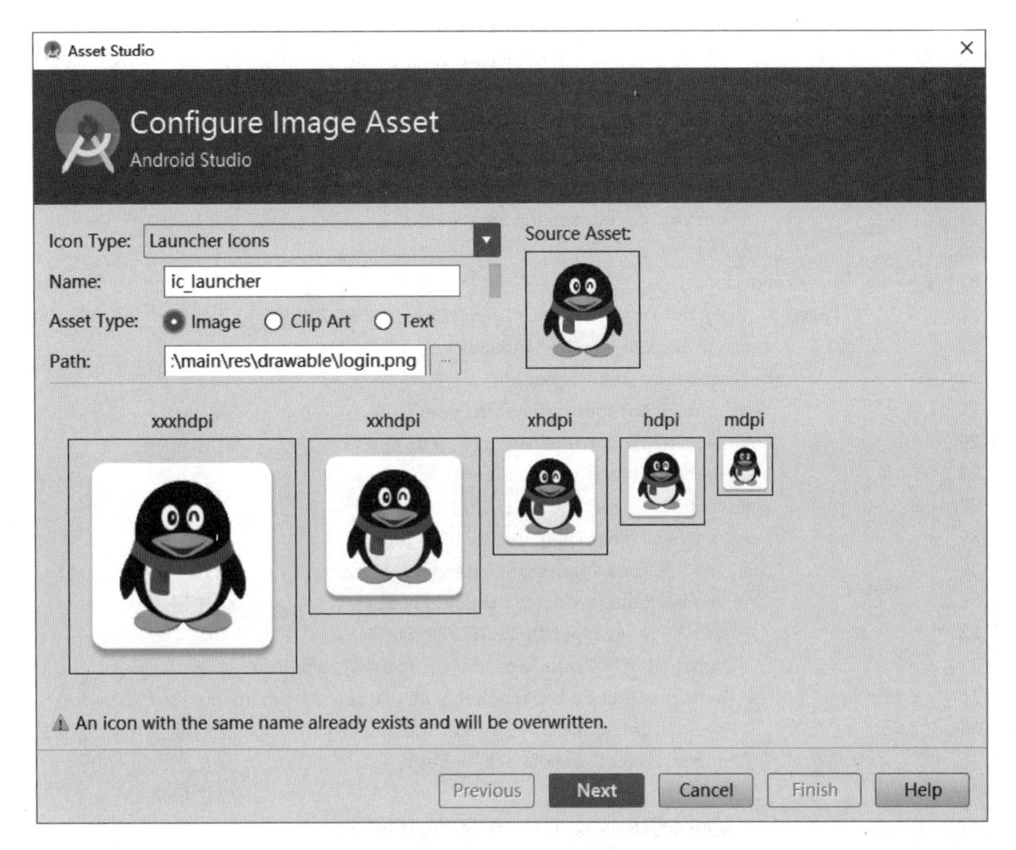

图 13.20　定制 QQClient 项目图标

13.12　服务器的变化

服务器端的逻辑设计是在第 7 章 QQServer 项目的基础上，对 ReceiveMessage 线程类做了局部修改，主要是增加了注册逻辑和私聊消息逻辑。用 NetBeans 打开 chap13 目录下 begin 子文件夹中的 QQServer 项目，完成 ReceiveMessage 类的修改，设计如程序 13.16 所示。

程序 13.16　QQServer 端 ReceiveMessage 线程类的变化

```
01  public class ReceiveMessage extends Thread {
02  //不需要修改的地方全部省略
03  //为了对照学习，下面这段逻辑注释起来
04  //                for (int i = 0;i < userList.size();i++) {       //遍历整个用户列表
05  //                //向其他在线用户发送 M_LOGIN 消息
06  //                  if (!userId.equalsIgnoreCase(userList.get(i).getUserId())){
07  //                  DatagramPacket oldPacket = userList.get(i).getPacket();
08  //                  DatagramPacket newPacket = new DatagramPacket(data,data.length,
09  //                  oldPacket.getAddress(),oldPacket.getPort()); //向其他用户发送的报文
10  //                  serverSocket.send(newPacket);               //发送
11  //                } //end if
12  //                //向当前用户回送 M_ACK 消息，将第 i 个用户加入当前用户列表
```

```
13  //                 Message other = new Message();
14  //                 other.setUserId(userList.get(i).getUserId());
15  //                 other.setType("M_ACK");
16  //                 byte[] buffer = Translate.ObjectToByte(other);
17  //                 DatagramPacket newPacket = new DatagramPacket(buffer,
18  //                 buffer.length,packet.getAddress(),packet.getPort());
19  //                 serverSocket.send(newPacket);
20  //             } //end for
21  }            //end if
22           }else if (msg.getType().equalsIgnoreCase("M_REGISTER")) {//是 M_REGISTER 消息
23               Message backMsg = new Message();
24               Member bean = new Member();
25               bean.setId(Integer.parseInt(userId));
26               bean.setPassword(msg.getPassword());
27               bean.setName(msg.getNickName());
28               bean.setEmail(msg.getEmail());
29               bean.setHeadImage(msg.getHeadImage());
30               bean.setTime(new Timestamp(Calendar.getInstance().getTime().getTime()));
31               if (!MemberManager.registerUser(bean)) {           //注册不成功
32                   backMsg.setType("M_REGISTER_LOST");
33                   byte[] buf = Translate.ObjectToByte(backMsg);
34                   DatagramPacket backPacket = new DatagramPacket(buf,buf.length,
35                   packet.getAddress(),packet.getPort());        //向登录用户发送的报文
36                   serverSocket.send(backPacket);                //发送
37               }else {                                           //注册成功
38                   backMsg.setType("M_REGISTER_DONE");
39                   Member backBean = MemberManager.getRowById(Integer.parseInt(userId));
40                   backMsg.setUserId(userId);
41                   backMsg.setNickName(backBean.getName());
42                   backMsg.setPassword(backBean.getPassword());
43                   backMsg.setHeadImage(backBean.getHeadImage());
44                   byte[] buf = Translate.ObjectToByte(backMsg);
45                   DatagramPacket backPacket = new DatagramPacket(buf,buf.length,
46                   packet.getAddress(),packet.getPort());        //向登录用户发送的报文
47                   serverSocket.send(backPacket);                //发送
48               }
49            }else if (msg.getType().equalsIgnoreCase("M_PMSG")) {//是 M_PMSG 消息
50            //更新显示
51            parentUI.txtArea.append(userId + "对" + msg.getTargetId() +
52            " 说: " + msg.getText() + "userList.size()" + userList.size() + "\n");
53            //发给目标用户
54            for (int i = 0;i<userList.size();i++) {             //遍历用户
55                if (userList.get(i).getUserId().equals(msg.getTargetId())) {
                                                                   //找到目标用户
56                DatagramPacket oldPacket = userList.get(i).getPacket();
57                DatagramPacket newPacket = new DatagramPacket(data,data.length,
58                oldPacket.getAddress(),oldPacket.getPort());
59                serverSocket.send(newPacket);                    //发送
60                parentUI.txtArea.append("发送给: " + msg.getTargetId() +
61                oldPacket.getAddress() + "端口: " + oldPacket.getPort() + "\n");
62                } //end if
```

```
63                } //end for
64                } //end if M_PMSG 消息
65                } catch (IOException | SQLException | NumberFormatException ex) { }
66            } //end while
67        }//end run
68    } //end class
```

读者可以回头对照第5章的程序5.8。程序5.8中用户登录成功后，服务器需要向其他用户发送M_LOGIN消息，向登录者回送M_ACK消息，这里不再需要，所以应该注释起来。

程序13.16解析如下：

(1) 04～20行，是需要在原有QQServer项目基础上删除的内容，为便于读者对照学习，这里用注释的形式标注出来。

(2) 22～48行，处理用户注册逻辑。24～30行，定义注册对象。31行调用注册方法，向数据库写入记录。如果成功，回送用户M_REGISTER_DONE消息，否则回送M_REGISTER_LOST消息。

(3) 49～64行，转发用户的私聊消息。54～63行的循环用来定位目标用户。

至此，沿着客户机到服务器的逻辑，完成了整个项目的设计工作。项目测试时，首先以管理员身份在NetBeans中启动Apache Derby数据库服务器，然后启动QQServer服务器，保持服务器的默认工作地址127.0.0.1不用修改。在Android Studio中启动QQClient的演示和测试步骤，请参见13.1节的作品演示，也可采用Android真机测试。

13.13 小　　结

本章用Android QQ客户端替代原有的桌面QQ客户端，在第7章服务器基本逻辑不变的基础上，实现了一个简易版Android QQ的设计与开发工作，从桌面版QQ到手机版QQ的近乎无缝迁移，其中的奥秘还得从Android的系统结构说起。

如图13.21所示，从App的系统结构看，Android应用系统分为四个层次，从低到高依次为：Linux内核层、系统运行层、应用程序框架层和应用程序层。Linux内核层负责管理CPU、RAM以及为硬件设备提供驱动支持；系统运行层包含核心运行库和Android虚拟机；应用程序框架层可以理解为Android SDK，面向App程序设计者；应用程序层是面向使用者的各种App应用程序，如浏览器、通讯簿、电话、微信、QQ等。

本章Java程序能够从桌面平滑迁移到Android，原因在于图13.21揭示的Android系统结构。

不妨先从Android App程序说起。

一个App应用程序，总是由若干Android组件构成的，其中以下五个组件是最基本的：

(1) Activity：负责用户界面框架的构建和屏幕管理，一般作为应用的主线程。

(2) View：是各种可视控件的父类，负责用户界面内容显示和控件管理，实现用户交互设计。

(3) Service：管理和支持后台线程任务。

(4) BroadcastReceiver：支持系统消息分发与交换设计。

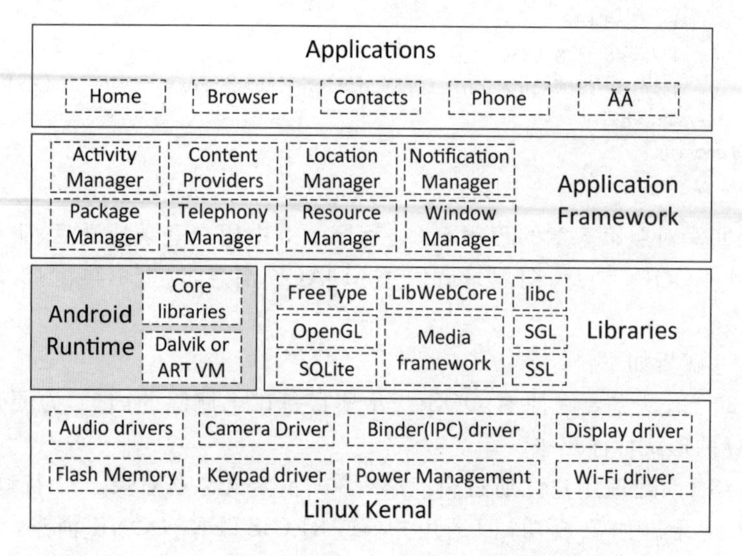

图 13.21　Android 应用系统结构图

(5) ContentProvider:提供数据访问支持。

上述各种组件的本质是什么?以 Activity 为例,来自于 Android SDK 中的 android.app.Activity 这个类,这是一个纯粹的 Java 类,再如 Button 这个控件,android.widget.Button 也是一个 Java 类,也就是说,面向开发者的 Android SDK 是 Java 类,这些类的运行都是在 Dalvik 或者 ART 虚拟机上进行的。不仅如此,Dalvik 和 ART 虚拟机,也支持 Java SE 中的大部分基础类。

我们还可以从如图 13.22 所示的 Android App 程序编译过程进一步找到答案。

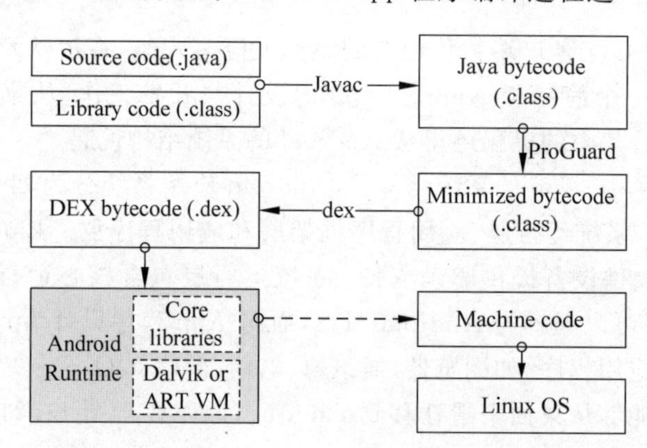

图 13.22　Java 程序在 Android 虚拟机上的运行逻辑

基于 Java SE 编写的 Java 程序,在 Android 上运行大致经历如下四个阶段:

(1) Java 源程序经 Javac 编译后变为字节码形态(.class 文件)。

(2) Android Studio 内置 ProGuard 工具,ProGuard 会进一步优化和最小化.class 文件。

(3) 优化的.class 文件进一步编译为能够被 Android 虚拟机(Dalvik、ART)执行的 dex 文件。

(4) Dalvik、ART 虚拟机将 dex 文件编译为机器码程序交由操作系统运行。

由此可以回答，为什么 Windows 桌面版的 QQ 客户端，可以平滑地迁移到 Android 平台上。

13.14 实验 13：Android QQ 实验拓展

1. 实验目的

(1) 理解并掌握安全加密算法在 Android 平台上的应用。

(2) 探索 SSL 通信在 Android 平台上的应用。

2. 实验内容

(1) 将第 7 章应用的加密算法迁移到 Android QQ 客户端项目中，实现用户的安全注册与安全登录。

(2) 将第 7 章的 SSL 通信技术迁移到 Android QQ 客户端项目中，用数字签名结合服务器公钥加密的方法，实现密码从客户机到服务器的安全传输。

3. 实验方法与步骤

(1) 设计思路：参照第 7 章内容，用 MD5 或者 SHA-256 算法，修改本章的注册模块和登录模块，实现密码的加密存储和登录。

(2) 设计思路：借鉴第 7 章基于 SSL 的文件传输机制，用客户机公钥先对密码数字签名，然后用对称密钥加密数字签名，最后用服务器公钥加密密钥和数字签名，服务器端则需要逆向验证。

4. 边实验边思考

(1) Android 的 QQ 客户端与桌面版的 QQ 客户端，在应用逻辑上和设计逻辑上，有哪些不同？各自的优越性体现在哪些方面？

(2) 从手机 QQ 向计算机 QQ 传送文件是如何实现的？

5. 撰写实验报告

根据实验情况，撰写实验报告，简明扼要记录实验过程、实验结果，提出实验问题，做出实验分析。

13.15 习 题 13

1. 简要描述 Android 平台的发展历史，给出 Android 版本演化路线图。

2. Android 系统有什么特点？

3. 谈谈你对 JDK 与 Android SDK 的认识。

4. 结合图 13.21 和图 13.22，描述 Android 系统结构，谈谈你对 App 程序运行过程的认识。

5. 一个 Android App 程序是由若干组件构成的，哪些是最基础的核心组件，各有什么作用？

6. 谈谈你对 Activity 生命周期的认识，描述相关事件函数的执行逻辑。

7. Android 界面布局有哪些类型，各有什么特点？

8. Intent 对象的作用是什么？请举例说明 Intent 消息传递机制的编程步骤。

9. 简述 Service 的基本原理与用途,试举例说明。

10. 全局配置文件 AndroidManifest.xml 的作用是什么? 如何设置网络访问权限? 如何自由定制 Android App 程序的图标?

11. 本章案例对 Message 和 User 使用了 Serializable 和 Parcelable 两种不同的序列化方式,请比较二者的差异。

12. 请简要描述 Android 项目的基本结构。比较"Project 视图"与"Android 视图"的不同。

13. Activity 与布局文件的关系是什么? Activity 是如何加载布局视图的?

14. Android 项目资源文件夹 res 下面都有哪些资源类型? 如何实现菜单的定制?

15. Android 项目如何在程序中访问某一个布局元素? R 这个类的作用是什么?

16. 本章案例中,为了将用户自己发送的消息与收到的消息分别显示在列表的两端,在布局上是如何设计的? 在消息显示逻辑上又是如何区分的?

17. 数据源、适配器、ListView 三者之间是什么关系? 请结合本章图 13.13、图 13.14 举例说明。

18. 请结合图 13.9 以及本章案例使用的服务器和数据库技术,总结 Android QQ 客户机的登录逻辑、注册逻辑。

19. 谈谈 RecyclerView 与 ListView 的不同,尝试用 RecyclerView 替代本章中 ListView。

20. 查找资料谈谈你对 Fragment 技术的认识,试用 Fragment 技术改写聊天界面布局。

21. 可以通过文件、SharedPreferences、SQLite 三种方式在 Android 系统的本地储存数据。请选择其中一种,改写本章 QQClient 案例,实现聊天消息的自动存储功能。

22. 恭喜你完成了"Android QQ 客户端"的全部学习,请在表 13.1 中写下你的收获与问题,带着收获的喜悦、带着问题激发的好奇继续探索下去,欢迎将问题发送至: upsunny2008@163.com,与本章作者沟通交流。

表 13.1 "Android QQ 客户端"学习收获清单

序号	收获的知识点	希望探索的问题
1		
2		
3		
4		
5		

第14章 Android 新闻客户端

随着移动智能设备的飞速发展，人们获取新闻的方式也正在被改变着。据调查，在手机APP 应用排行中，新闻类的应用高居榜首。新闻客户端是一款强大的新闻传播工具，已经成为大众手机中必备的软件，它让人们实时了解社会热点，了解最新的国际形势。新闻客户端的信息是如何获取的？新闻客户端的技术逻辑是什么？带着这些疑问，带着驾驭技术浪潮的期待，让我们一起基于 HTTP 协议，开启新闻客户端的探秘之旅。

14.1 作品演示

作品描述：参照《今日头条》新闻客户端的功能设计，完成本章教学内容。为方便读者学习，本作品主要完成的是浏览新闻的功能。作品从聚合数据的开源平台获取新闻数据，利用谷歌的开源框架 Volley 加载数据。当然，也可以利用其他开源框架加载数据，例如 OkHttp 等，其他框架的使用放在本章的实验中。OkHttp 与 Volley 都是基于 HTTP 协议的开源框架，用于需要 HTTP 服务的应用。

作品功能演示如下：打开 chap14 目录下的 begin 子文件夹，会看到里面包含一个 apk 文件，如图 14.1 所示，MyNews.apk 就是要完成的新闻客户端，在手机或者模拟器上安装这个文件并运行，进入主界面，如图 14.2 所示。注意，手机需要连接到网络，作品已经完成了“主页”模块的功能设计，预留“关心”和“我的”两个模块给读者练习。

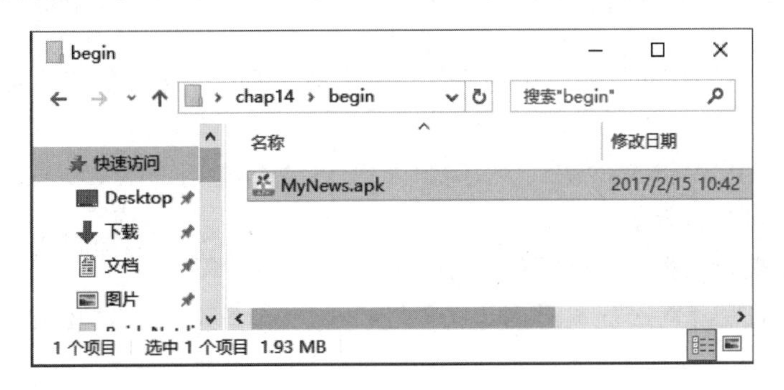

图 14.1 chap14 的 begin 目录

“主页”模块中对新闻进行了分类，包括头条、社会、国内、国际、娱乐、体育、军事、科技、财经、时尚，当单击不同的标题时，会给用户提供当前标题类型下最新的新闻。

“关心”模块和“我的”模块，在这里不做进一步的细化和完善，读者可以模仿《今日头条》新闻客户端，对作品进行完善和提高。

图 14.2 新闻客户端主界面

14.2 本章重点知识介绍

聚合数据是一个为智能手机开发者、网站站长、移动设备开发人员提供原始数据 API 服务的综合性云数据平台，包含手机聚合、网站聚合、LBS 聚合三部分，其功能类似于 Google APIs。

聚合数据允许开发者自由调用该平台开放的免费数据，这些数据按照 LBS(Location Based Service)、公共交通、金融、日常生活、新闻资讯等分类管理。聚合数据提供 HTTP GET/POST、SOAP、Web Serveice 等访问请求模式，支持常用的 XML/JSON 数据格式，为第三方开发提供强劲技术支持。

开发者引用聚合数据之前需要作一些预备工作，步骤如下：

第一步：进入聚合数据官方网站 https://www.juhe.cn/，单击"免费注册"，如图 14.3 所示。

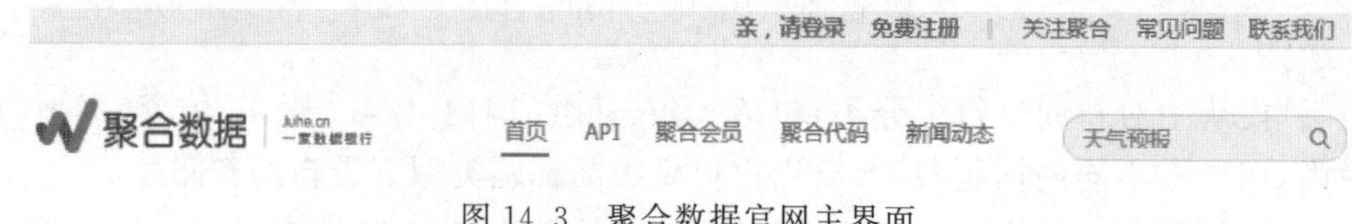

图 14.3 聚合数据官网主界面

第二步：登录后在搜索框内搜索“新闻”关键字，会出现关于新闻的 API 模块。

第三步：单击“新闻头条”右下方的“申请数据”，如图 14.4 所示。提交申请后会有一个系统审核的延迟时间。

第四步：申请成功以后，即拥有了软件 AppKey，如图 14.5 所示。然后再单击“接口”视图，可以看到请求的“新闻”接口，如图 14.6 所示。

图 14.4　申请数据

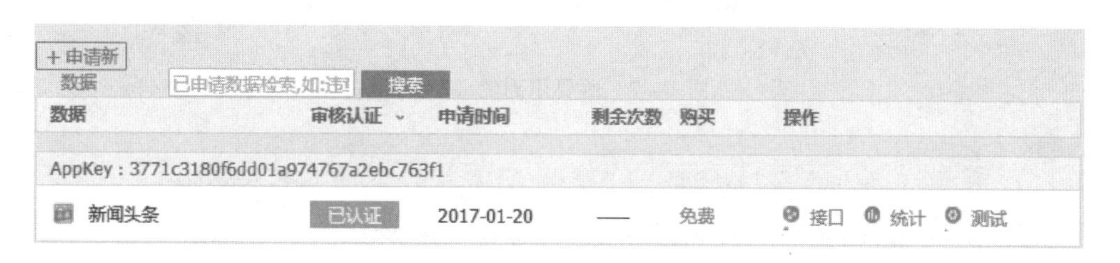

图 14.5　数据申请成功后的界面

接口地址：http://v.juhe.cn/toutiao/index

支持格式：json

请求方式：get/post

请求示例：http://v.juhe.cn/toutiao/index?type=top&key=APPKEY

接口备注：返回头条，社会，国内，娱乐，体育，军事，科技，财经，时尚等新闻信息

调用样例及调试工具：API测试工具

请求参数说明：

名称	类型	必填	说明
key	string	是	应用APPKEY
type	string	否	类型,,top(头条，默认),shehui(社会),guonei(国内),guoji(国际),yule(娱乐),tiyu(体育)junshi(军事),keji(科技),caijing(财经),shishang(时尚)

图 14.6　申请到的“新闻”接口

接下来新建一个安卓工程，测试申请的“新闻”接口是否可用，具体步骤如下：

第一步：打开 Android Studio，新建一个 MyNews 工程，单击 Next 按钮，选择 Phone and Tablet，单击 Next 按钮，选择 Empty Activity，单击 Next 按钮，单击 Finish 按钮。

第二步：新建工程后，把视图切换到 Project 模式视图下，展开 MyNews 工程文件夹，再展开 app 文件夹，在 libs 文件夹下需要放入四个 jar 包，这些 jar 包如图 14.7 所示，把这四个 jar 包复制，然后粘贴到 MyNews 的 libs 目录下，最后在导航栏选择 File→Project Structure→app→Dependences→绿色的加号→File Dependency→libs，依次添加四个 jar 包，如图 14.8 所示。单击 OK 按钮，程序重新编译。

第三步：在 MyNews\app\src\main\java\ldu.edu.cn.mynews 目录下找到 MainActivity.java，对其进行修改，如程序 14.1 所示。

图 14.7　所要用到的 jar 包

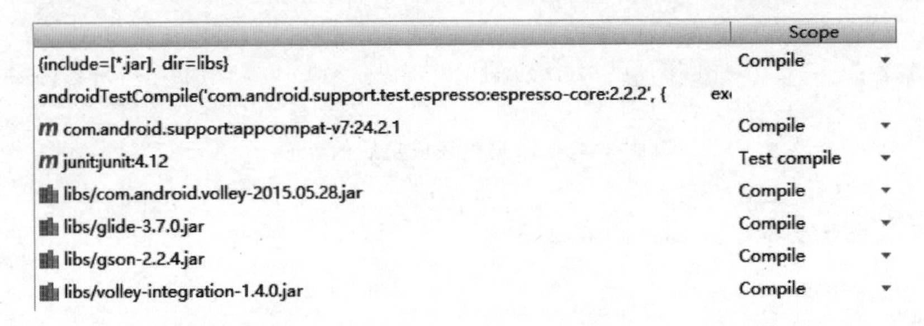

图 14.8　添加 jar 包

程序 14.1　请求数据示例 MainActivity.java

```
01  public class MainActivity extends AppCompatActivity {
02      @Override
03      protected void onCreate(Bundle savedInstanceState) {
04          super.onCreate(savedInstanceState);
05          setContentView(R.layout.activity_main);
06          loadData();
07      }
08      private void loadData() {
09          //创建请求队列
10          RequestQueue queue = Volley.newRequestQueue(this);
11          StringRequest request = new StringRequest(
12          Request.Method.GET, "http://v.juhe.cn/toutiao/index?type=junshi&
13          key = 3771c3180f6dd01a974767a2ebc763f1",
14          new Response.Listener<String>() {
15              @Override
16              public void onResponse(String s) {
17                  System.out.println(s);
18              }},
19          new Response.ErrorListener() {
20              @Override
21              public void onErrorResponse(VolleyError volleyError) {
22              }});
23          queue.add(request);
24      }
25  }
```

程序 14.1 解析如下：

(1) 10 行，创建请求队列。

(2) 11～22 行，创建 StringRequest 请求体，Request. Method. GET 设置了请求所要用的方法，"http://..."设置了请求的 URL，Response. Listener()方法处理请求得到的正确结果，Response. ErrorListener()方法处理请求得到的错误响应。

(3) 23 行，把请求体加入请求队列。

在 MyNews\app\src\main 的 AndroidManifest. xml 添加访问网络的权限：

```
<uses-permission android:name="android.permission.INTERNET"/>
```

把模拟器启动，运行程序，控制台输出了：

```
{"reason":"成功的返回", … }
```

控制台输出了成功的数据，这说明对数据的获取是成功的。在 StringRequest 中用的是 GET 方法请求数据，如果改用 POST 方法，URL 中的参数应该如何去写呢？答案很简单，只需要重写 StringRequest 中的 getParams()方法。getParams()方法的返回类型是 Map <String,String>，再把参数以键值对的形式放入到集合中，形如 map. put("type"," junshi")，这样就可以实现 POST 方法的请求了。聚合数据基本获取方法先介绍到这里，后面的设计主要是围绕如何处理、分类和显示数据展开相关设计工作。

14.3 编写新闻客户端主界面

新闻客户端主界面包括三个模块：主页、关心、我的。这三个模块分别用了三个不同的自定义 Fragment，配合底部三个 RadioButton 按钮，把三个自定义 Fragment 和三个 RadioButton 绑定到一起，从而实现单击按钮切换页面的效果。本布局中还用到了六个图片文件，如图 14.9 所示，主界面布局相关程序如程序 14.2～14.6 所示，主界面逻辑如程序 14.7 所示，三个自定义 Fragment 及其布局文件如程序 14.8～14.13 所示。

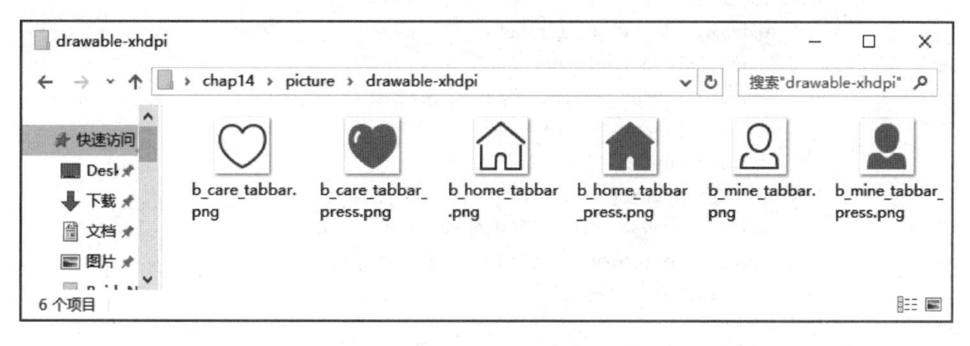

图 14.9 主界面底部按钮图片

程序 14.2 主界面布局 activity_main. xml

```
01  <?xml version="1.0" encoding="utf-8"?>
02  <RelativeLayout xmlns:android="http://schemas.android.com/apk/res/android"
03      xmlns:tools="http://schemas.android.com/tools"
```

```
04        android:id = "@ + id/activity_main"
05        android:layout_width = "match_parent"
06        android:layout_height = "match_parent"
07        tools:context = "ldu.edu.cn.mynews.MainActivity">
08        < RadioGroup
09            android:id = "@ + id/rg_bottom"
10            android:layout_width = "match_parent"
11            android:layout_height = "48dp"
12            android:orientation = "horizontal"
13            android:background = "#F6F6F6"
14            android:layout_alignParentBottom = "true">
15            < RadioButton
16                android:id = "@ + id/home"
17                android:layout_width = "0dp"
18                android:layout_height = "match_parent"
19                android:layout_weight = "1"
20                android:button = "@null"
21                android:gravity = "center"
22                android:drawableTop = "@drawable/tab_home_bg"
23                android:textColor = "@color/tab_text_color"
24                android:checked = "true"
25                android:text = "主页"/>
26            < RadioButton
27                android:id = "@ + id/care"
28                android:layout_width = "0dp"
29                android:layout_height = "match_parent"
30                android:layout_weight = "1"
31                android:button = "@null"
32                android:gravity = "center"
33                android:drawableTop = "@drawable/tab_care_bg"
34                android:textColor = "@color/tab_text_color"
35                android:text = "关心"/>
36            < RadioButton
37                android:id = "@ + id/mine"
38                android:layout_width = "0dp"
39                android:layout_height = "match_parent"
40                android:layout_weight = "1"
41                android:button = "@null"
42                android:gravity = "center"
43                android:drawableTop = "@drawable/tab_mine_bg"
44                android:textColor = "@color/tab_text_color"
45                android:text = "我的"/>
46          </RadioGroup >
47          < RelativeLayout
48                android:id = "@ + id/container"
49                android:layout_width = "match_parent"
50                android:layout_height = "match_parent"
51                android:layout_above = "@ id/rg_bottom">
52          </RelativeLayout >
53    </RelativeLayout >
```

主界面底部三个按钮所要用到的图片布局文件，可以在 MyNews\app\src\main\res\drawable 目录下创建，底部字体颜色文件可以在 res 的 color 目录下创建，具体设计如程序 14.3～14.6 所示。

程序 14.3 “主页”按钮图片布局文件 tab_home_bg.xml

```
01 <?xml version = "1.0" encoding = "utf - 8"?>
02 < selector xmlns:android = "http://schemas.android.com/apk/res/android">
03     < item android:drawable = "@drawable/b_home_tabbar" android:state_checked = "false"/>
04     < item android:drawable = "@drawable/b_home_tabbar_press" android:state_checked = "true"/>
05 </selector >
```

程序 14.4 “关心”按钮图片布局文件 tab_care_bg.xml

```
01 <?xml version = "1.0" encoding = "utf - 8"?>
02 < selector xmlns:android = "http://schemas.android.com/apk/res/android">
03     < item android:drawable = "@drawable/b_care_tabbar" android:state_checked = "false"/>
04     < item android:drawable = "@drawable/b_care_tabbar_press" android:state_checked = "true"/>
05 </selector >
```

程序 14.5 “我的”按钮图片布局文件 tab_mine_bg.xml

```
01 <?xml version = "1.0" encoding = "utf - 8"?>
02 < selector xmlns:android = "http://schemas.android.com/apk/res/android">
03     < item android:drawable = "@drawable/b_mine_tabbar" android:state_checked = "false"/>
04     < item android:drawable = "@drawable/b_mine_tabbar_press" android:state_checked = "true"/>
05 </selector >
```

程序 14.6 字体颜色文件 tab_text_color.xml

```
01 <?xml version = "1.0" encoding = "utf - 8"?>
02 < selector xmlns:android = "http://schemas.android.com/apk/res/android">
03     < item android:color = "#ff0000" android:state_checked = "true"/>
04     < item android:color = "#333"/>
05 </selector >
```

主界面中所要用到的布局文件已经编写完成，应该如何在编码逻辑上实现页面的切换效果呢？首先应该把三个自定义的 Fragment 实例化，然后再获取到管理 Fragment 的 FragmentManager，把自定义的 Fragment 添加进去，添加完成以后需要调用 commit()方法进行提交，最后设置程序初次启动时隐藏“关心”“我的”两个模块的 Fragment。详细设计如程序 14.7 所示。

程序 14.7 主界面程序 MainActivity.java

```
01 public class MainActivity extends AppCompatActivity {
02     private Fragment f1;
03     private Fragment f2;
04     private Fragment f3;
05     @Override
06     protected void onCreate(Bundle savedInstanceState) {
07         super.onCreate(savedInstanceState);
08         setContentView(R.layout.activity_main);
```

```
09            initFragment();
10            RadioGroup rg = (RadioGroup)findViewById(R.id.rg_bottom);
11            rg.setOnCheckedChangeListener(new RadioGroup.OnCheckedChangeListener() {
12                @Override
13                public void onCheckedChanged(RadioGroup group, int checkedId) {
14                    FragmentTransaction ft = getSupportFragmentManager().beginTransaction();
15                    switch (checkedId){
16                        case R.id.home:
17                            ft.show(f1).hide(f2).hide(f3);
18                            break;
19                        case R.id.care:
20                            ft.show(f2).hide(f1).hide(f3);
21                            break;
22                        case R.id.mine:
23                            ft.show(f3).hide(f1).hide(f2);
24                            break;
25                    }
26                    ft.commit();
27                }
28            });
29        }
30        private void initFragment() {
31            f1 = new HomeFragment();
32            f2 = new CareFragment();
33            f3 = new MineFragment();
34            getSupportFragmentManager().beginTransaction()
35                    .add(R.id.container,f1,"home")
36                    .add(R.id.container,f2,"care")
37                    .add(R.id.container,f3,"mine")
38                    .commit();
39            getSupportFragmentManager().beginTransaction()
40                    .hide(f2)
41                    .hide(f3)
42                    .commit();
43        }
44    }
```

程序 14.7 解析如下：

(1) 11～28 行，监听 RadioGroup 中 RadioButton 的单击事件，根据单击事件切换到所关联的 Fragment。

(2) 30～43 行，首先把三个 Fragment 实例化，接着在 FragmentManager 中添加三个自定义 Fragment 并提交，最后设置了首次进入时需要显示和隐藏的 Fragment。

程序 14.8 "主页"模块 HomeFragment.java

```
01    public class HomeFragment extends Fragment {
02        public HomeFragment() {}
03        @Override
04        public View onCreateView(LayoutInflater inflater, ViewGroup container,
05                                 Bundle savedInstanceState) {
06            return inflater.inflate(R.layout.fragment_home, container, false);
```

```
07          }
08  }
```

程序 14.9 "关心"模块 CareFragment.java

```
01  public class CareFragment extends Fragment {
02      public CareFragment() {}
03      @Override
04      public View onCreateView(LayoutInflater inflater, ViewGroup container,
05                               Bundle savedInstanceState) {
06          return inflater.inflate(R.layout.fragment_care, container, false);
07      }
08  }
```

程序 14.10 "我的"模块 MineFragment.java

```
01  public class MineFragment extends Fragment {
02      public MineFragment() {}
03      @Override
04      public View onCreateView(LayoutInflater inflater, ViewGroup container,
05                               Bundle savedInstanceState) {
06          return inflater.inflate(R.layout.fragment_mine, container, false);
07      }
08  }
```

程序 14.11 "主页"模块布局文件 fragment_home.xml

```
01  <RelativeLayout xmlns:android = "http://schemas.android.com/apk/res/android"
02      xmlns:tools = "http://schemas.android.com/tools"
03      android:layout_width = "match_parent"
04      android:layout_height = "match_parent"
05      tools:context = ".MainActivity">
06      <TextView
07          android:layout_width = "wrap_content"
08          android:layout_height = "wrap_content"
09          android:layout_centerInParent = "true"
10          android:text = "主页" />
11  </RelativeLayout>
```

程序 14.12 "关心"模块布局文件 fragment_care.xml

```
01  <RelativeLayout xmlns:android = "http://schemas.android.com/apk/res/android"
02      xmlns:tools = "http://schemas.android.com/tools"
03      android:layout_width = "match_parent"
04      android:layout_height = "match_parent"
05      tools:context = ".MainActivity">
06      <TextView
07          android:layout_width = "wrap_content"
08          android:layout_height = "wrap_content"
09          android:layout_centerInParent = "true"
10          android:text = "关心" />
11  </RelativeLayout>
```

程序 14.13 "我的"模块布局文件 fragment_mine.xml

```
01 <RelativeLayout xmlns:android = "http://schemas.android.com/apk/res/android"
02     xmlns:tools = "http://schemas.android.com/tools"
03     android:layout_width = "match_parent"
04     android:layout_height = "match_parent"
05     tools:context = ".MainActivity">
06     <TextView
07         android:layout_width = "wrap_content"
08         android:layout_height = "wrap_content"
09         android:layout_centerInParent = "true"
10         android:text = "我的" />
11 </RelativeLayout>
```

至此,新闻客户端主界面的框架已经搭建完成,小作品已经有了雏形,后续章节将继续完善功能设计和逻辑设计。

14.4 编写新闻导航栏

14.1 节对新闻进行了分类,应该如何单击不同的类别显示不同的新闻呢?通过 14.3 节的学习,大家会想到是不是也可以通过绑定控件与 Fragment 的方式来实现呢?答案是肯定的,可以用这一思路来继续设计本章的作品。首先来介绍一下在作品中要用到的两个布局控件 ViewPager 和 TabLayout。ViewPager 可以实现左右滑动切换界面的效果,具有很强的实用性。在使用 TabLayout 之前需要在 Project Structure 中添加一个 jar 包,添加的 jar 包在 Library Dependency 中就能找到,如图 14.10 所示。界面布局和逻辑设计如程序 14.14、14.15 所示。

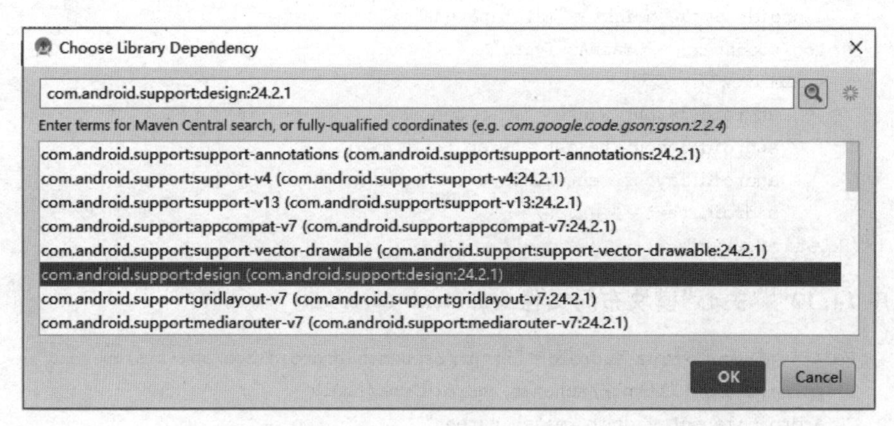

图 14.10 添加 TabLayout 所在的 jar 包

程序 14.14 修改"主页"模块布局文件 fragment_home.xml

```
01 <RelativeLayout xmlns:android = "http://schemas.android.com/apk/res/android"
02     xmlns:tools = "http://schemas.android.com/tools"
03     android:layout_width = "match_parent"
04     android:layout_height = "match_parent"
```

```
05      xmlns:app = "http://schemas.android.com/apk/res-auto"
06      tools:context = ".MainActivity">
07      <android.support.design.widget.TabLayout
08          android:id = "@+id/tabs"
09          android:layout_width = "match_parent"
10          android:layout_height = "?attr/actionBarSize"
11          android:background = "#ffffff"
12          app:tabTextColor = "#000000"
13          app:tabSelectedTextColor = "#e12121"
14          app:tabIndicatorColor = "#000000"
15          app:tabMode = "scrollable"
16          app:tabIndicatorHeight = "0dp">
17      </android.support.design.widget.TabLayout>
18      <android.support.v4.view.ViewPager
19          android:id = "@+id/vp"
20          android:layout_width = "match_parent"
21          android:layout_height = "match_parent"
22          android:layout_below = "@id/tabs">
23      </android.support.v4.view.ViewPager>
24  </RelativeLayout>
```

现在代码设计工作应该转移到 HomeFragment 中，要想实现新闻导航栏的页面切换效果，需要在 HomeFragment 中对 TabLayout 和 ViewPager 进行绑定，可以分为以下几步去完成：

第一步：设计一个 NewsType 类，注意该类必须实现 java.io.Serializable 可序列化接口。为什么要实现该接口呢？这是因为在导航栏切换新闻类别时，需要用 Bundle 把 NewsType 传入到对应的 NewsFragment 中去，而在调用 Bundle 的 putSerializable()方法时，传入的对象必须是可序列化的。

第二步：NewsType 就是新闻类型的实体类，可以把实例化的 NewsType 放入到集合中，然后可以根据集合中元素的个数生成相应个数的 NewsFragment。

第三步：把 NewsFragment 映射到 ViewPager 中。可以设计一个 NewsFragmentAdapter 适配器，通过 ViewPager 中的 setAdapter()方法可以把 NewsFragment 映射到 ViewPager 中去。实现逻辑如程序 14.15 所示。

程序 14.15　在 HomeFragment.java 中完成对 TabLayout 与 ViewPager 的关联

```
01  public class HomeFragment extends Fragment {
02      private List<NewsType> nt_list;
03      private List<Fragment> mData;
04      public HomeFragment() {}
05      @Override
06      public View onCreateView(LayoutInflater inflater, ViewGroup container,
07                               Bundle savedInstanceState) {
08          View view = inflater.inflate(R.layout.fragment_home, container, false);
09          TabLayout tabs = (TabLayout)view.findViewById(R.id.tabs);
10          ViewPager vp = (ViewPager)view.findViewById(R.id.vp);
11          initNewsType();
12          initData();
```

```
13          NewsFragmentAdapter adapter = new
14          NewsFragmentAdapter(getFragmentManager(),mData,nt_list);
15          vp.setAdapter(adapter);
16          //把 TabLayout 和 ViewPager 绑定到一起
17          tabs.setupWithViewPager(vp);
18          return view;
19      }
20      private void initData() {
21          mData = new ArrayList<>();
22          for (int i = 0; i < nt_list.size(); i++) {
23              Fragment f = new NewsFragment();
24              Bundle b = new Bundle();
25              b.putSerializable("type",nt_list.get(i));
26              f.setArguments(b);
27              mData.add(f);
28          }
29      }
30      private void initNewsType() {
31          nt_list = new ArrayList<>();
32          NewsType nt = new NewsType(1,"头条");
33          nt_list.add(nt);
34          nt = new NewsType(2,"社会");
35          nt_list.add(nt);
36          nt = new NewsType(3,"国内");
37          nt_list.add(nt);
38          nt = new NewsType(4,"国际");
39          nt_list.add(nt);
40          nt = new NewsType(5,"娱乐");
41          nt_list.add(nt);
42          nt = new NewsType(6,"体育");
43          nt_list.add(nt);
44          nt = new NewsType(7,"军事");
45          nt_list.add(nt);
46          nt = new NewsType(8,"科技");
47          nt_list.add(nt);
48          nt = new NewsType(9,"财经");
49          nt_list.add(nt);
50          nt = new NewsType(10,"时尚");
51          nt_list.add(nt);
52      }
53  }
```

程序 14.15 解析如下：

(1) 13～17 行，实例化 NewsFragmentAdapter 适配器，并且把集合 mData 放到 NewsFragmentAdapter 中，最后把 TabLayout 和 ViewPager 绑定到一块。

(2) 20～29 行，为每一个新闻分类创建一个 NewsFragment 并保存到集合中。

(3) 30～52 行，创建 TabLayout 中要用到的每一个新闻分类的实体。

新闻类型对象与视图的关联逻辑如程序 14.16～14.18 所示。

程序 14.16　新闻类实体类 NewsType.java

```
01 public class NewsType implements Serializable{
02     private int id;
03     private String title;     //标题的名字
04     public NewsType(){}
05     public NewsType(int id,String title){
06         this.id = id;
07         this.title = title;
08     }
09     public int getId() {
10         return id;
11     }
12     public void setId(int id) {
13         this.id = id;
14     }
15     public String getTitle() {
16         return title;
17     }
18     public void setTitle(String title) {
19         this.title = title;
20     }
21 }
```

程序 14.17　TabLayout 中每一个新闻分类对应的自定义 Fragment：NewsFragment.java

```
01 public class NewsFragment extends Fragment {
02     public NewsFragment() {
03     }
04     @Override
05     public View onCreateView(LayoutInflater inflater, ViewGroup container,
06                              Bundle savedInstanceState) {
07         return inflater.inflate(R.layout.fragment_news, container, false);
08     }
09 }
```

程序 14.18　TabLayout 所要用到的适配器 NewsFragmentAdapter.java

```
01 public class NewsFragmentAdapter extends FragmentPagerAdapter {
02     private List<Fragment> mData;
03     private List<NewsType> titles;
04     public NewsFragmentAdapter(FragmentManager fm, List<Fragment> mData, List<NewsType>
       titles) {
05         super(fm);
06         this.mData = mData;
07         this.titles = titles;
08     }
09     @Override
10     public Fragment getItem(int position) {
11         return mData.get(position);
```

```
12          }
13          @Override
14          public int getCount() {
15              return mData.size();
16          }
17          @Override
18          public CharSequence getPageTitle(int position) {
19              return titles.get(position).getTitle();
20          }
21      }
```

程序 14.18 解析如下：

(1) 10～12 行，重写获取每一个自定义 Fragment 的方法。

(2) 14～16 行，重写获取 ViewPager 中页面数量的方法。

(3) 18～20 行，重写获取 ViewPager 标题名称的方法。

14.5 编写新闻标题布局

新闻标题布局主要包括四个部分：标题图片、标题文本、新闻的来源、新闻更新的时间，如图 14.11 所示。需要在 MyNews\app\src\main\res\layout 文件夹下新建一个 news_item.xml 布局文件，新闻标题布局如程序 14.19 所示。

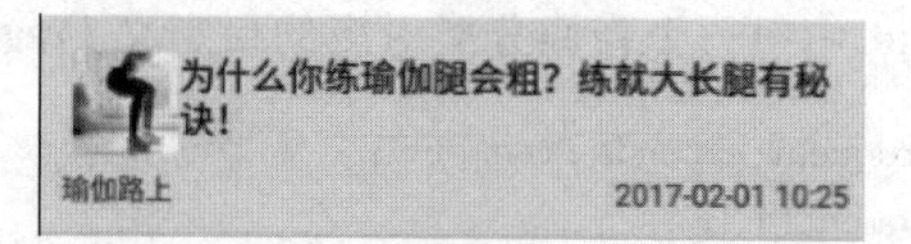

图 14.11 新闻标题布局

程序 14.19 新闻标题布局 news_item.xml

```
01  <?xml version = "1.0" encoding = "utf - 8"?>
02  <LinearLayout xmlns:android = "http://schemas.android.com/apk/res/android"
03      android:orientation = "vertical"
04      android:padding = "7dp"
05      android:layout_width = "match_parent"
06      android:layout_height = "match_parent">
07      <RelativeLayout
08          android:layout_width = "match_parent"
09          android:layout_height = "wrap_content">
10          <ImageView
11              android:id = "@ + id/img"
12              android:layout_width = "50dp"
13              android:layout_height = "50dp"
14              android:layout_alignParentLeft = "true"
15              android:paddingLeft = "10dp"
16              android:src = "@mipmap/ic_launcher"/>
17          <TextView
```

```
18                android:id = "@ + id/title"
19                android:layout_width = "wrap_content"
20                android:layout_height = "wrap_content"
21                android:text = "这个是标题"
22                android:textColor = "#050404"
23                android:textSize = "16sp"
24                android:layout_toRightOf = "@id/img" />
25        </RelativeLayout>
26        <RelativeLayout
27            android:layout_width = "match_parent"
28            android:layout_height = "wrap_content">
29            <TextView
30                android:id = "@ + id/description"
31                android:layout_width = "match_parent"
32                android:layout_height = "wrap_content"
33                android:text = "这里是来源"
34                android:layout_alignParentLeft = "true"
35                android:textSize = "12sp"/>
36            <TextView
37                android:id = "@ + id/time"
38                android:layout_width = "wrap_content"
39                android:layout_height = "match_parent"
40                android:text = "这个是时间"
41                android:layout_alignParentRight = "true"
42                android:textSize = "12sp"/>
43        </RelativeLayout>
44    </LinearLayout>
```

新闻标题布局已经编写完成，现在可以把得到的新闻数据按照布局的样子呈现在用户面前，用户可以根据标题选择自己感兴趣的新闻进行浏览，接下来的工作是把这个布局用到新闻客户端里。

14.6 本地新闻加载示例

加载本地新闻，要用到 14.5 节的标题布局，同时借助 ListView 控件，把多个不同的新闻实体放入到 ListView 中，从而实现多条新闻同时展示，如图 14.12 所示。

为了完成图 14.12 所示的 ListView 显示结构，可以分以下几步完成：

第一步：设计一个 NetNews 新闻实体类，该类中应包含五个属性：picUrl(新闻标题图片的地址)、url(新闻的地址)、title(新闻标题)、description(新闻的来源)和 time(新闻的更新时间)。每一条新闻都是由这五部分组成。

第二步：设计一个 NetNewsAdapter 适配器，该适配器是为了能够把数据映射到 ListView 中去。

第三步：调用 ListView 中的 setAdapter()方法，实现数据的映射。

数据加载逻辑如程序 14.20 所示，数据适配器设计如程序 14.21 所示，新闻实体类和布局设计如程序 14.22 和程序 14.23 所示。

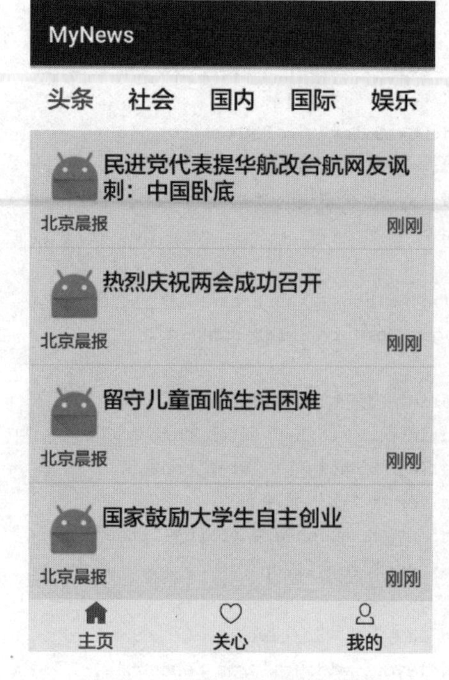

图 14.12　本地新闻加载示例

程序 14.20　在 NewsFragment.java 中加载本地新闻

```
01  public class NewsFragment extends Fragment {
02      private List<NetNews> mData;
03      private NetNewsAdapter adapter;
04      public NewsFragment() {}
05      @Override
06      public View onCreateView(LayoutInflater inflater, ViewGroup container,
07                               Bundle savedInstanceState) {
08          View view = inflater.inflate(R.layout.fragment_news, container, false);
09          ListView lv = (ListView)view.findViewById(R.id.news_list);
10          mData = new ArrayList<>();
11          initData();
12          adapter = new NetNewsAdapter(mData,getActivity());
13          lv.setAdapter(adapter);
14          return view;
15      }
16      private void initData() {
17          mData.add(
18                  new NetNews(
19                          "刚刚",
20                          "民进党代表提华航改台航网友讽刺：中国卧底",
21                          "北京晨报",
22                          "",
23                          R.mipmap.ic_launcher
24                  )
25          );
```

```
26          mData.add(
27                  new NetNews(
28                          "刚刚",
29                          "热烈庆祝两会成功召开",
30                          "北京晨报",
31                          "",
32                          R.mipmap.ic_launcher
33                  )
34          );
35          …//此处省略重复的数据
36      }
37  }
```

程序 14.20 解析如下：

(1) 08～13 行，加载本地数据，把 NetNewsAdapter 适配器绑定到 ListView 上。

(2) 16～36 行，创建要加载的本地新闻数据，把每一个 NetNews 放到 mData 容器中。

程序 14.21　绑定到 ListView 上的适配器 NetNewsAdapter.java

```
01  public class NetNewsAdapter extends BaseAdapter {
02      private List<NetNews> mData;
03      private Context mContext;
04      public NetNewsAdapter(){}
05      public NetNewsAdapter(List<NetNews> mData,Context mContext){
06          this.mData = mData;
07          this.mContext = mContext;
08      }
09      @Override
10      public int getCount() {
11          return mData.size();
12      }
13      @Override
14      public Object getItem(int position) {
15          return mData.get(position);
16      }
17      @Override
18      public long getItemId(int position) {
19          return position;
20      }
21      @Override
22      public View getView(int position, View convertView, ViewGroup parent) {
23          NetNews n = this.mData.get(position);
24          //布局加载器
25          LayoutInflater inflater = LayoutInflater.from(mContext);
26          convertView = inflater.inflate(R.layout.news_item,null,false);
27          ImageView tv_img = (ImageView) convertView.findViewById(R.id.img);
28          TextView tv_title = (TextView) convertView.findViewById(R.id.title);
29          TextView tv_description = (TextView)convertView.findViewById(R.id.description);
30          TextView tv_time = (TextView)convertView.findViewById(R.id.time);
31          tv_img.setImageResource(Integer.parseInt(n.getPicUrl()));
32          tv_title.setText(n.getTitle());
```

```
33            tv_description.setText(n.getDescription());
34            tv_time.setText(n.getTime());
35            return convertView;
36        }
37  }
```

程序 14.21 解析如下:

(1) 10～12 行,获取新闻条数。

(2) 14～16 行,获取选定新闻的数据。

(3) 18～20 行,获取选定新闻的 id。

(4) 22～36 行,通过 getView()方法显示新闻列表。

程序 14.22　新闻实体类 NetNews.java

```
01  public class NetNews {
02      private String picUrl;
03      private String url;
04      private String title;
05      private String description;
06      private String time;
07      public NetNews(){}
08      public NetNews(String picUrl,String url,String title,String description,String time){
09          this.picUrl = picUrl;
10          this.url = url;
11          this.title = title;
12          this.description = description;
13          this.time = time;
14      }
15      public String getPicUrl() {
16          return picUrl;
17      }
18      public void setPicUrl(String picUrl) {
19          this.picUrl = picUrl;
20      }
21      public String getUrl() {
22          return url;
23      }
24      public void setUrl(String url) {
25          this.url = url;
26      }
27      public String getTitle() {
28          return title;
29      }
30      public void setTitle(String title) {
31          this.title = title;
32      }
33      public String getDescription() {
34          return description;
35      }
36      public void setDescription(String description) {
37          this.description = description;
```

```
38        }
39        public String getTime() {
40            return time;
41        }
42        public void setTime(String time) {
43            this.time = time;
44        }
45    }
```

程序 14.23　重写 NewsFragment 的布局 fragment_news.xml

```
01  <FrameLayout xmlns:android = "http://schemas.android.com/apk/res/android"
02      xmlns:tools = "http://schemas.android.com/tools"
03      android:layout_width = "match_parent"
04      android:layout_height = "match_parent"
05      tools:context = "ldu.edu.cn.mynews.fragment.NewsFragment">
06      <ListView
07          android:id = "@ + id/news_list"
08          android:layout_width = "match_parent"
09          android:layout_height = "match_parent">
10      </ListView>
11  </FrameLayout>
```

到这里本地新闻数据的加载已经完成，接下来把从本地加载数据改为从网络上加载数据，14.7 节完成如何把聚合数据上的新闻加载到作品中来。

14.7　使用 Volley 加载聚合数据

本节是作品的核心部分，将借助互联网的强大力量，利用 HTTP 协议从互联网上加载数据，实现数据的实时更新。加载效果如图 14.2 所示，逻辑设计如程序 14.24～14.27 所示新闻内容布局的定义如程序 14.28 所示。

程序 14.24　从网络上加载数据，这里对 NewsFragment.java 删除和增加部分代码

```
01  public class NewsFragment extends Fragment {
02      private List<NetNews> mData;
03      private NetNewsAdapter adapter;
04      public NewsFragment() {}
05      @Override
06      public View onCreateView(LayoutInflater inflater, ViewGroup container,
07                               Bundle savedInstanceState) {
08          View view = inflater.inflate(R.layout.fragment_news, container, false);
09          ListView lv = (ListView)view.findViewById(R.id.news_list);
10          lv.setOnItemClickListener(new AdapterView.OnItemClickListener() {
11              @Override
12              public void onItemClick(AdapterView<?> parent, View view, int position, long
                    id) {
13                  Intent intent = new Intent();
14                  NetNews n = (NetNews)adapter.getItem(position);
15                  intent.putExtra("url",n.getUrl());
```

```
16                 intent.setClass(getActivity(),DetailNewsActivity.class);
17                 startActivity(intent);
10             }
19         });
20         mData = new ArrayList<>();
21         loadData();
22         adapter = new NetNewsAdapter(mData,getActivity());
23         lv.setAdapter(adapter);
24         return view;
25     }
26     private void loadData() {
27         NewsType nt = (NewsType)getArguments().getSerializable("type");
28         //创建请求队列
29         RequestQueue queue = Volley.newRequestQueue(getActivity());
30         StringRequest request = new StringRequest(
31                 Request.Method.GET,
32                 nt.getUrl(),
33                 new Response.Listener<String>() {
34                     @Override
35                     public void onResponse(String s) {
36                         System.out.println(s);
37                         try {
38                             JSONObject job = new JSONObject(s);
39                             if (job.getString("reason").equals("成功的返回")){
40                                 List<NetNews> news = new ArrayList<>();
41                                 JSONObject result = job.getJSONObject("result");
42                                 JSONArray ja = result.getJSONArray("data");
43                                 for (int i = 0; i < ja.length(); i++) {
44                                     JSONObject item = ja.getJSONObject(i);
45                                     NetNews n = new NetNews();
46                                     n.setPicUrl(item.getString("thumbnail_pic_s"));
47                                     n.setTitle(item.getString("title"));
48                                     n.setTime(item.getString("date"));
49                                     n.setDescription(item.getString("author_name"));
50                                     n.setUrl(item.getString("url"));
51                                     news.add(n);
52                                 }
53                                 mData.addAll(news);
54                                 adapter.notifyDataSetChanged();
55                             }
56 
57                         } catch (Exception e) {
58                             e.printStackTrace();
59                         }
60                     }
61                 },
62                 new Response.ErrorListener() {
63                     @Override
64                     public void onErrorResponse(VolleyError volleyError) {
65                     }
66                 }
```

```
67            );
68            queue.add(request);
69        }
70    }
```

程序 14.24 解析如下：

(1) 10～19 行，设置 ListView 的监听，单击其中的任何一个 Item 时，页面会跳转到 DetailNewsActivity 页面，并且会把当前的 URL 传入到 DetailNewsActivity 中，这样在 DetailNewsActivity 中就可以阅读当前标题下的详细新闻内容。

(2) 21 行，调用加载数据的方法。

(3) 33～61 行，使用 Volley 成功加载到网络数据，并且把得到的 JSON 字符串解析放入集合 mData 中。

(4) 62～66 行，加载数据失败。

程序 14.25　实体类需要增加一个 url 字段，修改后的 NewsType.java

```
01  public class NewsType implements Serializable{
02      private int id;
03      private String title;
04      private String url;
05      public NewsType(){}
06      public NewsType(int id,String title,String url){
07          this.id = id;
08          this.title = title;
09          this.url = url;
10      }
11      public String getUrl() {
12          return url;
13      }
14      public void setUrl(String url) {
15          this.url = url;
16      }
17      public int getId() {
18          return id;
19      }
20      public void setId(int id) {
21          this.id = id;
22      }
23      public String getTitle() {
24          return title;
25      }
26      public void setTitle(String title) {
27          this.title = title;
28      }
29  }
```

程序 14.26　从网络上加载标题图片，修改 NetNewsAdapter.java

```
01  public class NetNewsAdapter extends BaseAdapter {
02      private List<NetNews> mData;
```

```
03      private Context mContext;
04      public NetNewsAdapter(){}
05      public NetNewsAdapter(List<NetNews> mData, Context mContext){
06          this.mData = mData;
07          this.mContext = mContext;
08      }
09      @Override
10      public int getCount() {
11          return mData.size();
12      }
13      @Override
14      public Object getItem(int position) {
15          return mData.get(position);
16      }
17      @Override
18      public long getItemId(int position) {
19          return position;
20      }
21      @Override
22      public View getView(int position, View convertView, ViewGroup parent) {
23          NetNews n = this.mData.get(position);
24          //布局加载器
25          LayoutInflater inflater = LayoutInflater.from(mContext);
26          convertView = inflater.inflate(R.layout.news_item,null,false);
27          ImageView tv_img = (ImageView) convertView.findViewById(R.id.img);
28          TextView tv_title = (TextView) convertView.findViewById(R.id.title);
29          TextView tv_description = (TextView)convertView.findViewById(R.id.description);
30          TextView tv_time = (TextView)convertView.findViewById(R.id.time);
31          Glide.with(mContext)
32                  .load(n.getPicUrl())
33                  .placeholder(R.mipmap.ic_launcher)
34                  .error(R.mipmap.ic_launcher)
35                  .into(tv_img);
36          tv_title.setText(n.getTitle());
37          tv_description.setText(n.getDescription());
38          tv_time.setText(n.getTime());
39          return convertView;
40      }
41  }
```

程序 14.26 解析如下：

(1) 32 行，用 Glide 加载标题图片的链接。

(2) 33 行，设置待加载时显示的图片。

(3) 34 行，设置加载错误时显示的图片。

(4) 35 行，设置需要放入控件的 id。

程序 14.27　单击 ListView 中的 Item，展示当前新闻的详细内容 DetailNewsActivity.java

```
01  public class DetailNewsActivity extends AppCompatActivity
02      @Override
03      protected void onCreate(Bundle savedInstanceState) {
```

```
04            super.onCreate(savedInstanceState);
05            setContentView(R.layout.activity_detail_news);
06            WebView wv = (WebView)findViewById(R.id.wv);
07            Intent intent = getIntent();
08            final String url = intent.getStringExtra("url");
09            wv.getSettings().setDefaultTextEncodingName("UTF-8");
10            wv.loadUrl(url);
11            wv.setWebViewClient(new WebViewClient(){
12                @Override
13                public boolean shouldOverrideUrlLoading(WebView view, WebResourceRequest request) {
14                    view.loadUrl(url);
15                    return true;
16                }
17            });
18        }
19    }
```

程序 14.27 解析如下：

(1) 07～08 行，得到所要加载的新闻的 URL。

(2) 09～10 行，设置网页所用的字符集，加载网页。

(3) 11～17 行，打开网页时不调用系统浏览器，而是在本浏览器中显示。

程序 14.28　显示新闻内容的布局文件 activity_detail_news.xml

```
01  <?xml version="1.0" encoding="utf-8"?>
02  <RelativeLayout xmlns:android="http://schemas.android.com/apk/res/android"
03      xmlns:tools="http://schemas.android.com/tools"
04      android:id="@+id/activity_detail_news"
05      android:layout_width="match_parent"
06      android:layout_height="match_parent"
07      tools:context="ldu.edu.cn.mynews.DetailNewsActivity">
08      <WebView
09          android:id="@+id/wv"
10          android:layout_width="match_parent"
11          android:layout_height="match_parent">
12      </WebView>
13  </RelativeLayout>
```

至此整个作品的设计基本完成，但是需要优化的地方还有很多，例如在 NetNewsAdapter 中加载数据时会用到大量的 UI 控件，从布局文件中重复查找 UI 控件的 id 比较耗时，会降低程序的速度，为此在 14.8 节继续优化作品，提高作品流畅体验。

14.8　NetNewsAdapter 优化

在 ListView 中加载数据时，为了避免去 XML 布局文件中多次重复查找 id，解决思路是在 convertView 为 null 时，才需要重构出一个 View，当 convertView 不为 null 时，不必重构视图对象，实现逻辑如程序 14.29 所示。

程序 14.29 NetNewsAdapter.java 的优化

```
01 public class NetNewsAdapter extends BaseAdapter {
02     private List<NetNews> mData;
03     private Context mContext;
04     public NetNewsAdapter(){}
05     public NetNewsAdapter(List<NetNews> mData,Context mContext){
06         this.mData = mData;
07         this.mContext = mContext;
08     }
09     @Override
10     public int getCount() {
11         return mData.size();
12     }
13     @Override
14     public Object getItem(int position) {
15         return mData.get(position);
16     }
17     @Override
18     public long getItemId(int position) {
19         return position;
20     }
21     @Override
22     public View getView(int position, View convertView, ViewGroup parent) {
23         NetNews n = this.mData.get(position);
24         //布局加载器
25         LayoutInflater inflater = LayoutInflater.from(mContext);
26         ViewHolder holder = null;
27         if (convertView == null){              //如果没有,生成
28             convertView = inflater.inflate(R.layout.news_item,null,false);
29             holder = new ViewHolder();
30             holder.iv_img = (ImageView) convertView.findViewById(R.id.img);
31             holder.tv_title = (TextView) convertView.findViewById(R.id.title);
32             holder.tv_description = (TextView)convertView.findViewById(R.id.description);
33             holder.tv_time = (TextView)convertView.findViewById(R.id.time);
34             convertView.setTag(holder);
35         }else {                                //如果有,直接用
36             holder = (ViewHolder)convertView.getTag();
37         }
38         Glide.with(mContext)
39                 .load(n.getPicUrl())
40                 .placeholder(R.mipmap.ic_launcher)
41                 .error(R.mipmap.ic_launcher)
42                 .into(holder.iv_img);
43         holder.tv_title.setText(n.getTitle());
44         holder.tv_description.setText(n.getDescription());
45         holder.tv_time.setText(n.getTime());
46         return convertView;
47     }
```

```
48      class ViewHolder{
49          public ImageView iv_img;
50          public TextView tv_title;
51          public TextView tv_description;
52          public TextView tv_time;
53      }
54  }
```

程序 14.29 解析如下：

(1) 27～34 行，如果内存中没有暂存的 ViewHolder 就实例化(生成)一个。

(2) 35～37 行，如果内存中有暂存的 ViewHolder 就拿过来直接用。

(3) 48～53 行，增加一个 ViewHolder 实体类，当 convertView 为 null 时，就可以实现 holder 对象与该 view 对象的绑定。

14.9 小　　结

Android SDK 包含两个基于 HTTP 客户端的开发包。分别是 Apache HTTP Client 和 Java's HttpUrlConnection。

前者其开发小组已经于 2011 年停止了相关研发工作，后者 HttpUrlConnection 代表 Android HTTP 服务的未来，受到 Android 开发团队的重点支持，是学习 Android HTTP 技术的起点和核心。

HttpUrlConnection 这个类在 java.net 包里有定义，HttpUrlConnection 和 URL 这两个类需要配合使用，除此之外，还要结合 java.io 包里关于"输入流/输出流"的那些类，才能完成 HTTP 数据交换。HttpUrlConnection 用法说明如下：

HttpUrlConnection 用法举例：

```
01  URL url = new URL(SERVICE_URL);
02  HttpURLConnection con = (HttpURLConnection)url.openConnection();
03  StringBuilder sb = new StringBuilder();
04  BufferedReader reader = new BufferedReader(
05                          new InputStreamReader(
06                          con.getInputStream()));
07  String line = "";
08  while ((line = reader.readLine())!= null) {
09          sb.append(line + "\n");
10  }
11  reader.close();
```

用 HttpUrlConnection 作 Android 平台上的 HTTP 应用设计，是一个非常好的选择。这种模式的优点是支持所有 HTTP 特性，技术选择更灵活，缺点是需要更多的编程。为此采用流行的开源框架也是一个不错的选择。本章作品采用了 Google 的 Volley，实验拓展部分引入了 SQUARE 的 OkHttp。Volley 和 OkHttp 比较起来，各有千秋，读者可在今后实践中做出自己的比较和判断。

14.10 实验 14. OkHttp 框架

1. 实验目的

(1) 理解并掌握 HTTP 协议通信编程方法。

(2) 理解并掌握 OkHttp 框架加载数据的方法。

2. 实验内容

重温本章完成的新闻客户端设计,改进新闻客户端的设计,使用开源框架 OkHttp 加载网络上的数据。

3. 实验方法与步骤

(1) 回顾新闻客户端中的各个类的用法,理解并且掌握加载数据的方法。

(2) 回顾程序 NewsFragment.java,程序中是用 Volley 加载数据,请查找 OkHttp 资料,用 OkHttp 替换 Volley,比较二者的优劣。

4. 边实验边思考

(1) 本章实现的新闻客户端案例,StringRequest 中用的是 Get()方法,还可以用 Post()方法,这两个方法有什么区别? 本章作品更适合用哪一种方法?

(2) 本作品从网络上获取数据时,把 AppKey 直接放到了 URL 中,如何设计一个继承 StringRequest 的类,使得 AppKey 封装在类中?

5. 撰写实验报告

根据实验情况,撰写实验报告,简明扼要记录实验过程、实验结果,提出实验问题,做出实验分析。

14.11 习 题 14

1. 简要描述 HTTP 协议报文由哪几部分组成。
2. 请用 OkHttp 完成数据的请求,进一步加深对 HTTP 协议的了解。
3. 如何让新闻列表到末尾后重新加载最新的数据?
4. HTTP 协议请求都包括哪些方法?
5. GET 请求与 POST 请求有什么区别?
6. 一次 HTTP 操作称为一次事务,其工作可以分为六步,请写出 HTTP 的工作流程。
7. 请结合本章的实践情况,总结 HttpURLConnection、OkHttp、Volley 三种 Android HTTP 访问技术的用法与特点。
8. 尝试用 HttpURLConnection 或者 HttpClient 请求网络数据。
9. HTTP 协议和 Socket 套接字有什么区别?
10. 请详细叙述 Volley 框架中 StringRequest 的用法。
11. 请写出用 Volley 请求数据的步骤。
12. 请详细叙述 OkHttpClient 类的用法。
13. 请写出用 OkHttp 发送请求的步骤。
14. 如何用 OkHttp 实现文件上传? 尝试自己写一个服务端接收文件的程序。

15. 本章作品在断网的情况下,其新闻列表是空白的,如何像《今日头条》一样,没有联网可以显示上一次最后加载的信息?

16. 在 Android 网络编程中什么时候用 Socket,什么时候用 Http? 请举例说明。

17. Android 刷新 UI 界面时,有哪几种方法? 能否在非主线程中进行界面的刷新?

18. Android 数据存储的方式有哪几种? 试介绍一下这几种存储方式各在什么情况下使用,各有什么优缺点。

19. 请梳理本章作品的思路,自己尝试重写一遍。

20. 请列举 Android 网络编程中常用的数据请求类。

21. 本章作品用到了轻量级数据交换格式 JSON,如果需要把数据传递到服务器,应该怎样构造 JSON 串?

22. 恭喜你完成了"Android 新闻客户端"的全部学习,请在表 14.1 中写下你的收获与问题,带着收获的喜悦、带着问题激发的好奇继续探索下去,欢迎将问题发送至: jiajingong@163.com,与本章作者沟通交流。

表 14.1 "Android 新闻客户端"学习收获清单

序号	收获的知识点	希望探索的问题
1		
2		
3		
4		
5		

第15章 Android 企业即时通信系统

本章基于 XMPP 协议，采用稳定的 Openfire 开源服务器和最新的 Smack 客户端类库，实现了 Android 企业即时通信系统，能够满足中小企业消息协作与移动办公的需求。

15.1 作品演示

作品描述：由 Openfire 服务器、MySQL 数据库和 Android 客户端组建即时通信系统的运行平台，实现的功能有注册账户、登录和退出系统、添加和删除好友、收发文本消息、基于百度地图 SDK 的位置分享。

开发环境配置完成后进行作品测试，步骤如下：

（1）启动 MySQL 数据库服务。

（2）以管理员身份启动 Openfire 服务器。

（3）打开 chap15 目录下的 end 子文件夹，如图 15.1 所示，可以看到客户端的工程目录。使用 Android Studio 导入 IMDemo-master，修改 base 包 Constant 类的 IM_HOST 和 IM_SERVER，设定服务器网络地址。构建项目并部署到两部手机或两个模拟器中，打开两个部署的应用进行通信测试。

图 15.1 作品演示目录

图 15.2 所示为“注册”页面，输入账号和密码，单击“注册”按钮，如果注册成功则会跳转到“登录”页面，如图 15.3 所示。在“登录”页面中输入正确的账号和密码，单击“登录”按钮则会跳转到主页面，如图 15.4 所示。主页面显示最近的会话列表，进行左滑操作可以删除当前会话。

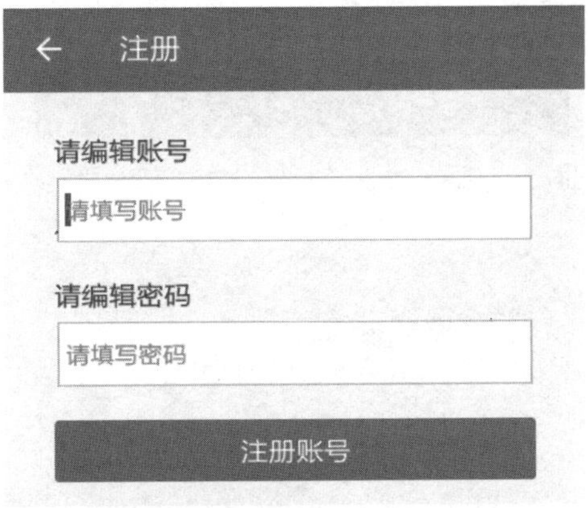

图 15.2 “注册”页面

图 15.3 “登录”页面

主页面共包含三个分页面，除了“会话”页面，还有“设置”页面和“联系人”页面。“设置”页面如图 15.5 所示，“联系人”页面如图 15.6 所示。

图 15.4 主页面——“会话”页面

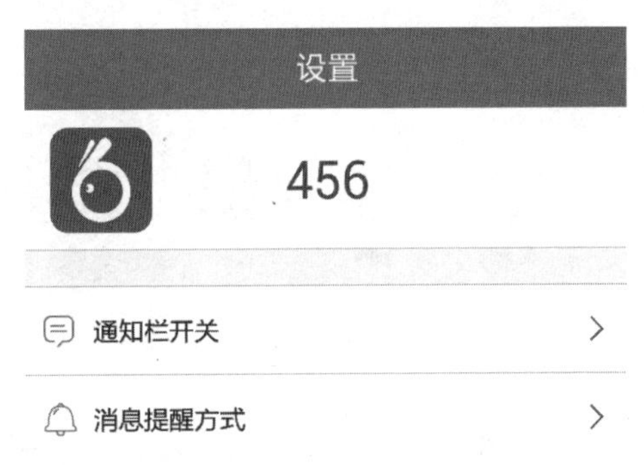

图 15.5 “设置”页面

在“联系人”页面中可以单击左上角的按钮刷新好友列表，单击右上角的按钮，进入“添加好友”页面，如图 15.7 所示。在“联系人”页面中还可以选中好友，使用左滑手势删除好友。

图 15.6 “联系人”页面

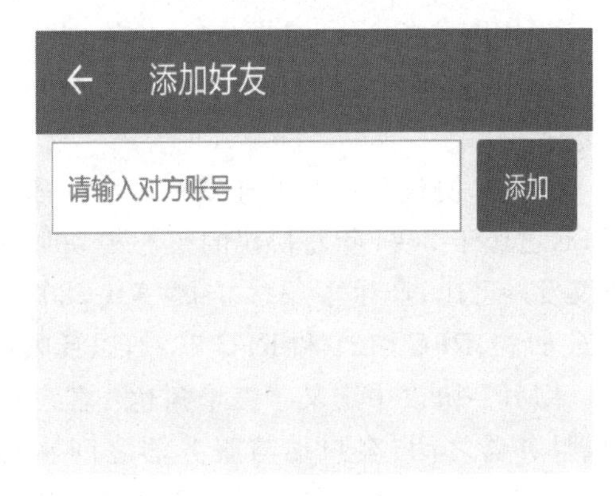

图 15.7 “添加好友”页面

在“会话”页面或“联系人”页面中都可以单击好友跳转到聊天页面，如图 15.8 所示。在此页面中可以收发文本消息和位置消息，其中单击“位置”按钮跳转到新页面进行百度定位，定位成功后用户可以发送位置给好友，如图 15.9 所示。

图 15.8　聊天页面

图 15.9　分享位置页面

15.2　本章重点知识介绍

本章使用基于 XMPP 协议的 Openfire 服务器和基于 XMPP 协议的 Smack 客户端类库来开发 Android 移动端，那么 XMPP 到底是什么呢？

XMPP(Extensible Messaging and Presence Protocol，可拓展通信和表示协议)是一种基于 XML 消息流的即时通信协议，支持多方聊天、语音和视频通话、协作，可靠性、可扩展性非常好。

XMPP 协议是一种基于 XML 架构的开放式协议，使用 XML 结构化数据表示信息。IETF 已经于 2004 年将协议的核心模块颁布为 RFC 3920 和 RFC 3921 标准，此后 XMPP 协议发展迅速，产生了很多扩展模块，2011 年 IETF 重新修订 XMPP 协议标准，颁布了 RFC 6120、RFC 6121 和 RFC 7622，以反映最新的进展。

XMPP 协议中定义了三个角色：客户端、服务器和网关。系统整体上是一个分布式结构，服务器之间、客户端与服务器之间在传输层采用 TCP 协议建立连接，在应用层采用 XMPP 协议通信，图 15.10 是 RFC 3920 给出的系统拓扑结构。

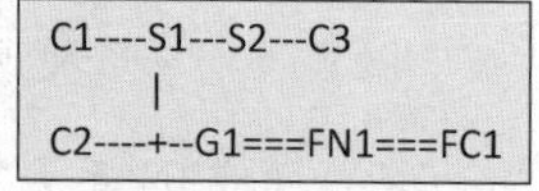

图 15.10　XMPP 系统拓扑结构

图 15.10 中各种符号解释如下：

“－”表示使用 XMPP 协议通信，“＝”表示使用其他协议(非 XMPP 协议)通信。

C1、C2、C3 代表 XMPP 客户端。

S1、S2 代表 XMPP 服务器。

G1 表示实现 XMPP 协议和非 XMPP 协议转换的网关。

FN1 表示外部非 XMPP 协议的消息网络。

FC1 表示非 XMPP 消息网络的客户端。

服务器同时承担了客户端信息记录,连接管理和信息路由功能。客户端通过 TCP/IP 连接到服务器,然后在上面传输 XML 数据流,XMPP 服务器之间的工作模式类似于邮件服务器之间的协作关系,根据地址路由 XML 数据流。

企业基于 XMPP 协议构建内部 XMPP 网络,融合 SASL 和 TLS 技术可以打造更为安全的企业内部协作系统。

通过上述内容,已经知道了 XMPP 是一种被广泛使用的可扩展开放即时消息协议,那么本章所使用的 Openfire 和 Smack 又是什么呢?

Openfire 是基于 XMPP 协议、采用 Java 编程语言开发的实时协作服务器,单台服务器可支持上万并发用户。使用它可以方便地利用 Web 页面进行管理,并且由于 Openfire 是开源的,因此可以根据业务修改服务器的源代码,达到自由定制系统和二次创新的效果。

Smack 是一个基于 XMPP 协议的客户端类库,使用它结合 Openfire 服务器,对于本章开发的 Android 即时消息系统而言,是一个比较不错的技术搭配方案。

本章完成作品的系统工作逻辑,如图 15.11 所示。

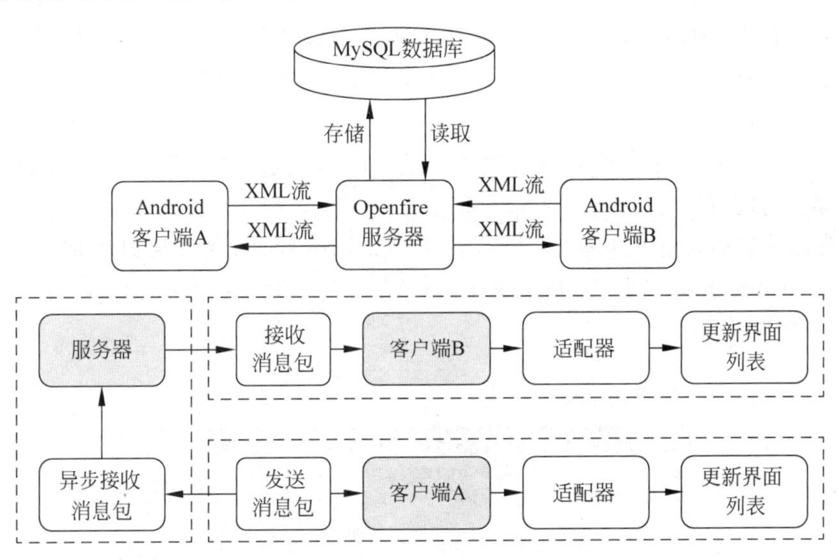

图 15.11　系统工作逻辑(客户端 A 向客户端 B 发送消息)

由图 15.11 得知,系统是 C/S 架构,客户端与服务器交换的消息包都是以 XML 数据格式封装的。服务器通过 MySQL 数据库管理会员信息。

以客户端 A 向客户端 B 发送消息为例,基本通信逻辑如下:

用户 A 使用客户端输入通信消息,单击“发送”按钮,客户端会使用适配器把用户 A 的消息以适当的布局更新在会话列表和聊天列表上,客户端 A 同时将消息发送到服务器,由服务器执行消息分发任务。

用户 B 的客户端以异步的方式接收到聊天消息后，同样客户端 B 会使用适配器把收到的 XML 消息以适当的布局更新到会话列表和聊天列表上。

除了上述基本的消息收发逻辑，本作品还集成了百度地图 SDK，可以学习到百度 LBS 的用法，引入了 Glide（图片加载框架）、EventBus（事件发布/订阅框架）等。虽然本作品的重点并不在于界面，但是优秀的界面设计也是生产力，SwipeDelMenuLayout（左滑删除库）、Indexlib（字母索引列表模块）和使用 Material Design（质感设计）制作的“关于作者”页面，或许都会引起你的兴趣。

15.3 搭建开发环境

本章使用 MySQL Community 5.7、Openfire 4.0.4 和 Android Studio 2.3 组建开发环境。Openfire 服务器的下载地址、安装版本参照如下：

版本：Openfire 4.0 或更新版本。

官方网站：http://www.igniterealtime.org/downloads/index.jsp。

下载提示：单击标有“Includes Java JRE (recommended)”的版本下载。

选择版本时要注意目前 Openfire 的最新发布版是 4.1.1 版本，但是 Windows 平台安装 4.1.1 版本可能出现计算机重启后无法再次启动服务器的情况，所以建议暂时安装 4.0.X 版本使用。

进入上述官方网站后，页面只显示最新版本的下载链接，最新版本往往存在稳定性问题，建议通过 http://download.igniterealtime.org/openfire/网址下载 Windows、Linux、Mac 平台的历史版本安装包。

初次配置 Openfire 服务器容易出现错误，下面是配置的基本步骤和注意事项，需要严格按照步骤进行配置。

(1) 安装并启动软件。下载完成后，安装 Openfire 软件，完成后以管理员身份启动软件，出现如图 15.12 所示的界面，单击 Launch Admin 按钮后，首次使用会打开 Web 页面配置 Openfire 服务器。

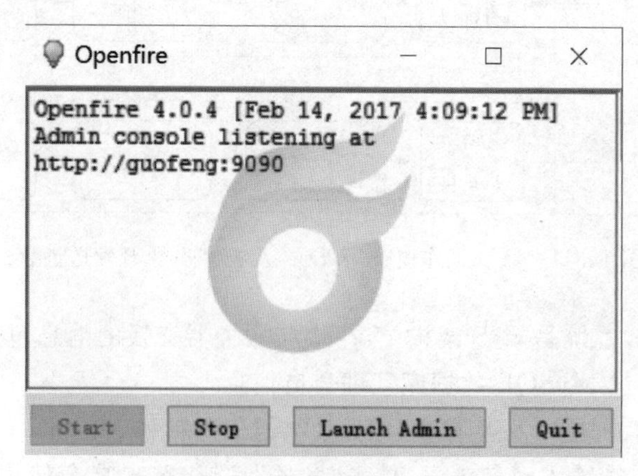

图 15.12　Openfire 启动界面

(2) 选择语言。选择中文或适合自己的语言即可，然后单击“继续”按钮。

(3) 设置服务器信息。填写服务器信息，管理控制台端口和安全管理控制台端口采用默认的 9090 和 9091 端口即可。配置参数加密方式为默认的 Blowfish，配置参数加密秘钥需要填写两遍自定义密码，如图 15.13 所示，最后单击“继续”按钮。

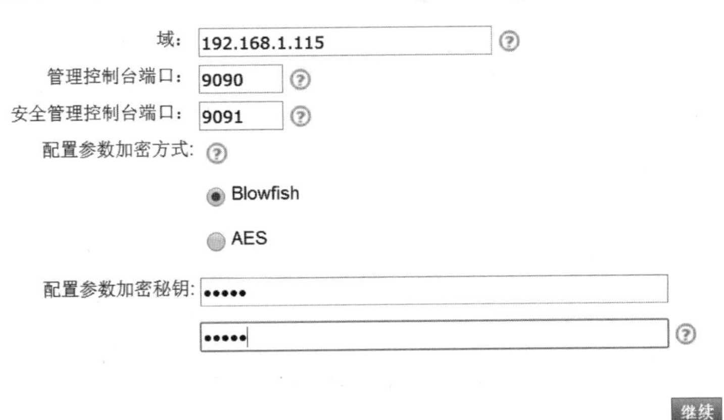

图 15.13　设置服务器信息

(4) 选择数据库。如图 15.14 所示，因为系统要使用外部的 MySQL 数据库，所以选择“标准数据库连接”，然后单击“继续”按钮。

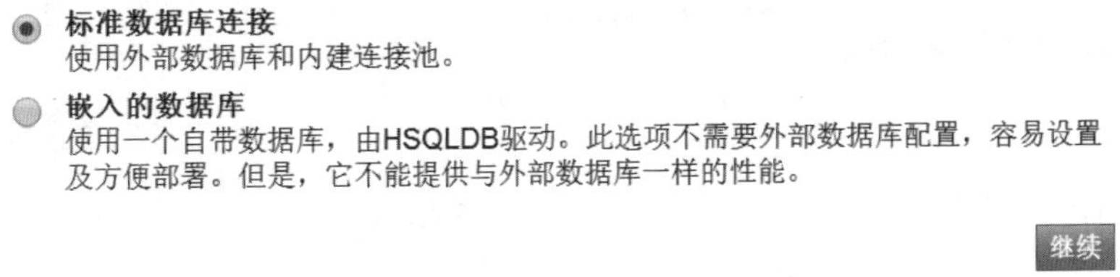

标准数据库连接
使用外部数据库和内建连接池。

嵌入的数据库
使用一个自带数据库，由HSQLDB驱动。此选项不需要外部数据库配置，容易设置及方便部署。但是，它不能提供与外部数据库一样的性能。

继续

图 15.14　Openfire 选择数据库

(5) 配置数据库连接。在配置数据库连接之前需要在 MySQL 中新建名称为 imdemo 的数据库。如图 15.15 所示，数据库驱动选项选择 MySQL，数据库 URL 需要按照如下格式填写：

jdbc:mysql://127.0.0.1:3306/imdemo?rewriteBatchedStatements=true&useUnicode=true&characterEncoding=UTF-8&characterSetResults=UTF-8

观察这个 URL，尽管在本机搭建测试，地址也尽量不要使用 localhost，直接指明为 127.0.0.1。其中，imdemo 是之前创建的数据库名。使用 rewriteBatchedStatements=true 开启批处理功能，提高性能。最后面拼接的内容是为了解决数据库字符编码问题。继续填写 MySQL 数据库的用户名和密码，其余的填写项默认即可，最后单击“继续”按钮。

(6) 特性设置。如果没有特殊需求，如图 15.16 所示，直接选择“初始设置”即可，然后单击“继续”按钮。

(7) 注册管理员账户。按如图 15.17 所示填写管理员电子邮件地址和密码，使用此账户可以登录 Openfire 的后台管理页面、查看或设置服务器的信息，也可以查看并设置一系列用户信息等。最后单击“继续”按钮。

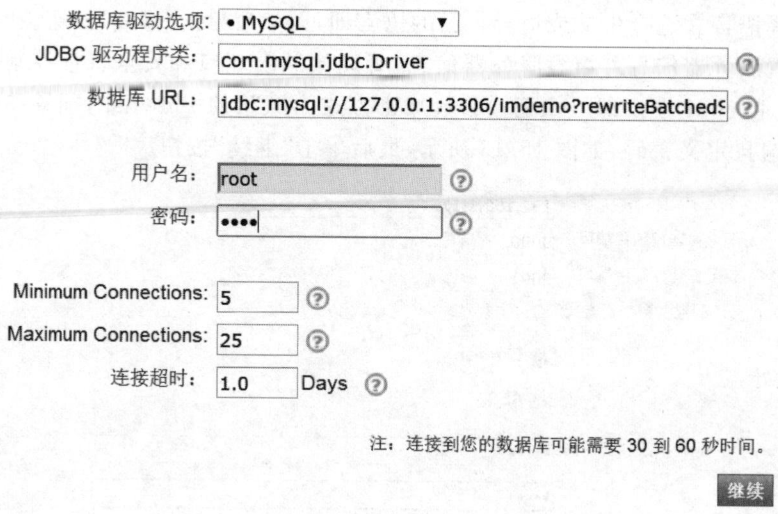

数据库驱动选项: • MySQL

JDBC 驱动程序类: com.mysql.jdbc.Driver

数据库 URL: jdbc:mysql://127.0.0.1:3306/imdemo?rewriteBatchedS

用户名: root

密码: ••••

Minimum Connections: 5

Maximum Connections: 25

连接超时: 1.0 Days

注: 连接到您的数据库可能需要 30 到 60 秒时间。

继续

图 15.15 Openfire 数据库连接设置

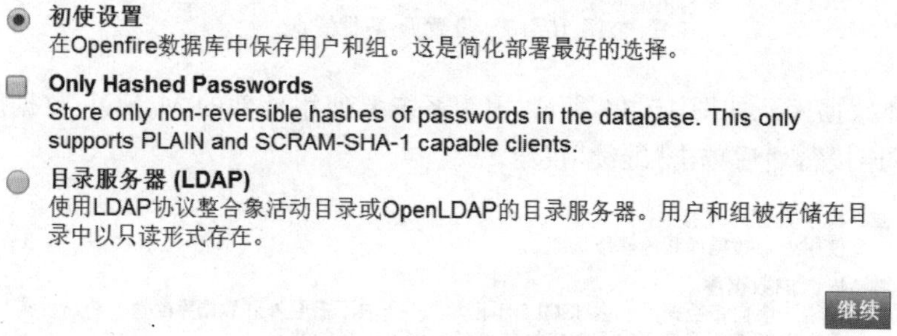

初使设置
在Openfire数据库中保存用户和组。这是简化部署最好的选择。

Only Hashed Passwords
Store only non-reversible hashes of passwords in the database. This only supports PLAIN and SCRAM-SHA-1 capable clients.

目录服务器 (LDAP)
使用LDAP协议整合象活动目录或OpenLDAP的目录服务器。用户和组被存储在目录中以只读形式存在。

继续

图 15.16 Openfire 特性设置

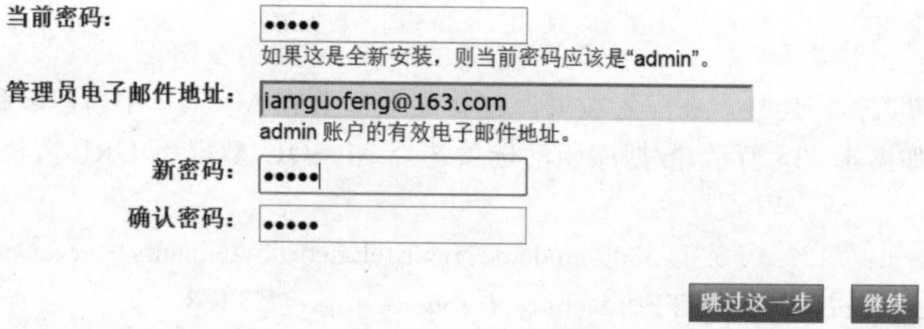

当前密码: •••••
如果这是全新安装，则当前密码应该是"admin"。

管理员电子邮件地址: iamguofeng@163.com
admin 账户的有效电子邮件地址。

新密码: •••••

确认密码: •••••

跳过这一步 继续

图 15.17 Openfire 注册管理员账户

经过上述七个步骤就完成服务器的配置，其中设置服务器信息和配置数据库连接容易填写错误，在配置的时候要格外留意。

15.4 初始源代码

一个客户端的代码主要包含交互界面代码和处理逻辑代码，由于篇幅所限，本章不介绍作品的界面和一些基本逻辑的编写过程，而是从提供的基础代码开始，专注于网络编程，一

步一步地实现主要的模块,例如分享位置功能,这就要求在继续开发之前必须熟练掌握客户端已经完成的基础设计。

首先打开 chap15 目录下的 begin 子文件夹,可以看到 15.1 节作品演示时所使用的 IMDemo-master 工程目录,运行 Android Studio 导入此工程,将项目切换到 Project 目录视图,可以看到整个目录主要包含两个部分,下面进行简单介绍。

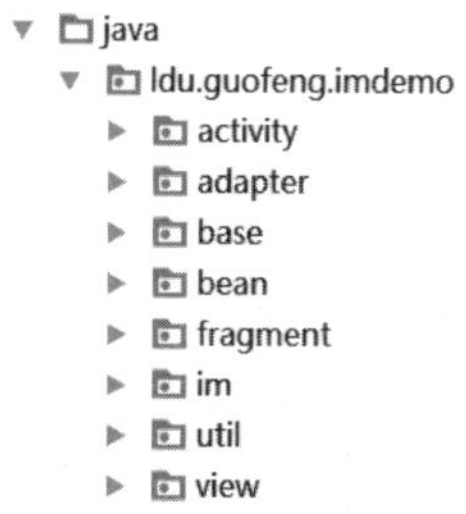

- java
  - ldu.guofeng.imdemo
    - activity
    - adapter
    - base
    - bean
    - fragment
    - im
    - util
    - view

图 15.18　Java 代码目录

第一部分是 Java 源代码设计,总共分为八个包,如图 15.18 所示。

其中, activity 包含 AboutActivity(关于作者页)、AddFriendActivity(添加好友页)、ChatActivity(聊天页)、LoginActivity(登录页)、MainActivity(主页)、MapLocActivity(位置详情页)、RegisterActivity(注册页)、ShareLocActivity(发送定位页)、WelcomeActivity(启动欢迎页)。

adapter 存放适配器,包含 ChatAdapter(ChatActivity 的适配器)、ConstactAdapter(ContactsFragment 的适配器)、SessionAdapter(SessionFragment 的适配器)。

base 比较简单,包含常量类 Constant 和 IMApplication。

bean 包含 Friend(好友结构)、ItemModel(消息类型和方向结构)、MsgModel(新消息结构)、SessionModel(会话信息结构)。

fragment 包中有 ContactsFragment(联系人列表碎片)、SessionFragment(会话列表碎片)、SettingFragment(设置碎片)。

im 包中只有 SmackUtils,用于封装 Smack 类库的网络操作方法。

util 包中的 NewMsgReceiver 写有新消息广播接收器,用于更新通知栏。PreferencesUtils 是 SharedPreferences 封装类,用于快速保存到本地一些轻量级信息。ToastUtils 是界面 Toast 封装类。

view 包中有 CustomLoadingDialog(自定义通用等待条)、CustomPopWindow(自定义 PopWindow)等。

阅读上述内容会感觉有些杂乱,下面来梳理一下逻辑:应用启动后,首先运行 WelcomeActivity,两秒后打开 LoginActivity,从登录页面用户可以打开 RegisterActivity 注册账号,也可以输入信息登录系统,如果登录成功,则跳转到 MainActivity 主页面,主页面包含三个 Fragment,其一是默认加载的 SessionFragment,显示最近会话列表;其二是 ContactsFragment,显示好友列表,可以打开 AddFriendActivity 添加好友,也可以单击好友进入 ChatActivity 聊天,在聊天页面可以打开 ShareLocActivity 分享位置;其三是 SettingFragment,显示用户的资料和设置,可以查看 AboutActivity"关于作者"页面。

- res
  - anim
  - drawable
  - drawable-xhdpi
  - layout
  - mipmap-hdpi
  - mipmap-mdpi
  - mipmap-xhdpi
  - mipmap-xxhdpi
  - mipmap-xxxhdpi
  - values
  - values-w820dp
  - AndroidManifest.xml

图 15.19　资源文件目录

第二部分是资源文件。如图 15.19 所示,anim 文件夹放置动画文件,drawable 文件夹存放图片,layout 文件夹存放关于界面的 XML 文件,values 文件夹存放常用的字符串和颜色等,最后是重要的清单文件——AndroidManifest.xml。

除了上述两部分代码,需要检查 app/build.gradle 文件,因为此文件中配置了各种构建版本,开发者导入项目源代码后构建失败,大多数情况是因为项目源代码的版本和自己的开发工具版本不一致导致的,只需要将源代码的版本改成自己开发工具的版本即可,但是本项目中还集成了字母索引列表模块,如果是因为版本不一致导致程序构建失败,那么还需要修改模块中的版本。

在 build.gradle 文件中还可以找到项目的依赖库,如图 15.20 所示,在本章作品中显得尤为重要的是 Smack 类库和百度地图 SDK。

```
......
compile project(':indexlib')  //集成字母索引列表
compile 'com.github.mcxtzhang:SwipeDelMenuLayout:V1.2.2'  //左滑删除库
compile 'com.github.bumptech.glide:glide:3.7.0'  //图片加载框架
compile 'org.greenrobot:eventbus:3.0.0'  //事件发布和订阅框架
compile 'org.igniterealtime.smack:smack-android-extensions:4.1.9'  //Smack
compile 'org.igniterealtime.smack:smack-tcp:4.1.9'
compile 'de.measite.minidns:minidns:0.1.7'
compile files('libs/BaiduLBS_Android.jar')  //百度地图
......
```

图 15.20　项目部分依赖

无论是 Java 逻辑代码,还是编写的各种资源文件,只要多用心,多实践,就能将这些基础代码融会贯通,从而更好地进行后续编程。

15.5　连接服务器实现注册功能

注册功能是每个即时通信系统的必要模块,只有在注册账号以后,用户才可以登录系统,才能进行聊天,所以实现注册功能也是使用本系统其他模块的前提。

首先打开 base 包的 Constant 类,此类专门存放常量,修改代码如程序 15.1 所示。

程序 15.1　客户端常量类

```
01  public class Constant {
02       public static final String IM_HOST = "192.168.1.115";
03       public static final String IM_SERVER = "192.168.1.115";
04       public static final int IM_PORT = 5222;
05       public static final String SPLIT = "卍";
06       public static final int MSG_TYPE_TEXT = 1;
07       public static final int MSG_TYPE_LOC = 2;
08  }
```

程序 15.1 解析如下:

(1) 02～04 行,定义服务器主机地址、服务器名称、客户端到服务器通信端口常量。

(2) 05 行,定义消息分隔符常量,用来分隔消息。

(3) 06～07 行,定义文本消息类型和位置消息类型常量。

客户端和服务器之间建立连接是客户端向服务器发起注册请求或其他任何请求的前提,所以需要编写建立连接代码。

打开 im 包中的 SmackUtils 类，此类将封装一些 Smack 类库的网络请求方法，因为此类中的方法会被频繁调用，所以将此类设计为单例模式。在类中编写 getXMPPConnection()方法用于获取连接，方法中主要使用到两个比较重要的类，其一是 XMPPTCPConnection 类，它的作用是连接服务器；其二是 XMPPTCPConnectionConfiguration 类，它的作用是通过构建器来配置连接参数，代码如程序 15.2 所示。

程序 15.2　SmackUtils 中获取连接的方法

```
01 public void getXMPPConnection() {
02     if (IMApplication.connection == null || !IMApplication.connection.isConnected()) {
03         XMPPTCPConnectionConfiguration builder =
04             XMPPTCPConnectionConfiguration.builder()
05             .setHost(Constant.IM_HOST)
06             .setPort(Constant.IM_PORT)
07             .setServiceName(Constant.IM_SERVER)
08             .setCompressionEnabled(false)
09             .setSendPresence(true)
10             .setDebuggerEnabled(true)
11             .setResource("Android")
12             .setConnectTimeout(15 * 1000)
13             .setSecurityMode(ConnectionConfiguration.SecurityMode.disabled)
14             .build();
15         SASLAuthentication.blacklistSASLMechanism(SASLMechanism.DIGESTMD5);
16         IMApplication.connection = new XMPPTCPConnection(builder);
17         try {
18             IMApplication.connection.connect();
19         } catch (SmackException | IOException | XMPPException e) {
20             e.printStackTrace();
21         }
22     }
23 }
```

程序 15.2 解析如下：

(1) 02 行，判断保持的连接是否为空，isConnected()方法返回的布尔值表示是否连接到服务器，注意此时用户不一定登录。

(2) 03～14 行，用来配置连接参数。05 行设置主机网络地址，06 行设置客户端到服务器的通信端口，07 行设置服务器名称，08 行设置不允许使用压缩，09 行设置发送 Presence 信息，10 行设置是否开启调试，11 行设置登录设备标识，12 行设置连接服务器超时时间，13 行设置 TLS 安全模式时使用的连接。

(3) 15 行，设置使用加密的方式。

(4) 16 行，将创建的连接赋给 IMApplication 中声明的连接。

(5) 17～21 行，连接服务器。

每次连接服务器进之前，都要判断之前存储的连接是否正常，如果连接不正常，则需要加以修正，以此提高通信成功率。打开 SmackUtils，在类中编写检查连接的 checkConnect()方法，如程序 15.3 所示。

程序 15.3　SmackUtils 中检查连接的方法

```
01  private void checkConnect() {
02      if (IMApplication.connection == null) {
03          getXMPPConnection();
04      }
05      if (!IMApplication.connection.isConnected()) {
06          try {
07              IMApplication.connection.connect();
08          } catch (SmackException | IOException | XMPPException e) {
09              e.printStackTrace();
10          }
11      }
12  }
```

程序 15.3 解析如下：

(1) 02～04 行，判断保持的连接是否为空，为空则再进行获取连接。

(2) 05～11 行，判断保持的连接是否已经连接到服务器，如果没有连接，则进行连接。

至此已经完成连接服务器的方法，接下来编写注册代码。注册使用到 Smack 类库的 AccountManager 类，见名知意，这是一个账户管理类，可以通过此类来注册账号。在 SmackUtils 类中编写注册方法，如程序 15.4 所示。

程序 15.4　SmackUtils 中进行注册的方法

```
01  public boolean register(String username, String password) {
02      try {
03          checkConnect();
04          Map<String, String> map = new HashMap<String, String>();
05          map.put("phone", "Android");
06          AccountManager accountManager =
07                  AccountManager.getInstance(IMApplication.connection);
08          accountManager.sensitiveOperationOverInsecureConnection(true);
09          accountManager.createAccount(username, password, map);
10      } catch (SmackException | XMPPException e) {
11          e.printStackTrace();
12          return false;
13      }
14      return true;
15  }
```

程序 15.4 解析如下：

(1) 03 行，调用检查连接方法。

(2) 04～05 行，用集合以 key-value 的形式来存储用户的一些其他信息。

(3) 06～07 行，传入保持的连接，获取账户管理器对象。

(4) 08～09 行，08 行设置敏感操作跳过不安全的连接，此项必须设置。09 行传入用户名、密码和其他信息的集合来创建账户。

到目前为止，已经在 SmackUtils 中编写了连接服务器方法和注册方法等，接下来打开 RegisterActivity，在 doRegister()方法中调用注册方法，如程序 15.5 所示。

程序 15.5　RegisterActivity 的 doRegister()方法增加的代码

```
01 new Thread(new Runnable() {
02     @Override
03     public void run() {
04         SmackUtils.getInstance().getXMPPConnection();
05         if (SmackUtils.getInstance().register(username, password)) {
06             PreferencesUtils.getInstance().putString("username", username);
07             PreferencesUtils.getInstance().putString("pwd", password);
08             Intent intent = new Intent(mContext, LoginActivity.class);
09             startActivity(intent);
10             finish();
11         }
12     }
13 }).start();
```

程序 15.5 解析如下：

(1) 01～03 行，启动一个线程执行注册。

(2) 04 行，连接服务器。

(3) 05 行，根据用户输入的用户名和密码进行注册。

(4) 06～07 行，注册成功后，将用户名和密码保存到本地。

(5) 08～10 行，从注册页面跳转到登录页面。

本节代码编写完成，进入测试阶段。编译代码，运行客户端，注册 12345 账号，然后打开 openfire 管理控制台，打开“用户/组”页，此时若可以看到“用户摘要”中刚刚注册的账户，则注册成功，同时可以查看 MySQL 中 imdemo 数据库的 ofuser 表，查看是否有注册记录。

15.6　登录和退出功能

经过 15.5 节的学习，有连接服务器和注册功能作为铺垫，本节编写登录系统和退出系统功能就相对简单了许多。打开 SmackUtils 类增加登录方法，如程序 15.6 所示。

程序 15.6　SmackUtils 中登录方法

```
01 public boolean login(String username, String password) {
02     try {
03         checkConnect();
04         if (IMApplication.connection.isAuthenticated()) {
05             return true;
06         } else {
07             IMApplication.connection.login(username, password);
08             return IMApplication.connection.isAuthenticated();
09         }
10     } catch (IOException | SmackException | XMPPException e) {
11         e.printStackTrace();
12     }
13     return false;
14 }
```

程序 15.6 解析如下：

(1) 03 行，调用检查连接的方法。

(2) 04～05 行，使用 isAuthenticated()方法，其返回的布尔值表示登录是否成功。

(3) 06～09 行，通过调用 login()方法来进行登录操作。

已经编写完成登录方法，那么应该在哪里进行调用呢？对于登录过程，用户单击“登录”按钮后，如果正在登录中，客户端要出现等待提示；如果登录完成，即登录成功，客户端需要跳转到主页面，即 MainActivity。一般情况下，分配一个异步任务来完成整个登录过程即可，Android 编程中 AsyncTask 是执行异步任务的不错选择。在 im 包下新建 LoginAsyncTask 类，代码如程序 15.7 所示。

程序 15.7　登录的异步任务类 LoginAsyncTask

```
01  public class LoginAsyncTask extends AsyncTask<String, String, Boolean> {
02      private CustomLoadingDialog loadDialog;
03      private Context mContext;
04      public LoginAsyncTask(Context context) {
05          mContext = context;
06      }
07      @Override
08      protected void onPreExecute() {
09          super.onPreExecute();
10          loadDialog = new CustomLoadingDialog(mContext);
11          loadDialog.setTitle("正在登录...");
12          loadDialog.show();
13      }
14      @Override
15      protected Boolean doInBackground(String... strings) {
16          String username = strings[0];
17          String pwd = strings[1];
18          SmackUtils.getInstance().getXMPPConnection();
19          if (SmackUtils.getInstance().login(username, pwd)) {
20              PreferencesUtils.getInstance().putString("username", username);
21              PreferencesUtils.getInstance().putString("pwd", pwd);
22              return true;
23          }
24          return false;
25      }
26      @Override
27      protected void onPostExecute(Boolean bool) {
28          if (loadDialog.isShowing()) {
29              loadDialog.dismiss();
30          }
31          if (bool) {
32              Intent intent = new Intent(mContext, MainActivity.class);
33              mContext.startActivity(intent);
34          } else {
35              ToastUtils.showShortToast("请检查信息是否正确/网络是否可用");
36          }
37      }
38  }
```

程序 15.7 解析如下：

(1) 02～06 行，02 行声明自定义等待条，03 行声明上下文，04～06 行传入上下文的构造函数。

(2) 07～13 行，重写 onPreExecute()方法，该方法运行在 UI 线程中，在执行耗时操作前被调用，主要用于 UI 控件初始化操作。在这里初始化并且显示了登录等待条。

(3) 14～25 行，重写 doInBackground()方法，该方法继承 AsyncTask 后必须重写，该方法不运行在 UI 线程中，主要用于耗时的处理工作。16～17 行获取执行异步任务时传入的参数。18 行用于获取连接。19 行执行登录方法。20～21 行将登录成功的用户名和密码保存到本地。

(4) 26～37 行，在 doInBackground()方法执行完后，返回一个布尔值，需要重写 onPostExecute()方法来接收布尔值，此方法被 UI 线程调用。28～30 行如果登录等待条没有关闭，进行关闭操作。31～33 行如果布尔值为 true，则跳转到主页面。34～36 行表示如果布尔值不为 true，则界面会有相应的提示。

已经编写完成一个登录方法，一个登录异步任务类，在异步任务类中调用登录方法进行登录请求。显而易见，这些代码是不够的，还需要开启登录异步任务。打开 LoginActivity，增加几行代码，如程序 15.8 所示。

程序 15.8　声明并启动登录异步任务

```
01  private LoginAsyncTask loginAsyncTask;
02  loginAsyncTask = new LoginAsyncTask(mContext);
03  loginAsyncTask.execute(username, pwd);
```

程序 15.8 解析如下：

(1) 01 行，在 LoginActivity 中进行声明。

(2) 02～03 行，在 LoginActivity 的“登录”按钮单击事件的 doLogin 方法中传入上下文，初始化登录异步任务类，然后传入用户名和密码开始执行异步任务。

登录的主要逻辑已经完成了，仔细审视代码仍有美中不足，如果应用正在执行登录任务，然后用户退出了“登录”页面，即“登录”页面已经销毁，那么异步任务线程也应该同时销毁。所以在 LoginActivity 中重写 onDestory()生命周期方法，增加代码如程序 15.9 所示。

程序 15.9　销毁异步任务

```
01  @Override
02  protected void onDestroy() {
03      super.onDestroy();
04      if (loginAsyncTask != null &&
05              loginAsyncTask.getStatus() == AsyncTask.Status.RUNNING) {
06              loginAsyncTask.cancel(true);
07      }
08  }
```

程序 15.9 解析如下：

(1) 04～05 行，判断登录任务对象是否为空，判断任务状态是否在运行中。

(2) 06 行，结束正在执行登录任务的线程。

完成登录部分的代码后，对 12345 账号进行登录测试。编译代码，运行客户端，输入用户信息,进行登录操作,登录成功应用会跳转到主页面,然后打开 Openfire 服务器的管理控制台的“用户/组”页面,如果 12345 账号的头像变成绿色,即可用状态,表示此用户登录成功。

既然用户能登录系统,那么相应的用户也可以退出系统,退出功能的代码十分简单,首先在 SmackUtils 类中增加断开连接方法,如程序 15.10 所示。

程序 15.10 在 SmackUtils 类中断开连接方法

```
01  public void exitConnect() {
02      if (IMApplication.connection != null && IMApplication.connection.isConnected()) {
03          IMApplication.connection.disconnect();
04          IMApplication.connection = null;
05      }
06  }
```

程序 15.10 解析如下:

(1) 02 行,判断保持的连接是否为空和是否已经登录。

(2) 03~04 行,将保持的连接断开并且赋值为空。

只需要调用退出方法就完成退出系统功能了,那么需要在哪里调用方法呢? 在客户端的“设置”页面下方已经预留好退出口,单击“退出登录”按钮,会提示是否退出,继续单击“退出”按钮可以返回到“登录”页面。定位到代码,打开 SettingFragment,浏览到 initPop()方法,这里有两个单击监听事件实现,一个是“取消”按钮的,一个是“退出”按钮的,那么只需在“退出”按钮的单击监听事件中编辑代码即可,如程序 15.11 所示。

程序 15.11 退出登录实现代码

```
01  SmackUtils.getInstance().exitConnect();
02  Intent intent = new Intent(mContext, LoginActivity.class);
03  mContext.startActivity(intent);
04  getActivity().finish();
```

程序 15.11 解析如下:

(1) 01 行,调用断开连接方法。

(2) 02 行—04 行,打开“登录”页面,关闭主页面。

本节关于登录和退出系统的所有代码已经编写完毕,对 12345 账号进行登录和退出测试。编译代码,运行客户端,进行登录操作,然后打开 Openfire 服务器的管理控制台的“用户/组”页面,如果 12345 账号的头像为绿色状态,即可用状态,表示客户端登录成功。在应用的“设置”页面进行退出系统操作,刷新服务器控制台的“用户/组”页面,如果头像从绿色状态转换为白色状态,即脱机状态,那么退出系统成功。

15.7 获取好友并填充列表

此时,客户端还没有编写“添加好友”这个功能,为了对本节编写的获取好友功能进行测试,首先在 Openfire 管理控制台手动设置两个账号互相成为好友。

(1) 使用客户端注册两个账号或者打开 Openfire 管理控制台的“用户/组”页面,单击左侧的“新建用户”,输入用户名和密码也可以完成注册。注册完成后管理台“用户摘要”页面如图 15.21 所示。本节使用注册的 123 和 456 作为演示账号。

	在线	用户名	名称	组	已创建	最近一次退出	编辑	删除
1		123		*None*	2017-2-2			
2		456		*None*	2017-2-2			
3		admin	Administrator	*None*	2017-1-25			

图 15.21 "用户摘要"页面

(2) 单击用户名为 123 的账号,进入"用户属性"页面,再单击左侧的"好友"链接,可以看到当前用户的好友清单,如图 15.22 所示。

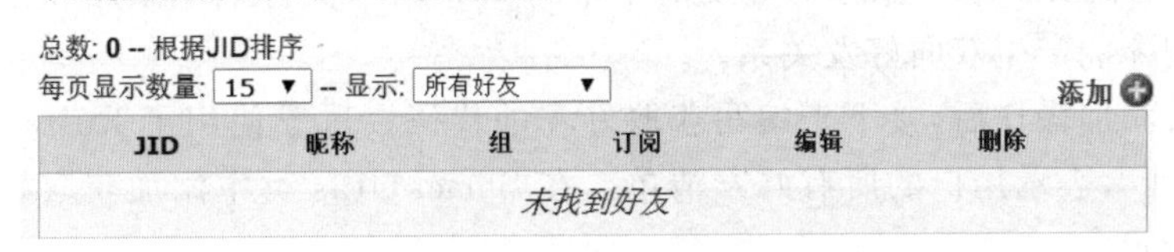

图 15.22 好友清单

单击图 15.22 中"添加"按钮,出现如图 15.23 所示的"填加新好友"信息框,填写 JID,格式为"好友用户名@服务器主机地址",例如 456@192.168.1.115,单击"添加好友"按钮。

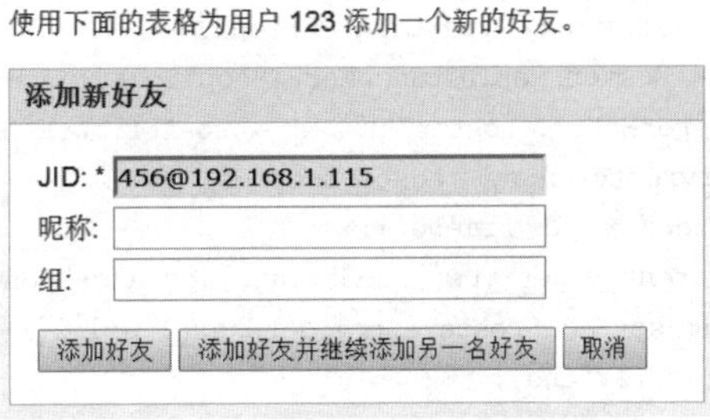

使用下面的表格为用户 123 添加一个新的好友。

添加新好友

JID: * 456@192.168.1.115

昵称:

组:

添加好友 | 添加好友并继续添加另一名好友 | 取消

图 15.23 "添加新好友"信息页

(3) 当完成前面的步骤,会出现"添加好友成功"的提示,如图 15.24 所示,可以看到"订阅"栏是 none。

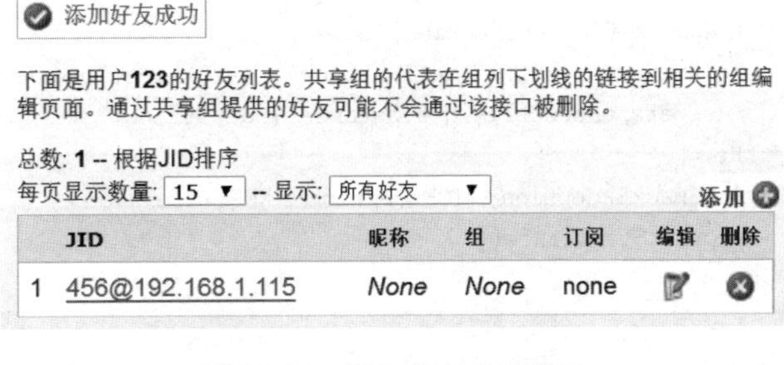

图 15.24 添加好友成功提示

这意味着两个账号间还没有互相成为好友，所以继续单击“编辑”栏，打开“好友设置”页面，如图 15.25 所示将“订阅”项改为 Both，最后单击“保存”按钮。

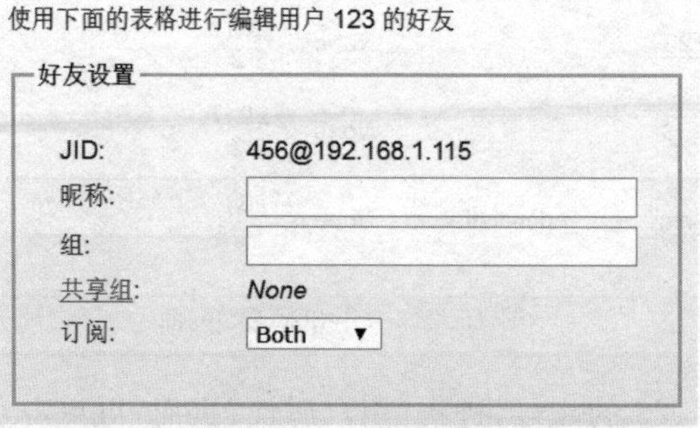

使用下面的表格进行编辑用户 123 的好友

好友设置

JID: 456@192.168.1.115

昵称:

组:

共享组: None

订阅: Both

图 15.25 “好友设置”页面

(4) 同样还需要在 456 账号的好友清单中对 123 账号执行上述添加和订阅操作，这样两个账号之间才能产生双向好友关系。

完成好友添加操作后，接下来编写获取好友的代码。这里使用了 Roster 对象，翻译成中文为“花名册”，表示用户的所有好友清单。在 SmackUtils 类中添加获取好友的方法，如程序 15.12 所示。

程序 15.12 在 SmackUtils 类中编写获取好友的方法

```
01 public List<Friend> getFriendsList() {
02     checkConnect();
03     checkLogin();
04     List<Friend> list = new ArrayList<Friend>();
05     Roster roster = Roster.getInstanceFor(IMApplication.connection);
06     Collection<RosterEntry> rosterEntries = roster.getEntries();
07     for (RosterEntryrosterentry : rosterEntries) {
08         Friend friend = new Friend();
09         if (!rosterentry.getType().toString().equals("none")) {
10             friend.setName(rosterentry.getUser().split("@")[0]);
11             list.add(friend);
12         }
13     }
14     return list;
15 }
16 private void checkLogin() {
17     if (!IMApplication.connection.isAuthenticated()) {
18         try {
19             IMApplication.connection.login(
20                 PreferencesUtils.getInstance().getString("username"),
21                 PreferencesUtils.getInstance().getString("pwd")
22             );
23         } catch (SmackException | IOException | XMPPException e) {
24             e.printStackTrace();
25         }
26     }
27 }
```

程序 15.12 解析如下：

(1) 02～03 行，调用检查连接、检查登录方法。

(2) 05～07 行，传入保持的连接，获取 Roster 对象来获取好友实体，进行遍历。

(3) 08～14 行，将用户关系不是 none 的好友名称填充到 Friend 结构中，然后存入集合中，最后返回 List 集合。

已经实现了获取好友清单的网络操作，那么怎么样进行调用，然后把获取的数据填充到"联系人"呢？打开 ContactsFragment，编写调用 getFriendsList()方法，同时使用 Handler 来更新"联系人"页面，如程序 15.13 所示。

程序 15.13　填充"联系人"的代码

```
01 private final MyHandler mHandler = new MyHandler(this);
02 private static class MyHandler extends Handler {
03     private final WeakReference<ContactsFragment> mWeakReference;
04     MyHandler(ContactsFragment contactsFragment) {
05     mWeakReference = new WeakReference<ContactsFragment>(contactsFragment);
06     }
07     @Override
08     public void handleMessage(Message msg) {
09         super.handleMessage(msg);
10         ContactsFragment contactsFragment = mWeakReference.get();
11         if (contactsFragment != null) {
12             contactsFragment.mAdapter.setDatas(contactsFragment.mDatas);
13             contactsFragment.mAdapter.notifyDataSetChanged();
14             contactsFragment.mIndexBar
15             .setmPressedShowTextView(contactsFragment.mTvSideBarHint)
16             .setNeedRealIndex(true)
17             .setmLayoutManager(contactsFragment.mManager)
18             .setmSourceDatas(contactsFragment.mDatas)
19             .invalidate();
20             contactsFragment.mDecoration.setmDatas(contactsFragment.mDatas);
21         }
22     }
23 }
24 private void initData() {
25     new Thread(new Runnable() {
26         @Override
27         public void run() {
28             mDatas = SmackUtils.getInstance().getFriendsList();
29             if (mDatas.size() > 0) {
30                 mHandler.sendEmptyMessage(0);
31             }
32         }
33     }).start();
34 }
```

程序 15.13 解析如下：

(1) 01～23 行，使用 Handler 进行界面更新。其中，01 行初始化内部静态类 MyHandler。08 行重写 handleMessage()方法接收消息。12～13 行给适配器填充数据，通知数据改变。14～20 行对字母索引列表进行设置。

(2) 24～34 行,由于获取好友是耗时的网络操作,因此要在子线程中进行调用,得到数据之后,发送消息通知更新界面。

下面来梳理一下逻辑,上面代码在 initData()方法的子线程中进行网络操作,获取到数据后,使用 Handler 发送消息通知更新界面。那么什么时候触发 initData()方法呢?在 ContactsFragment 中重写 onViewCreated()方法进行触发,界面还有"刷新"按钮,也需要在"刷新"按钮的监听事件中进行触发。调用 initData()方法的代码如程序 15.14 所示。

程序 15.14 调用 initData()方法

```
01  @Override
02  public void onViewCreated(View view, Bundle savedInstanceState) {
03      super.onViewCreated(view, savedInstanceState);
04      initData();
05  }
06
07  mToolbar.setLeftButtonListener(new View.OnClickListener() {
08      @Override
09      public void onClick(View view) {
10          initData();
11      }
12  });
```

获取好友功能编写完成,进入测试阶段,只需重新编译代码,运行客户端,打开"联系人"页面就可以看到好友。

15.8 发送文本消息

消息收发功能是一个即时通信系统最重要的模块。本节开始编写发送消息的代码,此处用到事件发布/订阅框架—EventBus,开发者称之为事件总线,使用它可以简化代码,进行模块间通信,进而降低因多重回调导致的模块间的强耦合,提高应用的性能。

在 SmackUtils 类中增加发送消息方法,方法中使用了 ChatManager 类和 Chat 类,具体代码如程序 15.15 所示。

程序 15.15 SmackUtils 类中发送消息代码

```
01  public void sendMessage(String message, String to) {
02      try {
03          checkConnect();
04          checkLogin();
05          ChatManager mChatManager =
06                  ChatManager.getInstanceFor(IMApplication.connection);
07          Chat mChat = mChatManager.createChat(to + "@" + Constant.IM_HOST);
08          mChat.sendMessage(message);
09          mChat.close();
10      } catch (SmackException e) {
11          e.printStackTrace();
12      }
13  }
```

程序 15.15 解析如下：

(1) 03～04 行，调用检查连接、检查登录的方法。

(2) 05～09 行，通过传入保持的连接，获取会话管理器对象，然后 07 行传入 JID 来创建会话，通过会话对象发送消息，最后必须进行关闭操作，增强安全性和减少内存泄漏。

发送消息的方法已经编写完成了，继续编写调用以及通知更新聊天列表的代码，如程序 15.16 所示。

程序 15.16　ChatActivity 中调用发送消息方法

```
01  private void sendTextMessage() {
02      if (txtContent.equals("")) {
03          return;
04      }
05      final String message = form + Constant.SPLIT + to + Constant.SPLIT
06          + Constant.MSG_TYPE_TEXT + Constant.SPLIT + txtContent;
07      new Thread(new Runnable() {
08          @Override
09          public void run() {
10              SmackUtils.getInstance().sendMessage(message, to);
11          }
12      }).start();
13      MsgModel msgModel = new MsgModel();
14      msgModel.setToUser(to);
15      msgModel.setType(Constant.MSG_TYPE_TEXT);
16      msgModel.setContent(txtContent);
17      adapter.insertLastItem(new ItemModel(ItemModel.RIGHT_TEXT, msgModel));
18      insertSession(msgModel);
19      recyclerView.smoothScrollToPosition(adapter.getItemCount() - 1);
20      et_message.setText("");
21  }
22  public void insertSession(MsgModel msg) {
23      SessionModel sessionModel = new SessionModel();
24      sessionModel.setType(msg.getType());
25      sessionModel.setForm(msg.getToUser());
26      sessionModel.setContent(msg.getContent());
27      EventBus.getDefault().post(sessionModel);
28  }
```

程序 15.16 解析如下：

(1) 02～04 行，如果此刻文本消息为空，不再继续执行方法。

(2) 05～12 行，首先通过消息分隔符将各种信息组合成文本消息串，然后在子线程中发送。

(3) 13～18 行和 22～28 行，使用 MsgModel 封装消息更新聊天列表，使用 SessionModel 封装一条会话信息，使用 EventBus 发布消息体。

(4) 19～20 行，使聊天列表滑动到最后一条、清空文本输入框的内容。

上述代码说到在 ChatActivity 中通过 EventBus 发布了一条会话信息，那么怎样编写订阅事件呢？首先打开 SessionFragment 类，因为使用 EventBus 订阅之前必须进行注册，在重写的 onCreateView()方法中添加一行代码，如下所示。

```
EventBus.getDefault().register(this);
```


同时 EventBus 不再使用时也必须进行注销操作，重写 onDestroy()方法添加注销代码，如下所示。

```
01  @Override
02      public void onDestroy() {
03      super.onDestroy();
04      EventBus.getDefault().unregister(this);
05  }
```

经过上述准备，可以编写订阅方法了，也是在 SessionFragment 中，编写代码如程序 15.17 所示。

程序 15.17　订阅会话消息

```
01  @Subscribe(threadMode = ThreadMode.MAIN)
02  public void recSessionEventBus(SessionModel sessionModel) {
03      mAdapter.insertSessionItem(sessionModel);
04  }
```

程序 15.17 解析如下：

(1) 01 行，使用注解 Subscribe，其含义为订阅者，在其内传入了 threadMode，定义为 ThreadMode.MAIN，其含义是该方法在 UI 线程完成。

(2) 03 行，通过适配器在 SessionFragment 的列表中插入一条新的会话。

现在的系统已经实现了网络发送消息包、更新聊天列表和更新会话列表的功能。在 15.5 节配置连接参数时有这样的一行代码：setDebuggerEnabled(true)，意思是开启调试打印功能，所以发送消息包后可以观察打印的日志进行调试。

15.9　接收文本消息

在 15.8 节实现了发送文本消息的功能，与其相对应，本节来编写接收文本消息模块。在本章实现的客户端中有两种方式可以实现监听消息的功能：其一是可以通过实现 ChatMessageListener 接口，在 processMessage()方法中接收 Message 包信息；其二是可以实现 StanzaListener 接口，在 processPacket()方法中接收信息包。虽然这两个都是异步接收包的接口，但是第一种方式接收的消息包类型相对单一化，只能接收 Message 包，第二种方式接收的消息包可以是 Message 包，可以是 Presence 包，还可以是 IQ 包等。

本节以实现 StanzaListener 接口为例，实现监听消息包的功能，在 im 包下新建 PacketListener 类并实现 StanzaListener 接口，如程序 15.18 所示。

程序 15.18　消息包监听类

```
01  public class PacketListener implements StanzaListener {
02      @Override
03      public void processPacket(final Stanza packet)
04              throws SmackException.NotConnectedException {
05          if (packet instanceof Message) {
06              switch (((Message) packet).getType()) {
```

```
07                  case chat:
08                      String msgBody = ((Message) packet).getBody();
09                      if (TextUtils.isEmpty(msgBody))
10                          return;
11                      String[] msgArr = msgBody.split(Constant.SPLIT);
12                      MsgModel msg = new MsgModel();
13                      msg.setFromUser(msgArr[0]);
14                      msg.setToUser(msgArr[1]);
15                      msg.setType(Integer.parseInt(msgArr[2]));
16                      msg.setContent(msgArr[3]);
17                      updateNofitication(msgArr[0], Integer.parseInt(msgArr[2]));
18                      EventBus.getDefault().post(msg);
19                      break;
20                  case groupchat:
21                      break;
22                  case error:
23                      break;
24              }
25          }
26      }
27      private void updateNofitication(String form, int type) {
28          Intent intent_nftc = new Intent();
29          intent_nftc.putExtra("form", form);
30          intent_nftc.putExtra("type", type);
31          intent_nftc.setAction("TYPE_NEW_MSG");
32          IMApplication.getMyAppContext().sendBroadcast(intent_nftc);
33      }
34  }
```

程序 15.18 解析如下：

(1) 05～25 行，这里对包类型进行了判断，如果是 Message 消息包，则根据类型是单聊、群聊还是错误信息包进行分支处理。07～19 行编写了对单聊信息包做的处理，首先 08 行取出消息内容，11 行将消息内容按消息分隔符拆分，12～16 行把具体消息封装到 MsgModel，18 行使用 EventBus 发布。

(2) 27～33 行，将部分消息内容用广播发送以更新通知栏。源代码已经给出了 util 包下的 NewMsgReceiver 广播接收器，在广播接收器内进行更新通知栏操作。

本节开头提到过 StanzaListener 接口除了接收 Message 信息包，还可以接收 Presence 包和 IQ 包，所以在 PacketListener 类中可以继续拓展系统。

其中的 Presence 和 Message 一样，也是继承自 Stanza 包。Presence 主要有两个用途：其一是发出当前状态给服务器、所有客户端；其二是发出订阅、同意订阅、拒绝订阅、取消订阅等好友请求操作。IQ 也是继承自 Stanza，是 Info/Query 的缩写，IQ 是最基本的信息查询包，它被用于从服务器获取信息，或将信息设置到服务器，包括认证、花名册的操作、创建用户等。有兴趣的读者可以查阅 Smack API 尝试进一步拓展系统。

至此水到渠成，下一步需要编辑订阅消息代码。不同于 15.8 节的订阅消息，此次订阅消息有两处，因为当有新消息抵达时，如果用户处于会话列表页面，此时需要更新会话列表；如果用户处于聊天页面，也应当更新聊天列表。

首先编辑会话列表页的订阅消息方法,打开 SessionFragment,编写如程序 15.19 所示代码片段。

程序 15.19　会话页订阅新消息代码

```
01  @Subscribe(threadMode = ThreadMode.MAIN)
02  public void recMsgEventBus(MsgModel msg) {
03      SessionModel sessionModel = new SessionModel();
04      sessionModel.setType(msg.getType());
05      sessionModel.setForm(msg.getFromUser());
06      sessionModel.setContent(msg.getContent());
07      mAdapter.insertSessionItem(sessionModel);
08  }
```

编写另外一处订阅消息的方法,打开 ChatActivity,编写如程序 15.20 所示代码片段。

程序 15.20　聊天页订阅新消息代码

```
01  @Subscribe(threadMode = ThreadMode.MAIN)
02  public void recMsgEventBus(MsgModel msg) {
03      if (msg.getFromUser().equals(to)) {
04          if (msg.getType() == Constant.MSG_TYPE_TEXT) {
05              adapter.insertLastItem(new ItemModel(ItemModel.LEFT_TEXT, msg));
06          } elseif (msg.getType() == Constant.MSG_TYPE_LOC)
07              adapter.insertLastItem(new ItemModel(ItemModel.LEFT_LOCATION, msg));
08          }
09          recyclerView.smoothScrollToPosition(adapter.getItemCount() - 1);
10      }
11  }
```

程序 15.20 解析如下:

(1) 03 行,对消息过滤,只显示来自特定好友的相关信息。

(2) 04～08 行,根据不同的消息类型来显示对应的列表条目。

(3) 09 行,将列表滑动到末尾,才能直接显示最近的一条消息。

到目前为止,本节编写了 PacketListener 类来监听消息包,在类的内部接收消息和发布消息,然后又继续编写了订阅方法来接收消息和更新界面。但是不要忘记还没有初始化 PacketListener 类,客户端需要在登录成功后立即就能接收到消息包,所以在 LoginAsyncTask 的 doInBackground()方法中来进行初始化,如程序 15.21 所示。

程序 15.21　初始化监听消息类

```
01  if (SmackUtils.getInstance().login(username, pwd)) {
02      PreferencesUtils.getInstance().putString("username", username);
03      PreferencesUtils.getInstance().putString("pwd", pwd);
04      IMApplication.connection.addAsyncStanzaListener(
05          new PacketListener(),
06          new StanzaFilter() {
07              @Override
08              public boolean accept(Stanza stanza) {
09                  return true;
10              }
```

```
11              }
12          };
13          return true;
14  }
```

程序 15.21 解析如下：

(1) 04 行，给保持的连接添加异步监听，需要传入监听类和过滤器。

(2) 05～11 行，传入初始化的 PacketListener 类；初始化过滤器，重写方法，返回 true，表示 PacketListener 可以接收所有的包。

通过发送消息和接收消息这两节的编程，进入测试阶段，重新编译代码，运行客户端，然后进行发送和接收消息测试，这样看起来才有一个通信系统的模样。

15.10 添加和删除好友

之所以将添加和删除好友一节放置在后面，其一是防止因为添加和删除好友没有调试正确，从而影响获取好友列表功能的测试，其二是因为 Smack 类库提供的添加和删除好友方法不够稳定。

基于 Smack 类库进行开发通信系统，添加好友有三种方式：第一种是自动接受所有好友的添加；第二种是自动拒绝所有好友的添加；第三种是用户手动处理添加。其中，类库默认使用第一种方式，即自动接受添加，本节也使用默认方式，模拟简单的好友添加功能。

添加好友的实现和获取联系人一样，也使用了 Roster 对象。在 SmackUtils 中编写添加好友方法，如程序 15.22 所示。

程序 15.22　在 SmackUtils 类中添加好友代码

```
01  public void addFriend(String userName) {
02      try {
03          checkConnect();
04          checkLogin();
05          Roster roster = Roster.getInstanceFor(IMApplication.connection);
06          roster.createEntry(userName, userName, null);
07      } catch (SmackException | XMPPException e) {
08          e.printStackTrace();
09      }
10  }
```

接下来需要调用上面编写的方法，打开 AddFriendActivity，在"添加好友"按钮的单击监听事件中编辑代码，如程序 15.23 所示。

程序 15.23　"添加好友"按钮的单击监听事件

```
01  private void doAddFriend() {
02      final String username = userName.getText().toString().trim();
03      new Thread(new Runnable() {
04          @Override
05          public void run() {
06          SmackUtils.getInstance().addFriend(username + "@" + Constant.IM_HOST);
07          }
```

```
08        }).start();
09    }
```

程序 15.23 解析如下：

(1) 02 行，获取用户输入的用户名，并且去掉空格，提高准确率。

(2) 03～08 行，在启动的子线程中调用添加好友方法，注意传入的是 JID 参数。

完成添加好友后，继续编辑删除好友功能，此功能代码和添加好友代码有异曲同工之处，打开 SmackUtils，编写代码，如程序 15.24 所示。

程序 15.24　SmackUtils 类中删除好友代码

```
01  public int deleteFriend(String userJID) {
02        try {
03            checkConnect();
04            checkLogin();
05            Roster roster = Roster.getInstanceFor(IMApplication.connection);
06            roster.removeEntry(roster.getEntry(userJID));
07        } catch (SmackException | XMPPException e) {
08            e.printStackTrace();
09        }
10        return 1;
11  }
```

继续编写代码，应该在“联系人”页面的左滑删除按钮的单击事件监听方法中进行调用，打开 ConstactAdapter，定位到 onBindViewHolder()方法，增加如程序 15.25 所示的逻辑代码。

程序 15.25　删除好友更新列表代码

```
01  holder.itemView.findViewById(R.id.btnDel).setOnClickListener(new View.OnClickListener()
02  {
03      @Override
04      public void onClick(View v) {
05          ((SwipeMenuLayout) holder.itemView).quickClose();
06          final Handler mHandler = new Handler() {
07              @Override
08              public void handleMessage(Message msg) {
09                  super.handleMessage(msg);
10                  switch (msg.what) {
11                      case 1:
12                          mDatas.remove(holder.getAdapterPosition());
13                          notifyDataSetChanged();
14                          ToastUtils.showShortToast("删除成功");
15                          break;
16                      default:
17                          break;
18                  }
19              }
20          };
21          new Thread(new Runnable() {
22              @Override
```

```
23                public void run() {
24                    int ok = SmackUtils.getInstance()
25                .deleteFriend(mDatas.get(position).getName() + "@" + Constant.IM_HOST);
26                    mHandler.sendEmptyMessage(ok);
27                }
28            }).start();
29        }
30    });
```

程序15.25解析如下：

(1) 06～20行，使用Handler获接收消息，如果消息为1，更新界面，提示删除成功。

(2) 21～28行，在启动的子线程中调用删除好友方法，注意此方法传入的是JID，然后使用Handler发送消息更新界面。

经过本节的编写，手动添加好友、自动接受添加和左滑删除好友的功能就完成了。注意，添加好友时，双方必须同时在线，因为目前的客户端并不支持离线时自动接受添加。

15.11 分享位置之百度定位

经过前面的学习，已经完成了基础的文本收发功能，本节开始将拓展系统的消息收发类型，增加分享位置的功能，此功能可以拆解为两部分：第一部分是发送者获取位置信息并进行预览，然后发送给目标好友；第二部分是接收者查看位置信息。下面实现第一部分的定位并发送位置消息的功能。

为了快捷、方便地开发基于位置的功能，目前市面上的百度地图SDK或高德地图SDK提供的服务大大降低了开发者的入门要求。在本章中将使用百度的定位SDK和地图SDK的服务来编写分享位置功能。

为了更加清晰地学习本节内容，将本节分为四大步骤，步骤如下：

1. 获取百度地图开发密钥

在使用百度地图提供的基于位置的服务之前，需要获取百度地图移动版的开发密钥，密钥的申请地址为http://lbsyun.baidu.com/apiconsole/key。

必须要注意的是，每个密钥唯一地对应一个应用，如果您的应用修改了包名或者发布时更改了打包的签名文件，则改变前后被视为两个应用，功能使用上或者统计数据上可能出现问题，因此需要格外注意。

基本流程如下：登录百度地图开放平台，打开API控制台，单击"创建应用"按钮，跳转到如图15.26所示的界面。配置信息，获取应用SHA1，填写包名，这一点可以打开图15.26中"查看详细配置方法"链接进行参考操作。

细心的读者会发现，图15.26中的发布版SHA1和开发版SHA1是相同的，由于只需要测试开发，这里也可以填写相同的SHA1，如果需要打包应用上线，则需要正确获取并填写发布版的SHA1。

填写信息后，单击"提交"按钮，成功创建，得到密钥，如图15.27中的"访问应用(AK)"。

2. 导入百度地图SDK的相关资源

打开chap15目录下的"素材"子文件夹获取百度SDK的压缩包(或登录百度地图开放

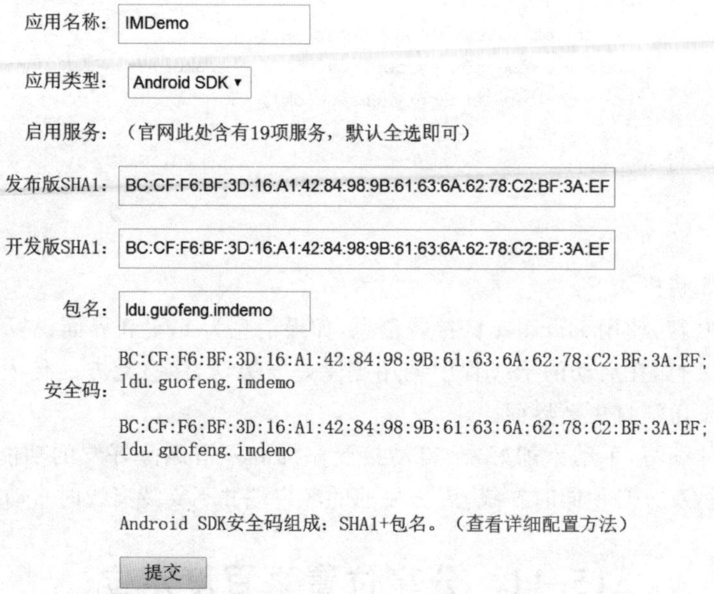

应用名称：IMDemo

应用类型：Android SDK ▾

启用服务：（官网此处含有19项服务，默认全选即可）

发布版SHA1：BC:CF:F6:BF:3D:16:A1:42:84:98:9B:61:63:6A:62:78:C2:BF:3A:EF

开发版SHA1：BC:CF:F6:BF:3D:16:A1:42:84:98:9B:61:63:6A:62:78:C2:BF:3A:EF

包名：ldu.guofeng.imdemo

安全码：BC:CF:F6:BF:3D:16:A1:42:84:98:9B:61:63:6A:62:78:C2:BF:3A:EF;ldu.guofeng.imdemo

BC:CF:F6:BF:3D:16:A1:42:84:98:9B:61:63:6A:62:78:C2:BF:3A:EF;ldu.guofeng.imdemo

Android SDK安全码组成：SHA1+包名。（查看详细配置方法）

提交

图 15.26　百度地图密钥申请页

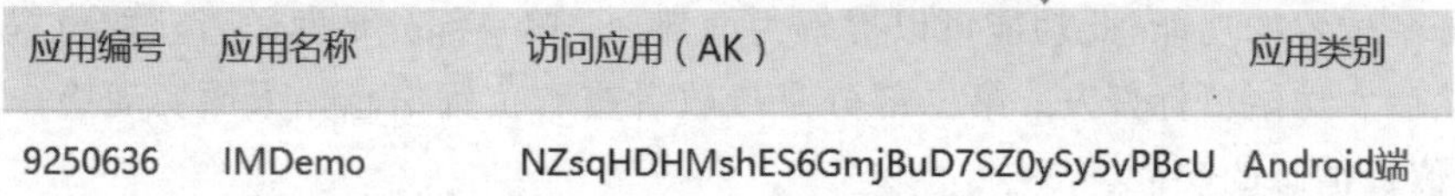

应用编号	应用名称	访问应用（AK）	应用类别
9250636	IMDemo	NZsqHDHMshES6GmjBuD7SZ0ySy5vPBcU	Android端

图 15.27　百度地图获取的密钥

平台下载)并对其解压,里面包含一个 jar 包和五个含有 so 库的文件夹。在 Android 工程的 app\libs 目录下放入 BaiduLBS_Android.jar 包,在 src\main 目录下新建 jniLibs 目录,把五个含有 so 库的文件夹复制到 jniLibs 中,最后重新构建应用。

3. 配置清单文件

打开工程的 AndroidManifest.xml 文件。在 application 节点下添加百度地图开发密钥,如下所示,其中 value 值就是第一步得到的 AK 值。

```
01 <meta-data
02     android:name="com.baidu.lbsapi.API_KEY"
03     android:value="NZsqHDHMshES6GmjBuD7SZ0ySy5vPBcU" />
```

在 application 节点下添加百度定位功能单独的 service,如下所示。

```
01 <service
02     android:name="com.baidu.location.f"
03     android:enabled="true"
04     android:process=":remote" />
```

在 manifest 节点下添加百度地图相关的所需权限,如下所示。

```
01 <uses-permission android:name="android.permission.INTERNET" />
02 <uses-permission android:name="android.permission.ACCESS_COARSE_LOCATION" />
```

```
03 <uses-permission android:name="android.permission.ACCESS_FINE_LOCATION" />
04 <uses-permission android:name="android.permission.ACCESS_WIFI_STATE" />
05 <uses-permission android:name="android.permission.ACCESS_NETWORK_STATE" />
06 <uses-permission android:name="android.permission.CHANGE_WIFI_STATE" />
07 <uses-permission android:name="android.permission.WAKE_LOCK" />
08 <uses-permission android:name="android.permission.READ_PHONE_STATE" />
09 <uses-permission android:name="android.permission.WRITE_SETTINGS" />
10 <uses-permission android:name="android.permission.WRITE_EXTERNAL_STORAGE" />
11 <uses-permission
12     android:name="android.permission.MOUNT_UNMOUNT_FILESYSTEMS" />
```

4. 编写代码

在使用百度地图 SDK 各组件之前要初始化上下文信息，首先在 IMApplication 类中的 onCreate()方法中初始化百度地图，这里直接传入 ApplicationContext，如下所示。

```
01  SDKInitializer.initialize(myAppContext);
```

打开 activity 包中的 ShareLocActivity，在此活动的 activity_share_loc.xml 布局文件中已经提前添加了 MapView 地图控件，只需要再编写该活动的 Java 代码即可，由于代码量偏多，这里将其分成几段，首先编写声明代码，如程序 15.26 所示。

程序 15.26　百度地图有关声明代码

```
01  public LocationClient mLocationClient = null;
02  public BDLocationListener myListener = new MyLocationListener();
03  private MapView mMapView = null;
04  private BaiduMap mBaiduMap = null;
```

程序 15.26 解析如下：

(1) 01 行，LocationClient 类是百度定位 SDK 的核心客户端类。

(2) 02 行，BDLocationListener 为定位结果监听接口，用于异步获取定位结果。

(3) 03 行，百度地图控件。

(4) 04 行，百度地图实例。

下面需要在 init()方法中完成一些初始化操作，如程序 15.27 所示。

程序 15.27　百度地图初始化

```
01  mMapView = (MapView) findViewById(R.id.bmapView);
02  mBaiduMap = mMapView.getMap();
03  mBaiduMap.setMyLocationEnabled(true);
04  mLocationClient = new LocationClient(getApplicationContext());
05  mLocationClient.registerLocationListener(myListener);
```

程序 15.27 解析如下：

(1) 01 行，获取地图控件。

(2) 02 行，获取百度地图。

(3) 03 行，设置地图开启定位图层。

(4) 04 行，初始化定位客户端。

(5) 05 行，注册定位结果监听函数。

在进行上述初始化后，还需要对定位参数进行初始化，这里在 initLocation()方法中进行配置，如程序 15.28 所示。

程序 15.28 百度定位参数初始化

```
01  private void initLocation() {
02      LocationClientOption option = new LocationClientOption();
03      option.setLocationMode(LocationClientOption.LocationMode.Hight_Accuracy);
04      option.setCoorType("bd09ll");
05      option.setScanSpan(1000);
06      option.setIsNeedAddress(true);
07      option.setOpenGps(true);
08      option.setLocationNotify(true);
09      option.setIsNeedLocationDescribe(true);
10      option.setIsNeedLocationPoiList(false);
11      option.setIgnoreKillProcess(false);
12      mLocationClient.setLocOption(option);
13      mLocationClient.start();
14  }
```

程序 15.28 解析如下：

(1) 03 行设置高精度定位模式。04 行设置 bd09ll 坐标系。05 行设置定位请求的间隔。06 行设置需要地址信息。07 行设置使用 GPS。08 行设置当 GPS 有效时按照 1s/次频率输出 GPS 结果。09 行设置需要位置语义化结果。10 行设置不需要 POI 结果。11 行设置在定位 stop 时杀死定位进程。

(2) 12 行给定位客户端设置参数集。13 行启动定位客户端。

上面编写的代码中已经配置好定位参数，并启动定位，然后应该获取定位结果，这里编写 MyLocationListener 类，此类实现 BDLocationListener 接口，在重写的 onReceiveLocation()方法中异步获取定位结果，具体代码如程序 15.29 所示。

程序 15.29 处理定位结果代码

```
01  public class MyLocationListener implements BDLocationListener {
02      private String type = null;
03      private double radius;
04      private double latitude;
05      private double longitude;
06      private String describe = null;
07      private String address = null;
08      @Override
09      public void onReceiveLocation(BDLocation location) {
10          mLocationClient.stop();
11          if (location == null || mMapView == null || mBaiduMap == null)
12              return;
13          if (location.getLocType() == BDLocation.TypeServerError) {
14              type = "服务端网络定位失败";
15          } else if (location.getLocType() == BDLocation.TypeNetWorkException) {
16              type = "请检查网络是否通畅";
17          } else if (location.getLocType() == BDLocation.TypeCriteriaException) {
18              type = "请检查设备是否处于飞行模式";
```

```
19          } else {
20              type = "OK";
21              radius = location.getRadius();
22              latitude = location.getLatitude();
23              longitude = location.getLongitude();
24              describe = location.getLocationDescribe();
25              address = location.getAddrStr();
26          }
27          if (type.equals("OK")) {
28              isOk = true;
29              send_loc.setText("定位成功,单击发送");
30              tv_address.setText(address);
31          } else {
32              isOk = false;
33              send_loc.setText("定位失败");
34              tv_address.setText(type);
35          }
36          locInfo = radius + "@" + String.valueOf(latitude) + "@"
37              + String.valueOf(longitude) + "@" + describe + "@" + address;
38          MyLocationData locData = new MyLocationData.Builder()
39              .accuracy(location.getRadius())
40              .direction(100)
41              .latitude(location.getLatitude())
42              .longitude(location.getLongitude())
43              .build();
44          mBaiduMap.setMyLocationData(locData);
45          LatLng point = new LatLng(location.getLatitude(), location.getLongitude());
46          MapStatusUpdate msu = MapStatusUpdateFactory.newLatLngZoom(point, 17);
47          mBaiduMap.animateMapStatus(msu);
48      }
49  }
```

程序 15.29 解析如下：

(1) 02～07 行，对地图重要信息进行变量声明。

(2) 10～12 行，进入接收方法后，立即停止定位，判断定位结果和准备的控件是否为空。

(3) 13～26 行，对定位结果进行分支处理，若定位成功，则对相应变量赋值。

(4) 27～35 行，对于是否定位成功，在对应界面给予提示。

(5) 36～37 行，将定位的重要信息组合成字符串。

(6) 38～47 行，将获取的位置显示在地图控件上。

在进行使用声明、初始化、配置定位参数、处理定位结果这些操作后，最后仅剩发送位置消息串了，代码比较简单，如程序 15.30 所示。

程序 15.30　发送位置消息串代码

```
01  private void sendLocation() {
02      new Thread(new Runnable() {
03          @Override
04          public void run() {
```

```
05                final String message = form + Constant.SPLIT + to + Constant.SPLIT
06                        + Constant.MSG_TYPE_LOC + Constant.SPLIT + locInfo;
07                SmackUtils.getInstance().sendMessage(message, to);
08            }
09        }).start();
10    }
```

程序 15.30 解析如下:

在子线程中,将位置信息进行字符串拼接后发送出去。无论是什么类型消息,都将以字符串的形式来进行发送,因为 XMPP 发送字符串是高效的。

最后别忘记更新聊天列表,需要在列表末尾插入一条位置消息,同时更新会话列表,打开 ChatActivity,增加更新界面代码,代码比较简单,如程序 15.31 所示。

程序 15.31　在聊天列表插入一条位置消息

```
01    private void insertLocMessage(String locInfo) {
02        MsgModel msgModel = new MsgModel();
03        msgModel.setToUser(to);
04        msgModel.setType(Constant.MSG_TYPE_LOC);
05        msgModel.setContent(locInfo);
06        adapter.insertLastItem(new ItemModel(ItemModel.RIGHT_LOCTION, msgModel));
07        insertSession(msgModel);
08    }
```

本节的内容比较多,也比较新颖,主要学习百度地图 SDK 的一些入门用法。俗话说,实践出真知。只有多加练习,才能融会贯通,进而不断创新。

15.12　分享位置之标记地图

通过 15.11 节的学习,在 ShareLocActivity 中通过百度定位 SDK 获取位置并进行地图预览,进而可以给目标好友发送位置消息串。相对应地,接收消息者则应该识别出位置消息,以地图的形式预览对方的位置。

打开 activity 包下的 MapLocActivity,此活动的 activity_map_loc.xml 布局文件中已经提前添加了 MapView 地图控件,只需要再编写该活动的 Java 代码即可。

应该怎么获取经度、纬度等地址信息呢?首先来了解一下位置信息是怎么样发送过来的。打开聊天页适配器 ChatAdapter,浏览到 RightLocViewHolder 或者 LeftLocViewHolder 的代码,其中启动 MapLocActivity 的源代码如程序 15.32 所示。

程序 15.32　启动 MapLocActivity 源代码

```
01    lr_loc.setOnClickListener(new View.OnClickListener() {
02        @Override
03        public void onClick(View view) {
04            Intent intent = new Intent(mContext, MapLocActivity.class);
05            intent.putExtra("loc_info", msgModel.getContent());
06            mContext.startActivity(intent);
07        }
08    });
```

程序 15.32 解析如下：

在位置消息布局的单击监听事件中，启动了 MapLocActivity。其中 05 行将新消息的内容以 key-value 的形式进行填充携带。

已经了解到位置信息是如何发送到 MapLocActivity 的，那么获取数据就简单多了，打开 MapLocActivity，首先进行声明。

```
01  private MapView mMapView = null;
02  private BaiduMap mBaiduMap = null;
```

继续编辑代码，进行初始化操作，在 onCreate()方法中增加代码，如程序 15.33 所示。

程序 15.33 MapLocActivity 中初始化地图代码

```
01  Intent intent = getIntent();
02  String loc_info = intent.getStringExtra("loc_info");
03  String[] arr = loc_info.split("@");
04  double latitude = Double.parseDouble(arr[1]);
05  double longitude = Double.parseDouble(arr[2]);
06  String describe = arr[3];
07  String address = arr[4];
08  tv_address = (TextView) findViewById(R.id.tv_address);
09  tv_address.setText(address + describe);
10  mMapView = (MapView) findViewById(R.id.bmapView);
11  mBaiduMap = mMapView.getMap();
12  LatLng point = new LatLng(latitude, longitude);
13  MapStatusUpdate msu = MapStatusUpdateFactory.newLatLngZoom(point, 17);
14  mBaiduMap.animateMapStatus(msu);
15  BitmapDescriptor bitmap = BitmapDescriptorFactory.fromResource(R.drawable.ic_loc);
16  OverlayOptions option = new MarkerOptions().position(point).icon(bitmap);
17  mBaiduMap.addOverlay(option);
```

程序 15.33 解析如下：

(1) 01 行获取发送来的 Intent。02 行根据 key 值取出 Intent 中的数据。

(2) 03～07 行，将取出的数据进行分割，从而获取经度、纬度、位置语义化信息和地址信息。

(3) 08～09 行，将地址信息和语义化信息展示在文本标签上。

(4) 10 行获取地图控件。11 行获取百度地图。

(5) 12 行，将经度和纬度封装成位置点。13 行将位置点和第 17 放大级别(百度地图控件的视图放大等级)封装成 MapStatusUpdate。14 行进行地图更新。

(6) 15 行构建 Marker 图标。16 行构建 MarkerOption，用于在地图上添加 Marker。17 行在地图上添加并且显示 Marker。

本节的代码非常简短，编写完成上面的代码，无论是自己还是好友发送的位置消息，只要单击位置消息布局，即可打开 MapLocActivity 的对应页面，在地图中显示发送者的位置。

15.13 小　　结

在本章实现的即时通信系统中，我们掌握了系统工作的基本流程，学习了系统主要功能的实现方式，特别是位置分享功能，让我们了解了基于百度 LBS 的基础开发，也让我们掌握

了一些主流开源框架的使用方法。此外,由于系统拓展性高,我们可以发挥想象力并与实践相结合,进行系统拓展练习。最为重要的是,我们可以感受到开发一个小系统所带来的无限乐趣,每完成一个功能,总会为之感到自豪。

其实我们需要做的事情还有很多,例如此系统在注册方面没有拓展填写更多的个人信息,在登录方面没有加入设备验证,也没有第三方登录等,在异常登录方面也没有进行处理,在好友添加方面没有进行手动好友验证,在消息读取方面没有加入离线消息收取模块,当然没有加入应用的日志管理模块,没有在高版本 Android 中进行动态申请权限,没有关心应用的内存泄漏情况。

其实开发一个通信系统,这只是冰山一角,完善的企业级即时通信系统,对于小公司来说,一般选取成熟稳定的通信协议进行团队开发,甚至为了大幅缩减开发周期、降低技术门槛,直接集成第三方通信服务,例如使用环信、融云;对于大公司来说,像腾讯公司,经过长时间的探索,花费了巨大的财力,开发出一套比较成熟的私有通信协议和配套的服务器。

15.14 实验15:拓展系统功能

1. 实验目的

(1) 理解并掌握本章系统的结构体系。

(2) 理解并掌握本章系统的实现流程。

(3) 掌握对本章系统进行拓展的能力。

2. 实验内容

(1) 重温本章完成的系统。

(2) 根据“实验方法与步骤”中的提示完成相关拓展项目。

3. 实验方法与步骤

(1) 完成聊天记录模块。

要求:发送者发送任意类型的消息,把消息插入 SQLite 数据库。接收者收到任意类型消息,把消息插入 SQLite 数据库。当打开某好友聊天界面时,在聊天列表中显示好友最近的 10 条聊天记录。

提示:难度指数三颗星。不能使用有关 SQLite 数据库的任何存储框架。

(2) 完成个人资料和头像模块。

要求:拓展注册的个人资料,至少包括头像、昵称、电话、电子邮箱、地址,登录成功后,将个人资料显示在设置页。

提示:难度指数三颗星。使用 Glide 或者 Picasso 图片加载框架来加载头像。

(3) 完成图片收发模块。

要求:发送者在聊天界面单击功能面板的“图片”按钮,可以进入系统相册,选取一张小照片(100KB 即可)后,返回聊天界面发送,图片消息显示在聊天列表右侧,单击图片消息,可以打开新页面显示大图,“拍照”按钮功能可以不实现。接收者收到图片后,图片消息显示在聊天列表左侧,单击图片消息,可以打开新页面显示大图。

提示:难度指数三颗星。使用 Glide 或者 Picasso 图片加载框架。

(4) 完成用户状态模块。

要求：用户在设置页面可以改变自己的状态，系统支持 chat(欢迎来聊)、available(默认在线)、away(离开)、xa(忙碌)、dnd(请勿打扰)五种状态，改变状态后，发送给好友状态信息。在好友列表增加一个显示状态的标签，当好友接收到状态变化信息后刷新此标签。

提示：难度指数四颗星。Smack API 的 Presence 继承自 Stanza 包，Presence 可以发送状态给服务器和所有客户端。

(5) 完成朋友圈模块。

要求：在设置页面增加朋友圈入口，单击入口进入朋友圈页面，可以浏览好友最近发送的说说。在此页面也可以发布一条文本说说。

提示：难度指数五颗星。使用现有系统，配合 Java EE 服务器和 MySQL 数据库完成。

4. 边实验边思考

查找资料，分析此系统架构哪些方面可以进行优化？可以使用哪些更好的架构？

5. 实验总结

根据实验情况，撰写实验报告，简明扼要记录实验过程、实验结果，提出实验问题，做出实验分析。

15.15 习 题 15

1. IMApplication 类有什么作用？怎样使用这个类？

2. MainActivity 和 SessionFragment、ContactsFragment、SettingFragment 之间存在什么关系？

3. 系统使用了大量的 data(数据)、Adapter(适配器)、view(视图)，三者之间存在什么关系？

4. 系统多次使用 RecyclerView，与 ListView 相比有什么优势？请概括 RecyclerView 的基本使用步骤。

5. 新建 Android 工程，查阅资料集成字母索引列表。

6. 当前客户端聊天界面的功能面板和软键盘之间存在着切换冲突，请查阅资料，了解发生冲突的原因。有兴趣的同学可以尝试解决。

7. 请在接收消息功能中改为实现 ChatMessageListener 接口，进行接收并处理消息包。

8. 请概括 Eventbus 和 Glide 框架的基本使用步骤。

9. 请使用 LeakCanary 库检查客户端程序的内存泄漏情况，分析原因并提供解决方案。

10. 从 Android 6.0 版本开始，为了增强系统安全性，一些高危权限会在应用的运行过程中进行动态申请，例如拍照权限。请查阅资料，掌握动态申请权限的处理过程。

11. 请查阅资料，学习使用 Git 的基本命令，将编写完成的客户端项目托管到 GitHub 网站。

12. 本章学习了百度地图 SDK 的入门用法，根据百度地图开放平台的介绍，你觉得使用此 SDK 还能创作出哪些功能？请尝试使用百度地图 SDK 进行编写。

13. 在使用 Smack 库的过程中多次提到了 JID，请查阅资料了解 JID 的基本信息。

14. 请在官网查阅最新的 Smack 文档，实现用户手动处理好友验证的功能。

15. 系统使用了基于 XMPP 协议的 Smack 类库和基于 XMPP 协议的 Openfire 服务器,请查阅资料,了解目前流行的开源即时通信协议,描述它们的基本特征。

16. 请查阅资料,了解基于 XMPP 协议开发移动端应用的优势和劣势,以及造成劣势的主要原因。

17. 观察程序 15.13 和程序 15.25,查阅资料,了解两种 Handler 写法之间的区别。

18. 请查阅资料,了解 Android 客户端的架构 MVC、MVP 和 MVVM,描述它们之间的主要联系和区别。

19. 本章系统使用的 Openfire 是开源服务器,请查阅资料,了解服务器基本的工作流程。

20. 请查阅资料,了解 Openfire 的集群操作以及服务器分布式和集群的区别。

21. 请结合本章的学习,谈一谈你对此系统的理解与认识以及本系统值得改进的地方。参照前面图 15.11 给出的结构,绘制出客户端的详细逻辑流程图。

22. 恭喜你完成了"Android 企业即时通信系统"的全部学习,请在表 15.1 中写下你的收获与问题,带着收获的喜悦、带着问题激发的好奇继续探索下去,欢迎将问题发送至:iamguofeng@163.com,与本章作者沟通交流。

表 15.1 "Android 企业即时通信系统"学习收获清单

序号	收获的知识点	希望探索的问题
1		
2		
3		
4		
5		

参 考 文 献

[1] 董相志. Windows 网络编程案例教程[M]. 北京：清华大学出版社，2014.

[2] W Richard Stevens. TCP/IP 详解(卷 1：协议)[M]. 范建华，等译. 北京：机械工业出版社，2007.

[3] Gray R Weight，W Richard Stevens. TCP/IP 详解(卷 2:实现)[M]. 陆雪莹，译. 北京：机械工业出版社，2004.

[4] W Richard Stevens. TCP/IP 详解(卷 3：TCP 事务协议、HTTP、NNTP 和 UNIX 域协议)[M]. 胡谷雨，等译. 北京：机械工业出版社，2007.

[5] W Richard Stevens，Bill Fenner，AndrewM Rudoff. UNIX 网络编程(卷 1：套接字联网 API)[M]. 3 版. 北京：人民邮电出版社，2015.

[6] W Richard Stevens. UNIX 网络编程(卷 2：进程间通信)[M]. 2 版. 北京：人民邮电出版社，2015.

[7] Jon C Snader. TCP/IP 高效编程：改善网络程序的 44 个技巧[M]. 陈涓，赵振平，译. 北京：人民邮电出版社，2011.

[8] Elliotte Rusty Harold. Java 网络编程[M]. 4 版. 李帅，荆涛，译. 北京：中国电力出版社，2014.

[9] 尹圣雨. TCP/IP 网络编程[M]. 金国哲，译. 北京：人民邮电出版社，2014.

图书资源支持

感谢您一直以来对清华版图书的支持和爱护。为了配合本书的使用，本书提供配套的资源，有需求的读者请扫描下方的“书圈”微信公众号二维码，在图书专区下载，也可以拨打电话或发送电子邮件咨询。

如果您在使用本书的过程中遇到了什么问题，或者有相关图书出版计划，也请您发邮件告诉我们，以便我们更好地为您服务。

我们的联系方式：

地　　址：北京海淀区双清路学研大厦 A 座 707

邮　　编：100084

电　　话：010－62770175－4604

资源下载：http://www.tup.com.cn

电子邮件：weijj@tup.tsinghua.edu.cn

QQ：883604（请写明您的单位和姓名）

资源下载、样书申请

书圈

用微信扫一扫右边的二维码，即可关注清华大学出版社公众号“书圈”。